国家社科基金
GUOJIA SHEKE JIJIN HUQI ZIZHU XIANGMU
后期资助项目

美国进步主义时期环境保护运动中的女性

Women in Environmental Protection During American Progressive Era

李婷 著

陕西新华出版
陕西人民出版社

图书在版编目(CIP)数据

美国进步主义时期环境保护运动中的女性 / 李婷著. —
西安：陕西人民出版社，2024.9
ISBN 978-7-224-14373-7

Ⅰ. ①美… Ⅱ. ①李… Ⅲ. ①女性—作用—环境保护—
研究—美国 Ⅳ. ①X-171.2

中国版本图书馆 CIP 数据核字(2022)第 019072 号

责任编辑： 李 妍
封面设计： 赵文君

美国进步主义时期环境保护运动中的女性

作　　者 李 婷
出版发行 陕西新华出版传媒集团 陕西人民出版社
(西安市北大街 147 号 邮编：710003)
印　　刷 陕西天地印刷有限公司
开　　本 710mm×1000mm 1/16
印　　张 25.25
字　　数 435 千字
版　　次 2024 年 9 月第 1 版
印　　次 2024 年 9 月第 1 次印刷
书　　号 ISBN 978-7-224-14373-7
定　　价 89.00 元

如有印装质量问题，请与本社联系调换。电话：029-87205094

国家社科基金后期资助项目出版说明

后期资助项目是国家社科基金设立的一类重要项目，旨在鼓励广大社科研究者潜心治学，支持基础研究多出优秀成果。它是经过严格评审，从接近完成的科研成果中遴选立项的。为扩大后期资助项目的影响，更好地推动学术发展，促进成果转化，全国哲学社会科学工作办公室按照“统一设计、统一标识、统一版式、形成系列”的总体要求，组织出版国家社科基金后期资助项目成果。

全国哲学社会科学工作办公室

目　录

引　言

一、本书的由来及意义

2013～2017年，我在南开大学历史学院攻读世界史（美国史方向）博士学位，师从著名的冷战国际史研究专家赵学功教授。这段学习经历让我受益匪浅，终生难忘。在这里，我既有幸接触到了美国史研究最前沿的学术资源，又有幸结识了该领域诸多知名的学者，丰富了我的学术经历，对我一生的学术研究和教学工作产生了重要的影响。在导师的悉心指导下，我广泛阅读了世界近现代史、美国历史、国际关系史、美国外交史、美国环境史等方面的研究著述，通过课程学习对史学研究和史家修养有了更加深入的认识。导师常常鼓励我，既要博览群书，又要有所侧重，将未来的研究同自己的兴趣、学术背景和工作背景相结合。导师的谆谆教诲和博大胸襟使我更加明确了努力的方向，坚定了深入研究的决心和信心。事实上，我本人更加偏爱社会史，结合硕士研究生阶段的学习，试图在此领域选择一个视角加以研究。在研读过程中，一次偶然的机会，我接触到了女性与环境保护的问题。这个视角让我耳目一新，旋即产生了继续研究的想法。通过查询和阅读大量国外资料发现，虽然女性是美国历史上环境保护运动的重要力量，却未受到应有的重视。于是，我尝试将女性与环境保护结合起来进行研究，利用国家图书馆和国内外著名大学图书馆的资源及相关学术网站，获取了丰富的研究资料，为这本书的完成打下了坚实的基础。

选择女性与环境保护的问题，主要出于以下几个方面的考虑。第一，环境既是一个历史问题，又是一个现实问题。人与环境的互动自古有之。城市诞生之前，自然是人类最重要的生存环境。它为人类提供必需的生产资料和生活资料的同时，也在人类行为活动的作用下发生着巨大的改变。从环境史角度看，人类社会的发展是建立在利用自然、向自然不断索取的基础之上。当人类的需求逐渐膨胀之时，对自然的攫取也迅速加快，其结果便是工业化的推进对自然资源的浪费和对自然环境的破坏。与此同时，工业化还带来了城市化的迅猛发展，不仅改变了人类的生活方式，也引发了大量的城市环境问题。自然环境和城市环境问题的共同作用推动了人们对环境的态度的转变，从而产生了保护环境的意识。随着时代的发展和科技的进步，环境问题呈现出不同的形态，从森林锐减、草皮破坏、物种灭绝、水源污染、城市垃圾堆积等，到空气污染加重、各种化学药剂横行、核污染出现，环境问题已经成为不同社会形态下人类不得不面对的共同问题。因此，研究人与环境的关系便显得尤为重要。在我国，从 2012 年党的十八大将生态文明建设纳入中国特色社会主义事业总体布局后，生态文明建设被提升到了一个新的高度，这也体现出生态问题的严峻性和紧迫性。无论是各级政府，还是社会大众，对环境均给予了前所未有的重视。对于学术研究而言，现实关照和人文关怀是最重要的出发点。这便是本书研究的意义所在。

第二，从性别角度看，女性是国家构建和社会发展不可或缺的力量。在战争年代，一些女性走出家庭，或成为战士，或作为医疗工作者，为民族独立和国家统一做出贡献；而更多的女性则在后方肩负起洗衣做饭、种田制衣、养育后代、筹集资金、提供补给等责任，为战争提供稳定的物资保障。到了和平年代，她们投入各项事业的建设中，推动了经济的发展和社会的进步。例如，在美国，女性首先是独立战争和南北战争等的参与者，其次她们还是现代化进程中各项改革运动的重要力量。19 世纪的禁酒运动、废奴运动、道德改革运动、资源保护运动、公共卫生改革运动、社区改良运动等都有女性的身影。可以说，她们将这些运动进一步社会化，使改革更好地深入民众。然而，从史学研究角度看，对女性的研究还不够充分、全面和深入。女性作为美国历史上环境保护的重要参与者，其贡献也未引起应有的关注。笔者作为一名女性，力图利用充实的资料重现女性在历史上的精彩，通过研究使她们的形象更加丰满，更加全面地阐释两性关系的变化、历史的变迁和社会的发展。

第三，之所以选择进步主义时期环境保护运动中的女性加以研究，是因为她们将 19 世纪美国女权运动和环境保护发展的第一次浪潮相结合，既将政府的环境保护理念和政策深入基层，又改变了两性关系，使女性获得了影响公众和政治议程的机会，也留下了丰厚的历史遗产，在美国妇女史和环境史上均占据重要地位。进步主义时期是美国历史上一段特殊的时期。这一时期的美国在政治、经济、社会各方面都经历了重大的变革，各种社会运动风起云涌，试图解决镀金时代工业化和城市化引发的一系列问题，为美国之后的政治改革和社会发展提供了经验和教训。而这时的女性也经历了从家庭领域、两分领域走向公共领域的转变，19 世纪的妇女权利运动和选举权运动于此时达到了高潮。与之前相比，此时女性的权利斗争更加激烈，两性关系也更为复杂，二者之间合作与分歧并存，女性遭遇了前所未有的敌意和对抗。① 她们不仅仅关注自身的利益，同时将眼光放之全社会，包括环境方面，成为进步主义时期兴起的资源保护运动（the Conservation Movement）、自然保留运动（the Preservation Movement）②和城市环境改革的重要参与者。这三场运动共同构成了美国历史上环境保护的第一次浪潮。无论从历史发展的角度，还是从史学研究的角度，研究女性在其中发挥的作用都具有独特的意义，这既有利于深入理解进步主义时期的环境保护运动和女性地位的逐步转变，也为理解现代妇女运动和环保运动提供线索。

按照辩证唯物主义原理，任何事物的变化都有其内因和外因，内因是根本，外因是条件。进步主义时期的女性之所以参与环境保护，内在动因是其提升自身地位的渴望和作为道德卫士的社会责任。大量的史料和研究成果证明，19 世纪初接受过一定教育的美国女性对于被束缚于家庭领域已流露出不满，她们期望摆脱传统的约束，发挥自身的优势，走向社会公共领域。但同时，她们又无法彻底改变两性关系。为了更加顺利地在社会立足，她们将“城市管家理念”（下文将做详细解释）作为行动指南，以赢得男性和更多女性的支持。整个 19 世纪，美国社会的各种运动随处可见女性的身影，一些人的影响力甚至超过了男性。到了进步主义时期，她们的影响力达到了高潮，很多人还与男性合作，被纳入男性组织。环境保护作为这一时期的重要内容，可以说是女性试图提升影响力、承担社会责任的具体体现。从外因角度看，则是 19 世纪工业化对自然造成前所未有的破

---

① Linda K. Kerber, “Separate Spheres, Female Worlds, Woman's Place: The Rhetoric of Women's History.” *The Journal of American History*, Vol. 75, No. 1 (Jun., 1988), p. 27.

② 资源保护运动和自然保留运动目的都在于保护自然。起初，二者并无大的分歧，但 20 世纪初爆发的“赫奇赫奇争论”却使它们分道扬镳。前者侧重对自然资源的科学利用和管理，以吉福德·平肖为代表；而后者强调自然的审美价值，主张保持自然的原貌，以约翰·缪尔为代表，“赫奇赫奇争论”以自然保留主义者的失败而告终。事实上，缪尔和平肖最初是挚友，二人经常一起参加社会活动，这种犹如父子般的友谊也让不同政见显得微不足道，但“赫奇赫奇争论”让二人决裂。在“赫奇赫奇争论”之前，自然保留常被视作资源保护运动的一部分，很多著述提到此时的自然资源保护活动时，仅用“资源保护运动”一词。本书将二者分别列出，并非凸显二者的差异，只是为了较为全面地体现这一时期自然资源保护的内容，在后文探讨女性的自然资源保护活动时，并不对二者进行刻意区分。在此对这一点做出说明。

坏和城市作为一种新的形态所面临的种种问题的结果。19 世纪的美国女性是优秀的家庭管理者,她们将自然和城市社区视作扩大了的家庭,试图解决一切与家庭和家人相关的问题。而环境便是其中最重要的问题之一。正是在内外因的共同作用下,女性成为美国进步主义时期环境保护运动中重要的参与者。

本书具有重要的学术价值和现实意义。

本书属于妇女环境史的研究范畴。妇女环境史研究的兴起是 20 世纪六七十年代妇女解放运动和现代环保运动相结合的产物,它从性别视角研究环境史,丰富了环境史的研究内涵。传统的美国妇女史多关注妇女权利、社会生活等问题,对于妇女与环境问题几乎未涉猎。而传统的环境史研究更注重男性精英如西奥多·罗斯福(Theodore Roosevelt)、吉福德·平肖(Gifford Pinchot)、约翰·缪尔(John Muir)等在环境保护运动中的领导作用,将进步主义时期的资源保护运动视作自上而下的过程,将基层组织看作几股政治力量斗争的追随者,对这一时期女性与环境保护的研究欠缺。将妇女和环境相结合的研究主要集中于生态女权主义,但是它多归属哲学研究的范畴。从史学角度来看,美国学界出现了一些关于这方面的研究著述,但材料较单一,内容也比较分散。国内学界对进步主义运动的研究已具备一定规模,而研究女性与环境保护的专门论著尚未面世。

本书在性别理论和环境史理论的指导下,将环境史和妇女史结合进行跨学科研究。首先,突破环境史的性别分析中以女性为单一考察对象、忽视性别关系的现状,通过探讨进步主义时期美国女性在环保过程中同男性的合作和冲突,了解女性实现自身诉求的过程和两性关系的演变,诠释其在美国环境保护运动和环境史上的地位,力图丰富妇女环境史和传统史学研究的内容;其次,从环保角度窥探进步主义时期女性斗争的复杂性和地位的转变,诠释这些活动在美国妇女运动和妇女史上的地位,扩大妇女史传统研究的内涵;最后,本书希望通过在美国妇女史和环境史之间架起一座桥梁,推动我国美国史研究的深入发展。

本书具有一定的现实意义。目前,全球面临着由自然和人为造成的各种环境问题:如干旱、地震、海啸、能源短缺、物种灭绝、各种污染等,其中一些有着深刻的历史根源。一百多年前的美国经历了自然和城市环境的种种问题以及由此产生的环境改革,虽然这些改革有其历史局限性,但可以为现在的环境问题提供借鉴。本书的研究对我国及其他正在现代化道路上遭遇环境问题的国家来说具有一定的现实意义。首先,从政府方面讲,我国正进行环境治理,国家政策是主导,公众力量是基础。本书期望通过研究美国女性的环境保护活动，为我国政府在环境治理过程中进一步发挥女性的作用提供一定借鉴；其次，从公众环境教育方面讲，进步主义时期的女性实现环境保护诉求的重要手段是宣传教育。了解美国女性进行环境教育的特点和内容，有助于发挥我国女性在环境保护过程中的宣传和动员作用，更好地促进公民环保意识的培养。

二、相关概念界定

关于进步主义时期的界定。进步主义时期是美国历史上的“大转折”时期①，是美国从农业社会向工业社会全面转变的时期，也是美国现代化道路上的一个重要阶段。在工业革命的推动下，19 世纪的美国经历了工业化和城市化的巨大发展，在政治、经济、文化、社会等方面都发生了前所未有的深刻变化。美国社会取得了前所未有的物质进步，而与此同时，也陷入了政治腐败、贫富分化加剧、城市结构混乱、道德堕落等问题的旋涡。在此背景下，一场以中产阶级为主、由社会各阶级广泛参与的资本主义改革运动，即进步主义运动应运而生。在这场运动中，各种社会改革交织在一起，对美国的政治、经济、文化、教育、思想等领域进行了全面而深刻的变革，力图创造出与物质繁荣相适应的精神文化条件，推动资本主义制度的完善。在近 20 年的进步主义时期，进步主义者修正了工业化和城市化带来的问题，通过立法和成立组织机构改善了移民、工人阶级的生活和工作条件。正如当代畅销书作家罗伯特·帕特南（Robert D. Putnam）所说的，在 19 世纪末 20 世纪初的短短几十年中，对危机的迅速感知和随之而来的基层和全国性领导力量催生了巨大的社会创造力和政治改革。事实上，美国社会中的大部分社区组织都来自那个时期的市民改革和创新。进步主义时期并非美国历史上唯一体现市民精神的例子，它也并非毫无瑕疵，但它包含了很多为同时代提供指导的内容。因此，帕特南建议现在的美国人应该以进步主义者为榜样。②

进步主义时期是国内外学者乐于研究的课题，其研究可谓汗牛充栋，它所产生的影响依然被现在的美国人津津乐道。而研究之多也导致了诸

① 可参考李剑鸣：《大转折的年代——美国进步主义运动研究》，天津：天津教育出版社，1992 年版。该书将进步主义运动描述为“大转折的年代”，以突显这一时期的性质及其在美国历史上的重要性。

② Robert D. Putnam, *Bowling Alone: The Collapse and Revival of American Community*. New York: Simon & Schuster, 2000, pp. 398～399.

多争议，学者们在很多方面均未达成共识。[①] 例如，关于进步主义时期的起讫问题，学者们各持不同的观点。有些学者认为，进步主义时期大致存在于20世纪前20年，也有些学者认为是19世纪末20世纪初的20年。本书选取的时间段是后者，因为这一时期是女性公共影响力最强的时期，也是其环境保护活动最为激烈和丰富的时期。从19世纪二三十年代开始，美国女性试图走出家庭，参与社会事务，为自身权利的获得而斗争。到了进步主义时期，女性的社会参与达到顶峰，她们几乎参与了所有的社会改革，并产生了重要的影响力，包括自然资源保护工作和城市环境改革。例如，最有影响力的全国性妇女组织"全国妇女俱乐部总联盟"(the General Federation of Women's Clubs，以下简称总联盟)成立于1890年，自此，女性的资源保护活动通过全国网络有组织地展开，这是进步主义时期美国女性资源保护活动的真正开端。到20世纪20年代初，随着全国资源保护运动的衰落，总联盟内部独立的资源保护部被取消，合并到应用教育部，其资源保护活动开始被边缘化。同时，女性于1920年获得了政治权利，之前资源保护部的很多活动开始由立法部接管，资源保护不再是总联盟女性工作的重点，她们的关注点转向更广泛的社会服务。因此，选取这一时间段既能体现女性社会地位的转变，也能反映出复杂的两性关系。

关于女性的界定。本文研究的女性指的是美国中上层白人女性。19世纪初，美国的中上层白人女性开始抨击不平等的性别权利，追求自我解放和社会认可，发起了妇女权利运动，并通过组建各种团体和组织为社会提供服务，提升社会参与度，从而为自身地位的转变打下社会基础。这些女性或家境优越，或丈夫身份显赫，她们不像下层女性和其他种族的女性那样需要拼命工作，贴补家用。她们有稳定的经济来源和闲暇，接受过良好的教育并拥有较高的社会威望，同时具有强烈的社会责任感、改革精神和审美能力。这些女性是众多妇女俱乐部的创建者、领导者和参与者，通过宣传、教育和游说等方式实现自身的诉求。相对来说，她们对社会问题更为关注，对政府的影响力也更大，是进步主义时期环保运动的重要力量。这些女性中比较突出的有埃伦·H. 斯沃洛(Ellen H. Swallow)、卡罗琳·B. 克兰(Caroline B. Crane)、艾丽斯·汉密尔顿(Alice Hamilton)、梅·曼·詹宁斯(May Mann Jennings)、简·亚当斯(Jane Addams)、米拉·L. 多克(Mira L. Dock)等。虽然来自其他阶层和种族的部分女性亦参与了社会改

---

① Peter Filene, "An Obituary for 'The Progressive Movement'." *American Quarterly*, Vol. 22, No. 1(Spring, 1970), pp. 20～34.

革,但她们所受限制较多,在很多情况下无法拓宽行动领域和范围,影响力相对有限。因此,本文主要探讨中上层白人女性的环境保护活动。

关于"自然资源保护"和"环境保护"概念的界定。为研究方便,文中涉及的"自然资源保护"不仅包含资源保护运动中被科学管理和明智利用的"自然资源",还包括自然界中的一切因素,如大气、水、土壤、生物、矿藏等。从运动本身来讲,该词既包括资源保护,也包括自然保留。进步主义时期的美国女性不仅将森林、水资源、鸟类、土壤等作为她们重点保护的对象,还推动了国家公园的创建,其关注对象甚至扩大到自然界中一切与人类福祉相关的因素。总联盟内资源保护机构的变迁和整合即体现了这一点。"环境保护"①这一概念出现于20世纪六七十年代,它并不局限于从资源效用或人类健康等方面保护环境,而是将人视作环境的一部分,力图建立一个健康、和谐的生态系统。它涵盖的主题很广泛,包含污染、能源、人口、种族、自然、城市环境等。19世纪美国工业化和城市化的快速发展既造成了对森林、水资源、土壤、野生动植物等自然因素的破坏,又使新兴的美国城市面临严重的环境污染。虽然这一时期人们对环境保护的认识并不成熟,但是他们所酝酿的保护自然与人类生存环境的概念已经初现,这远远超出了进步主义时期资源保护运动的范畴。无论用"资源保护""自然保留"还是"城市环境改革",都无法全面涵盖这一时期美国女性的环境保护活动,因此本文借用现代的"环境保护"概念,囊括进步主义时期的自然资源保护和城市环境改革,以避免研究的片面化。

三、国内外研究现状

进步主义时期之前,美国女性的环境保护活动是零散的,大都以个体的形式散见于自然研究、野生动物保护和城市公共卫生活动中。而到了进步主义时期,女性们开始有组织地保护自然环境和城市环境,其内容、形式和目标都变得更加复杂和具体。这一时期的很多男性资源保护主义者多关注效率、科学和利益,却很少考虑下层阶级的生活和工作环境的改善。他们隔断了和基层组织的联系,将资源保护集中在政治领域。② 要完整而

---

① "环境保护"的界定参考了侯深:《自然与都市的融合——波士顿大都市公园体系的建设与启示》,《世界历史》,2009年第4期,第74页。

② Susan Rimby,"Better Housekeeping Out of Doors:Mira Lloyd Dock,the State Federation of Pennsylvania Women,and Progressive Era Conservation."*Journal of Women's History*,Vol. 17,No. 3(Fall,2005),p. 10.

全面地呈现这一时期的环境保护问题,仅研究男性的作用是不够的。事实上,美国环境史的发展深受一系列独特的社会、政治和经济因素的制约,美国女性作为社会发展的一个重要群体,在整个环境保护历史上都发挥着不可忽视的作用。她们既关注对自然知识的宣传、对自然资源的保护和荒野的保留,也置身于城市卫生、食品药品、工厂环境、贫民窟环境等方面的改革。只有充分考虑女性的因素,环境保护事业才会更加丰满。

多西特·E. 泰勒(Dorceta E. Taylor)教授指出了性别、种族、阶级因素在环境运动中的重要性。① 美国人的环境活动有200多年的历史,可以分为四个阶段:前环境运动时期(1820~1913)(the pre-movement era)、后赫奇赫奇时代(1914~1959)(the post-Hetch Hetchy era)、后卡森时期(1960~1979)(the post-Carson era)以及后拉夫运河(Love Canal)时代(1980年至今)(the post-Love Canal/Three Mile Island era)。② 本书主要探讨进步主义时期女性在环境保护运动中的活动,主要集中于泰勒教授提出的第一阶段,是美国环境保护的第一次高潮,可以称为现代环保运动的奠基时代。虽然女性对自然的关注和热爱源远流长,但到了进步主义时期,女性的环境保护活动更加丰富和复杂,既推动了当时环境保护运动和整个社会改革的深入,更为其在现代环保运动中的参与奠定了基础,最重要的是通过环境参与提高了女性的话语权和政治参与度。

(一)美国学界的研究现状

本部分从性别和环境、进步主义时期的女性与自然资源保护、女性与城市环境改革以及环境保护中的女性活动家四方面对现有研究进行回顾和梳理。

---

① Dorceta Taylor,"American Environmentalism:The Role of Race,Class and Gender,1820~1995."*Race,Gender and Class*,Vol. 5,No. 1,Environmentalism and Race,Gender,Class Issues (1997),pp. 16~62. 根据人类与环境的关系,作者将美国人的环境活动划分为四个阶段。第一个阶段的特点是快速的工业化发展和人类对自然资源的掠夺性开发导致环境恶化。从1850年开始涌现出大量的环境活动家推崇浪漫主义环境范式(a romantic environmental paradigm,REP),反对长久以来占统治地位的掠夺性资本范式(the exploitive capitalist paradigm,ECP)。他们关注自然资源的破坏,提倡对自然的保护及人类和自然的共存。随着19世纪70年代一些环境组织的成立,前环境运动时期逐渐向大众运动(the mass movement)转变。第二阶段是后赫奇赫奇时代,以著名的"赫奇赫奇争论"分界,这一争论催生了环境运动,使环境成为公众关注的问题。第三阶段的特点是环境问题开始受到前所未有的社会关注和动员,标志性的事件是卡森的警世之作《寂静的春天》的出版,它引发了全社会对污染和化学毒物的关注,现代环保运动由此诞生。第四阶段的特点是环境问题的组织化、专业化加强。环境组织逐步壮大,开始官僚化、等级化,关注重点从地方性环境问题转向全国性和国际性问题。环境组织开始通过法律、政策手段解决环境问题。

② Dorceta Taylor,"American Environmentalism:The Role of Race,Class and Gender,1820~1995",p. 17.

1. 性别和环境研究

早在进步主义时期，资源保护运动的领袖平肖就充分肯定了女性在资源保护方面的贡献。[①] 在《为资源保护而战》一书中，他提出，美国资源保护运动的成败取决于女性对它的理解。正是美国革命女儿会(Daughters of the American Revolution)和其他妇女组织建立了资源保护委员会，才使得整场运动取得了重要的进步。[②] 而女性的这些贡献却往往鲜为人知。在平肖看来，最为勇敢、成效最明显的森林保护斗争由明尼苏达州的妇女发起，而加利福尼亚妇女为保护卡拉维拉斯红杉林(the grove of Calaveras big trees)付出的努力最终使政府收回对这片森林的所有权。平肖高度赞扬了女性对于培养孩子的爱国热情、遏制浪费、维护公共财产等方面做出的重大贡献。[③] 虽然平肖并未花费大量篇幅详细描写女性的贡献，但是却为读者了解女性的环境保护活动提供了线索和依据。历史学家塞缪尔·海斯(Samuel Hays)[④]也对全国妇女俱乐部总联盟和美国革命女儿会在资源保护运动中的热情给予了高度评价。史学家斯蒂芬·福克斯(Stephen Fox)[⑤]则突出了女性在"奥杜邦运动"(the Audubon movement)[⑥]和阿巴拉契亚登山俱乐部(the Appalachian Mountain Club)[⑦]中的贡献。虽然上述这些著名的男性都在环境保护活动中提及女性，但只是蜻蜓点水，并没有将女性作为环境保护的独立力量进行研究，女性的历史作用也在男权社会中被边缘化。

随着 20 世纪 60 年代美国妇女运动的兴起，女性的历史地位和贡献不断被提出和肯定，越来越多的女性学者开始关注这一问题，推动了妇女史的诞生；时间到了 70 年代，多元文化主义的逐渐高涨迫使美国人重新思考历史，性别因素受到一定程度的重视。妇女史研究得到不断发展，它逐渐

---

① Gilford Pinchot, *The Fight for Conservation*. New York: Doubleday, Page & Company, 1910.

② Gilford Pinchot, *The Fight for Conservation*, p. 101.

③ Gilford Pinchot, *The Fight for Conservation*, pp. 105～106.

④ Samuel Hays, *Conservation and the Gospel of Efficiency: The Progressive Conservation Movement, 1890～1920*. Cambridge, Mass: Harvard University Press, 1959, pp. 142～144.

⑤ Stephen Fox, *John Muir and His Legacy: The American Conservation Movement*. Boston: Little Brown and Company, 1981, pp. 173～178, 341～345.

⑥ 奥杜邦运动是进步主义时期的一场鸟类保护运动，以当时成立的奥杜邦协会(the Audubon societies)为标志。奥杜邦协会是美国的民间鸟类保护组织，第一个奥杜邦协会成立于 1886 年，以著名的鸟类学家、博物学家和画家约翰·詹姆斯·奥杜邦(John James Audubon)的名字命名。女性在奥杜邦运动中发挥了重要的作用。

⑦ 阿巴拉契亚登山俱乐部成立于 1876 年，是美国最古老的户外组织之一，成立的目的是保护新罕布什州的白山，后来将户外活动，特别是远足和背包旅行同环境活动结合起来。

摆脱附属于男性历史的框架，开始独树一帜。与此同时，美国环境问题的凸显和环境运动的兴起促进了环境史的兴盛，这两个似乎毫无交集的领域在“生态女权主义”（Ecofeminism）出现后被紧紧地联系在一起。① “生态女权主义”由法国女性作家弗朗西丝娃·德·奥波妮（Francoise d'Eaubonne）于 1974 年最先提出，它是妇女解放运动和环境运动相结合的产物。它从性别角度研究生态，深入批判男权对自然和女性的统治和压迫。虽然生态女权主义仅注重理论研究，读起来比较晦涩，也未从历史视角研究女性与生态，但它却为环境史和妇女史的结合提供了重要动力。它使妇女史开始研究女性在现代环保运动中的作用，而环境史也追根溯源，研究历史上的女性与自然的相互关系等，②妇女环境史由此诞生。妇女环境史最早多以美国历史上著名的女性活动家为研究对象，③但随着妇女史和环境史的不断发展，大量平民女性也进入研究者的视野。例如玛丽·J. 布雷顿（Mary J. Breton）的著作《环境中的女性先锋》④以传记的形式记录了 19、20 世纪的 42 位女性如何从传统女性成长为环境活动的领军人物。从 20 世纪 90 年代开始，美国环境史研究的文化转向趋势明显，环境史与社会文化史逐渐融合，强调将种族、性别、阶级、族裔作为分析工具引入环境史研究。⑤ 其中从性别角度研究环境史成为学者们，特别是女性学者研究的热点，涌现出数量可观的作品，⑥具有极大的研究潜力。

---

① 包茂红：《环境史学的起源和发展》，北京：北京大学出版社，2012 年版，第 39 页。

② 包茂红：《环境史学的起源和发展》，北京：北京大学出版社，2012 年版，第 39 页。

③ Wilma Ruth Slaight, "Alice Hamilton: First Lady of Industrial Medicine." Ph. D. diss., Case Western Reserve University, 1974; Paul Brooks, *Speaking for Nature: How Literary Naturalists from Henry Thoreau to Rachel Carson Have Shaped America*. Boston: Houghton Mifflin, 1980; H. Patricia Hynes, "Ellen Swallow, Lois Gibbs and Rachel Carson: Catalysts of the American Environmental Movement." *Women's Studies International Forum*, Vol. 8, No. 4 (1985), pp. 291～298; Paul Brooks, *The House of Life: Rachel Carson at Work*. Boston: Houghton Mifflin, 1972; Paul Brooks, *Rachel Carson: The Writer at Work*, 2nd ed. San Francisco: Sierra Club Books, 1989.

④ Mary Joy Breton, *Women Pioneers for the Environment*. Boston: Northeastern University Press, 1998.

⑤ 高国荣：《美国环境史学研究》，北京：中国社会科学出版社，2014 年，第 250 页。

⑥ Carolyn Merchant, *Ecological Revolutions: Nature, Gender, and Science in New England*. Chapel Hill: University of North Carolina Press, 1989; Greta Gaard, ed., *Ecofeminism: Women, Animals, Nature*. Philadelphia: Temple University Press, 1993; Virginia H. Scharff, "Are Earth Girls Easy? Ecofeminism, Women's History and Environmental History." *Journal of Women's History*, Vol. 7, No. 2 (Summer, 1995), pp. 164～175; Karen J. Warren, ed., *Ecofeminism: Women, Culture, Nature*. Bloomington and Indianapolis: Indiana University Press, 1997; Virginia Scharff, *Seeing Nature Through Gender*. Lawrence: University Press of Kansas, 2003; Susan R. Schrepfer, *Nature's Altars: Mountains, Gender, and American Environmentalism*. Lawrence: University Press of Kansas, 2005; Nancy C. Unger, *Beyond Nature's Housekeepers: American Women in Environmental History*. Oxford: Oxford University Press, 2012.

真正从理论上将性别同环境结合在一起的美国学者当属加利福尼亚大学的环境史学家卡罗琳·麦钱特教授(Carolyn Merchant)。妇女环境史兴起的前20年,麦钱特几乎是独立一人将性别分析带入环境史研究中,①出版了一系列相关的著作和文章②。《自然之死:妇女、生态与科学革命》出版于1980年,它是妇女运动和环保运动结合的产物。它虽不是首部探讨女性与自然的作品,但却是影响力最大的。该书出版之时,有关妇女与环境问题的交叉研究尚未形成理论架构,麦钱特试图在机遇与挑战并存的背景下,从生态女权主义视角重新审视现代科学革命所带来的女性与自然之价值观的偏差。她在导论中便提出,女性与自然的关系源远流长,体现于文化、语言和历史脉络之中。但是,随着科学革命的兴起,这种由来已久的亲密关系却遭到了践踏。妇女运动和环保运动便是通过一个平等主义的视角,抨击和推翻妇女和自然被压迫的事实,唤起之前有机世界中二者相联系的价值。《自然之死》是环境史研究的一部巨著,为该领域的发展提供了全新的视角,也成为生态女权主义和女性科学研究的奠基之作。③

1984年,麦钱特教授作为《环境评论》(*Environmental Review*)的特邀编辑进行组稿,推出了一系列关于女性和环境的文章。④ 这些文章试图解决如下问题:女性和男性的关系是否相当于自然和文化的关系;女性和自然、男性和文化之间的理论关系及历史关系如何;女性对环境的认知是否和男性不同;女性在环境中起到怎样的作用等,意在突出性别分析在环境

---

① 高国荣:《美国环境史学研究》,北京:中国社会科学出版社,2014年,第256页。

② Carolyn Merchant, *The Death of Nature: Women, Ecology and the Scientific Revolution*. New York: HarperCollins Publishers, 1980; *Ecological Revolutions: Nature, Gender, and Science in New England*. Chapel Hill: University of North Carolina Press, 1989; "Gender and Environmental History." *The Journal of American History*, Vol. 76, No. 4(Mar., 1990), pp. 1117～1121; *Earthcare: Women and the Environment*. New York: Routledge, 1996 等。

③ Noel Sturgeon, Review of "The Death of Nature: Women, Ecology and the Scientific Revolution." *Environmental History*, Vol. 10, No. 4(Oct., 2005), p. 807.

④ Sandra Lin Marburg, "Women and Environment: Subsistence Paradigms 1850～1950." *Environmental Review*: ER, Vol. 8, No. 1, Special Issue: Women and Environmental History (Spring, 1984), pp. 7～22; Janice Monk, "Approaches to the Study of Women and Landscape." *Environmental Review*: ER, Vol. 8, No. 1, Special Issue: Women and Environmental History (Spring, 1984), pp. 23～33; Vera Norwood, "Heroines of Nature: Four Women Respond to the American Landscape." *Environmental Review*: ER, Vol. 8, No. 1, Special Issue: Women and Environmental History(Spring, 1984), pp. 34～56; Carolyn Merchant, "Women of the Progressive Conservation Movement, 1900～1916." *Environmental Review*: ER, Vol. 8, No. 1, Special Issue: Women and Environmental History(Spring, 1984), pp. 57～85; Jane Yett, "Women and Their Environments: A Bibliography for Research and Teaching." *Environmental Review*: ER, Vol. 8, No. 1, Special Issue: Women and Environmental History(Spring, 1984), pp. 86～94.

史研究中的重要性。珍妮丝·蒙克(Janice Monk)的文章回顾了人类和环境的关系,利用女性的日记、文学作品、女性在环境方面的研究等表现女性对环境给予的关注,特别是女性对美国西部和西进运动的认知,①其目的是要正视传统的环境史研究忽视性别的局限性,对女性和景观的研究进行肯定,并为未来这方面的研究指明方向;薇拉·诺伍德(Vera Norwood)的文章《自然的女英雄:四位女性对美国环境的回应》分析并对比了19世纪末四位女性作家伊莎贝拉·伯德(Isabella Bird)、玛丽·H. 奥斯汀(Mary H. Austin)、蕾切尔·卡森(Rachel Carson)和安妮·迪拉德(Annie Dillard)对环境的认知,由小及大,进而体现女性对环境做出的回应。诺伍德也指出,虽然女性很早便参与到环境活动之中,但是她们对环境的认识依然是模糊的;麦钱特教授的文章《美国进步主义资源保护运动中的妇女,1900～1916》则详细论述了进步主义时期的中上层女性在资源保护运动中的活动,并对此做出评价。这篇文章后被收录到她的著作《关爱地球:女性与环境》一书中。下文将对该文章进行进一步详细的解释。

麦钱特教授多次呼吁人们关注性别与环境的关系。20世纪80年代出现了一些关于女性与环境关系的探讨,是对忽视女性因素的现状的最好回应。它们指出,无论是木材的砍伐者,还是水资源的搬运工,抑或是农业生产中的劳动者,妇女的工作都将她们同环境和资源紧紧地联系在一起。因而,妇女对她们赖以生存的自然资源有着特殊的责任感。同时,由于女性同自然的持续互动,她们对自然有着深刻且丰富的认识,从而成为自然资源最重要的卫士。②

1990年,麦钱特再次提议将性别作为环境史研究的视角。③ 她在《美国历史杂志》(*Journal of American History*)上发表的文章中指出,唐纳德·沃斯特(Donald Worster)的文章《地球的变迁:史学研究的农业生态视角》④虽然为环境史研究提供了富有启发性的视角,但是却忽视了性别分析。她认为性别视角可以通过两种方式丰富沃斯特的研究:其一,沃斯特的三种概念架构(即生态系统本身、生产方式和人类对自然的态度)可以

---

① Carolyn Merchant,"Women and Environment:Editor's Introduction." *Environmental Review*:ER,Vol. 8,No. 1,Special Issue:Women and Environmental History(Spring,1984),p. 5.

② Melissa Leach,"Gender and Environment: Traps and Opportunities." *Development in Practice*,Vol. 2,No. 1(Feb.,1992),p. 13.

③ Carolyn Merchant,"Gender and Environmental History." *Journal of American History*, Vol. 76,No. 4(Mar.,1990),pp. 1117～1121.

④ Donald Worster,"Transformation of the Earth: Toward an Agroecological Perspective in History." *Journal of American History*,Vol. 76,No. 4(Mar.,1990),pp. 1087～1106.

通过性别分析进行进一步的解释;其二,环境史研究需要第四种解释视角,即再生产。[①] 麦钱特为环境史研究提供了一种更为全面和平衡的模式,她的著作《关爱地球:女性与环境》[②]一书便体现了这一点。该书从生态女权主义理论、女性和自然关系的历史演变及不同国家的女性与环境之间的关系三方面进行了论述,较为全面地考察了女性与自然的关系问题。然而,美中不足的是,该书的题目是女性与环境,文中探讨的是女性与自然,对于自然外的环境并未涉及。麦钱特编著的《美国环境史的主要问题》[③]一书也收录了大量关于女性和环境的资料,包括印第安女性和自然、女性奴隶和自然、女性拓荒者和西部环境,以及资源保护运动、自然保留运动、城市环境改革和现代环境运动中女性的活动和贡献等,为人们进一步了解这一问题提供了重要参考。

在麦钱特的呼吁和鼓励下,女性和环境问题开始引起美国史学界的关注,一批研究成果逐渐面世,呈现出丰富的主题,但整体看来比较分散。在研究这一问题的美国学者中,薇拉·诺伍德(Vera Norwood)是较为突出的一位。她将妇女史和环境史相结合,探索女性的环境活动的多样性和复杂性。一直以来,环境史都主要从男性的角度出发,因而诺伍德的著作《来自地球的灵感:美国女性与自然》[④]出版之后便引起了学界的广泛关注,大量书评涌现。该著作回顾了美国历史上女性丰富的自然活动,包括18世纪的自然文学创作、绘画、摄影、花园管理和拓荒活动;19世纪的公民自然教育和野生动植物保护;进步主义时期妇女俱乐部的自然保护活动等,体现了两个主题:美国女性通过何种方式认知并赋予自然以意义;性别因素在女性和自然互动的过程中产生了何种影响。诺伍德认为,女性和自然的关系由来已久,但是这种关系却被边缘化,其原因在于男性长期处于统治地位。[⑤] 诺伍德对女性的自然活动进行了独立研究,展现出美国中上层女性在环境发展中的地位和贡献,为未来研究的进一步开展奠定了基础。

2001年,诺伍德和理查德·怀特(Richard White)在《太平洋历史评论》(*Pacific Historical Review*)杂志的专题讨论"环境史:回顾与展望"(Environmental History,Retrospect and Prospect)中再一次强调了在历

---

① Carolyn Merchant,"Gender and Environmental History",p. 1117.

② Carolyn Merchant,*Earthcare:Women and the Environment*. New York:Routledge,1996.

③ Carolyn Merchant,*Major Problems in American Environmental History:Documents and Essays*,2nd ed. Boston:Houghton Mifflin,2005.

④ Vera Norwood,*Made From This Earth:American Women and Nature*. North Carolina:Chapel Hill,1993.

⑤ Vera Norwood,*Made From This Earth:American Women and Nature*,p. xiv.

史进程中将性别和环境深入结合的必要性。[①] 诺伍德指出，将性别作为环境史主流研究的解释框架才刚刚起步，之前关于环境史的性别研究存在种种误解。[②] 怀特同意诺伍德的看法，他称目前环境史研究的问题并不是忽视性别，而是将自然女性化，性别研究远远比这种看法更为丰富和复杂。[③] 同年，美国特洛伊大学的伊丽莎白·布卢姆教授(Elizabeth Blum)在H-Net人文与社会科学在线上发表了一篇名为《将美国妇女史和环境史结合起来》的文章，全面考察了这两个领域的研究成果并指出研究中存在的不足。布卢姆注意到，除了一些学者研究环境正义运动中的女性和生态女权主义外，环境史大都以男性精英为中心，女性的活动几乎被忽略或边缘化，而妇女史研究也未考虑女性在环境活动中的参与。[④] 作者从生态女权主义、环境史、妇女史这三个方面分析了有关女性和环境的研究，有助于人们进一步了解美国妇女史和环境史的研究状况。

2003年，华盛顿大学的教授盖尔·L.杜布罗(Gail L. Dubrow)和新罕布什尔州保护联盟的执行理事珍妮弗·B.古德曼(Jennifer B. Goodman)合作编辑出版了一部关于妇女环境史的著作[⑤]，收录了从1994～2000年之间三个有关女性和历史遗迹保护(historic preservation)全国性会议上提交的21篇论文。该著作诠释了美国女性在历史遗迹保护中的作用，目的是呼吁学界对这一课题予以重视，为未来的学术研究提供新的解释视角。这些文章涵盖了五个主题，包括重新书写自然保护的历史，认可女性在自然保护历史中的作用；丰富历史建筑和博物馆中的妇女史；拓宽与妇女史相关的建筑和景观类型的范围；发展诠释、保护与女性相关的景观的战略及清除妇女历史景观保护政策和实践中的障碍。[⑥] 它还指出现有研究的矛盾所在：在妇女史勃然兴起之时，学界肯定了女性在历史发展

---

① 引自 Nancy Unger,"Women and Gender:Useful Categories of Analysis in Environmental History,"in Andrew Isenberg,ed.,*Oxford Handbook of Environmental History*. Oxford University Press,2014,pp. 600～643。

② Vera Norwood,"Disturbed Landscape/Disturbing Processes:Environmental History for the Twenty-First Century."*Pacific Historical Review*,Vol. 70,No. 1(Feb.,2001),p. 84.

③ Richard White,"Environmental History:Watching a Historical Field Mature."*Pacific Historical Review*,Vol. 70,No. 1(Feb.,2001),p. 109.

④ Elizabeth Blum,"Linking American Women's History and Environmental History:A Preliminary Historiography."http://www.h-net.org/～environ/historiography/uswomen.htm(Accessed Dec. 21,2013)

⑤ Gail Lee Dubrow,and Jennifer B. Goodman,eds.,*Restoring Women's History Through Historic Preservation*. Baltimore:Johns Hopkins University Press,2003.

⑥ Gail Lee Dubrow,and Jennifer B. Goodman,eds.,*Restoring Women's History Through Historic Preservation*,p. 4.

中的作用，但并未充分认可女性在历史遗迹保护中的重要地位，也没有准备挑战将女性边缘化的传统观念，史学研究缺乏将性别作为新的解释框架的动力。

环境史研究领域先后出现了几本指南性的参考书，如《美国环境史：哥伦比亚指南》《美国环境史研究指南》（修订后书名改为《美国环境史导论》）及《美国环境史百科全书》等，它们都将性别引入环境史研究中，明确指出女性在美国环境活动中的作用。① 这些都充分表明，性别作为环境史的解释视角已经引起了美国学者的关注。

麦钱特、诺伍德、怀特、布卢姆等学者大力呼吁加强性别和环境史研究，这激发起许多学者，特别是女性学者的兴趣，她们也做出了一定的回应。但遗憾的是，这一问题引起的关注还十分有限。森林史学会（Forest History Society）主办的“环境史书目索引”（Environmental History Bibliography）数据库收录并不断更新关于全球气候变暖、可持续发展、环境正义等方面的著作、文章和学位论文。2013 年，在该数据库中输入“trees”，检索到 10200 个条目，输入“water”检索到 6087 个条目，输入“men”显示 5320 个结果，输入“women”只显示 1675 个结果，输入“gender”也只产生 268 个结果。② 可见，女性和性别在环境史研究中已占据一席之地，亟待深入和拓展。

2. 关于进步主义时期女性与自然资源保护的研究

在美国历史上，女性采用比男性更加丰富的方式与自然建立了亲密的关系。她们既继承了欧洲女性的自然研究传统，又在美国独特的荒野中形成了自身的特点。从早期对家庭花园中各种植物、鸟类、昆虫的关注，到之后在大自然中远足，再到通过文学作品和摄影的形式表达对自然的热爱和关切，都体现出女性对自然与生俱来的情感。到了 19 世纪后期，在自然资源遭到浪费、自然环境被破坏的背景下，女性继续发挥母性情怀和道德责任感，致力于对森林、水资源和鸟类等的保护和对荒野的保留。正是女性的参与使自然变得更具吸引力，女性对自然的诠释也为人们理解自然提供了新的研究视角。这部分主要从综合研究和专题研究两方面展开论述。

---

① Carolyn Merchant, *The Columbia Guide to American Environmental History*. New York: Columbia University Press, 2002; *American Environmental History: An Introduction*. New York: Columbia University Press, 2007; Douglas Cazaux Sackman, ed., *A Companion to American Environmental History*. Malden, MA: Wiley-Blackwell, 2010; Kathleen Brosnan, ed., *Encyclopedia of American Environmental History*. New York: Facts On File, 2010.

② Forest History Society, Environmental History Bibliography, cited in Nancy Unger, "Women and Gender: Useful Categories of Analysis in Environmental History", p. 601.

综合研究

19世纪，美国女性发起了第一次轰轰烈烈的妇女权利运动，为争取自身权利和地位的提升而斗争。她们组建了各类妇女组织，关注并解决社会问题，扩大影响力。这些组织是进步主义时期自然资源保护工作中重要的参与者。美国学界对这一时期女性和自然资源保护的第一类研究就是以女性组织为研究对象，呈现女性在资源保护运动和自然保留运动中做出的贡献。

麦钱特教授于1984年在《环境评论》上发表的《美国进步主义资源保护运动中的女性》①一文是较早地研究这一时期女性与自然资源保护的成果，它高度肯定了女性在资源保护和奥杜邦运动中的贡献。该文以进步主义时期著名的女性组织总联盟、美国革命女儿会、全国妇女河流与港口大会(Women's National Rivers and Harbors Congress)、奥杜邦协会(The Audubon Societies)等为研究对象，分析20世纪初的中产阶级女性如何将传统的家庭角色拓展到自然资源保护中。麦钱特认为，美国没有哪个时期比进步主义时期的资源保护运动更能体现女性自觉的环境保护意识。她提出了如下几个问题：资源保护运动中的女性是谁？其成就、目的、理想是什么？她们如何和男性资源保护者互动？她们为这场运动以及其中的冲突带来了什么样的思想架构？② 麦钱特同时也指出，虽然女性在资源保护运动中发挥了不可忽视的作用，但她们参与资源保护的目的是为了维护“真女性”的传统地位及中产阶级的生活方式，体现的仍然是女性传统的家庭角色，从这一点看，女性的环境保护活动是保守的。

1997年，康涅狄格大学的博士研究生普里西拉·G. 马斯曼(Priscilla G. Massmann)撰写了题为《被忽视的伙伴关系——全国妇女俱乐部总联盟和资源保护运动(1890～1920)》的博士论文③，这是目前唯一一篇研究进步主义时期具有巨大影响力的全国性妇女组织总联盟的资源保护活动的博士论文。马斯曼将女性的活动置于进步主义改革的大背景之下，将总联盟的资源保护活动划分为四个发展阶段，分析总联盟如何通过资源保护影响政府的立法，如何进行公众教育，凸显进步主义女性在资源保护运动

---

① Carolyn Merchant, "Women of the Progressive Conservation Movement, 1900～1916." *Environmental Review*: ER, Vol. 8, No. 1, Special Issue: Women and Environmental History (Spring, 1984), pp. 57～85.

② Carolyn Merchant, "Women of the Progressive Conservation Movement, 1900～1916", p. 58.

③ Priscilla Massmann, "A Neglected Partnership: The General Federation of Women's Clubs and the Conservation Movement, 1890～1920." Ph. D. diss., the University of Connecticut, 1997.

中的贡献和参与公共事务的渴望。

另一部具有影响力的、研究女性和自然的著作是《女性和自然：拯救“荒凉”的西部》[①]，它拓展了麦钱特早期对进步主义时期女性的环境活动的研究，展现了女性在基层环境斗争中的领导作用，并诠释了女权主义同女性环保活动之间的关系。该著作通过研究大量的女性环境活动家来探索女性和自然的关系，突出中上层白人女性在美国西部环境运动和进步主义资源保护运动中的贡献。作者还突出女性通过组织网络、利用政治结构实现自身目标的重要性，指出女性试图突破传统的两分领域的决心，在此过程中，她们的生活也发生了革命性的变化。[②]

环境史学家亚当·罗姆（Adam Rome）教授于2006年发表在《环境史》（*Environmental History*）杂志上的文章《政治的两性同体：进步主义时期美国的性别和环境改革》[③]从性别差异的视角对进步主义时期中上层女性的自然资源保护活动和城市环境改革进行了分析。他认为，这些活动甚至超过了她们对其他一切问题的关注。女性的参与给当时资源保护运动中的男性带来了挑战，即性别危机，这使很多男性改革者选择对女性敬而远之，也使改革的内涵大大缩减。这篇文章不同于女性和环境的传统研究，它从性别差异和性别冲突角度入手，突出了男性和女性在环境活动中的合作和矛盾，为人们理解女性在环境改革中的地位提供了新的视角。

加利福尼亚州圣塔克拉拉大学（Santa Clara University）的南希·C. 昂格尔教授（Nancy C. Unger）在妇女环境史的研究领域占据着重要的位置。昂格尔教授主攻妇女史研究，撰写了一系列有关性别和环境史的著作和文章[④]。这些成果一脉相承，均以性别作为环境史研究的解释框架，回

---

① Glenda Riley, *Women and Nature: Saving the "Wild" West*. Lincoln: University of Nebraska Press, 1999.

② Glenda Riley, *Women and Nature: Saving the "Wild" West*, p. 192.

③ Adam Rome, "'Political Hermaphrodites': Gender and Environmental Reform in Progressive America." *Environmental History*, Vol. 11, No. 3 (Jul., 2006), pp. 440～463.

④ Nancy Unger, "Women, Sexuality, and Environmental Justice in American History," in Rachel Stein, ed., *New Perspectives on Environmental Justice: Gender, Sexuality, and Activism*. Rutgers University Press, 2004, pp. 45～60; "Gendered Approaches to Environmental Justice: An Historical Sampling," in Sylvia Washington, ed., *Echoes from the Poisoned Well: Global Memories of Environmental Justice*. Rowman and Littlefield/Lexington Books, 2006, pp. 17～34; "The Role of Gender in Environmental History." *Environmental Justice*, Vol. 1, No. 3 (Sep., 2008), pp. 115～120; "Women and Gender: Useful Categories of Analysis in Environmental History," in Andrew Isenberg, ed., *Oxford Handbook of Environmental History*. Oxford University Press, 2014, pp. 600～643; *Beyond Nature's Housekeepers: American Women in Environmental History*. Oxford: Oxford University Press, 2012.

顾了美国女性在环境发展史上的活动和地位，突出性别视角在环境史分析中的重要性。昂格尔教授的著作《超越自然的管家：环境史中的美国女性》集中体现了她的观点，该著作跨越了广阔的时空，涵盖了荒野、城市及郊区等方面的问题。她提出性别因素影响两性对环境的态度，认为女性和环境的互动是一个复杂的过程，受到很多因素的影响，譬如时代背景、年龄、种族、婚姻状况、认知、职业、经济地位等。因此研究女性和环境时不能仅仅局限于二者本身，应置于更广阔的背景之下进行考察。[①] 该书的第四章《自然的管家：资源保护运动和环境意识的推动者——进步主义时期的女性》(Nature's Housekeepers: Progressive-era Women as Midwives to the Conservation Movement and Environmental Consciousness) 对 19 世纪末 20 世纪初女性的环境保护活动，包括火灾防御、河流保护、荒野保护、鸟类保护、城市环境改革等进行了概述。

专题研究

对进步主义时期女性和自然资源保护的第二类研究则集中于专题研究，包括女性与自然研究运动、女性对鸟类的保护及女性对国家公园建设做出的贡献。

自然研究运动[②]诞生于 19 世纪 80 年代。它的提倡者认为自然研究有两个目的：通过研究自然发现真理，丰富人类的知识；使人类对自然形成系统的认识，增添人类的生存乐趣。他们认为自然研究是一种科学行为，可以给个人和社会带来效益。自然研究是进步主义教育改革的一部分，希望通过向年轻人传授自然知识来丰富他们的精神和道德；同时自然研究也是资源保护运动的一个内容，旨在通过教育的方式提高美国公众保护自然的意识。

事实上，女性的自然研究传统远远早于自然研究运动的兴起，这源于女性与生俱来的同自然不可分割的联系。如上所述，美国女性研究自然的活动最初发生于其家庭花园中，之后才是广阔的大自然。首先，女性对植

---

① Nancy Unger, *Beyond Nature's Housekeepers: American Women in Environmental History*, p. 9.

② 自然研究运动(the Nature-Study Movement)或称自然研究(Nature Study or Nature-Study)是 19 世纪末 20 世纪初美国的一场公众教育运动，旨在通过加强学校的自然研究教育，引导学生们增强对自然的热爱，从而达到保护自然的目的。该运动的宗旨是“研究自然，而非书本”(study nature, not books)，它改变了学校有关科学的教育方法，强调从有形物质中获取知识。代表人物有路易斯·阿加西斯(Louis Agassiz)、安娜·B. 科姆斯托克(Anna B. Comstock)、利伯蒂·H. 贝利(Liberty H. Bailey)等。女性在这场运动中扮演了多种角色，如教师、运动的发起者、组织者等。

物研究情有独钟。《“植物学是最适合维多利亚年轻女性的科学思想”的观点是如何形成的》一文讲述了1826～1846年美国女性对植物学的兴趣和热爱，是较早的探析女性与自然研究的成果。“植物学适合传统女性”的观点来自18世纪的欧洲。这种观点传播到美国后，深刻影响了美国女性和美国社会。人们普遍认为植物学是适合女性的一种科学形式，植物学应引进女子学校中，[①]这符合女性的传统角色。因而，在19世纪前半期，大部分植物学家都是女性，这为以后女性进一步开展自然研究活动奠定了基础。

诺伍德的文章《女性在自然研究和环境保护中的作用》[②]以19世纪的几位女性作家苏珊·F.库珀(Susan F. Cooper)、阿尔迈拉·哈特·林肯·费尔普斯(Almira Hart Lincoln Phelps)和她的姐姐埃玛·威拉德(Emma Willard)、安娜·B.科姆斯托克(Anna B. Comstock)、玛丽·特里特(Mary Treat)、海伦·劳森(Helen Lawson)、威廉·斯塔尔·达纳夫人(Mrs. William Starr Dana)、艾丽斯·伊斯特伍德(Alice Eastwood)、弗洛伦丝·M.贝利(Florence M. Bailey)及她们的自然文学作品为研究对象，回顾了这些女性的自然研究理念以及开展的活动，揭示了她们的积极参与对于19世纪末20世纪初资源保护运动和自然保留运动的推动作用。

凯文·C.阿米蒂奇(Kevin C. Armitage)的博士论文《认识自然：自然研究和美国人的生活：1873～1923》[③](2009年出版)不仅系统考察了美国自然研究的历史发展，以此来折射工业化的社会环境，而且分析了女性在自然研究运动中的重要作用。他以美国现代科学传统著名的奠基人路易斯·阿加西斯(Louis Agassiz)的第二任妻子伊丽莎白·C.阿加西斯(Elizabeth C. Agassiz)和自然研究著名的女性领袖安娜·B.科姆斯托克(Anna B. Comstock)为研究对象，反映了女性对在自然研究中获取一席之地的渴望。帕梅拉·M.亨森(Pamela M. Henson)的文章《从书本到自然：安娜·B.科姆斯托克和自然研究运动》[④]则以科姆斯托克及其作品为研究对象，分析她的自然研究活动，阐释这些活动如何帮助她从自然研究

① Emanuel D. Rudolph, "How It Developed that Botany was the Science Thought Most Suitable for Victorian Young Ladies." *Children's Literature*, Vol. 2(1973), pp. 92～97.

② Vera Norwood, "Women's Roles in Nature Study and Environmental Protection." *OAH Magazine of History*, Vol. 10, No. 3, Environmental History(Spring, 1996), pp. 12～17.

③ Kevin C. Armitage, "Knowing Nature: Nature Study and American Life, 1873～1923." Ph. D. diss., University of Kansas, 2004; Kevin C. Armitage, *The Nature Study Movement: the Forgotten Popularizer of America's Ethic*. Lawrence: University Press of Kansas, 2009.

④ Pamela Henson, "Through Books to Nature: Anna Botsford Comstock and the Nature Study Movement," in B. T. Gates, and Ann B. Shteir, eds., *Natural Eloquence: Women Reinscribe Science*. Madison, Wis.: University of Wisconsin Press, 1997, pp. 116～142.

的边缘走向主流。

美国著名的文学和环境研究专家卡伦·L. 基尔卡普(Karen L. Kilcup)教授主要教授和研究19世纪末20世纪初的美国文学。她创作出大量有关自然的文学作品,她的著作《倒下的森林:美国女性环境文学中的情感、化身和伦理,1781～1924》[①]主要以18、19世纪的女性环境文学为研究对象,体现女性文学如何理解女性和自然的关系、女性作家如何回应环境活动等。这本书是生态批评、生态女权主义和女性话语交汇的产物,它按照时间顺序,每章围绕一个有关自然的主题和相关的作者,分析来自不同背景、不同种族的女性撰写的自然文学作品,试图在19世纪女性环境作家的作品中找到对现代环境关怀的根源,从而反映女性同环境的关系。基尔卡普的主要观点是自然和文化是两个复杂的、相互关联的内容,自然世界甚至可以反映基于政治、性别、阶层等的思想意识,许多女性作家将对自然的统治同殖民主义、帝国主义以及对妇女、工人阶级的态度联系在一起,以此来体现人类同自然的关系。

除文学作品外,19世纪的很多女性通过摄影的方式体现出对自然的情愫。女性摄影史专家彼得·E. 帕姆奎斯特(Peter E. Palmquist)在其文章中指出,19世纪很多女性从事摄影工作,但是这一领域被学者们所忽视。[②] 他对19世纪活跃于加利福尼亚的8500个摄影师和团体进行了研究,其中女性占10%。他选取其中比较著名的女性作为代表,体现女性对大自然的关注,但总体来看这篇文章涉及的女性与自然摄影的材料较少,这也说明关于女性和自然摄影的研究非常匮乏。

鸟类保护是美国进步主义时期自然资源保护的一项重要内容。19世纪八九十年代,羽毛时尚达到顶峰,大量鸟类被捕杀,旨在保护鸟类的奥杜邦运动诞生。女性通过宣传鸟类保护思想、建立鸟类保护项目、推动鸟类保护立法的通过等方式参与到奥杜邦运动中。得克萨斯大学奥斯汀分校的罗宾·W. 道蒂(Robin W. Doughty)教授的著作《羽毛时尚和鸟类保护:关于自然保护的一项研究》[③]是最早研究(1880～1920年)鸟类保护的成果。道蒂教授主要探讨了旨在禁运羽毛的1913年《安德伍德关税法》(Underwood Tariff)颁布的背景和过程,突出了美国公众对羽毛贸易的反

---

① Karen L. Kilcup, *Fallen Forests: Emotion, Embodiment, and Ethics in American Women's Environmental Writing, 1781～1924*. Georgia: University of Georgia Press, 2013.

② Peter E. Palmquist, "Pioneer Women Photographers in Nineteenth-Century California." *California History*, Vol. 71, No. 1(Spring, 1992), pp. 110～127.

③ Robin W. Doughty, *Feather Fashions and Bird Preservation: A Study in Nature Protection*. Berkeley: University of California Press, 1975.

对及鸟类保护在全社会引起的大辩论。这部著作虽然未强调女性在鸟类保护中的作用,但它为鸟类保护的进一步研究提供了重要参考。

奥杜邦运动经历了两个发展阶段。作为第一阶段奥杜邦运动的发起者和第一个奥杜邦协会的创建者,乔治·伯德·格林内尔(George Bird Grinnell)鼓励并支持女性参与鸟类保护运动。2010 年,麦钱特教授在《环境史杂志》上发表的题为《乔治·伯德·格林内尔的奥杜邦协会:跨越资源保护中的性别差异》①的文章充分肯定了格林内尔对消除传统的性别差异的贡献。在奥杜邦运动中,格林内尔意识到女性产生的社会影响力,力图激发女性保护鸟类的热情,消除两性间的差异,加强二者的合作,促进鸟类保护事业的顺利开展。格林内尔的奥杜邦运动不仅将女性充分发动起来,更重要的是推动了第二阶段更广泛的以女性为主体的奥杜邦运动的兴起。

作为第二阶段奥杜邦运动的发起者,波士顿上流社会的女性哈丽雅特·L. 海明威(Harriet L. Hemenway)不仅于 1896 年创建了马萨诸塞州奥杜邦协会,其影响力还波及全国,促使其他各州的女性纷纷建立了奥杜邦协会,全面引发了奥杜邦运动的复兴。《在毛皮之前:羽毛激起了改革者的愤怒》②和《摆脱时尚:哈丽雅特·海明威和奥杜邦协会》③两篇文章以哈丽雅特和她成立的奥杜邦协会为研究对象,探讨该协会创建的背景、过程及其鸟类保护活动,肯定了哈丽雅特及其领导下的女性在鸟类保护中的贡献及在全国的影响力。

梅布尔·奥斯古德·赖特(Mabel Osgood Wight)是奥杜邦运动中具有重要影响力的女性。她不仅撰写了大量关于鸟类的文章,而且活跃于奥杜邦协会的各项活动中。《鸟类保护的制度化:梅布尔·奥斯古德·赖特和早期的奥杜邦运动》④即以赖特为例,阐释女性在鸟类保护中的作用,以此来凸显女性试图突破传统角色的愿望。

进步主义时期的鸟类保护活动主要通过各州的奥杜邦协会展开,佛罗里达奥杜邦协会(The Florida Audubon Society,下面简称 FAS)是其中比

---

① Carolyn Merchant,"George Bird Grinnell's Audubon Society:Bridging the Gender Divide in Conservation." *Environmental History*, Vol. 15, No. 1(Jan. ,2010), pp. 3～30.

② Joseph Kastner,"Long before furs:It was Feathers that Stirred Reformist Ire." *Smithsonian*, Vol. 25, No. 4(Jul. ,1994), pp. 9～15.

③ Kathy S. Mason,"Out of Fashion:Harriet Hemenway and the Audubon Society,1896～1905." *Historian*, Vol. 65, No. 1(2002), pp. 1～15.

④ Linda C. Forbes, and John M. Jermier,"The Institutionalization of Bird Protection:Mabel Osgood Wright and the Early Audubon Movement." *Organization & Environment*, Vol. 15, No. 4 (Dec. 2002), pp. 458～465.

较著名的鸟类保护协会之一。《早期佛罗里达州奥杜邦协会中的女性》①以这一协会中几位突出的女性为例，回顾了 FAS 成立之后女性的具体活动，折射出 20 世纪初资源保护运动的日益壮大，也反映了当时众多中产阶级女性追求理想、改善社区环境的目标。

国家公园是美国进步主义时期自然资源保护的另一项重要内容，女性在其中的贡献常被遗忘。波利 · W. 考夫曼(Polly W. Kaufman)的文章《挑战传统：国家公园管理局中的女性博物学家先驱》②以著名的约塞米蒂、黄石、落基山、雷尼尔山、大峡谷等国家公园为例，探析 1916 年国家公园管理局成立后，接受过良好教育且具备一定自然知识的女性试图在国家公园中承担相关工作的过程。考夫曼注意到，女性在国家公园中从事一定职业仍具较大难度，尽管她们取得了许多成就，但"女性恰当的位置"(woman's place)这一理念仍影响着国家公园体系。

考夫曼的著作《国家公园和女性的声音》③则全面考察了国家公园管理局的女性成员对国家公园、山脉、历史遗迹等的保护活动。考夫曼通过采访管理局的职员和他们的妻子并参考公园女性的传记，记录了女性在管理局成立和发展中的活动，以透视从 19 世纪 50 年代至今女性在国家公园体系中的地位的演变：从公园保护的边缘逐渐成为市民组织和政府机构的领导人。考夫曼利用丰富的材料，从较少被人关注的女性视角考察自然，为国家公园的研究增添了亮点。尽管男性仍然是国家公园的主力，但考夫曼认为众多女性的参与改变了国家公园的"军事、骑士色彩"④，其女性视角也为国家公园的研究增添了亮点。

综上所述，从 20 世纪 90 年代后，随着环境史研究同社会史、文化史等相结合，其研究视角也得到了丰富，性别、阶级等因素也成为研究环境问题的重要内容，女性在历史上开展的与自然相关的工作也得到了认可。但是，该问题比现有研究内容更为宽广和复杂，未来的研究需要挖掘更多的材料，从研究宽度和深度方面进行进一步拓展。

---

① Leslie Kemp Poole, "The Women of the Early Florida Audubon Society: Agents of History in the Fight to Save State Birds." *The Florida Historical Quarterly*, Vol. 85, No. 3 (Winter, 2007), pp. 297～323.

② Polly Welts Kaufman, "Challenging Tradition: Pioneer Women Naturalists in the National Park Service." *Forest & Conservation History*, Vol. 34, No. 1(Jan., 1990), pp. 4～16.

③ Polly Welts Kaufman, *National Parks and the Woman's Voice: A History*. Albuquerque: University of New Mexico Press, 1997.

④ Polly Welts Kaufman, *National Parks and the Woman's Voice*: A History, p. xvi.

3. 关于进步主义时期女性与城市环境改革的研究

进步主义时期,美国的工业城市面临巨大的环境问题:卫生条件恶劣,基础设施薄弱,废弃物无法得到合理的处置,空气浑浊,水资源被污染,城市缺乏规划等。整个城市陷于脏乱差的状况,一系列的城市问题困扰着社会改革者。作为"城市管家"的女性承担起"社会维护者"(social conservator)的职责,对环保主义做出了比男性更宽泛的界定,自觉加入城市环境改革的潮流之中,在垃圾清理、空气污染治理、公共卫生和工业环境改善等方面做出了积极的贡献。传统的环境史研究多关注对自然资源的保护,城市徘徊在该领域的边缘。直到 20 世纪 90 年代,城市环境史才日渐成为美国环境史研究的重要领域。[①] 而最初研究城市环境史的学者往往只关注男性改革者的主导作用,忽视了女性在城市环境改革中的经历及她们同市政府及市民之间的关系。事实上,进步主义时期的城市改革不仅汇集了专家的观点,而且体现了女性将城市塑造为理想的家庭环境的理念。[②]

在众多研究成果中,加利福尼亚大学的城市和环境政策专家罗伯特·戈特利布(Robert Gottlieb)的著作《呼唤春天:美国环保运动的演变》[③]可以说是环境保护研究较全面的一部专著,他的贡献在于对传统、主流环境史的颠覆。以往的研究多集中于资源保护运动和自然保留运动,忽视了城市环境的改革,而戈特利布的著作则弥补了传统研究的缺憾。首先,戈特利布认为环境运动可以上溯到 19 世纪末的工业化、城市化、边疆消失之时,它是一场遍及城乡的社会运动。它不仅关注荒野保护及自然资源的利用和有效管理,而且还反对污染、维护公众的身心健康。[④] 戈特利布提供了一种对环保运动的全新理解,有力地推动了环境史与社会史的融合。其次,戈特利布明确表示,环保运动来源于基层公民组织,而非主流的环境组织,并关注性别、阶级、种族等因素的作用。他以几位著名的女性活动家简·亚当斯、艾丽斯·汉密尔顿、玛丽·麦克道尔(Mary McDowell)、弗洛伦丝·凯利(Florence Kelly)为例,突出女性在城市环境改革中的影响力。

另一位研究女性和城市环境的专家莫林·弗拉纳根(Maureen Flana-

---

① 高国荣:《美国环境史研究呈现三大趋势》,《中国社会科学报》,2015 年 11 月 16 日,第 845 期。

② Marlene Stain Wortman,"Domesticating the Nineteenth-Century American City."*Prospects*,Vol. 3(Oct.,1978),p. 532.

③ Robert Gottlieb,*Forcing the Spring:The Transformation of the American Environmental Movement*. Washington:Island Press,2005.

④ 高国荣:《近二十年来美国环境史研究的文化转向》,《历史研究》,2013 年第 2 期,第 119 页。

gan)①高度评价了女性在环境史上的地位，指出女性是社会的主动参与者，而非男性的被动回应者。她的文章《可获利的、宜居的城市：20 世纪前 10 年芝加哥的环境政策、性别和权力》从三个方面重新诠释了女性和城市环境史之间的关系。首先，弗拉纳根认为，任何研究进步主义时期的环境活动的论著必须考虑到女性团体的作用以及她们提出的与男性对立的观点及采取的手段；第二，文章试图改变以男性为中心的传统研究，将女性作为城市环境的主动者加以研究；第三，文章从性别对比的角度分析女性和男性在环境改革方面存在的差异。弗拉纳根的另一篇文章《性别与城市政治改革：进步主义时期的芝加哥城市俱乐部和芝加哥妇女城市俱乐部》同样以芝加哥为例，选取城市俱乐部（男性组织）和妇女城市俱乐部（女性组织）为研究对象，通过分析两个俱乐部的公告、年鉴、报告等，从具体到抽象，诠释男性和女性在环境认知和行为方面的差异。

虽然上述两位学者的研究角度不同，但二者均肯定了女性在城市环境改革中的作用。这一问题也引起了美国其他学者的重视，相关研究成果相继出现。从内容上看，这些成果主要集中于对女性与城市卫生改革、反烟雾运动、社区改良和城市规划等方面的研究，该部分将从这四个方面对现有研究进行梳理。

城市公共卫生改革是进步主义时期女性最重要的城市改革活动，也是美国城市环境史关于女性研究最多的内容。萨伦 · M. 霍伊（Suellen M. Hoy）撰写的文章《城市管家：女性在城市卫生改进中的作用，1880～1917》②利用报纸报道、刊物上发表的文章、女性编写的小册子等一手资料，介绍了这段时期女性的城市卫生改革活动，包括清理街道、视察市场、反对煤烟、净化水源、处理废弃物等。霍伊认为这些女性往往满足于作为母亲和家庭主妇的传统社会角色，试图将其家庭责任延伸到社会领域，通过教育劝导的方式改善生存条件，提升社会道德，而非真正触碰社会不平等的根源。从这一点上看，她们的行为是保守的。事实上，除了参与街道

---

① Maureen A. Flanagan, "The City Profitable, The City Livable: Environmental Policy, Gender, and Power in Chicago in the 1910s." *Journal of Urban History*, Vol. 22, No. 2 (Jan., 1996), pp. 163～190; "Gender and Urban Political Reform: The City Club and the Woman's City Club of Chicago in the Progressive Era." *American Historical Review*, Vol. 95, No. 4 (Oct., 1990), pp. 1032～1050; "Women in the City, Women of the City: Where Do Women Fit in Urban History?" *Journal of Urban History*, Vol. 23, No. 3 (Mar., 1997), pp. 251～259.

② Suellen M. Hoy, "Municipal Housekeeping: The Role of Women in Improving Urban Sanitation Practices, 1880～1917," in Martin V. Melosi, ed., *Pollution and Reform in American Cities, 1870～1930*. Austin: University of Texas Press, 1980, pp. 173～198.

清理这种类似于家庭责任的活动外，还有一些妇女组织譬如纽约市妇女城市联盟(the Women's Municipal League in New York City)已经注意到卫生工作者恶劣的工作环境，她们更关注对这些工人及家庭的保护，并试图通过立法保证卫生改革的顺利推进。从这方面讲，女性的改革又突破了保守的范畴。

霍伊撰写的《消除污垢——美国人对清洁的追求》①一书是第一部全面记录美国卫生改革历史的著作，展现了从内战后到20世纪50年代美国人追求清洁的历程。该书不仅记载了中产阶级的理想和习惯，而且强调了中产阶级女性作为清洁的代言人在开展公共卫生运动、追求清洁的历史沿革中发挥的重要作用。霍伊重点以领导这场运动的组织和个人为研究对象，分析了他们的理念、政策和行动。《消除污垢——美国人对清洁的追求》一书同时也涉及阶级、种族等方面的问题，解读了改革者如何向贫民、有色人种、乡村居民及移民推销中产阶级价值观的过程。

反煤烟运动是进步主义时期女性进行城市公共卫生改革的一项重要内容。最早提及这一时期女性反煤烟运动的是罗伯特·戴尔·格莱因德(Robert Dale Grinder)。他的博士论文以1880年到一战为研究时段，以煤烟问题为研究对象，探析了这一时期反煤烟运动的发展历程，并肯定了女性在反煤烟运动中的贡献。② 女性认为，煤烟污染威胁到人们的健康及社会道德，她们借助俱乐部的形式，号召民众培养反煤烟意识，推动反煤烟法令的通过。遗憾的是，作者对女性的作用语焉不详，对于女性的动机、具体的活动以及活动的效果并没有进行详细的论述。

对于早期反煤烟运动的研究，辛辛那提大学的城市环境史专家戴维·斯特拉德林(David Stradling)教授的著作③无疑是最全面的作品之一，这本书是在其博士论文④的基础上撰写而成的。该书从煤烟产生的根源、对城市环境造成的影响、反煤烟运动的兴起与发展以及运动的主要参与者等方面展开论述，展现了反煤烟运动的演变。作者将该运动划分为三个发展阶段。在第一阶段中，中、上层女性是主要参与者。她们通过研究、宣传、游

---

① Suellen M. Hoy, *Chasing Dirt: the American Pursuit of Cleanliness*. New York: Oxford University Press, 1995.

② Robert Dale Grinder, "The Anti-smoke Crusades: Early Attempts to Reform the Urban Environment, 1883～1918." Ph. D. diss., University of Missouri-Columbia, 1973, pp. 95～102.

③ David Stradling, *Smokestacks and Progressives: Environmentalists, Engineers and Air Quality in America*, 1881～1951. Baltimore: The Johns Hopkins University Press, 1999.

④ David Stradling, "Civilized Air: Coal, Smoke, and Environmentalism in America, 1880～1920." Ph. D. diss., the University of Wisconsin-Madison, 1996.

说、诉诸法律的方式，以健康和洁净为由与产生煤烟的工厂斗争，要求降低煤烟的排放量，试图建立一种繁荣、安全、健康、美丽并重的环境观。但斯特拉德林指出，由于女性的斗争从技术角度讲不够专业，科学性不强，因而到1910年之后，也就是反煤烟运动的第二阶段，女性的主导地位逐步被男性工程师等技术人员和专家所取代。他认为，尽管女性在改变人们对煤烟的认知方面起到了关键作用，但她们并未触及环境问题的根源——生产的道德伦理及社会制度本身。这部著作的最大特点在于作者将反煤烟运动置于整个环境保护及社会改革背景之下，既分析了改革者身份的变迁，又指出改革取得的成效及其局限性。这部著作对于读者了解城市污染和环境改革来说是一部难得的佳作。

芝加哥洛约拉大学的哈罗德·L. 普拉特(Harold L. Platt)教授和芝加哥大学的安杰拉·古廖塔(Angela Gugliotta)的文章则侧重个案研究，主要分析了性别认知和煤烟治理之间的关系。普拉特以芝加哥的反煤烟运动为研究对象，分析了女性在反煤烟斗争中扮演的角色以及同政治之间的关系，[①]反映出不同性别对煤烟影响的认知。在这场辩论中，以查尔斯·H. 塞盖拉夫人(Mrs. Charles H. Sergel)为首的反煤烟联盟(Anti-Smoke League)将这场最初只是专家们关于技术的辩论转变为一场广泛的政治运动。古廖塔的文章从性别认知视角对比研究男性和女性在环境活动中的表现，这是其博士论文[②]所研究的几个主题之一。文章对匹兹堡的煤烟污染和治理进行了研究，重点对比技术工人和妇女健康保护协会这两股力量在反煤烟斗争中的合作和矛盾，从性别认知视角体现男性和女性在环境活动中的异同。[③]

从以上研究可以看出，这几位学者都承认女性是城市环境改革的重要力量，但他们认为，自称"城市管家"的女性的社会工作只是其家庭责任的延伸，她们环境改革的手段是将环境质量同公共卫生、审美紧紧联系在一起，将这看作生活的必需品，其目的往往是维护中产阶级的生活方式。从这点上来看，女性的改革是保守的。正因为如此，女性的反煤烟运动在1910年之后逐步减弱，被专家和工程师等专业人士的改革所取代。

---

① Harold L. Platt,"Invisible Gases: Smoke, Gender, and the Redefinition of Environmental Policy in Chicago, 1900～1920." *Planning Perspectives*, Vol. 10, No. 1(1995), pp. 67～97.

② Angela Gugliotta,"'Hell with the Lid Taken Off': A Cultural History of Air Pollution-Pittsburgh." Ph. D. diss., University of Notre Dame, 2004.

③ Angela Gugliotta,"Class, Gender, and Coal Smoke: Gender Ideology and Environmental Injustice in Pittsburgh, 1868～1914." *Environmental History*, Vol. 5, No. 2(Apr., 2000), pp. 165～193.

社区改良运动是美国进步主义时期最重要的社会运动之一，它起源于19世纪80年代，兴盛于20世纪20年代的英国和美国，其目的是通过建立“安置所”(settlement houses)向城市贫民提供教育、日托、卫生、健康、医疗保健等服务，以改善他们的生存条件。到19世纪20年代，美国共有大大小小的安置所500余个，其中以波士顿、芝加哥和纽约市的安置所最著名，成为其他地区效仿的典范。社区改良运动是美国社会改革中比较成功的案例，为美国福利社会的建立奠定了基础。

《改革的急先锋：社区改良和进步主义运动，1890～1914》[①]是最早全面研究美国社区改良运动的著作之一。它以波士顿、芝加哥、纽约市的社区改良运动为研究范本，通过分析改良工作者的思想和活动彰显他们对这一时期社会改革的影响。这部著作按照不同的主题进行分类，涵盖了公共教育、城市规划、住房、工人运动、儿童、女工、市政改革等问题，并对几位有影响力的女性改革家进行了重点剖析，包括简·亚当斯、艾丽斯·汉密尔顿、玛丽·麦克道尔、弗洛伦丝·凯利等。女性的活动促使她们从家庭、社区逐渐走向城市、州及联邦层面，进而涉足政治领域。作者认为这一时期的改革深深地影响了现代社会的福利工作者和城市改革家，为他们提供了经验和教训。该书利用大量的手稿、通信、出版的小册子、报纸报道等，为读者提供了丰富的参考资料。

另一部著作《社区改良活动家：社会思想和美国的社区改良运动，1885～1930》[②]通过研究运动中主要活动家的思想和经历，展现出社区改良在体现和推进维多利亚价值观方面的关键作用。[③] 这是一部将社会史和思想史相结合的论著，为研究社区改良运动及其在美国改革文化中的地位提供了新的视角。社区改良工作的领导者多为女性，该书旨在让读者看到运动的成功其实来源于这些女性的成功，她们为男性同事和之后的追随者树立了典范。虽然本书过于强调维多利亚时代价值观的延续，忽视了其他社会和文化因素的作用，但它仍大大地帮助读者从另外一个角度理解这一改革。

鲁思·H. 克罗克(Ruth H. Crocker)的著作《社会工作和社会秩序：

---

① Allen F. Davis, *Spearheads for Reform: The Social Settlements and the Progressive Movement, 1890～1914*. New Brunswick, N. J.: Rutgers University Press, 1984.

② Mina Carson, *Settlement Folk: Social Thought and the American Settlement Movement, 1885～1930*. Chicago: University of Chicago Press, 1990.

③ Mina Carson, *Settlement Folk: Social Thought and the American Settlement Movement, 1885～1930*, p. xi.

两个工业城市的社区改良运动，1889～1930》①不同于传统的研究社区改良的作品，它并没有以著名的安置所为研究对象，而是深入阐释了书中所说的“二级”安置所——印第安纳州首府印第安纳波利斯(Indianapolis)和加里(Gary)这两个城市的社区改良运动，来体现种族、性别、阶级、福音派教义、美国化、商业合作、新教和罗马教的紧张关系等因素对社区改良运动的影响。虽然著作的题目是《社会工作和社会秩序》，但克罗克不接受传统意义上社会控制的思想，她试图从另外一个角度阐释社区改良运动的兴起。她的贡献就在于向读者展示了社区改良运动的多样性。

从上述研究可以看出，关于社区改良运动的研究比较宽泛。城市环境问题例如垃圾处理、空气污染治理、工人健康等都是该运动关注的问题，但目前仍未有专门的研究成果面世。

美国的城市规划是城市环境改革的重要内容，它发轫于19世纪末。研究城市规划的很多学者认为并不存在规划的“女性奠基者”，忽略了女性在城市规划中的作用，事实上并非尽然。城市环境史学家威廉·H. 威尔逊(William H. Wilson)在其著作《城市美化运动》②中提出了影响城市美化运动的三股力量：景观设计师弗雷德里克·L. 奥姆斯特德(Frederick L. Olmsted)的活动、城市改进运动的发展以及1893年芝加哥世界博览会的召开。他指出，女性在城市改进运动中发挥了重要的作用，因为19世纪末的城市改进是乡村改进运动发展的结果，而后者正是妇女俱乐部活动的一项重要内容，它是女性试图影响社会、树立公众形象的手段。虽然威尔逊肯定了女性在城市美化中的地位，但语焉不详，并没有进行深入研究。

另一位学者苏珊·维克(Susan Wirka)坚定地肯定了女性在美国城市规划运动中的突出贡献。她声称，20世纪初著名的女性活动家发起了一场城市社会运动③。这场社会运动重点关注由于社会和经济不公而产生的城市问题。维克主要探析了玛丽·K. 西姆柯维奇(Mary K. Simkhovitch)和弗洛伦丝·凯利在推动美国早期城市规划兴起过程中的作用，肯定了女性将社会服务和城市规划相结合的理念，丰富了传统规划史的研究。

---

① Ruth Hutchinson Crocker, *Social Work and Social Order: The Settlement Movement in Two Industrial Cities, 1889～1930*. Urbana: University of Illinois Press, 1992.

② William H. Wilson, *The City Beautiful Movement*. Baltimore: Johns Hopkins University Press, 1989.

③ Susan Marie Wirka, "The City Social Movement: Progressive Women Reformers and Early Social Planning," in Mary Corbin Sies and Christopher Silver, eds., *Planning the Twentieth-Century American City*. Baltimore: Johns Hopkins University Press, 1996, pp. 57～75.

《城市美化再探:19世纪城市改进分析》[1]回顾了女性在城市美化的起源之一——城市改进运动中的努力。大多数研究认为城市美化主要由中产阶级白人男性发起,他们在特定的政治经济框架内采取以效率和审美为目标的专业手段,达到改良环境的目的,这些研究将女性排除在城市美化之外。但文章认为,虽然女性并不具备城市美化的专业性特征,但他认为女性在城市美化的兴起和发展过程中的作用不可忽视。妇女俱乐部的改进工作通常独立于男性改革者,以社区成员合作为模式一直持续到进步主义时期,并未随着城市美化的衰落而消失。19世纪中期,女性们发起了乡村改进运动,这是她们参与城市美化的最初体现。女性的活动获得了广泛的认可,并达成了这样的社会共识:女性比男性更善于与公众、市政官员、商人等打交道。[2] 文章认为,女性的这些改进活动试图寻找解决问题的直接方法,简单而有效,这样也导致她们同男性的活动渐行渐远。在女性乡村改进俱乐部的基础之上,1898年全国性的改进组织成立,由男性担任领导,逐渐将城市美化专业化,这样便将女性成功排除出去。她们只能通过地方性的协会继续进行城市美化活动,但遗憾的是,女性的贡献并未得到全国性的城市美化组织的认可。但作者肯定的一点是,女性依然全身心地投入其中并推动城市美化运动的发展。

4. 对进步主义时期环境保护中女性活动家的研究

进步主义时期涌现出大量致力于环境保护的女性活动家,如埃伦·H. 斯沃洛、米拉·L. 多克、艾丽斯·汉密尔顿、简·亚当斯、卡罗琳·B. 克兰、玛丽·麦克道尔等,她们大都接受了良好的教育,致力于自然研究、资源保护和城市环境改革,推动了环境的改善和社会公正的建立,是美国环境史研究的一项重要内容。

斯沃洛(婚后名为埃伦·斯沃洛·理查兹)是19世纪美国著名的女性环保主义者,是首位被麻省理工学院接收的女学生。她一生致力于环境科学的研究,对新生的家政学(home economics)和进步主义时期的家政改革(housekeeping reforms)均产生了深远的影响。研究斯沃洛的第一部传记是由她的朋友卡罗琳·亨特(Caroline Hunt)撰写、于1912年出版的《埃伦·H. 理查兹的生平》[3]。这部著作使用了大量的图片、斯沃洛的日记、信件

---

① Bonj Szczygiel, "'City Beautiful' Revisited: An Analysis of Nineteenth-Century Civic Improvement Efforts." *Journal of Urban History*, Vol. 29, No. 2(Dec., 2003), pp. 107~132.

② Bonj Szczygiel, "'City Beautiful' Revisited: An Analysis of Nineteenth-Century Civic Improvement Efforts", p. 116.

③ Caroline Louisa Hunt, *The Life of Ellen H. Richards*. Boston: Whitcomb & Barrows, 1912.

等再现了斯沃洛从童年时期到迟暮之年的故事，是读者全面了解斯沃洛及其时代背景不可多得的一部作品。另外一部研究斯沃洛的传记《埃伦·斯沃洛——一位创立生态学的女性》[①]出版于1973年，这时正是环保运动和妇女解放运动发展的高潮时期。与第一部传记相比，该书并没有从家政学视角突出斯沃洛的活动，而是重点阐释了她在生态学、科学方面的贡献及她对现代环境运动的奠基作用。最近研究斯沃洛的著作是《埃伦·S. 理查兹不平凡的一生——科学和技术研究的先驱》[②]，该书为读者呈现出斯沃洛在环境科学方面取得的诸多成就。从这些传记可以看出，学界对斯沃洛的研究经历了从全面、宽泛到逐渐专门化的转变，既从整体上介绍了她的生平，又剖析了她对进步主义时期乃至19世纪六七十年代环保运动的贡献，为人们了解女性的历史贡献提供了重要参考。

多克是进步主义时期著名的女性自然资源保护者。作为一名演说家、俱乐部妇女、公职人员，多克广泛参与了资源保护运动。作为宾夕法尼亚州林业委员会(the Pennsylvania State Forest Commission)的首批成员之一，她协助制定了诸多政策。她同各级妇女组织共同协作，极大地教育和鼓舞了女性资源保护者。威廉·H. 威尔逊的文章专门论述了多克在宾夕法尼亚首府哈里斯堡(Harrisburg)的城市美化过程中的贡献。[③] 苏珊·瑞比(Susan Rimby)的著作《米拉·L. 多克和进步主义时期的资源保护运动》[④]则更加全面地分析了多克在森林保护、城市美化、女权运动等方面的贡献及其对后世的影响，从而体现出中产阶级女性的社会角色。多克的资源保护生涯反映出进步主义时期女性工作的广泛性，既包括自然教育、森林保护，又包括城市卫生改革和公众健康等。瑞比将环境史和妇女史相结合，肯定了女性在资源保护中的作用，同时也展现出女性在19世纪末20世纪初所面临的机遇和困境。

进步主义时期的职业健康和安全(occupational health and safety)是一个极少被人关注的环境问题。工业化导致城市中的大量人口涌入工厂，

---

① Robert Clarke, *Ellen Swallow: The Woman Who Founded Ecology*. New York: Follett, 1973.

② Pamela Curtis Swallow, *The Remarkable Life and Career of Ellen Swallow Richards: Pioneer in Science and Technology*. Hoboken, New Jersey: Wiley, 2014.

③ William H. Wilson, "'More Almost than the Men': Mira Lloyd Dock and the Beautification of Harrisburg." *The Pennsylvania Magazine of History and Biography*, Vol. 99, No. 4(Oct., 1975), pp. 490～499.

④ Susan Rimby, *Mira Lloyd Dock and the Progressive Era Conservation Movement*. University Park, Pennsylvania: The Pennsylvania State University Press, 2012.

但工人的工作环境和健康问题并未得到相应的关注。著名的毒理学家、环保主义者艾丽斯·汉密尔顿则将工业环境和疾病相结合进行调查研究，为改善工人的工作环境、提升工人的健康并为其争取社会公正而战。《探索高危行业：艾丽斯·汉密尔顿自传》①记录了汉密尔顿选择医学专业的背景、在“赫尔之家”(Hull House)的经历及在工业环境调查和改革中的思想和活动，字里行间流露出她对工厂只追求利益而不顾及工人健康的利己行为的愤怒和为了争取社会正义进行的不懈努力和斗争。《艾丽斯·汉密尔顿：工业医学领域的第一位女性》②是较早研究汉密尔顿的成果，它记录了汉密尔顿对工业环境进行的一系列调查和改革。该文通过研究汉密尔顿的思想和行动来展现她的贡献，强调家庭、教育背景以及在“赫尔之家”的生活和工作对她产生的影响。如果说上文是对汉密尔顿一生的概述，那么《诠释高危行业：美国工人的健康和艾丽斯·汉密尔顿的职业生涯，1910～1935》则集中研究汉密尔顿对工业环境和工人健康的贡献。③ 文章指出，早在19世纪便出现了大量致力于职业医学和卫生研究的社会组织，而工业和医药科学的发展及美国社会的演变则促使早期的兴趣和努力在20世纪初上升为一场社会运动。汉密尔顿及同时代的科学家们就是在这样的背景下开始了对工业医学的研究，并将这一问题扩散到全社会，以引起民众和政府的重视。

亚当斯是社区改良运动的领袖人物，她创立的“赫尔之家”试图通过解决市政、文化、娱乐、教育等方面的问题，为贫民提供救助及各项福利，从而开启了社区改良运动，成为年轻女性参与公共事务的场所，也为众多妇女俱乐部树立了典范。研究亚当斯及“赫尔之家”的著作、文章和学位论文可谓汗牛充栋。整体来看，这些研究大都比较宽泛，④集中于介绍亚当斯本

---

① Alice Hamilton, *Exploring the Dangerous Trades: The Autobiography of Alice Hamilton*. Boston, Mass.: Little, Brown and Company, 1943.

② Wilma Ruth Slaight, “Alice Hamilton: First Lady of Industrial Medicine.” Ph. D. diss., Case Western Reserve University, 1974.

③ Angela Nugent Young, “Interpreting the Dangerous Trades: Workers' Health in America and the Career of Alice Hamilton, 1910～1935.” Ph. D. diss., Brown University, 1982.

④ 研究亚当斯的作品有：Winifred Esther Wise, *Jane Addams of Hull-House*. New York: Harcourt, Brace and Company, 1935; John C. Farrell, *Beloved Lady: A History of Jane Addams' Ideas on Reform and Peace*. The John Hopkins University Studies in Historical and Political Science. Series LXXXV, No. 2. Baltimore: The Johns Hopkins Press, 1967; James Weber Linn, *Jane Addams: A Biography*. Urbana: University of Illinois Press, 2000; Meg Meneghel MacDonald, “Urban Experience in Chicago: Hull-House and Its Neighborhoods, 1889～1963.” *The Journal of American History*, Vol. 97, No. 1 (Jun., 2010), pp. 290～291; Kiersten Nieuwejaar, “Learning through Living Together: The Educational Philosophy of Jane Addams.” Ph. D. diss., Columbia University, 2015。

人的生平、思想及“赫尔之家”从事的各项活动，对于亚当斯在某一项社会活动方面的研究却很少。如《作为一名社会工作者的简·亚当斯：早期的赫尔之家》侧重于探讨亚当斯作为一名社会工作者在社会工作领域的贡献。《挚爱的女士：简·亚当斯的改革和和平思想史》则侧重研究亚当斯的社会改革思想，重点探讨她的教育思想和对社会改革的贡献。《美国的女英雄：简·亚当斯的传奇一生》将史料和心理研究结合起来，通过诠释亚当斯一生的故事及时代背景，既肯定了她的伟大贡献，又批判她的人性弱点：妥协和暧昧的态度、没有坚定地追求理想和目标。《简·亚当斯和芝加哥社会正义运动：1889～1912》则借助社会史的研究方法，阐释了中产阶级改革者为了解决社会不公所采取的措施及如何推动各级政府改变政府结构、建立公民福利的过程。本书利用“从底层阶级研究”的方法，将中产阶级推向社会和政治领域的中心，重新发掘被遗忘的群体及他们的活动，而在这其中，作者突出了女性群体的贡献。

作为进步主义时期著名的改革家，上述几位女性活动家在环境研究和保护方面做出了突出的贡献。在她们的号召和领导下，广大中产阶级女性积极投身于社会改革的洪流之中，释放出改革的热情，成为一支强大的力量或独立或与男性合作，共同推动进步主义改革的开展。这些女性活动家也折射出这一时期的女性关注社会现实、希望参与社会改革、争取自身权利的愿望。

（二）中国学界的研究现状

国内对进步主义时期的研究已具备一定规模，但对于妇女史和环境史相结合的研究却相对薄弱。环境史学者梅雪芹教授和包茂红教授提出环境史与社会史之间的关联。包茂红教授在其著作《环境史学的起源和发展》①中对环境种族主义史和生态女权主义史进行了专门论述。

由《世界历史》编辑部主任徐再荣研究员等编著的《20世纪美国环保运动与环境政策研究》②一书也肯定了女性活动家和女性组织在进步时代城市环境改革中的作用。她们通过宣传环保义务、深入调查、奔走游说等手段试图在公共卫生、煤烟治理等方面做出贡献，其活动不仅获得了认可，同时也推动了联邦、州及市政府通过了一系列环境改革立法。

中国社会科学院高国荣研究员撰写的《近二十年来美国环境史研究的文化转向》回顾了20世纪90年代以来美国环境史研究范式发生的变化，

---

① 包茂红：《环境史学的起源和发展》，北京：北京大学出版社，2012年版，第35～44页。

② 徐再荣等：《20世纪美国环保运动与环境政策研究》，北京：中国社会科学出版社，2013年版，第71～74页。

即开始注重从社会和人的角度进行研究，环境史越来越接近社会文化史。他指出环境史与社会文化史的融合已经成为美国环境史研究最明显的趋势[①]，其中性别作为分析手段被引入环境史的研究之中。同时高国荣研究员也指出，虽然妇女环境史开始受到更多环境史学家的关注，但其研究数量仍明显少于种族、阶级等文化分析的角度的作品，其发展仍处于萌芽状态。他还在其著作《美国环境史学研究》[②]中多次强调女性在美国环境保护中的重要作用。

北京林业大学的祖国霞教授于 2013 年发表的《美国进步主义时期环境运动中的女性》[③]一文对进步主义时期美国女性的自然资源保护和城市环境改革活动进行了综合考察。祖教授认为两大因素直接激励美国女性广泛参与环境运动：女性环保意识的高涨和女性民间组织的蓬勃发展。她也指出了女性的环境活动的局限性：她们只看到了改善环境的急迫性和必要性，却没能对环境问题的根源进行深层次的批评。[④]

首都经济贸易大学的程虹教授是国内系统研究美国自然文学的首位学者和领军人物。自从 1995 年涉足自然文学领域后，程教授将美国荒野作为她研究的中心，在其博士论文《自然与心灵的交融》基础上出版了论述美国自然文学的专著《寻归荒野》[⑤]，并先后出版了一系列有关美国自然文学的代表作，其中便论及女性创作者对自然特殊的情愫及其见解，为读者理解美国自然文学的起源、发展与内涵、女性的贡献和地位以及人与自然关系的变迁提供了丰富的参考。

回顾美国的环境史，女性在自然资源保护和城市环境改革方面都发挥了重要的作用。她们既体现出与男性的差异，又超越性别，与男性积极合作，甚至借助男性的力量反映自己的呼声。特别在进步主义时期，在妇女选举权运动轰轰烈烈开展的过程中，女性们更希望通过保护环境承担社会责任，也期望通过积极参与社会公共活动影响政治议程。从 20 世纪 70 年代妇女环境史的兴起到 20 世纪 90 年代环境史研究同社会史、文化史的结合，种族、性别、阶级等已然成为环境史研究的工具。很多学者呼吁将妇女史和环境史进行结合，并试图从性别角度诠释环境史和通过环境史的发展理解女性社会角色的转变，但和传统的妇女史和环境史研究相比，这方面

---

① 高国荣：《近二十年来美国环境史研究的文化转向》，《历史研究》，2013 年第 2 期，第 116 页。

② 高国荣：《美国环境史学研究》，北京：中国社会科学出版社，2014 年版，第 165～166 页。

③ 祖国霞：《美国进步主义时期环境运动中的女性》，《学术研究》，2013 年第 4 期。

④ 祖国霞：《美国进步主义时期环境运动中的女性》，《学术研究》，2013 年第 4 期。

⑤ 程虹：《寻归荒野》，北京：生活·读书·新知三联书店，2011 年版。

的研究数量较少。

就美国进步主义时期女性与环境保护的研究而言,美国学界出现了一定数量的论著和文章,分别从环境保护中的女性参与者、女性关注的环境问题两方面进行了探讨,为读者了解这一问题提供了重要参考。总体看来,这些研究多侧重个案研究,突出某地区或某一问题的特点,不能全面呈现女性的环境保护活动同社会发展之间的关系。本书在前人研究的基础之上,以进步主义时期的社会改革为大背景,以女性社会地位的转变为主线,以这一时期女性的环保活动为研究对象,采用历史分析法、宏观分析和个案研究相结合的方式,探讨女性如何推动这一时期环境的改善和自身地位的提高。

四、基本思路和研究方法

美国女性和生存环境有着千丝万缕的联系。从早期的自然研究,到工业时代对自然资源的保护和对城市环境的改造,再到现代社会对人类生存空间的关注,女性在环境保护中的地位和贡献不容忽视。本书旨在研究进步主义时期的女性在环境保护中的贡献,围绕以下几个问题展开:第一,进步主义时期的女性在何种背景下开展环境保护活动?哪些女性参与其中?第二,女性关注哪些环境问题?她们在环保运动中的活动有哪些?她们采取了哪些策略与手段?第三,女性对于环境保护的贡献是什么?女性的环境保护参与对于自身社会地位的提升有何作用?本书期望通过回答上述几个问题来诠释女性、环境及社会三者之间的相互关系,展开对本课题的研究。

第一,阐释女性参与环境保护的内在原因是了解 19 世纪美国女性的生存状态的重要前提。作为女性公共参与的一项重要内容,女性的环保行动是其试图改变传统地位、发挥社会影响力的重要手段。进步主义时期的女性经历了从传统的“真女性”角色向“新女性”的转变,这种转变的主要推动力归因于女性受教育权利的扩大。随着女性对更多知识的掌握,她们的价值观也发生了重要变化,而妇女俱乐部运动的兴起则为女性扩大交流、涉足社会领域提供了媒介。美国早期的女性组织多集中于宗教和慈善活动,随着妇女俱乐部的出现,众多中上层白人女性有机会聚集在一起,既试图以提高自身修养为目的进行交流和学习,又将目光投向社会,领导并参与各种社会改革。女性对环境的关注就是在这种社会背景下诞生的。

第二，探讨女性的自然研究传统和活动。自然研究(运动)是发生于进步主义时期的一场运动，目前美国学界多将它作为一项教育改革加以研究。而事实上，通过资料解读发现，自然研究本身所传达的思想理念、采用的教育手段和内容都对自然知识的传播和资源保护意识的觉醒起到了推动作用，再加上自然研究的很多参与者同时也是资源保护的推动者，因而本书将自然研究作为自然资源保护的一项内容展开研究。同时由于它又不同于传统意义上的自然资源保护实践活动，故而将它单独列为一章。美国女性和自然的关系古已有之，19 世纪的女性最初通过观察与研究自然表达对自然的情愫，具体方式有自然文学创作、摄影、田野调查、旅行、教育等，涌现出数目众多的女性博物学家、作家、诗人和摄影师，对植物、鸟类、园艺、昆虫、海洋等展开了调查研究。到了 19 世纪末，自然研究运动兴起，自然研究在广大公立学校中被广泛接受，不仅推动了自然知识的传播，还使公众建立了对自然的同情。其中，女性的贡献不可忽视。她们使自然研究更加深入社会，推动了美国公立教育改革和资源保护运动的发展。

第三，分析进步主义时期女性的自然资源保护活动。进步主义时期的女性通过妇女俱乐部参与到森林、水资源、鸟类和土壤保护及国家公园创建等活动中。第三章对这一时期女性的自然资源保护活动进行宏观介绍后，以总联盟和“奥杜邦运动”为个案具体分析女性环境保护活动的历史演变。总联盟的女性通过宣传、教育、建立保护项目、游说等方式宣传资源保护理念，敦促自然保护立法的通过，推动了资源保护运动的开展。旨在保护鸟类的“奥杜邦运动”以女性为主体，以奥杜邦协会为媒介同羽毛时尚传统和鸟类捕杀做斗争，推动了鸟类教育的开展和鸟类保护立法的通过。由于女性没有政治权利，这一时期的女性常与男性进行合作，期望借助男性的力量实现自身的诉求，这也充分证明男性对女性活动的认可。但是这种合作也一度引起男性的抨击，迫使后来的很多自然保护组织将女性排除出去。

第四，探讨女性在城市环境改革中发挥的重要作用。城市的大量兴起是工业化推动的结果，随之而来的还有威胁市民健康和生命的各类城市病。第四章将探讨女性在环境科学研究、公共卫生改革、工厂环境和工人健康改善等方面的活动，她们试图通过这些活动构建安全、健康和有序的城市环境，提升人们的生存空间，从而实现社会公正。环境科学家斯沃洛通过研究发现，环境和人类健康间存在紧密的关系，呼吁加强对环境的检测和管理。亚当斯、克兰、麦克道尔等女性领袖号召女性关注“另一半人”的生存状况，并发起了改善公共卫生环境的活动。汉密尔顿则通过调查工业环境，指出工业毒物对于人体的危害，要求立法以保护工人的健康。

第五，对进步主义时期之后女性的环境保护活动进行分析。进步主义时期女性的环境保护活动留下了丰厚的历史遗产，为之后女性的环保事业提供了重要的参考和借鉴。进步主义末期，美国女性获得了政治选举权，她们开始通过立法的形式影响政治议程。因此，其社会运动和社会影响力较进步主义时期有所回落。从环境保护角度看，19 世纪 30 年代到 50 年代，女性的活动主要集中在野生物保护和城市空气污染治理方面，但已失去了之前的热度和影响。随着现代环保运动的诞生和妇女权利运动的再次兴起，女性的环保活动也再次高涨，主要体现在环境保护同女权主义的结合，生态女权主义诞生，女性开始反对化学药剂和核武器以及试图建立环境正义等。

第六，对进步主义时期女性的环境保护活动进行综合评析，并指出其局限性。女性的环境保护活动推动了进步主义时期环境保护运动的开展，使这项事业从男性精英拓展到社会各个阶层，成为一场轰轰烈烈的社会运动，同时也使女性的作用得到了进一步发挥，产生了更广泛的社会影响力。但是由于自身性别的特点以及社会背景的原因，女性的环境保护活动存在一定的局限性，如她们"城市管家"的身份是 19 世纪维多利亚时代女性角色的延续，只是将外在环境当作其家庭责任的延伸，因而在行动过程中具有一定的保守性。同时，这些女性改革者大都是中上层白人，她们有时也体现出种族与阶级方面的狭隘，例如在一些活动中排斥黑人女性的参与等。因此，要客观看待女性的环保行动，既要做到充分认可和肯定，又要避免矫枉过正，要尊重历史、尊重发展，更全面客观地开展研究。

本书在坚持以马克思主义理论和历史唯物主义理论为指导的前提下，借鉴国内外学术界取得的最新研究成果，利用妇女俱乐部的会议记录、报告、公告、宣传册，女性撰写的著作、文章、日记、书信，以及演讲稿、报纸杂志上的文章等材料，第一，以历史分析法为主，借用性别分析和历史语义学的方法，分析环境保护过程中女性使用的策略、实施的项目、两性关系、取得的成效、面临的困境等，考察她们在获得选举权之前培养公共角色的过程，更好地了解女性的环境保护活动同其社会角色演变之间的关系；第二，采用宏观研究和个案研究相结合的方式阐释女性的环境保护活动，诠释她们在这一时期乃至美国整个环境保护历史中的贡献；第三，借鉴心理学的研究方法，通过话语分析，了解女性的环境理念和心理变化如何影响其动机和环保活动，力图使研究和结论更加客观、准确。

通过对国内外学术界现有研究的梳理，本书期望在以下几方面有所突破。

第一，在研究视角上的突破。从性别视角入手，试图将妇女史、环境史、社会史结合起来进行跨学科研究。通过综合考察进步主义时期女性及其组织的环境保护活动,剖析女性参与社会活动的动因及其影响,从而揭示女性对环境保护事业的贡献及其历史地位的变迁。

第二,在研究内容方面的突破。以进步主义时期为大背景,从环保角度分析进步主义时期女性斗争的复杂性和地位的转变,诠释这些活动在美国妇女运动和妇女史上的地位,扩大传统妇女史研究的内涵;同时,分析女性的环保活动同进步主义环境保护运动之间的关系,明晰其在美国环境运动和环境史上的历史意义。

第三,在资料使用上的突破。女性的环境活动非常分散,涉及森林、水资源、鸟类、城市卫生改革、反煤烟运动、工业环境和工人健康等诸多方面,人物、组织繁多,因此资料非常分散,没有集中的数据库。本书主要依靠女性活动家个人撰写的文章和著作、发表的言论、日记,女性组织的会议记录、章程、报告及当时的报纸杂志上的文章等重新整合分散的资料,并发掘新的材料,从宏观上研究女性和环境的历史关系。笔者主要通过美国妇女组织的收藏、盖尔公司的“19 世纪作品在线”(19th century collections online)、Hathitrust 数字图书馆、美国妇女和社会运动数据库(Women and Social Movements in the United States,1600~2000)、Proquest 公司的报纸库等获取一手资料。

由于笔者水平和精力有限,同时囿于一手资料获取和整合的难度,书中难免有疏漏和不到之处。希望各位专家学者、同仁和读者不吝赐教,提出宝贵的建议和意见,将这一研究进一步完善和深化,也希望本书能抛砖引玉,为之后的研究提供一点自己的心得和想法。

第一章　从家庭走向社会：19世纪美国女性的公共参与

18世纪到19世纪初严格的两分领域迫使美国女性遵守"真女性信条"(The Cult of True Womanhood)①，她们的活动范围仅局限于家庭领域，其职责在于照料家庭事务与家人起居。随着受教育机会的增加和社会的进步，美国女性开始要求摆脱束缚，逐渐从家庭事务中抽身，投入社会活动中。从19世纪三四十年代开始，她们成立了各种组织并活跃于各类社会运动中。内战后妇女俱乐部(women's clubs)②的涌现更为女性打开了关闭的大门，既给予她们提升自我的机会，又成为她们相互沟通、参与社会改革的重要媒介。到了进步主义时期，中上层白人女性几乎成为所有社会改革的重要力量。作为这一时期环境保护的参与者，女性的环境关怀和保护活动同权利运动交织在一起，既使自然资源和城市环境得到了保护和改善，又使自己获得了公众的认可，并对政治议程产生了影响，成为她们进行公共参与、扩大影响力的重要途径。

---

① "真女性信条"由历史学家芭芭拉·韦尔特(Barbara Welter)首次提出，用来定义19世纪美国女性的传统品格，具体包括女性要虔诚(piety)、纯洁(purity)、顺从(submissiveness)及守家(domesticity)。详细内容参见本章第一节。参考自 Barbara Welter,"The Cult of True Womanhood:1820～1860." *American Quarterly*, Vol. 18, No. 2(Summer, 1966), pp. 151～174。

② 对于美国女性而言，"club"是一个全新的概念。根据词源学，"club"一词在盎格鲁－撒克逊语和德语中的意思是"信奉""遵守"，表示对某组织的忠诚。19世纪的美国女性在进行了大量激烈的讨论后决定采用"club"一词，希望它能弥补男性俱乐部的缺陷。之所以选用该词，据说是为了区别于之前的妇女组织，赋予其新的含义即"自由、机会、合作、平等"等，其目的是扩大女性的视野，获得更多的知识，消除偏见和障碍。可以说，它是进步时代进步性别的自然产物，标志着一场真正的具有教育意义和思想意义的进步运动的开端。参考 Ella Giles Ruddy, ed., *The Mother of Clubs: Caroline M. Seymour Severance: An Estimate and an Appreciation*. Los Angeles: Baumgardt Pub. Co., 1906, p. 24。

第一节　传统的女性角色:“真女性信条”

古希腊之后的几百年,西方传统一直推行女性应致力于家庭领域的信念,这影响了美国传统社会对女性的态度。工业革命前,美国社会的经济水平低下且劳动力匮乏,两性分工不甚明显。中产阶级女性除了承担制衣、洗衣、做饭、清扫、抚养子女等事务外,还要和男性共同分担家庭的经济负担。[①] 她们要制作家庭所需的一切物品,还要从事其他行业,如屠宰业、银匠铺、造枪业、种植业、造船业,同时她们还是教师、护士、看门人、记者等。[②] 即便女性在家庭与社会中发挥着如此重要的作用,但无论从宗教、法律,还是社会传统方面讲,女性都处于从属地位。此时很少有人为女性的遭遇提出公开抗议,即使偶有希望改变女性角色的声音,也被根深蒂固的社会传统所吞没。随着工业革命的开展,大量男性进入工厂,肩负起养家糊口的责任,女性则越来越专注于家庭事务,两性分工日趋明显,女性的附属地位更为加强,这也导致“女性的智识生来就低于男性”的观点盛行。虽有极少数开明人士坚称女性和男性拥有相同的智识和能力,但即便如此,上帝也规定他们应从事不同的领域。[③] “两分领域”(separate sphere)[④]观念日渐形成,成为明确区分男性与女性职责的原则:男性天生“好斗、有野心、极具竞争意识、自利”,因此他们应从事像商业、政治等残酷混乱的公共事务;而女性被视作优越的道德生物(superior moral creatures),她们天生就是“道德的、爱好和平的、纯洁的”。因此,她们不仅要承担一切家庭事

---

① 对于上层女性来讲,相对优渥的物质生活使她们无须承担繁重的家庭事务和经济负担,因此在工业革命前,“真女性信条”是她们必须遵守的准则。而中产阶级女性的情况则不同,工业革命前“两分领域”不甚明显,她们无暇将自己塑造为“贤妻良母”。到了工业时代,许多家庭事务由机器替代,家庭人口减少,她们才逐渐得到一定程度的解放,开始受“真女性信条”制约。

② Gerda Lerner,“The Lady and the Mill Girl:Changes in the Status of Women in the Age of Jackson. ”*Midcontinent American Studies Journal*,Vol. 10,No. 1(Spring,1969),p. 6.

③ George W. Burnap,*The Sphere and Duties of Woman:A Course of Lectures*. Baltimore:John Murphy & Co. ,1854,p. 45.

④ 关于“两分领域”的研究,可参见 Linda K. Kerber,“Separate Spheres,Female Worlds,Woman's Place:The Rhetoric of Women's History. ”*The Journal of American History*,Vol. 75,No. 1(Jun. ,1988),pp. 9～39;Julie Roy Jeffrey,“Permeable Boundaries:Abolitionist Women and Separate Spheres. ”*Journal of the Early Republic*,Vol. 21,No. 1(Spring,2001),pp. 79～93;Cathy N. Davidson,“Preface:‘No More Separate Spheres!’”*American Literature*,Vol. 50,No. 3(Sep. ,1998),pp. 443～463;Carol Lasser,“Beyond Separate Spheres:The Power of Public Opinion. ”*Journal of the Early Republic*,Vol. 21,No. 1(Spring,2000),pp. 115～123。

务，而且要负责孩子们的道德教育，维护美国社会的文明。① 而正是这种观点，为女性之后成为城市和社会的管家进行改革提供了合理的依据。

"两分领域"受到19世纪美国社会的普遍认可，由此产生的"真女性信条"成为衡量女性品德的重要标准。各类布道词、杂志、文学作品和小册子等均宣扬女性的家庭特性和活动领域，进一步夯实了两性之间的分工和女性的传统地位。"真女性信条"规定，女性要虔诚(piety)、纯洁(purity)、顺从(submissiveness)及守家(domesticity)。女性的目标是将自己打造成"贤妻良母"(lady)形象，具有母爱、洞察力、敏感度和道德情怀，是家庭事务的管理者和实施者。

首先，女性要遵从宗教，因为宗教信条不会让女性脱离她们的"特定领域"——家庭，宗教互动也不会让她们丧失"真女性"的特性，而使她们成为家庭中至高无上的精神领袖。

其次，女性还要纯洁，若其纯洁遭到玷污，那么她的女性特征将会随之丧失，她将受到社会的唾弃。很多女性将纯洁看作自己最大的财富。因此，很多妇女在结婚之前，尽量与异性保持一定的距离以保护自身的纯洁。约翰·法勒夫人(Mrs. John Farrar)在《一位年轻女士的朋友》一书中对女性的行为标准做出了界定"不要参加任何粗鲁的游戏，以免被哪位男士亲吻或触碰；不要接受任何不必要的帮助；勿与他人居于狭窄的空间；勿与异性共读一本书；勿让你的好奇心引诱你靠近他人"②。

再次，美国社会认为女性身上最宝贵的品格是顺从。在男性看来，他们是社会的主动实施者，而女性则是被动的服从者。"妻子要服从于丈夫，就像她们服从于上帝一样，因为丈夫领导妻子，就像耶稣领导教会一样。"③除了要服从于丈夫，女性们还要服从于一切社会传统。就连女性自己也认为，"当一个女性开始为自己感受和行动时，当丈夫不再是她的心灵和思想的依靠时，家庭情感的金钵将会破碎；爱将变成野心，或者更坏的事情，女性将失去区别于男性的温柔……我们相信当女性停止同男性竞争，满足于上帝赐给她们的温柔品格和责任时，她们才会更加快乐和美好"④。

最后，家庭是女性的领地，也是使家人身心愉悦的场所。女性负责家庭里的一切事务，她们从小就要学习如何成为对家庭有用的人。例如一位

---

① Jennifer Jaye Price, "Flight Maps: Encounters with Nature in Modern American Culture." Ph. D. diss., Yale University, 1998, pp. 79～80.

② Mrs. John Farrar, *The Young Lady's Friend. By a Lady*. Boston: American Stationers' Company, 1837, p. 293.

③ Hubbard Winslow, *Woman as She Should Be*. Boston: Otis, Broaders & Co., 1843, p. 15.

④ "The Young Wife." *The Ladie' Companion*, Vol. 9(Jan., 1838), p 147.

母亲曾回忆道:“她(女儿)十一岁的时候就开始为家人沏茶、清理餐桌。当家里有客人的时候,她还经常协助我做各种准备。”①女性要照顾好家人的衣食住行,营造舒适、快乐、整洁的家庭氛围。她们是护士,照顾丈夫和孩子的健康,尽管自身的健康状况不容乐观;她们是厨师,要为家人准备饮食;她们是裁缝,负责家人的衣物织补工作;她们还是家庭的文化和道德卫士,要承担子女的道德塑造工作,教育孩子、让他们成为国家需要的人才是女性的职责。一位年轻女性认为,“养育女孩就要让她们了解建立一个快乐家庭的责任……照顾兄弟姐妹就是她的职责”②。

对于“真女性信条”,大多数女性欣然接受,并敦促其他女性也遵守这种原则。它有力地维护着家庭与社会的稳定,即便有微弱的声音指出它的不公正,也从未获得支持。在《写给我们国家女孩的信》中,作者就明确强调了女性的家庭责任。她称自己每周撰写信件并将它们出版,其目的就是让女孩们牢记自己应尽却可能忽视的义务。③ 这些信件的内容包括如何成为贤妻良母、家庭事务、个人清洁、衣服缝制、阅读、孝顺、衣着打扮等。它要教女性成为一名“真女性”,而只字未提女性家庭外的活动。对女性而言,“在婚姻中,丈夫就是她们的一切;作为母亲,孩子是她们的全部;在公共教育方面,她们毫无机会可言;在工作中,她们低人一等,得不到合理的报酬;在公民权方面,她们被视作二等公民。只有讨论到惩罚和缴税时,她们才享受和男人一样的平等”④。虽然建国初期美国女性开始接受教育,但却面临诸多非议,出现了有关女子是否需要接受教育的全国性大辩论。⑤ 传统观念认为,女性是不需要接受教育的,因为书本会毁掉“真女性”。基本的认读和书写可以满足女性的需要,真正的教育应提升女性持家的能力。即便历史的脚步迈入 19 世纪 90 年代,女性鸟类学家奥利夫·索恩·米勒(Olive Thorne Miller)也很开心地赞颂女性的传统角色,“家庭永远是女性的王国……即使她希望,她也不可能去除她作为家庭主妇身份

---

① Mrs. Clarissa Packard, *Recollections of A Housekeeper*. New York: Harper & Brothers, 1834, p. 151.

② Mrs. H. Beecher Stowe, “The Only Daughter.” *Godey's Magazine*, Vol. 18(1839), p. 122.

③ Jane G. Swisshelm, *Letters to Country Girls*. New York: J. C. Riker, 1853, p. 8.

④ Mary A. Livermore, *What shall We Do with our Daughters? Superfluous Women and Other Lectures*. Boston: Lee and Shepard, Publishers; New York: Charles T. Dillingham, 1883, p. 10.

⑤ 张晓梅:《女子学园与美国早期女性的公共参与》,北京:人民出版社,2016 年版,第 31～76 页。

的天性……而这种身份也正是今天创立俱乐部的女性的祖先"①。

起初,"真女性信条"仅局限于上层女性。随着19世纪工业化的发展和物质的丰裕,日益壮大的中产阶级群体成为这种信条最虔诚的信徒。各种布道词、文学作品都成功地让女性接受这种"真女性信条"。一切有悖于这一信条的活动都被看作是对女性品质和社会传统的亵渎,都将遭到公众的鄙夷。"真女性信条"成为妇女们检验自己,被丈夫、邻居和社会检验的标准。如果有人试图破坏"真女性信条",那么他将被看作上帝、文明和国家的敌人。②

"真女性信条"对女性并非只产生了负面影响,它虽将女性的活动范围大大缩小,但它也塑造了女性优良的品质并赋予了她们特别的社会责任。而正是这种信条所培养的理念和品质使19世纪的美国女性能够更加顺利地进入公共领域,发挥女性的优势并承担相应的责任。独立后的美国继承了欧洲的诸多传统,同时也迫切需要建立独特的文化,培养国家需要的优秀公民,而女性的传统角色使她们责无旁贷地承担起"共和国母亲"(Republican Mother)的责任。首先,家庭是公民成长最重要的环境之一。作为家庭事务的管理者,女性除料理家庭事务外,还要负责子女的教育;其次,由于女性远离邪恶、混乱的社会纷争,她们被视作优越的道德生物。"上帝赋予女性的道德优越感远远多于男性,她们的纯洁和温柔使其具备创造愉悦和健康的家庭环境的能力,因此,她们可以被称作道德监护人。"③这种男性不具备的特有品质使女性理所当然地成为家庭和国家的道德卫士,专门负责培养子女的素养,为新生的国家创造优秀的人才,这为女性之后的自我教育提供了重要契机。

对女性传统地位的界定使她们自殖民地时期起到工业革命前都局限于狭窄的家庭之中。一方面它帮助女性规避了外界残酷竞争所带来的风险;另一方面也导致个人发展和创造力遭到扼杀,工作机会和政治权利被剥夺。随着19世纪一些中产阶级家庭开始有能力雇用用人,女性才逐渐从繁重的家庭事务中解脱出来,开始有时间思考自己的问题和需要。④ 大量的中上层女性认为"真女性信条"不符合她们的经历和需求,这种理想的

---

① Olive Thorne Miller, *The Woman's Club: A Practical Guide and Hand-book*. New York: American Publishers Corporation, 1891, pp. 14～15.

② Barbara Welter, "The Cult of True Womanhood: 1820～1860", p. 152.

③ Karen J. Blair, *The Clubwoman as Feminist: True Womanhood Defined, 1868～1914*. New York: Holmes & Meier Publishers, Inc., 1980, p. 2.

④ Glenda Riley, "Origins of the Argument for Improved Female Education." *History of Education Quarterly*, Vol. 9, No. 4 (Winter, 1969), p. 455.

女性形象只能将女性排斥于社会之外,剥夺她们正常生活的权利。虽然一些接受教育的上层女性试图走向社会,但却遭遇重重困难和障碍。直到工业化推动下经济的迅猛发展和民主思想的传播,女性的自我意识才真正得以转化为社会实践。

第二节　向新女性迈进:妇女俱乐部的兴起及女性公共参与的扩大

19 世纪的美国女性经历了从私人领域迈向公共领域的转变,她们关注的焦点不再局限于家庭与家人,而是扩大为与自身权利和其他群体利益相关的社会问题,包括妇女平等权利、废奴、禁酒、教育、健康等。与此同时,各类妇女组织涌现,成为社会运动的重要参与者,并朝着规模化和制度化的方向发展。其中,妇女俱乐部以蓬勃的态势迅速在美国蔓延,成为改变女性生活与社会状况的重要机构。本节以妇女俱乐部为例,折射 19 世纪美国女性从关注自我到为社会改革而战的努力,体现她们对参与社会事务的渴望。

美国的妇女俱乐部运动(The Woman's Club Movement)兴起于 19 世纪 60 年代,源于 19 世纪早期的女性禁酒传统、道德改革组织、女权主义的兴起及内战时期女性在战争中的广泛参与。① 妇女俱乐部是为实现某种目标、以女性的名义联合起来的女性组织,是美国女性参与社会改革的重要媒介。它是美国社会不断发展的产物,是女性突破传统角色、扩大社会影响力的重要表现。它既包含以自我教育为宗旨的文学团体,也包括以消除工业文明综合征②、实现社会改革为己任的改革型俱乐部。其主要工作不仅在于从精神上和道德上教育其成员,而且旨在塑造公共舆论及保障良好的生活水准。③ 通过俱乐部活动,女性开始崛起,其影响力无处不在,甚

① Jennifer Jaye Price,"Flight Maps:Encounters with Nature in Modern American Culture." Ph. D. diss. , Yale University, 1998, p. 77.

② 历史上走上工业化道路的资本主义国家,在实现工业化的同时,社会结构发生了重大调整,普遍出现了社会成员对工业文明不适应的现象。社会贫富分化严重,阶级对抗尖锐,政治充满腐败,物质主义弥漫,文化精神淡化等,出现了物质进步与社会整体改善之间的"二律背反",名为"工业文明综合征"。参考自李剑鸣:《大转折的年代——美国进步主义运动研究》,天津:天津教育出版社,1992 年版,第 24 页。

③ Martha E. D. White,"The Work of the Woman's Club." *Atlantic Monthly*, Vol. 93(May, 1904), p. 615.

至超过了政治家的力量,①美国历史上著名的妇女俱乐部运动由此诞生。该运动构成了19世纪"妇女运动"的主要分支,也为美国进步时代的社会改革、现代妇女运动和社会的发展与完善奠定了基础。

一、19世纪上半期初步的公共参与

"真女性信条"对女性的影响是双重的。一方面,它认为女性是柔弱的,需依附于男性而存在。它将女性束缚于家庭之中,一定程度上阻碍了女性的智力发展,剥夺了其追求自由的权利和机会;而从另一方面讲,它也将女性视作家庭的精神支柱和孩子们的道德典范,从而造就了她们强大的家庭管理能力,为她们日后走向社会、管理公共事务保驾护航。因此,这一理念成为女性的一个潜在优势。② 当公共道德缺失的时候,它为她们进入公共领域提供了充足的理由:作为天然的文明开化者和社会道德的卫士,女性有责任像管理家庭一样去管理社会,同时不至于受到男性的责难和反对。③ 她们利用自己特殊的社会角色,科学地管理社区和社会,通过志愿者组织和宗教组织等实现社会参与。可见,"真女性信条"自身包含着自我破坏的种子。④

19世纪的美国女性开始走出家庭领域,参与到公共事务的管理中,为国家构建和社会进步贡献力量,而这一转变离不开整个美国社会的发展与推动。首先,18世纪末19世纪初"第二次大觉醒运动"(Second Great Awakening)在美国兴起,改变了其宗教环境,对整个社会产生了重要影响。它提倡解放人性,崇尚个人权利和平等。其中,基督教福音派作为建立在普通民众基础上的宗教信仰,呼吁赋予女性和非裔美国人以相应的权利。

---

① Mary Ritter Beard, *Women's Work in Municipalities*. New York: D. Appleton and Company, 1915, p. 318.

② 对于19世纪中期"女性的领域"这一说法,有的学者认为它的消极作用大于积极作用,这些学者有 Barbara Welter, "The Cult of True Womanhood: 1820～1860"; Gerda Lerner, "The Lady and the Mill Girl: Changes in the Status of Women in the Age of Jackson."而对这一说法持相对肯定态度的学者有:Nancy Cott, *Bonds of Womanhood: "Woman's Sphere" in New England, 1780～1835*. New Haven, Conn.: Yale University Press, 1977; Kathryn Kish Sklar, *Florence Kelly and the Nation's Work: The Rise of Women's Political Culture, 1830～1900*. New Haven, Conn.: Yale University Press, 1995; Daniel Scott Smith, "Family Limitation, Sexual Control, and Domestic Feminism in Victorian America," in Mary Hartman and Lois W. Banner, eds., *Clio's Consciousness Raised*. New York: Harper and Row, 1974. 等。

③ Jennifer Jaye Price, "Flight Maps: Encounters with Nature in Modern American Culture", p. 81.

④ Nancy Unger, *Beyond Nature's Housekeepers: American Women in Environmental History*. Oxford: Oxford University Press, 2012, pp. 40～41.

这促使人们开始考虑废除奴隶制、争取妇女和儿童的权利、对动物产生怜悯等,引发了一系列改革运动的诞生。该运动使女性对全世界生物的态度发生了巨大转变,对其思想的解放起到了重要的推动作用。对于她们而言,这不仅是一种觉醒,而且是一种解放——解放灵魂,摆脱"真女性信条",获得自我发展。它让女性对义务有了新的界定,使女性封闭的心灵向崭新的世界开放。① 与此同时,随着工业革命的迅猛发展,18 世纪末到 19 世纪的美国社会经历了巨变:政治民主化进程加速、经济快速发展、工业化和城市化勃兴、社会分工发生变化、社会思想和文化繁荣、女性受教育机会的增加等。外部环境的变化对女性走向公共领域并争取平等权利起到了重要的推动作用。

工业化是 19 世纪美国女性参与社会事务的重要动力。工业化浪潮使大规模的女性走向社会各个领域,促进了相互交流,加强了团结。对于下层女性而言,工业化开辟了大量前所未有的工作岗位,为她们提供了谋生的机会。例如随着纺纱机、织布机、缝纫机等新发明的出现,用机器生产的专业工厂陆续建立,吸引了大批女性的加入。② 对于中上层女性而言,工业化所带来的经济繁荣首先提高了中上层家庭的收入水平,使更多家庭有能力雇用用人完成家务;其次工业化带来的科技进步,特别是第二次工业革命中电气技术的广泛应用使先进的设施进入普通家庭,一定程度上解放了女性的双手,使她们较大程度地摆脱了家庭琐事的束缚,有更多的闲暇思考自身素养的提升和关注社会事务,有机会组建各类组织,活跃于社会多个领域。同时,出生率的下降也为女性走向社会提供了重要前提。1860～1910 年,白人妇女平均每人生产的孩子数量从超过 5 个下降到 3.5 个以下,这主要体现在出生在本土的美国人和中产阶级家庭。这意味着女性到中年之时,已没有幼小的孩子需要抚养,使她们有更多精力完成自己的追求。③ 在工业化的影响下,美国女性的生活环境、知识结构和价值观念都发生了深刻的变化,在谋求社会改革和进步的同时,她们将个人权利和社会地位问题纳入其奋斗的事业之一。

18 世纪末 19 世纪初美国经历的民主化进程为女性改变传统地位、争取权利提供了新的机会。18 世纪 90 年代公共领域得到了进一步扩大,越来越多的民众组建政治机构、参加政治集会、撰写报刊文章和小册子,参与

---

① Mrs. Jane Cunningham Croly, *The History of the Woman's Club Movement in America*. New York: Henry G. Allen, 1898, p. 11～12.

② 裔昭印等:《西方妇女史》,北京:商务印书馆,2009 年,第 365 页。

③ Jean V. Matthews, *The Rise of the New Woman*. Chicago: Ivan R. Dee, 2003, p. 15.

到更加广泛的领域，成为美国社会的重要力量。[①] 杰斐逊执政时期，他将欧洲思潮与美国社会结合起来，强调移居美国的移民享有自由和一切自然赋予的权利，因此可以按照自己的意愿建立独立的社会。这一思想在《独立宣言》中得到充分体现，并发展为人民主权思想，突出人民参政问题。普通人崛起是杰克逊总统执政时期的重要特点。随着选举权财产限制的放宽，各州参加政治选举的民众数量剧增，政府许多职务由选民选举而非任命产生，包括总统选举也直接由民选产生；自由学校运动、成人教育的出现、中等教育的发展都旨在提升普通民众的知识水平和认知能力；印刷文化的迅速兴起，包括报刊杂志数量增加、价格降低，都使更多普通人了解到政治新闻和社会新闻，[②]美国民主得到了进一步深化。然而，当民主向更多白人男性延伸的同时，女性和黑人仍然被排除于选举权之外。性别和种族取代财产权，成为选举权的限制条件引发了女性的诸多不满，妇女权利问题被再次提上日程。一些女性提出妇女首先应享有平等的教育权和就业权，同时还暗示女性应在政府中享有代表权。还有一些女性在印刷品上勇敢地发表自己的观点，积极参与政治事务的讨论，并参加各类演说。[③]她们或直接参与到妇女权利运动中，或通过参与社会改革发出声音，产生影响力。事实证明，在传统的社会背景下，后者产生的影响力更为广泛，取得的效果更为明显，也成为更多女性和男性支持的路径。

19 世纪的美国妇女教育取得了很大的发展，使女性有机会接触先进的理念，了解更广阔的世界，从而萌发了走出家庭领域的想法。事实上，19 世纪 20 年代之前，整个美国的教育都处于低迷状态。直到 19 世纪 20 年代之后，为了培养共和国所需要的人才，殖民地时期从英国和其他欧洲国家移植过来的旧的教育思想和体制才得以发生改变，新的适合于年轻共和国的教育制度逐步建立。[④] 对于女性而言，19 世纪前的美国社会普遍认为女子无须接受教育，她们最多只能接受初等教育，妇女教育发展缓慢。到了 18 世纪末 19 世纪初，在共和国母亲理念、男女平等思想、宗教复兴等的召唤下，妇女教育才得到了一定的发展。朱迪斯·萨金特·默里（Judith Sargent Murray）、本杰明·拉什（Benjamin Rush）、萨拉·皮尔斯（Sarah

---

① Eric Foner, *Give Me Liberty! An American History*, 3rd ed. New York: W. W. Norton & Company, 2011, p. 301.

② Mark C. Carnes and John A. Garraty, *The American Nation: A History of the United States*, 14th ed. New Jersey: Prentice Hall, 2012, pp. 248～249.

③ Eric Foner, *Give Me Liberty! An American History*, 3rd ed, p. 304.

④ 张友伦主编：《美国的独立和初步繁荣，1775～1860》，北京：人民出版社，1993 年，第 390 页。

Pierce)、凯瑟琳·比彻(Catharien Beecher)等都呼吁加强女性教育。著名女性剧作家、小说家和诗人朱迪斯·萨金特·默里作为第一批提出为女性争取平等教育权的女性,在《性别平等》(*On the Equality of the Sexes*, 1779)中指出男女的平等和女性对自我素养开发的渴望,认为只要赋予女性同男性一样的教育机会,她们便可以获得同样的理性。[①] 工业化发展过程中日渐庞大的中产阶级群体不仅重视男性教育,还提倡女性教育,因为接受过良好教育的女性能更好地教育子女,管理家庭事务,成为优秀的家庭主妇。致力于妇女权利的各种运动开始呼吁消除女性与男性教育之间的差距,女性要求获得平等教育机会的呼声逐渐强烈,适合女性的中等教育机构"学园"和高等院校"学院"相继成立。1860 年,招收女性的高等院校已有 61 所,而大多数大学开始实行男女同校。[②] 在学校里,女性不仅接受音乐、绘画、针线等方面的教育,还接触到了文学、哲学、历史、地理、物理、化学等专门学科。通过阅读,她们接触到了欧洲的各种思潮,不仅丰富了知识架构、扩大了眼界,而且培养了权利意识和反抗精神。同时,教育水平的提升使女性拥有更多的就业机会,推动她们为争取自身权利而战。

变化的社会环境下,中上层白人女性开始厌恶并憎恨强加于她们身上的传统角色,催生了新的意识和价值观。她们认为自己对社会有着独特的贡献,她们接受的教育使其质疑维多利亚时代对性别差异的规定,并挑战被广泛接受的信仰:男人与女人的社会角色由生理特性决定,即女人生而情绪化、消极,而男人则理智、积极。她们对传统地位发出挑战,并关注自我个性的表达、自身权利的争取和社会事务的参与,经历了渴望进入公共领域、利用传统角色影响社会事务、从"真女性"到"新女性"的转变。在此过程中,许多女性责无旁贷地承担起作为文明开化者和提升者的角色,试图修复男性带来的各种社会问题。[③] 尽管女性尚不具有选举权,也被认为不适合从事混乱、艰难的公共生活,但她们越来越发现承担家庭之外的角色能更好地保护家庭及教育子女。[④] 当男性所统治的政治、商业、工业等公共领域对女性大门紧闭时,当宗教、慈善、禁酒、废奴、社会服务等进入各社区时,女性的热情被激发,她们也通过参与并创建属于自己的组织以培

---

① Eric Foner, *Give Me Liberty! An American History*, p. 303.

② 张友伦主编:《美国的独立和初步繁荣,1775～1860》,北京:人民出版社,1993 年,第 398 页。

③ Nancy Unger, *Beyond Nature's Housekeepers: American Women in Environmental History*, p. 41.

④ Daniel J. Philippon, *Conserving Words: How American Nature Writers Shaped the Environmental Movement*. Athens and London: University of George Press, 2004, p. 92.

养社会技能和身份自信，塑造独特的社会价值观，[①]并和男性组织一道推动历史巨轮的前行，共同改变美国版图的面貌。

18世纪90年代，当朱迪斯·萨金特·默里宣布年轻女性即将开启一个新的时代时，第一批真正属于女性的慈善组织已崭露头角。[②] 1830年之前，女性的社会工作多集中于宗教和慈善，这两个领域被看作是最安全、最易于进入的公共领域，主要帮助穷人、寡妇、孤儿和那些遭遇困难的公民。[③] 对于这些女性而言，行善是她们给予需要的人以救助的主要动机。她们参与宗教组织和志愿者组织，并创建了大量的妇女救济会和慈善组织。在此过程中，女性不仅将其家庭习惯和管理能力应用于公共领域，而且还通过召开会议、公共演讲、筹集资金等活动加强相互交流、培养共有的道德优越感，并接触各种活动的组织工作，让公众了解并信任她们，她们渴望社会参与、提高自身地位的愿望日趋强烈。成立于巴尔的摩、纽约及费城等地的妇女人道主义协会(Female Humane Association)除了为贫困妇女和儿童提供衣物、食物等之外，还开办了慈善学校，向孩子们传授缝纫、行为规范和道德准则等基本知识；在波士顿，成立于1812年的妇女慈善组织碎布头协会(The Fragment Society)致力于帮助失业者、孤儿、寡妇、孕妇等，共资助了1.02万个家庭，分发了3.9万件衣物，资助金额达2.23万美元。[④] 这些社会活动激发出美国女性的母性情怀，表达出她们对走出家庭的渴望和纠正社会问题的道德责任感。

19世纪发生的废奴运动和内战进一步深化了女性参与社会事务的程度，她们渴望获得平等权利的呼声更加强烈。女性首先活跃于反奴隶制运动中。不同于早期在慈善组织中主要利用私人力量获得经济和政治支持来帮助需要的人，在反奴隶制过程中，她们主要进行广泛宣传，发动来自不同种族和社会阶层的女性，向政客和公众寻求政治支持。数量众多的女性做出积极回应，立即加入废奴运动中。她们不仅参与到地方、各州和全国

---

① Ann Firor Scott, "On Seeing and Not Seeing: A Case of Historical Invisibility." *Journal of American History*, Vol. 71(Jun., 1984), p. 9.

② Anne Firor Scott, *Natural Allies: Women's Associations in American History*. Urbana: University of Illinois Press, 1991, p. 11.

③ Priscilla Massmann, "A Neglected Partnership: The General Federation of Women's Clubs and the Conservation Movement, 1890～1920." Ph. D. diss., the University of Connecticut, 1997, pp. 47～48.

④ Keith Melder, "Ladies Bountiful: Organized Women's Benevolence in Early 19th Century America." *New York History*, Vol. 48, No. 3(1967), pp. 236～238.

性反奴隶制组织中,还成立了独立的反奴隶制协会。[1] 在美国反奴隶制协会(The American Anti-Slavery Society)的支持下,1833～1838 年,超过 100 个妇女反奴隶制协会在美国东北部城镇相继成立。除独立工作外,妇女反奴隶制协会还协助男性创建的反奴隶制组织的工作。譬如成立于 1833 年的波士顿女性反奴隶制协会(The Boston Female Anti-Slavery Society,BFASS)便是马萨诸塞州反奴隶制协会(The Massachusetts Anti-Slavery Society)的重要协助者。它吸引了大量工人女性和黑人女性的加入,主要通过组织反奴隶制大会筹措资金、派发请愿书、协助撰写和分发反奴隶制宣传册、为黑人儿童提供避难所等方式,在 19 世纪 30 年代的废奴工作中发挥着积极作用。[2] 反奴隶制运动中涌现出许多杰出的女性,如海伦·加里森(Helen Garrison)、玛丽亚·威斯顿·查普曼(Maria Weston Chapman)、柳克丽霞·莫特(Lucretia Mott)、莉迪娅·玛丽亚·蔡尔德(Lydia Maria Child)、安杰利娜和萨拉·格里姆克姐妹(Agelina and Sarah Grimke)等。作为反奴隶制的重要参与者,女性在为黑人争取平等权利的过程中开始思量自身的地位和权利问题,认为女性和男性一样生而平等,应在法律面前享有平等权利。废奴运动中的女性比之前更加强烈地感受到受到的不公正待遇,强烈要求在反奴隶制过程中享有同等地位。因此可以说,废奴运动不仅使女性唤起了公众反奴隶制的意识,而且使她们的权利意识更加强烈,并使得自身影响力得以扩大,为其社会参与和权利斗争提供了深厚的社会土壤。

内战的爆发使国家一分为二,却为女性提供了走出家庭领域的新契机。男性走向战场,女性不仅需要继续承担家务劳动,同时还肩负起提供战争物资、筹集资金、护理伤员,甚至是亲自参战等工作。成千上万的妇女在各地联合起来,组建了联邦卫生委员会(The Union's Sanitary Commission),通过募捐的方式向联邦军提供食物、衣服、医疗物资和医疗服务。她们进行公开演讲,组织各类会议,同政治家和民众互动,目标进一步明确,并向政治领域迈进。内战中最著名的女性当属美国红十字会的创始人克拉尔·巴顿(Clara Barton)。布尔河战役(Bull Run)后,巴顿意识到,由于物资匮乏,士兵们常常面临死亡的威胁。她迅速做出反应,在当地一份报纸上对此进行大力宣传,并收到大量捐赠,旋即成立了分发机构。由于在内战中为受伤士兵提供的各种帮助,巴顿被亲切地称为"战场天使"(the

---

① Lisa Tendrich Frank, ed., *Women in the American Civil War*, Vol. 1. Santa Barbara: ABC—CLIO, Inc., 2008, p. 6.

② Lisa Tendrich Frank, ed., *Women in the American Civil War*, Vol. 1, pp. 6～7.

Angel of the Battlefield)。[①] 内战中还有成百上千的年轻女性乔装成男性，作为联邦军或南方军的一员，加入几乎所有大大小小的战役中。据统计，女性士兵参加的战役包括布尔河战役、威尔逊溪战役(Wilson's Creek)、多纳尔森堡战役(Fort Donelson)、希洛战役(Shiloh)、默弗利斯伯勒战役(Murfreesboro)、安蒂特姆会战(Antietam)、葛底斯堡战役(Gettysburg)、维克斯堡战役(Vicksburg)、彼得堡战役(Petersburg)、科尔德港战役(Cold Harbor)、谢南多河谷会战(the Shenandoah Valley)、阿波马托克斯(Appomattox)附近的战役等。她们或出于爱国热情，或出于忠诚，又或出于经济、社会或私人原因，成为内战中独特的一分子。[②] 女性为内战做出贡献，内战也大大加强了女性之间的交流，提升了她们的管理和组织能力，同时也"培养了联邦女性的英雄主义情怀，这种情怀影响着几代人，成为她们的一种行为准则"[③]。在废奴运动和内战中，为黑人争取权利的历程使女性更加直接地探讨权利和自由问题，其所推动的有关女子天性和"恰当领域"(proper sphere)的辩论构成了19世纪妇女权利斗争的核心。[④]

对于妇女组织而言，19世纪30年代是重要的转折时期。[⑤] 具体体现为妇女组织数量倍增，规模扩大，并建立了多个服务于社区的机构，如孤儿院、医院、图书馆、老年之家等；同时涵盖的领域也大大丰富，包括禁酒(temperance)、道德改革(moral reform)[⑥]、废奴、教育、女工生活、健康和体育等。[⑦] 随着妇女组织在城镇及乡村的扎根，它们也逐渐专业化，许多组织制定了宗旨、宪章、规章制度、工作计划和项目，对会议安排、资金流向、活动方式与范围等进行了规定。女性的政治技能、公共演讲、组织能力等得到了锻炼，为妇女俱乐部的诞生奠定了基础。这些都促使女性向社会、政治等传统的男性领域靠近了一步，也为19世纪40年代女权运动的兴起铺平了道路。

---

① Matthew Strange, *Guardians of the Home: Women's Lives in the 1800s*. Broomall: Mason Crest Publishers, 2011, p. 45.

② Lisa Tendrich Frank, ed., *Women in the American Civil War*, Vol. 1, p. 23.

③ Theodora Penny Martin, "Women's Study Clubs, 1860～1900: 'The Sound of Our Own Voices'." Ed. D. diss., Harvard University, 1985, pp. 24～25.

④ Dorothy J. Altman, "Mary Hunter Austin and the Role of Women." Ph. D. diss., the State University of New York, 1979, p. 7.

⑤ Priscilla Massmann, "A Neglected Partnership: The General Federation of Women's Clubs and the Conservation Movement, 1890～1920", p. 48.

⑥ "道德改革"是19世纪30年代美国女性以道德为名义发起的旨在清除卖淫、拯救堕落的女性的一场社会改革。

⑦ Ann Firor Scott, "On Seeing and Not Seeing: A Case of Historical Invisibility", p. 11.

妇女选举权运动是 19 世纪初美国女性反传统地位的重要表现。1848 年,美国几位女性废奴主义者在伦敦参加废奴大会时因性别问题被拒绝发言和投票,这激发了她们决定召开独立的妇女大会以推进妇女权利运动的决心。返回美国后,她们于 1848 年 7 月 19～20 日组织召开了塞尼卡福尔斯会议(Seneca Falls Convention),并通过了《美国妇女独立宣言》(Declaration of Sentiments),强烈谴责女性遭受的压迫,呼吁获得平等权利,女权运动由此诞生。可以说,女性在废奴运动中的参与教会了她们如何将妇女的权利转化为一场政治运动①,女性开始为平等的教育权、职业权、法律权及政治权利而战。这些女性反对传统媒介对女性的定义和宣传,要求获得和男性平等的政治权利,但是这种政治呼声在当时并没有引起广泛的关注。与这些激进的女性相比,大部分女性没有勇气走向政治权利的斗争,但她们又不甘屈服于"真女性信条"。在女权主义思想的影响下,在激进的选举权斗争和传统的女性角色之间,这些女性选择了较为温和的社会活动,即利用其道德卫士的力量影响社会,摆脱她们在"真女性信条"下做出的牺牲。虽然许多女性的活动依然局限于慈善组织和宗教团体,但另外一些女性已将其活动范围拓展到更大的社会空间,试图解决与妇女权利、贫困、道德、奴隶制等相关的问题。这些活动使她们能够进一步接触政治和公共领域,在此过程中所经历的诟病和挫折也让她们更清楚地认识到自身所受到的种种社会和政治限制,一些女性开始考虑建立专门的组织,各类以学习为主要目的的妇女俱乐部由此诞生。

二、妇女俱乐部的出现与发展

19 世纪妇女俱乐部的出现与发展是美国女性走向公共领域及体现自我价值的重要体现,也是妇女组织逐渐政治化和社会化的过程。这时的女性依然受"真女性信条"的束缚,虽然一些女性明确提出不满与抗议,但是在主流社会明确反对女性进入公共领域的背景下,为女性争取选举权显得过于激进。大多数女性仍希望利用道德情怀和传统优势实现自我管理与改变世界的目标,这样更容易获得社会的认可与支持。在这种情况下,妇女俱乐部应运而生。尽管最初的妇女俱乐部主要吸引那些期望与朋友和邻居聚会的传统女性,但 19 世纪后半期却成为社会系列改革的重要机构。②

---

① Paula Baker,"The Domestication of Politics:Women and American Political Society,1780～1920."*The American Historical Review*,Vol. 89,No. 3(Jun. ,1984),p. 634.

② Estelle Freedman,"Separatism as Strategy:Female Institution Building and American Feminism,1870～1930."*Feminist Studies*,Vol. 5,No. 3(Autumn,1979),p. 517.

(一)以"家庭女权主义"为基础的文学俱乐部的出现

早在19世纪30年代托克维尔在美国旅行之时就发现,美国人遵循一种"联合原则"(principle of association),他们组建了形式各异的组织,服务于宗教、慈善、社会服务等。托克维尔认为,美国是世界上最便于组党结社并将其用于各种目的的国家。除了依法以乡、镇、县、市为名建立的常设社团之外,还有许多根据个人的自愿原则而建立和发展的社团。[①] 19世纪五六十年代,美国女性成立了各种文学、学习俱乐部或社团(literary or study clubs or societies),这些组织主要散见于城市中。在"家庭女权主义"(Domestic Feminism)思想的指导下,这些被组织起来的女性通过沟通交流和学习研究的方式提高自身的素养,促进智识的发展,加强对自身和社会的认识。当俱乐部妇女被社会问题吸引,开始讨论公共事务,承担社会服务时,自我提高的活动便同社区改良和国民福祉结合在一起。这些女性成为后来俱乐部妇女的先驱,而这些文学俱乐部也成为后来改革型妇女俱乐部的雏形。

"家庭女权主义"一词由历史学家丹尼尔·斯科特·史密斯(Daniel Scott Smith)提出,[②]用来指19世纪的美国女性力图在家庭中赢得自主权及争取管理权力的思想。这些女性憎恶完全服从于男性的社会传统,期望像男性在公共领域拥有绝对权力那样在家庭中占据主导地位,期望在继承"真女性信条"所规定的女子特性的同时,利用自身优势挑战传统的女性形象。最初出现的女性文学俱乐部就秉承这种理念,将自我教育和慈善作为主要内容,培养自身的素养和管理能力。这首先符合女性作为家庭管家和"共和国母亲"的角色,利于培养优秀的公民;其次它符合美国建国后对教育的重视及教育的功效性,即将其视为实现梦想和塑造道德的重要手段。正如本杰明·富兰克林所说,"天才若得不到良好教育就如埋没于沙土中的金子"[③]。

19世纪的许多妇女杂志上除了刊登时尚、居家、情感等类型的文章外,开始将自我教育作为其重要版块之一,对女性教育予以大力宣传和弘扬。[④] 当大学的校门未对大部分女性开放之时,她们便选择成立文学团

---

① 托克维尔著:《论美国的民主》,董果良译,北京:商务印书馆,1991年版,第213页。

② Daniel Scott Smith, "Family Limitation, Sexual Control, and Domestic Feminism in Victorian America." *Feminist Studies*, Vol. 1, No. 3/4, (Winter-Spring, 1973), pp. 40～57.

③ Theodora Penny Martin, "Women's Study Clubs, 1860～1900: 'The Sound of Our Own Voices'." Ed. D. diss., Harvard University, 1985, p. 44.

④ Theodora Penny Martin, "Women's Study Clubs, 1860～1900: 'The Sound of Our Own Voices'", p. 47.

体，通过学习文学、艺术、历史、地理等学科提升智识，提高社会地位。譬如有些俱乐部的目标是“拓宽成员的思想内涵及知识”，将“知识是财富，学习是关键；在这些城市里，不仅男性以学习为傲，女性亦如此”作为自己的格言。[①] 芝加哥的双周俱乐部（Fortnightly Club）在其宪章中明确规定其目标是“扩大女性成员的精神视野和知识”。19 世纪 80 年代阿肯色州的妇女俱乐部强调自我提升和文化素养的培养，其活动主要包括共同研读文学作品、开展相关话题的讨论、音乐表演和非正式会面等。[②] 女性通过读书、看报、交流，拓宽了视野，推动了智识发展，加强了她们对自身和社会的认识。

美国真正意义上的、具有开拓性的妇女俱乐部是“妇女联谊会”（Sorosis），由女权主义者、记者简·坎宁安·克罗利（Jane Cunningham Croly，1829～1901）创建。[③] 1868 年 3 月前的某天，纽约新闻俱乐部（New York Press Club）准备为当时正在美国进行巡回演讲的查尔斯·狄更斯举办一场宴会，当克罗利和其他几位女性向该俱乐部提交参会申请时，却遭到了“粗暴对待”。这一事件激励克罗利决定建立一个完全由女性组成的妇女组织，专门处理自己的事务，代表自身的利益。[④] 1868 年 3 月的第一个周一，五位受过良好教育、有理想的女士在克罗利纽约的家中召开会议，经过商议成立了“妇女联谊会”，妇女俱乐部的想法由此正式实现。

建立初期，该俱乐部仅有 12 名成员，大都是职业女性。之后，它吸引了更多女性的加入，包括作家、艺术家、诗人、历史学家、教师等。她们思想开放，接受过良好教育，活跃于各种社会改革中，并为妇女权利而战。[⑤] 和妇女联谊会几乎同时建立的还有一个妇女组织：新英格兰妇女俱乐部（The New England Woman's Club），前者完全由女性组成，而后者还包括男性成员，且文学工作大都由男性成员完成，女性多充当听众的角色。正

---

① Mrs. Jane Cunningham Croly, *The History of the Woman's Club Movement in America*, pp. 446,739.

② Frances Mitchell Ross, "The New Woman as Club Woman and Social Activist in Turn of the Century Arkansas." *The Arkansas Historical Quarterly*, Vol. 50, No. 4(Winter, 1991), p. 320.

③ 在为妇女联谊会选择名称的过程中，几位创建者进行了大量的讨论和查阅。譬如有一位女士提出使用“Blue Stocking Club”一名，但因其过于偏向于文学而被否定。后来克罗利和另外一位创建者 C. B. 威尔伯夫人（Mrs. C. B. Wilbour）在翻阅多本字典的过程中，在一部植物学词典中看到了“Sorosis”一词，遂决定采用该词，原因在于该词“优雅动听，意义丰满，不落俗套，能充分表达创建者的意愿”。该词虽不包含“club”，但它却包含了几位女性创建者对妇女俱乐部的一切期许。

④ Mrs. Jane Cunningham Croly, *The History of the Woman's Club Movement in America*. New York: Henry G. Allen, 1898, p. 15.

⑤ Karen J. Blair, *The Clubwoman as Feminist: True Womanhood Defined, 1868～1914*. New York: Holmes & Meier Publishers, Inc., 1980, p. 22.

是这两个妇女俱乐部的成立孕育了19世纪的妇女俱乐部运动,使它得以轰轰烈烈地开展起来,改变了美国的政治和社会环境。妇女联谊会成立之初,尚未有人听过"妇女俱乐部"这样的词语,或者听过任何一个完全由女性组成、将各类型女性组织起来、以自己的方式实现目标的世俗组织。[①]因此,"妇女俱乐部"是一个全新的概念。虽然"妇女联谊会"仍以教育为主要目标,但成立背景的特殊性决定了其动机和性质与以往妇女组织相比有所不同,即以女性的独立及渴望得到认可为出发点,体现了女权主义思想。尽管其章程不包含任何有关女权的字眼,活动也尽量限制于教育方面,但这仍无法阻止其产生深远的社会影响力。"妇女联谊会"独立于任何党派或地方团体,它的目标是使具有文学和艺术鉴赏能力的妇女建立和谐互助的关系;使志同道合的女性达成默契,消除由于社会传统而带来的交流障碍。该组织向不同思想、不同程度、不同工作和思维习惯的女性开放,它代表所有的女性,而非某个特殊阶层的女性。[②] 因此,对男性排斥女性的回应仅仅是妇女联谊会成立的初衷,而女性之间的交流和自身的独立是她们进一步联合的动机。

"妇女联谊会"建立之初遭到了男性的质疑、抨击甚至羞辱,"妇女俱乐部?有谁听过?这些女人要从俱乐部里得到些什么?你们的目标是什么?"[③]诸如此类的质疑铺天盖地,使联谊会的妇女们如履薄冰。尽管如此,她们仍顶住压力,不仅向女性传播更加深邃而有洞察力的思想,还努力丰富组织的活动,希望得到肯定和支持。最初,联谊会只有文学、艺术、戏剧和音乐四个委员会,将阅读、讨论和自我教育作为主要内容,重在培养其成员的女性气质。这一目标吸引了成千上万女性的参与,她们认为这样的活动可以消除无知,打破男性对文化的绝对权威,提高社会地位,她们将此视作追寻妇女权利的一部分。[④] 随着联谊会的发展,克罗利认为,女性不仅要保护家庭,而且要利用她们管理家庭的天赋影响并改善外部世界。[⑤]它开始将自我教育和社会事件结合起来,成立了科学、慈善、住所与家庭、

---

① Mrs. Jane Cunningham Croly, *The History of the Woman's Club Movement in America*, p. 18.

② Mrs. Jane Cunningham Croly, *Sorosis: Its Origin and History*. New York: Press of J. J. Little & Co., 1886, pp. 7～9.

③ Mrs. Jane Cunningham Croly, *The History of the Woman's Club Movement in America*, p. 20.

④ Karen J. Blair, *The Clubwoman as Feminist: True Womanhood Defined, 1868～1914*. New York: Holmes & Meier Publishers, Inc., 1980, p. 27.

⑤ Karen J. Blair, *The Clubwoman as Feminist: True Womanhood Defined, 1868～1914*, p. 15.

卫生、时事等常务委员会。① 1873 年 10 月,妇女联谊会还倡议成立了全国性妇女组织“妇女促进会”(Association for the Advancement of Women),吸引全国范围内女性的参与。妇女联谊会产生的影响是广泛而深远的,它激励了 19 世纪七八十年代成百上千类似的妇女文学俱乐部的涌现,②引发了一场由女性领导的俱乐部运动的开展。这场运动横扫全国,深刻影响着美国社会的发展轨迹,可以说是美国妇女的“文艺复兴”③、是美国社会的一场革命。

作为 19 世纪美国女性活动的重要场所,俱乐部在前 20 年还都以教育与提升自我为主,通过读书、看报、讨论、写作等活动拓宽了女性的视野,培养了公共演讲、沟通交流及组织协调的能力,加强了对自身和社会的认识,同时开始适应社会发展,成为女性表达自身意愿和权利的平台。虽然此类文学俱乐部并未直接参与妇女权利斗争,但在此过程中,女性越来越关注自我个性的表达和自身的解放及对禁酒、废奴等社会问题的关注,为之后改革型妇女俱乐部的创立储备力量。如 1852 年在密歇根成立的“妇女图书协会”(Ladies Library Society)和 1859 年在印第安纳州成立的“密涅瓦协会”(Minerva Society)都旨在让妇女通过读书和交流获得知识并了解家庭外的世界,最终为妇女权利而斗争,这两个团体的成员成为内战后俱乐部运动的重要领导人。④

事实上,最早的文学俱乐部女性虽体现出家庭女权主义思想,但并非完全脱离家庭,她们依然以维护家庭为宗旨。然而,她们期望不再被家庭的枷锁所束缚,渴望“真女性”品格得到尊重和发扬,将俱乐部视作提升思想、扩大领域的途径,⑤而这种思想成为进步主义时期女性“城市管家理念”(municipal housekeeping)的雏形。随着时代的进步,早期的文学俱乐部开始悄然发生变化。女性在自我教育的同时开始讨论外部世界,抨击男

---

① Mrs. Jane Cunningham Croly, *The History of the Woman's Club Movement in America*, p. 31.

② 类似的俱乐部有周五下午俱乐部(Friday Afternoon Club)、周二早晨俱乐部(The Wednesday Morning Club)、罗德岛妇女俱乐部(The Rhode Island Club)、莎士比亚俱乐部(The Shakespeare Club)、堪萨斯 81 俱乐部(81 Club of Kansas City)等。这些俱乐部有的以碰面时间命名,还有些则以所在地或工作内容或成立时间而命名。

③ Sarah S. Platt Decker, "The Meaning of the Woman's Club Movement." *Annals of the American Academy of Political and Social Science*, Vol. 28, Woman's Work and Organizations (Sep., 1906), p. 1.

④ Anne Firor Scott, *Natural Allies: Women's Associations in American History*. Urbana: University of Illinois Press, 1991, p. 112.

⑤ Karen J. Blair, *The Clubwoman as Feminist: True Womanhood Defined, 1868～1914*, p. 4.

性追逐利益的行为以及由此引发的社会堕落和不公，希望通过发挥自身的道德优越性，重塑社会道德体系。由此，她们逐渐转向社会服务与改革，关注诸如职业女性和儿童之类的社会问题，其影响力得到更为广泛的传播。女性在要求独立、走向社会的道路上遭遇了大多数男性的强烈反对，许多男性认为女性的社会活动威胁两性角色的平衡，不利于家庭及社会关系的稳定。因此，在女性走出家庭领域的过程中，他们不仅未给予足够的帮助，甚至将女性排除在许多有利于其智识发展的领域之外。

（二）"城市管家理念"指导下的改革型妇女俱乐部的发展

"城市管家理念"指的是女性将其特殊的道德品质、家庭管理技能运用于家庭以外的活动的理念。① 它诞生于19世纪六七十年代，是改革型妇女俱乐部的指导思想。随着内战后工业化的推进，人口急剧增加，各类社会问题不断涌现，女性也开始从关注自身进步发展到关注家庭及社区外的问题。改革型妇女俱乐部源于内战前的文学俱乐部。这些俱乐部的成员在相互交流学习的过程中拓宽了知识面和眼界，目光开始转向对外部世界的关注。同时，其领导人和成员逐渐意识到，文学研究只能作为维系组织活动的基础，无法建立长久稳定的结构。当她们以母亲和妻子的身份讨论工业文明综合征的时候才发现，家庭与公共事务有着惊人的联系。外部环境的优劣深刻影响家庭成员的健康，威胁美国的文明。当家庭和家人的健康被污染的水源、昏暗的灯光、肮脏的街道、讨厌的煤烟、娱乐空间缺失等问题威胁时，她们再研究文学和艺术已毫无意义。在她们看来，男人们都忙于与政治和商业相关的事务，已无暇顾及有关家庭及未来福祉的问题。② 同时，她们也意识到，选举权的缺失导致她们不可能在既定的政治框架内实现诉求，因而她们立志用自身的纯洁净化美国社会，利用道德卫士的责任拯救美国文明，"城市管家理念"由此诞生，推动文学俱乐部向改革型俱乐部的方向发展。

该理念既有利于维护女性的传统角色，规避男性的责难，又能帮助她们顺利地进入更宽广的社会领域，成为家庭、社区和城市的守护者及一股真正影响社会发展的独立力量。历史学家安妮·菲罗尔·斯科特指出："认为女性应对整个社区的道德建设负责的观点并没有消失，反而人们认

---

① Karen Blair, *The Clubwoman as Feminist: True Womanhood Defined, 1868～1914*, p. 74.

② Lydia Adams-Williams, "A Million Women for Conservation." *Conservation: Offical Organ of the American Forestry Association*, Vol. XV, No. 6(Jun., 1909), pp. 346～347.

为这种责任不应仅仅局限于家庭的四面围墙内,而应拓展到邻里及城镇。"[①]在"城市管家理念"的引导下,美国的中上层女性以"城市管家"自居,以俱乐部为平台,以家人和家庭福祉的名义管理社会,追求属于自己的事业,承担具体的社会服务和社区改良工作,创造健康有益的环境。

通过俱乐部的形式,女性的工作可以避免男性的干涉和影响,解决了教育、社会和慈善等问题,并让她们更好地认识和理解社会问题。妇女俱乐部首先发挥教育的功能,呼吁公民培养关注社会问题的意识,在延续教育功能的同时,开始转向更宏大的社会改革目标。这些俱乐部代表着全国妇女运动中温和的中产阶级妇女团体[②],使女性接触更多的信息和文化,成为她们参与公共事务、实现社会关怀、达成诉求的重要途径,美国的女性从此也找到了一种能表达共同想法和愿望的出口。[③] 同时,19 世纪的女性通过俱乐部工作形成了社区感和责任感,并构成了政治行动的基础。可以说,女性的社会参与将其道德优越性社会化,是对其传统领域的拓展,从而构成了 19 世纪社会改革的重要力量。[④] 芝加哥市教育厅厅长 W. L. 博丁(W. L. Bodine)这样定义俱乐部:"'妇女俱乐部'是进步时代进步性别的自然产物,是美国女性智识提升的标志。它们不是存在于理论层面,而是具有现实价值,即服务于社区、社会和国家的利益。女性越伟大,则国家越强大。"[⑤]很明显,博丁认为俱乐部妇女的影响力已经上升到国家层面。

相对于"家庭女权主义","城市管家理念"不仅提出了女性的独立,而且更侧重于对外部世界的影响。"正是这种母性精神拓展到社会,让女性成为男性所欢迎的能解决世界上各类问题的慈善和和平的力量。"[⑥]19 世纪的女性认为,工业化和城市化改变了家庭事务的方方面面,让它不再隐秘,而与社会连接更紧密,那个封闭于家中、仅仅依靠政府提供服务的时代已然过去。女性应打破家庭的枷锁,为社区和州事务的发展做出贡献。波

---

① Anne Firor Scott, *Natural Allies: Women's Associations in American History*, p. 141.

② Frances Mitchell Ross, "The New Woman as Club Woman and Social Activist in Turn of the Century Arkansas." *The Arkansas Historical Quarterly*, Vol. 50, No. 4(Winter, 1991), p. 320.

③ Rheta Childe Dore, *What Eight Million Women Want*. Boston: Small, Maynard and Co., 1910, p. 22.

④ Marilyn Gittell and Teresa Shtob, "Changing Women's Roles in Political Volunteerism and Reform of the City." *Signs*, Vol. 5, No. 3(Spring, 1980), p. S69.

⑤ May Alden Ward, "The Influence of Women's Clubs in New England and in the Middle-Eastern States." *Annals of the American Academy of Political and Social Science*, Vol. 28(Sep., 1906), p. 7.

⑥ Mrs. John Hays Hammond, "Woman's Share in Civic Life." *Good Housekeeping*, Vol. 54 (May, 1912), p. 602.

士顿妇女市政联盟(The Women's Municipal League of Boston)主席 T. J. 鲍克尔(T. J. Bowlker)如是说:"我们的工作建立在这样的信念之上:女性拥有男性所不具备的、建立人类福祉的特殊能力,即她们的创造力。它存在于任何一个地方,包括所有人生活的大家庭……期望我们国家所有的女性联合起来建立真正的民主,这不应该,也不仅仅是以政府的形式,而是一股实际的、充满活力的、强有力的力量,将我们团结起来。"[①]到了19世纪90年代,"城市管家理念"得到广泛运用,之后一直贯穿于进步主义时期女性的改革之中。

在"城市管家理念"的指导下,妇女俱乐部经历了全面的变革。随着俱乐部数量的增加、女性对社会问题的反思及对更多机会的渴望,俱乐部开始设立更宏大的社会改革目标,加入由政治家、教育家、社会工作者、教会人士及志愿者组织等组成的社会运动中。为了提高效率,妇女俱乐部开始制度化、组织化,并建立明确的指导方针、行动纲领和具体实施项目,有的还建立了宣传机构,影响力不仅深入到社会基层,还上升到政治领域。与此同时,妇女俱乐部内部成立了分工细致的部门,其内容从文学、艺术研究发展为一般性研究和社会改革,"部门俱乐部"(The Department Club)形成。

部门俱乐部由负责具体事务或计划的各部门组成,专门应对不同类型的社会问题。部门的理念来自芝加哥妇女俱乐部(Chicago Woman's Club),该俱乐部成立于1876年,最初七年的工作均以文学阅读与讨论为主,之后开始关注社会工作,成立了教育、文学、艺术、儿童、市政改革等与女性利益相关的部门,以开展实践工作。1877年,妇女教育与工业联盟(Women's Educational and Industrial Union)在波士顿成立。尽管它的许多成员来自波士顿精英阶层,但她们积极招募来自其他群体的女性。最初,该联盟的成员总数只有42人,到1915年,这个数字增长至4500人。[②]它在波士顿的商业中心开设了诊所、就业局、纯净牛奶站、实验室厨房(laboratary kitchen)和食物供应公司,并建立了售货处或交易处,还为女工提供午餐。到1900年,该联盟为中产阶级女工提供了大约4.5万份午餐。[③] 到19世纪80年代,妇女俱乐部在美国几乎每个城镇生根发芽。这些俱乐部既吸引了禁酒组织的众多成员,又吸引了激进的妇女选举权组织

---

① Mrs. T. J. Bowlker,"Woman's Home-Making Function Applied to the Municipality." *The American City*, Vol. 6, No. 6 (Jun., 1912), pp. 863, 869.

② Daphne Spain, *How Women Saved the City*. Minneapolis: University of Minnesota Press, 2001, p. 187.

③ Daphne Spain, *How Women Saved the City*, p. 187.

的成员。①

随着城市的重要性的提升及城市问题的凸显,另一种俱乐部形式——“市政俱乐部”(The Civic Club)诞生。第一个市政俱乐部于 1893 年诞生于费城,即费城市政俱乐部(The Civic Club of Philadelphia),主要关注城市政府、教育、社会科学和艺术问题,旨在提升公共精神及建立更好的社会秩序。② 市政俱乐部使女性有机会参与到更多与社区相关的工作中,如教育、学校卫生、童工、公共卫生、植树、市政服务改革及流动图书馆等。由于这些问题多与家庭相关,它们促使女性更好地发挥“城市管家”的作用。

同时,从俱乐部的发展规模来看,女性不再局限于一个地区,而是在全州乃至全国范围内联合起来,共同应对社会问题。俱乐部之间的联合首先表现为州级妇女俱乐部联盟的成立,使女性的行动具备统一的目标、指导和规划,让其工作更加高效。通常,成员俱乐部选派代表服务于联盟的各个委员会,联盟的主席也来自各个成员俱乐部。成员俱乐部向联盟提出行动计划和方案,联盟则向前者下发各类成文的政策,以保证本州内妇女俱乐部目标和行动的统一。俱乐部之间的联合还在于全国性妇女组织的成立。为了促进全国范围内妇女俱乐部的工作交流,1890 年,“总联盟”成立。它是管理成千上万地方妇女俱乐部和州级妇女俱乐部联盟的全国性组织,将妇女俱乐部的影响力扩展到全国范围。总联盟将社区文明化作为其重要目标,工作内容包括教育、艺术、文学、市政服务、洁净水、公共卫生、劳工立法等,③还鼓励各个妇女俱乐部成员参与公共事务,加速了女性角色的扩大和俱乐部运动的进一步拓展,成为女性解决社区问题、进行社会改革的重要机构。

1893 年是妇女俱乐部运动的重要转折点。这一年,为了庆祝哥伦布发现美洲大陆 400 周年,世界哥伦布博览会(The World's Columbian Exposition)亦称芝加哥世界博览会(The Chicago World's Fair)在芝加哥举行。此次博览会吸引了全国几乎所有领域的人,也为女性提供了进一步联合的机会。④ 女性在博览会期间备受启发,会议结束后,她们带着新鲜的

---

① Jennifer Jaye Price,“Flight Maps:Encounters with Nature in Modern American Culture.” Ph. D. diss. ,Yale University,1998,p. 78.

② Mrs. Jane Cunningham Croly,*The History of the Woman's Club Movement in America*, p. 76.

③ Sandra Jeanne Johnson,“Early Conservation by the Arizona Federation of Women's Clubs from 1900～1932.”M. S. thesis,the University of Arizona,1993,p. 37.

④ Anne Firor Scott,*Natural Allies:Women's Associations in American History*. Urbana:University of Illinois Press,1991,p. 128.

想法和无限的可能性回到自己的俱乐部，投入更广泛的社会事务中。在会议的激励下，从1895～1899年，大部分以改革为目标的妇女俱乐部成立。仅威斯康星州，1893年就有33个妇女俱乐部。这些俱乐部的主要工作可分为三种：在精神上和道德上教育成员；制造公共舆论；确保更好的生活水准。[①] 许多女性经常同时参与两到三个不同的俱乐部。俱乐部运动在19世纪末达到顶峰，关注进步主义时期的许多社会和政治运动，如妇女选举权运动、禁酒运动、资源保护运动、社区改良运动等。大量具有改革精神的进步女性进入了公共领域，建立了图书馆、健康诊所、学校、职业介绍所、安置所，还设立了学校午餐制度，并承担起街道清理和城市空间重建等工作，更好地提升公众的生活质量。各州妇女俱乐部联盟还成立了城市和乡村改进委员会（Committee on Civics，Village Improvement）、工业环境委员会及艺术、文学和教育委员会，成功举办了有关慈善、垃圾处理、家政学、监狱改革等方面的茶会、朗诵会和讲座。[②] 通过这些活动，妇女俱乐部开始进入更宽泛的社区改良阶段。

女性的活动赢得了媒体的关注，《美国城市》（*The American City*）、《家政学杂志》（*The Journal of Home Economics*）、《制图者》（*Delineator*）、《格林厄姆淑女与绅士杂志》（*Graham's Lady's and Gentleman's Magazine*）、《戈德淑女书籍和杂志》（*Godey's Lady's Book and Magazine*）、《彼得森杂志》（*Peterson's Magazine*）及《时尚芭莎》（*Harper's Bazaar*）等流行杂志都争相报道妇女俱乐部的社会活动，使其影响力进一步扩大。[③]

作为19世纪工业化和城市化的产物，妇女俱乐部经历了一个渐变的过程。它发轫于自我教育的文学俱乐部，之后逐渐发展成为关注穷人、儿童、妇女、食品、自然资源、市政改革等问题的改革型俱乐部。妇女俱乐部模糊了私人领域和公共领域之间的界限，以“培养更新的、更好的女子特性”（a new and more glorious womanhood）为目标，[④]为女性在家庭和被政

---

① Martha E. D. White，“The Work of the Woman's Club.”*Atlantic Monthly*，Vol. 93（May，1904），p. 615.

② Jennifer Jaye Price，“Flight Maps：Encounters with Nature in Modern American Culture”，p. 82.

③ 随着19世纪妇女俱乐部工作内容的扩大，它们的影响力也渗透到社会各个层面。许多媒体不仅报道女性的社会活动，刊登俱乐部的工作报告和男性对女性的评价，还邀请俱乐部的领袖为杂志撰文。女性在塑造公共舆论方面发挥着至关重要的作用。

④ Jennifer Jaye Price，“Flight Maps：Encounters with Nature in Modern American Culture”，p. 82.

府禁止的领域之外提供了一种新的自由空间,帮助她们在公共领域实践基本技能。[1] 同时,妇女俱乐部理念还同民主思想、妇女选举权、妇女间的联合以及两性之间的友谊紧密联系在一起,[2]帮助女性建立了自己的文化,并在此基础上,发起了以"社会女权主义"为基础的改革运动[3],突显出这一时期妇女斗争与社会参与的复杂性。

事实证明,无论从成员数量来看,还是取得的成效以及产生的影响力来看,妇女俱乐部运动都比选举权运动更加成功。前者更为温和,未对两分领域及男性的地位发出直接挑战,因而更容易获得政治领域和社会领域的支持。它不仅未破坏家庭的稳定,反而帮助其成员成为更有素养、更有责任心的母亲和家庭管理者,从而提高了家庭生活的质量。这一点首先体现在俱乐部关于家政学方面的工作。每一个州级妇女俱乐部联盟都设置一个家政学委员会,委员会主任通常由家政学方面的专家担任,为女性传授家庭卫生、房屋装饰、食品营养价值、烹饪、劳资关系等各方面的知识,大大提升了女性的家庭管理能力。[4] 而这种能力通过俱乐部的拓展逐渐延伸到社区和整个城市,女性利用"城市管家"的能力为公众提供洁净、健康和安全的居住环境。

到了19世纪90年代,新女性形象逐渐形成。"新女性"一词出现于1894年左右,随后便在报纸和杂志上广泛流行。新女性具有如下特点:年轻,独立,无畏,能力强,身体素质好,受过良好教育(可能是高等教育)[5]。她们试图摆脱"真女性信条"的束缚,在家庭之外追求自己的事业。她们组建多个妇女组织,参与到各类社会改革中,为社会的发展做出贡献。进步主义时期可以说是美国女性产生公共影响力的高潮期,她们以妇女组织(譬如总联盟、妇女基督教禁酒联合会、社区改良安置所以及数量众多的选举权组织等)为媒介,通过教育宣传、调查研究、游说进言等方式,将对社会问题的关注转化为实际行动,试图建立更加公正、有序、民主的社会秩序。

---

① Leslie Kemp Poole,"The Women of the Early Florida Audubon Society: Agents of History in the Fight to Save State Birds." *The Florida Historical Quarterly*, Vol. 85, No. 3 (Winter, 2007), p. 312.

② Clara Savage,"Men and Women's Clubs." *Good Housekeeping*, Vol. 62, No. 52 (May, 1916), p. 611.

③ Mariene Stein Wortman,"Domesticating the Nineteenth-Century American City." *Prospect*, Vol. 3 (Oct., 1978), p. 551.

④ May Alden Ward,"The Influence of Women's Clubs in New England and in the Middle-Eastern States." *Annals of the American Academy of Political and Social Science*, Vol. 28 (Sep., 1906), p. 8.

⑤ Jean V. Matthews, *The Rise of the New Woman*. Chicago: Ivan R. Dee, 2003, p. 13.

而经过努力，妇女俱乐部也得到了高度赞扬。“在市政服务方面，没有任何其他妇女组织可以与它（芝加哥妇女俱乐部）相比……拯救年轻一代的并非法律制定者或政客们，而是妇女俱乐部和妇女们。”①

第三节　从研究到保护：19 世纪美国女性对环境的关怀

从文学团体到改革型俱乐部，19 世纪的美国女性经历了从关注自身诉求与权利到关注社会问题与民生福祉的转变，也反映出这一时期美国社会发生的一系列变化。19 世纪的美国正经历着工业化和城市化所带来的巨变，民众享受着前所未有的物质财富，却也无奈陷入闻所未闻的工业文明综合征，这催生了改革者的诞生。作为新生改革力量的重要组成部分，19 世纪的女性充分发挥“城市管家”的作用，希望通过妇女俱乐部进行社会改造的同时，扩大自身的公共影响力。

随着俱乐部妇女社会活动的拓展，环境成为她们关注的一个领域。作为天生的“道德卫士”和“城市管家”，她们责无旁贷地将自然资源保护和城市环境改善作为其目标之一，通过俱乐部等妇女组织形式参与到环境问题的修复中，将男性政治家和基层组织相沟通，促使环境问题的社会化。她们不仅通过自然研究宣传保护理念，还敦促政府保护资源和自然环境，同时建立各类城市设施，改善市民的生活环境。作为重要的民间力量，她们通过宣传教育、调查研究、游说进言等方式推动了环保活动的开展。美国进步主义时期的女性在自然研究、自然资源保护和城市环境改革中的努力源于三个因素的推动。

第一，对工业化、城市化所带来的环境问题的回应和反思，这展现出女性保护自然资源、自然景观及良好社会环境的道德责任感。② 女性与自然存在千丝万缕的联系。无论是最初的田间劳作，还是之后的家庭工作，女性都将自己视作自然、家庭和社会道德的维护者。因此，在这三者受到工业化的威胁时，女性便以管家的身份自居，对这些问题进行积极的回应，成为整个 19 世纪社会活动的重要参与者。第二，受广泛传播的自然文学作品的影响。当 19 世纪的美国妇女从繁重的工作中解脱时，她们常以俱乐

---

① Ida Husted Harper, “Woman's Broom in Municipal Housekeeping.” *Delineator*, Vol. 73 (Feb., 1909), p. 213.

② Vera Norwood, *Made From This Earth: American Women and Nature*. North Carolina: Chapel Hill, 1993, p. 32.

部为媒介进行交流。文学作品是她们常常诵读的内容。在这里,她们接触到约翰·詹姆斯·奥杜邦(John James Audubon,1785～1851)[①]、拉尔夫·W. 爱默生(Ralph W. Emerson,1803～1882)、亨利·梭罗(Henry Thoreau,1817～1862)、约翰·缪尔等撰写的有关自然的作品,他们所强调的对自然的欣赏影响了 19 世纪女性的环境观,唤起了她们对自然的怜悯和同自然的惺惺相惜,为日后保护自然的活动奠定了思想基础。第三,女性对于进入公共领域的渴望。19 世纪是激荡的时代,整个美国社会都发生着前所未有的巨变。女性正经历着组织化、社会化的过程,为自身地位的提升而斗争。她们首先通过关注废奴问题、禁酒问题、道德改革等发出自己的声音,从而扩大社会影响力。参与环保活动使女性通过合理的方式获得了支持和同情,使其同政府机构和公众之间建立了联系,为她们影响公共事务提供了重要契机。

女性与自然的关系源远流长,她们认为自己与自然一样,都具有孕育和繁衍后代的功能,因此,女性对自然的关注一定程度上体现了自身的诉求。最初,她们通过种植、饲养家畜、收割庄稼等方式与自然产生互动。据统计,美洲本土妇女的食物生产量占比达 85%。而到了殖民地时期,妇女们延续了本土妇女的田间劳作,与自然积极互动,为家人提供基本的生活需求。[②] 同时,女性还将自然视作家庭的延伸。19 世纪的女性作家苏珊·F. 库珀在其《乡居时光》(*Rural Hours*)一书中便强调了这一点,“如果自然是家的话,那么女性的家庭领域就包括自然”,它赋予女性管理土地、保护动物和森林的权利,她甚至建议女性承担起对环境的道德监护责任。[③] 女性博物学家玛丽·特里特(Mary Treat,1830～1923)也将自然世界看作家庭的近邻,她并未发现家庭和户外自然有何不同,她将植物、动物等自然万物都看作家庭的一分子,与人类和谐共处。这使得女性的家庭责任延伸到自然世界,为她们关心、保护自然提供了便利。

随着 19 世纪工业化时代的到来,妇女在田间劳动的方式逐渐被家庭工作所取代,她们对户外自然的影响也逐渐减弱,开始被视作家庭的守护者和管理者,她们也从劳动生产者向家庭与道德维护者的角色转变,而与

---

① 约翰·詹姆斯·奥杜邦是 19 世纪美国著名的博物学家和画家。他毕生致力于研究、绘制美洲鸟类,先后出版了《美洲鸟类》和《美洲的四足动物》两本画谱,其中《美洲鸟类》被誉为 19 世纪最伟大和最具影响力的著作之一。他的作品对后世野生动物的绘画产生了深刻的影响。

② Carolyn Merchant, *Earthcare: Women and the Environment*. New York: Routledge, 1996, p. xvii.

③ Glenda Riley, "Victorian Ladies Outdoors: Women in the Early Western Conservation Movement, 1870～1920." *South California Quarterly*, Vol. 83, No. 1(Spring, 2001), p. 64.

此同时，家庭也成为妇女们躲避残酷的商业竞争的避难所。这时的女性在完成家庭事务后，拥有更多的闲暇，于是开始寻找独特的方式消磨时光。她们通过观察与研究自然不仅开启了与外部世界接触的通道，也为进步主义时期其更广泛的自然研究活动奠定了基础。起初，这些女性对自然的欣赏和研究仅限于自家的庭院及花园，[①]园艺成为美国女性与外界接触的最古老和最被认可的方式之一。她们在花园中培育植物、观察鸟类、研究自然。据此，她们获得了自然知识，并与同伴们进行交流。教育背景良好的女性还将所见所闻记录下来，将品德教育、赏心悦目的插图、振奋人心的诗文同科学研究结合在一起，创作出广为传读的读物，激发了公众对自然的热爱。女性作家萨拉·黑尔（Sarah Hale）的《植物的诠释者》（*Flora's Interpreters*）、露西·胡珀（Lucy Hooper）的《花与诗——为女性创作的一部书》（*The Lady's Book of Flowers and Poetry*）、女性植物学家阿尔迈拉·哈特·林肯·费尔普斯的《有关植物学熟悉的讲座》（*Familiar Lectures on Botany*）等一方面暗示在自然研究中女性依然扮演着传统的母亲的角色，另一方面也鼓励女性读者们用科学的视角理解她们所生存的环境，并尝试走出去，走向蜿蜒的小溪，走到陡峭的悬崖边，走到大山的脚下，走向森林的深处。[②]

之后，随着女性受教育机会的增加和地位的提升，她们不再满足于局限在狭窄的家庭花园中，而是试图迈向更为广阔的自然世界，像男性那样加入形形色色的户外活动和登山俱乐部中，探索并研究自然，创作出数量更为庞大的关于自然的书籍、文章、日记、小说、儿童故事等，希望唤起公众对自然的关心。这些作品不仅记录了自然的基础知识，也反映出女性对自然的怜惜与热爱，以及她们渴望拥抱自然、释放自我的情愫。虽然女性的作品多被视作多愁善感、过分说教等，但这些作品促进了自然知识的广泛传播，并使公众形成对自然的同情，推动了资源保护意识的觉醒。同时，它们也被后来的女性作家如蕾切尔·卡森（Rachel Carson）等吸收和延续，让她们重视科学，重视描述和想象，重视故事和话语的力量及采取行动的必要。[③]

同时，还有很多女性目睹了工业化下隆隆作响的大机器在自然大地上

---

① Robert L. Dorman, *A Word for Nature: Four Pioneering Environmental Advocates: 1845～1913*. Chapel Hill: The University of North Carolina Press, 1998, p. 16.

② Almira Hart Lincoln Phelps, *Familiar Lectures on Botany*. Hartford: F. J. Huntington, 1832, p. 14.

③ Robert K. Musil, *Rachel Carson and Her Sisters: Extraordinary Women who have Shaped America's Environment*. New Brunswick, New Jersey: Rutgers University Press, 2014, p. 14.

疯狂推进,森林被砍伐,鸟儿被驱赶,河流被污染,昔日的家园遭到侵占与掠夺。作为家庭秩序的维护者,她们无法对此熟视无睹。她们用笔触呼唤对野生物、荒野和消失的生活方式的保护和对美好家园的渴望。① 可以看出,19 世纪美国女性与自然的关系,随着二者由浅入深的接触方式的改变而发生着变化,即从对自然的客观描述转变为公开倡议保护自然,这体现在她们创作的林林总总的有关自然的作品中。

19 世纪工业化的巨大需求改变了美国大地的面貌,边疆逐渐缩小直至消失。工业化的侵蚀使许多女性认为男性对商业和技术的统治导致价值体系被扭曲。他们将经济回报作为衡量成功、进步和权力的标准,从而忽视了社会道德,导致自然资源被掠夺、破坏,有毒食物、药品流向市场,工厂环境恶劣,工人待遇低下,贫困、犯罪、疾病困扰着新兴城市。面对自然环境的破坏和城市环境的恶化,女性意识到保护自然及改善城市环境的紧迫性。她们不仅延续了自然研究的传统,积极推行环境保护理念,而且参与到环境保护大潮中,实施了一系列重要的保护项目,在鸟类、水资源、森林和土地保护,以及公园建设、城市卫生改革和工业环境改善等方面做出了重要的贡献。

工业化带来的环境的恶化首先体现在人类对自然的索取和破坏方面。大量资源被掠夺,自然环境遭到严重破坏,要求保护自然的呼声此起彼伏,而具有进步思想的女性便是其中最有力的声音之一。作为家庭生活的维护者和道德文明的守护者,这些女性通过保护自然资源来维护中产阶级传统的生活方式,拯救日益堕落的美国文明,号召为了所有国民的福祉保护自然,而非为了少数人的利益牺牲自然。② 总联盟主席莉迪娅·亚当斯·威廉斯(Lydia Adams Williams)认为,资源保护是女性的责任。因此,在很大程度上,教育大众拯救当代人及子孙后代赖以生存的自然资源的任务就落在了女性的肩上。③ 1910 年,国会议员、全国河流与港口委员会(The National Rivers and Harbors Committee)主席约瑟夫·兰斯德尔(Joseph Ransdell)在总联盟第十次年会上肯定了妇女俱乐部在资源保护中的作用,并向那些需要也希望获得女性帮助的众多男性发出呼吁,指出如果没

---

① Robert K. Musil, *Rachel Carson and Her Sisters: Extraordinary Women who have Shaped America's Environment*, p. 14.

② Nancy Unger, "Gendered Approaches to Environmental Justice: An Historical Sampling," in Sylvia Washington, ed., *Echoes from the Poisoned Well: Global Memories of Environmental Justice*. Rowman and Littlefield/Lexington Books, 2006, p. 23.

③ Lydia Adams-Williams, "Conservation-Woman's Work." *Forest and Irrigation*, Vol. XIV, No. 6 (Jun., 1908), pp. 350～351.

有女性，世界上所有伟大的事业都无从谈起。而资源保护作为这个国家最重要、最伟大的事业之一，更需要女性的帮助。[①] 斯蒂芬·福克斯也指出："在那时的背景下，女性作为男性的协助者和助手经常被历史遗忘……"这就是为什么关于美国资源保护的大部分著述没有充分肯定女性的参与。事实上，女性参与了各种荒野团体、户外俱乐部及资源保护和自然保留组织。[②] 当代历史学家亚当·罗姆也指出，这个时代的女性"在美国任何一项环境事业中都不可或缺"[③]。

同时，女性将自然比作母亲，她们要像维护自身的地位和权利那样去保护地球母亲。悄然间，女性主义与自然资源保护结合在一起，赋予了女性的环保活动以更深层的含义。在她们看来，唤起公众和各级政府对自然问题的重视至关重要。她们通过传播自然研究的成果，向学校和社区宣传有关自然的知识、破坏自然带来的恶果和保护自然的必要性。在进步主义时期的自然研究运动中，她们是走向学校，推行自然教育的践行者，她们也是很多儿童自然读物的作家，还是社区自然研究项目的推行者，通过公共教育和社会教育的方式唤起了公众的环境保护意识。面对自然遭到破坏的现状，她们还建立了诸如奥杜邦协会、妇女俱乐部等组织机构，加入保护森林、鸟类、动植物、土壤、荒野等的活动中，通过教育、游说、与男性合作的方式影响着各级政府和公众，打通了沟通上层政治与社会基层之间的重要通道。

工业城市的兴起与发展是19世纪工业化的产物。城市数量的增加和规模的不断扩大引起了城市环境的污染和城市发展的失衡。面对此类问题，许多妇女组织以"城市管家"的身份自居，以建立社会公正与正义为目标，投身于城市环境保护的潮流中。其中最为熟悉的，就是社区改良运动对于城市环境改革的贡献。关于这一点，学界并未给予和自然资源保护同样的重视。妇女组织最初的工作主要体现在以"提升城镇和乡村"为目的的活动，之后范围逐渐扩大，包括植树、美化公园、修缮道路、改善排污系统、建立供水系统、改善贫民区环境、反对煤烟和噪音、教授家政知识、建立安全的食品药品法律体系、改善工厂环境和工人健康等活动，从科学理论

---

① Carolyn Merchant, "Women of the Progressive Conservation Movement, 1900～1916." *Environmental Review*: ER, Vol. 8, No. 1, Special Issue: Women and Environmental History (Spring, 1984), p. 63.

② Stephen Fox. *John Muir and His Legacy*: *The American Conservation Movement*. Boston: Little, Brown & Co. 1981. p. 341～345.

③ Adam Rome, "'Political Hermaphrodites': Gender and Environmental Reform in Progressive America." *Environmental History*, Vol. 11, No. 3 (Jul., 2006), pp. 440～463.

和实践层面为城市环保主义的推行、市民的物质进步和精神满足及国家的整体发展做出了重要的贡献。然而,由于缺乏政治选举权,在政治党派中也没有直接的代表,女性意识到在既定的政治框架内要求改变几乎是不可能的。因此,她们选择适合自己的方式,如宣传教育、调查研究、游说进言等推进改革,待其影响力被公众和政府接受之时,她们旋即开始影响政治议程。可以看出,女性的改革努力体现出她们逐步政治化的过程,这也为其选举权的获得奠定了基础。早在 1902 年,社区改良工作者朱莉娅·莱斯罗普(Julia Lathrop)就敦促女性沿着两个方向发展:第一是建立公共情感,并抓住每个机会表达这种情感;第二是求助于立法机构。莱斯罗普希望女性能建立强大的联盟,通过这些联盟引起整个城市的关注,并将她们的理念转变为被政治制度认可的公共事业。① 于是,女性通过借助公众力量、组织公众会议或求助于男性等方式将自己的理念转变为被认可的公共事业。她们塑造了公众的环境意识并扩大了自身的角色和影响力,其保护荒野和物种的行动为罗斯福总统的资源保护政策奠定了社会基础。

小结:和多数国家的女性一样,19 世纪的美国女性受传统社会的束缚,被认为是男性的附属品,对家庭范围内的一切事务负责,不应对围墙外的世界产生丝毫兴趣。"真女性信条"是衡量女性的重要标准,大部分女性对此欣然接受,然而一些思想较为先进的女性却对此颇有微词,试图挣脱枷锁。随着女性接受教育机会的增加和社会参与的增多,女性的社会意识逐渐觉醒,走出家庭的渴望也日益强烈。一些女性毅然投入权利运动中,而另外一些女性则通过组建俱乐部和其他类型的组织,将个人素养的提升和社会关怀结合在一起,成为 19 世纪美国各项社会改革的重要力量。女性在进步主义时期环境保护运动中的参与便是她们争取权利的努力和社会需求共同作用的结果。进步主义时期的环境保护运动充分体现了女性作为环境保护者的自觉意识,她们将环境保护扩大为一场广泛的社会运动。尽管女性的作用常被忽视,但事实上,她们不仅使成百上千的自然区域得到了保护,使城市中饱受环境毒害的人们获得了较好的生存环境,而且还通过环境保护赢得了实现自身诉求的机会,在社会各个领域产生了重要的影响力。

---

① Maureen A. Flanagan, *Seeing with Their Hearts*: *Chicago Women and the Vision of the Good City*, *1871～1933*. Princeton, N. J.: Princeton University Press, 2002, p. 70.

第二章　美国女性与自然研究

1962年，蕾切尔·卡森撰写的《寂静的春天》出版。该书一经出版便引起轩然大波，推动美国进入了以禁止使用化学杀虫剂、建立改善空气和水质量立法及设立环保机构为先锋的环境保护时代，这部书也奠定了卡森在美国环境史上的地位。① 事实上，卡森并不是美国历史上第一个关注环境的女性。早在殖民地时期，无论从生存环境还是文化视角，美洲女性都与自然建立了密切的联系，主要通过生产劳动与自然环境产生互动。到了19世纪，由于美国女性无法通过向专业学会或组织投稿来体现自身对自然研究的贡献，她们只能通过符合自身性别原则的方式开展"自然研究"②活动，开辟出与外部世界建立联系的重要途径，并获得了社会的关注。自然研究是美国女性关注与保护自然的历史最为悠久的方式，在进步主义时期的自然研究运动中达到了高潮，成为女性参与资源保护运动的一项重要内容。

美国历史上出现了很多激励国民热爱、研究、保护自然的女性，包括农业生产和园艺工作中的女性；植物学、昆虫学、登山运动、海洋研究中的女性；进行自然文学创作，绘制和拍摄鸟类、植物、山脉、河流等的女性；在学校教育和公众教育领域做出贡献的女性；科学领域、医学教育、环境组织、市民组织中的女性等。③ 代表人物有简·科尔登(Jane Colden)、阿尔迈拉·

---

① Vera Norwood, "Women's Roles in Nature Study and Environmental Protection." *OAH Magazine of History*, Vol. 10, No. 3, Environmental History(Spring, 1996), p. 12.

② "自然研究"(nature study)源自哈佛大学著名的动物学和地理学教授路易斯·阿加西斯(Louis Agassiz)于1873年提出的教育理念：研究自然，而非书本。1889年，"nature-study"一词由弗兰克·欧文·佩恩(Frank Owen Payne)合成。1884年佩恩还在宾夕法尼亚州任教时便开始了自然研究工作，1889年，他成为《纽约学校杂志》的固定撰稿人，开始频繁使用"nature-study"一词，"nature-study"开始流行，被用来命名后来的自然研究运动(the Nature-Study movement, Nature-Study or Nature Study)。虽然"自然研究"一词出现较晚，但自然研究思想和活动却历史悠久，本文用"自然研究"指代自然研究运动及之前一切研究自然的活动。

③ Robert K. Musil, *Rachel Carson and Her Sisters: Extraordinary Women who have Shaped America's Environment*. New Brunswick, New Jersey: Rutgers University Press, 2014, p. 3.

哈特·林肯·费尔普斯、苏珊·F. 库珀、玛丽·特里特、玛丽·H. 奥斯汀、伊莎贝拉·伯德(Isabella Bird)、安娜·B. 科姆斯托克、弗洛伦丝·M. 贝利(Florence M. Bailey)、奥利夫·索恩·米勒等。她们通过田野工作、撰写有关自然的著述、开展学校教育与社会教育等方式,将自然知识和自然保护思想广泛传播。

事实上,这些著名的女性博物学家、女性作家、女性活动家往往被人们忽视,其原因在于女性所处的传统地位及长期以来男性对自然研究的统治,女性作为业余爱好者在自然研究中被边缘化。无论是早期的自然研究,还是到后来如植物学、鸟类学、地理学、昆虫学等自然学科的兴起,男性都占据主导地位,再加上女性赋予自然研究更多的是情感因素,这常常遭到男性的批评,女性在自然研究中的活动和贡献也因此被遗忘。虽然如此,女性在自然研究中的努力不容忽视,这对于了解 19 世纪美国女性传统地位的转变及进步主义时期女性的环境保护活动具有重要的意义。

第一节　美国女性自然研究的兴起

从欧洲殖民者在美洲定居之初,女性就同美洲的自然建立了不可分割的联系,她们对自然的态度来自欧洲的传统和欧洲女性有关自然的创作。① 起初,北美荒野的严酷和生活资料的紧迫要求女性和男性共同开垦土地。因此,从殖民地时期开始,新大陆的女性就体现出对自然保护的强烈意识。当荒野被驯服、欧洲殖民者的生活安定之后,女性在田地中的劳作开始减少,白人男性和女性的角色回归到传统的劳动分工。

独立战争后,中产阶级女性通过农业生产劳动对自然的直接影响逐渐减弱,她们开始寻找其他途径延续同自然的联系。首先,围墙内的农业生产或家庭的小农场和园艺活动是女性同自然接触的重要方式,②即使那些从不去田地或有奴隶的女性也要从事一些与农业生产相关的工作。她们还需要承担很多与自然相关的家庭事务,如喂鸡、收集鸡蛋、挤奶、饲养家禽和照料家庭菜园(kitchen garden)等。家庭菜园延续了殖民地时期的传统,它并不营利,而是为家人提供健康、营养的食物。经营家庭菜园对于女

---

① Glenda Riley, *Women and Nature: Saving the "Wild" West*. Lincoln: University of Nebraska Press, 1999, p. 22.

② Nancy C. Unger, *Beyond Nature's Housekeepers: American Women in Environmental History*. Oxford: Oxford University Press, 2012, p. 35.

性来说是一项重要的事业，菜园的规模大小不同，通常根据家庭成员的数量和需求来确定，实际种植面积大致为四分之一英亩到6～8英亩。[①] 菜园的日常料理工作由女性和雇工完成。她们需要种植、除草、收割，还要使用各种手段保护农作物免受动物的祸害。菜园收割后，她们还要在地窖中储藏、腌制食物，保证全家人在一年中的食物需求。[②] 虽然家庭菜园的活动依然局限于围墙之内，但它的开辟加强了女性同自然的联系，使女性每日有足够的时间与变化的季节及各种动植物亲密接触，并掌握一定的园艺知识，为她们走向更广阔的自然世界提供了条件。除家庭菜园之外，很多中上层阶级家庭还开辟了欣赏性花园，或用于审美欣赏，或用于自然研究。美国最早的女性植物学家简·科尔登(1724～1766)的自然研究便是在父亲的花园中完成，她在花园中观察自然并获得一些标本进行研究。虽然她没有涉及田野调查，但像科尔登这样的女性所做的研究为以后美国女性不同于男性的科学研究定下了基调。

除家庭菜园和欣赏性花园之外，一些女性还通过户外活动了解自然。19世纪之前鲜有女性参与专门的户外狩猎和野生动植物的收集工作，她们大都作为业余爱好者从事自然研究。最初，她们的活动主要包括收集植物标本并进行分类，为男性的自然研究提供化石和绘画，同丈夫一道参加当地的科学讲座，通过对植物、动物、山脉、河流等的研究加强对自然的了解，因此出现了为数不多的植物学家和农学家等。到19世纪，随着女性的自然研究活动的不断增加，她们开始承担向公众传授自然知识和保护动植物的工作，女性在自然研究中的地位也日益重要。

19世纪二三十年代，自然研究开始在美国流行。由于维多利亚时代的女性被排除在各种户外活动之外，她们被鼓励从事较为温和的事业，如园艺活动、植物研究、花卉绘画和自然文学创作等。女性被看作自然的维护者，被期望可以利用她们对自然的追求来塑造伟大的社会道德。[③] 女性认为自然研究是适合自己的工作，首先因为她们与自然具有相似性，即二者均繁衍后代，都饱受压迫。正是由于这种关联性，女性就像对待自己那样对自然产生了同情和共鸣，认为自己比男性更了解自然的诉求，研究自

---

① Clarissa Flint Dillon, "'A Large, a Useful, and a Grateful Field': Eighteenth-Century Kitchen Gardens in Southeastern Pennsylvania, the Uses of Plants, and their Place in Women's Work." Ph. D. diss., Bryn Mawr, 1986, pp. 26～27.

② Nancy C. Unger, *Beyond Nature's Housekeepers: American Women in Environmental History*, p. 35.

③ Nancy Rachel Stein, "Shifting the Ground: Four American Women Writers' Revisions of Nature, Gender and Race." Ph. D. diss., the State University of New Jersey, 1994, p. 37.

然、描写自然是符合自身性别和社会准则的合理活动，如培育动植物、教授孩子关于鸟儿的知识、认识各种植物、描绘自然等都被看作适合女性的活动。另外，在国家建立初期，女性被视作“共和国母亲”，承担着抚育国家公民的责任。在她们看来，研究自然以及自然历史的发展能帮助她们更好地教育子女、培养子女热爱本国自然的情怀，有利于帮助他们树立优良的道德品格。这种结合体现出美国家庭教育与国家品格和形象之间的重要联系，完全符合国家对公民的要求。因而，在之后的历史发展中，美国女性也逐渐成为赞美美国自然资源和环境的重要力量。① 除此之外，女性还认为自然与精神关系密切。超验主义者玛格丽特·富勒(Margaret Fuller)认为，自然为精神和其他启示提供了平台，对于这一点，许多女性都表示赞同。②

由于上述原因，女性的自然研究活动未受到男性的责难。一方面，自然研究和女性的理念高度一致，她们的活动范围仍然集中于家庭，不会被看作抛家弃子的行为；③另一方面，掌握一定程度的科学专业知识被看作是良好的教养和重要的成就。到 19 世纪后半期自然被工业化逐渐侵蚀之时，提倡对受威胁的物种进行保护又符合日益崛起的保护意识和美国人回归自然的理念。④ 因此，19 世纪的文学市场充斥着大量由女性撰写的自然文学作品。许多女性作家经常利用自然世界作为讨论家庭事务、教育、道德和国家事务的平台，并鼓励女性读者和自然互动。因此，女性的自然研究活动不仅未受到限制，反而还被鼓励和提倡。

尽管女性业余爱好者常把自然研究作为一种乐趣，但许多早期教育改革家如本杰明·拉什、凯瑟琳·比彻、费尔普斯等都提倡为女性设立一门将科学与家庭事务相结合的课程，使女性的科学课程制度化，⑤这类似于后来的家政学(domestic science)。自然研究由此缓慢地进入美国各类学院的课程设置中。它首先进入女子学校，之后是男子学校。到 19 世纪 40 年代，越来越多的机构宣传天文学、自然哲学、化学、自然历史等方面的课程。相对于男子学校来说，这些学科在美国的女子学校中更为流行，成为

---

① Vera Norwood, *Made From This Earth: American Women and Nature*. North Carolina: Chapel Hill, 1993, p. 28.

② Glenda Riley, *Women and Nature: Saving the "Wild" West*. Lincoln: University of Nebraska Press, 1999, p. 6.

③ Glenda Riley, *Women and Nature: Saving the "Wild" West*, p. 5.

④ Kimberley F. Higgins Tolley, "The Science Education of American Girls, 1784～1932." Ed. D. diss., University of California, 1996, p. 206.

⑤ Kimberley F. Higgins Tolley, "The Science Education of American Girls, 1784～1932", p. 106.

学校开设的位居前十名的学科。① 自然研究成为年轻女性最喜欢的学科之一。

随着社会的进步，美国女性局限于家庭、主要依靠男性收集标本的研究特点发生了改变。很多女性开始进行独立的田野调查，特别是美国西部神秘的荒野使女性的自然研究活动空间得到了极大拓展。从 19 世纪 30 年代开始，许多女性走向美国西部，其中一些人发现西部不仅具备激励人的物质环境，还为女性提供了摆脱社会禁锢、享受自由的空间，使她们更容易开展自然研究活动。②《美国西部的女性先驱》一书便记录了 18 世纪上半期 59 位在西部远足并对西部拓荒做出贡献的女性，体现出她们的探索精神和开拓精神。③ 在好奇心的驱动下，她们继续深入西部的自然环境中，为发现的不熟悉的动植物命名、分类。一些女性还从事农场劳动，有些甚至拥有自己的农场，另外一些女性作为旅行者前往西部进行探索，感受荒野带来的最原始的自然气息，还有一些女性专门对西部的荒野进行研究。如艾丽斯·伊斯特伍德在科罗拉多山发现了许多新奇植物，弗洛伦丝·M. 贝利则前往加利福尼亚州和新墨西哥州对鸟类进行研究，伊莎贝拉·伯德(Isabella Bird)是西部探险中最善于表达、观察力最强的女性之一。伯德前往落基山，花费大量时间在山中进行探索，并通过日记的形式记录了看到的景观——湖泊、溪流、植物、熊、印第安人、居民的生活，将落基山中的自然风光和人文风情栩栩如生地展现于公众的面前。④

随着西部移民数量的增加和铁路的修建，交通条件得到了相应的改善，同时也促进了科学网络的扩大，这为对自然科学感兴趣的女性深入西部荒野提供了便利。⑤ 女性博物学家玛丽·R. 沃克(Mary R. Walker)对西部自然的研究开始于 1839～1848 年间。她和她的丈夫、孩子们在俄勒冈东北部的一个小山谷中建立家园。在这里，沃克不仅对西部的景观叹为观止，而且还深入大自然，观察并研究自然，试图利用她所掌握的自然科学知识解释看到的一切，并用文字的形式记录地貌特征，还收集矿石和动植物等。随着同自然接触机会的增加，沃克在自然方面的知识和兴趣得到大

① Kimberley F. Higgins Tolley, "The Science Education of American Girls, 1784～1932", p. 62.

② Nancy J. Warner, "Taking to the Field: Women Naturalists in the Nineteenth-Century West." M. S. thesis, Utah State University, 1995, p. 9.

③ E. F. Ellet, *Pioneer Women of the West*. New York: Charles Scribner, 1852.

④ Isabella Bird, *A Lady's Life in the Rocky Mountains*. London: J. Murray, 1910?.

⑤ Nancy J. Warner, "Taking to the Field: Women Naturalists in the Nineteenth-Century West", p. 29.

大提升和加强。1845年春，沃克更加努力地发掘身边的植物。她的一篇日记充分体现了其成就，“我花费大部分时间整理晒干的植物，最后发现我的收集逐渐庞大”①。沃克的经历很好地阐述了自然研究如何提升了一名女性的视野和思想并提高了她的生活目标。

玛丽·H. 奥斯汀(1868～1934)是另一位深入探索美国西部的女性作家，她尤其钟情于沙漠。奥斯汀出生于伊利诺伊州的小镇卡林维尔(Carlinville)的一个中产阶级家庭，在布莱克本学院(Blackburn College)接受了大学教育。奥斯汀全家于1888年迁至加利福尼亚州的圣华金峡谷(San Joaquin Valley)，为她日后的自然研究生涯提供了重要条件。奥斯汀深受爱默生、梭罗和缪尔的影响，但又同这些男性前辈有所不同。她不像爱默生那样在星空下思索自然，也不像梭罗那样在瓦尔登湖畔体验自然，也未循着缪尔的足迹在西部的悬崖峭壁和高山峻岭中领略自然，而是将目光投向了那荒凉严酷的沙漠，用女性柔和的笔调，给那片枯燥而抽象的荒原增添了魅力，使那原本无人问津的沙漠有了一种摄人魂魄的力量。② 1903年，奥斯汀的第一部著作《少雨的土地》(*The Land of Little Rain*)出版，书中将美国西南部的沙漠描述为一个神秘但极具诱惑力的地方。不同于美国传统写作中对沙漠的批评，奥斯汀赞扬了沙漠的优点：种种迹象表明，沙漠迫使这里的居住者形成新的习惯。春末白天的突然加长使鸟类改变了繁殖习惯，使它们必须尽力让鸟卵冷却而不是变热。③ 她尽情地享受沙漠带来的乐趣，并告诉人们如何与自然和谐相处，为那些愿意生活在沙漠中的人树立了典范。

在奥斯汀看来，女性和自然有着特殊的联系，西部荒野给女性提供了了解自然的机会。奥斯汀自身的经历便足以说明，传统所认为的女性只能拘泥于花园来了解自然的观点是有失偏颇的，她走向被男性所垄断的荒野便是出于女性的本能。女性面对荒野时，体现的并不是强烈的征服欲和控制欲，而是其母性情怀与自然景观浑然一体，呵护自然之情油然而生，从而用她们的笔触描绘出异于男性的风格。④ 奥斯汀经常批评男性以牺牲自然为代价换取利益，赞扬女性同情和理解自然的传统。然而，女性的观点

---

① Mary Richardson Walker. 1833～1874 *Diary*. Special Collections, Pullman: Washington State University, Sep. 10, 1847. , cited in Nancy J. Warner, “Taking to the Field: Women Naturalists in the Nineteenth-Century West. ”M. S. thesis, Utah State University, 1995, p. 24.

② 程虹：《寻归荒野》，北京：生活·读书·新知三联书店，2011年版，第171页。

③ Mary Austin, *The Land of Little Rain*. Boston: Houghton, Mifflin and Company, 1903, pp. 14～15.

④ 程虹：《寻归荒野》，北京：生活·读书·新知三联书店，2011年版，第181页。

却长期被忽视，奥斯汀的另一个任务就是挖掘女性在西部环境中未被开发的经历和财富。批评家卡尔·范多伦(Carl Van Doren)甚至称奥斯汀是“美国的环境大师”①。

随着19世纪末边疆的消失，女性博物学家的自然研究成果逐渐显现，她们收集的作品在各个博物馆和标本室被陈列。通过这些标本，美国西部逐渐进入公众的视野，女性也随之成为西部教育和资源保护信息的重要源泉。西部丰富的景观也成就了许多女性博物学家和资源保护主义者，她们通过亲身体验获得了大量的自然知识，推动了植物学、动物学、生物地理学等学科的发展。特别是在19世纪后半期，这些女性在西部发现了众多新奇的动植物，在自然探险过程中掌握了许多新的研究技巧，促进了自然研究活动的广泛流行。虽然风险和困难重重，但她们从中获得了满足感和成就感。随着女性的自然研究被大众熟悉，她们的贡献也得到了认可和赞赏。这些女性具有共同的性格特征，每个人都坚持不懈、耐心、有抱负，更多的是充满自信。无论遇到何种困难，她们都不畏艰难，不断进取，这些都为她们取得成就提供了必要的智力保证。②

第二节　自然研究的方式

到了19世纪，女性研究自然的方式呈现出多样性，包括园艺活动、参与各种科学讲座、田野调查、动植物标本的收集和辨别、自然绘画、摄影、各类自然读物的创作、学校的自然教育、协助男性的自然研究工作等。内战后，越来越多的女性走向丛林、山脉、河流，深化对自然的了解，加强与户外世界的互动。到了20世纪，女性已经成为自然文学创作、艺术展览、公园和景观设计、野生物保护等的主要力量，女性作家、博物学家、诗人、摄影家、登山运动员、旅游者、园艺学家等推动了自然知识、科学理念和资源保护思想的传播，塑造了公众对自然的态度。可以说，女性自然研究者对环境思想的影响甚至比政治家还要大，③她们很多后来成为资源保护的提倡者和支持者。

---

① Glenda Riley, *Women and Nature: Saving the"Wild"West*, p. 63.

② Nancy J. Warner, "Taking to the Field: Women Naturalists in the Nineteenth-Century West", p. 119.

③ Daniel G. Payne, "In Sympathy with Nature: American Nature Writing and Environmental Politics, 1620～1900. "Ph. D. diss. , State University of New York at Buffalo, 1993.

在当时，女性十分钟情于自然文学的创作，这是她们进行自然研究的最主要方式。19 世纪中期，自然文学作品成为美国出版业的重要内容，许多女性作为这些作品的作者走进公众的视线。她们通过不同类型的文学形式如日记、小说、散文、诗集和故事等表现出对自然的关怀及对威胁自然和人类的力量的担忧。她们的研究内容被登载于各种大众杂志上，为普通大众和专业人士提供各类自然知识，还撰写了大量有关天文、地理、自然历史、动植物等的介绍性书籍，成为当时人们了解世界的重要参考。很多女性教师还将自然文学创作融入教学计划中，作为她们教导美国年轻人的方式。① 和男性相比，女性的自然文学创作之路更加成功，她们的作品被大量出版，其创作能力和影响力也未受到男性博物学家的批评和质疑。某些情况下，男性还经常引用女性的作品。② 从 1850 年《乡居时光》③的出版到 19 世纪末大量女性作家的涌现，女性推动了自然研究的开展和公民自然保护意识的培养。

苏珊·F. 库珀是美国最早致力于自然散文创作的女性作家之一。她的著作《乡居时光》早于梭罗的《瓦尔登湖》(*Walden*)四年之久，开启了美国女性钟情的观察性自然创作的传统，同时她也是最早关注环境遭受破坏的美国作家之一。④ 在库珀之前，美国已经出现了许多描写自然的优秀作家，例如博物学家威廉·巴特拉姆(William Bartram，1739～1823)、自然主义诗人威廉·卡伦·布莱恩特(William Cullen Bryant，1794～1878)、拉尔夫·沃尔多·爱默生(Ralph Waldo Emerson，1803～1882)以及詹姆斯·F. 库珀(James F. Cooper，1789～1851)等。但这些作家都是男性，而苏珊·库珀作为一名女性，加入到自然文学创作的大潮中，表达出女性对美国美丽景观的热爱与担忧。库珀作为较早的田野工作者及人类与自然关系的观察者，她与很多文学前辈和同时代的人有着相似之处。她效仿阿尔迈拉·哈特·林肯·费尔普斯在树林和田野中进行观察，在自然世界中寻找道德行为规范。她最终发现，昆虫、花朵和树木在自然界中恰如其分的安排体现了一种道德内涵，即任何不起眼的昆虫都有其优点和效用，上帝创造的

---

① Nancy Unger, *Beyond Nature's Housekeepers: American Women in Environmental History*, p. 44.

② Vera Norwood, *Made From This Earth: American Women and Nature*, p. 47.

③ Susan F. Cooper, *Rural Hours*. New York: Putnam, 1851.

④ Kimberley F. Higgins Tolley, "The Science Education of American Girls, 1784～1932", p. 201.

万物皆有用。① 她注重自然研究解释中的性别差异及她所观察到的鸟类、开花植物的习性,从中发现其与人类异曲同工的伦理道德。

库珀的自然创作生涯得益于家庭对她的影响和塑造。她的父亲是美国19世纪上半期著名的作家、博物学家詹姆斯·F.库珀。她从小不曾离家,深受其父亲的影响。父亲的专业背景对她的自然文学创作生涯起到了关键作用。早期库珀作为父亲的助手经常同父亲一起旅行,协助父亲进行记录、整理笔记,这不仅锻炼了她的写作能力,而且使她对动植物产生了浓厚的兴趣,并开启了研究自然的生涯。在父亲的指导下,她阅读了大量有关自然历史的作品,为《乡居时光》的撰写奠定了基础。事实上,从性别视角看,库珀所创作出的有关自然的作品,是将19世纪女性的家庭角色同美国自然景观作为新的家庭形象完美结合的产物。正是通过这点,库珀的作品吸引了众多读者的关注,也为之后美国女性的自然文学创作奠定了基础。从这点看,《乡居时光》的出现与流行看似独特,实则是社会发展的必然。②

在整部作品中,库珀始终从一个女性的角度讲述有关自然的故事。库珀并未使用本名,只是简单地书写了由一位女士创作。从前言中看,库珀用词十分谨慎:该书只是对一年四季乡村生活中微小事件的记录……这些记录完全出于作者对自然的兴趣……它们并不是科学知识,但也力求做到无重大错误。③ 也许,库珀正是想通过这种方式,体现那个时代背景下女性的谨慎和特殊,也体现出整部作品的写作视角和女性群体对自然流露出的关怀。库珀成长于乡村,这里的一切为她提供了寻找乐趣和研究创作的空间,体现出人与自然相互依存的关系。而她将自然视为作家的一部分的观点,符合19世纪美国女性进行自然研究的初衷,也为女性保护自然提供了重要依据。《乡居时光》出版之初并未使库珀获得广泛认可,但是却使她真正走入公众的视野。也许因为父亲的缘故,威廉·卡伦·布莱恩特还为这部作品撰写了书评,并表达出高度赞赏,唐宁还夸赞它是美国妇女进行自然创作的典范,就连亨利·梭罗都引用了书中的内容。④

《乡居时光》采用日记的形式,记录了库珀家乡纽约州北部一个小镇一年四季的变化,栩栩如生地描述了种类繁多的鸟类、花卉、树木及天气情况,并展现出对印第安人数量减少和自然环境遭到破坏的哀悼。她赞美鸟

---

① Tina Gianquitto, *Good Observers of Nature: American Women and the Scientific Study of the Natural World*. Athens: The University of Georgia Press, 2007, p. 107.

② Vera Norwood, *Made From This Earth: American Women and Nature*, p. 28.

③ Susan F. Cooper, *Rural Hours*, p. v.

④ Vera Norwood, *Made From This Earth: American Women and Nature*, p. 27.

类与人类的诸多共同之处，将它们视作人类的好邻居和良好行为的典范，也对它们的逐年减少深表痛心。她在1848年4月27日的日记中写道：这里所有种类的黑鹂都变得很稀缺。建国之初，它们还数量繁多，之后的许多年里便开始大量消失。[①] 她也痛斥殖民者将森林视作敌人、受利益驱动而大量砍伐和毁坏森林的恶劣行径，"已成年的树、未成年的幼苗及前一年播下的树种，被挥舞的斧头和燃烧的火焰统统毁掉"[②]。她劝诫人们爱惜森林，因为森林资源正在大量被吞噬，"我们州的松林每年以240平方千米的速度被砍伐，照此下去，20年后，这些树木将从我们州消失殆尽"[③]。库珀通过对自然的赞美和对破坏行为的痛斥，向人类展示了一个富饶而多彩的自然。在她眼中，自然就是广义上的家庭，在此，人们能找到身份感和安全感，从而转变对自然和荒野的畏惧，唤起对自然的关心与保护。可以说，库珀的著作开创了美国人对乡村生活、树木、鸟类、野花和其他本土动植物等环保主义基础元素的憧憬，也引领了美国女性关注环境破坏和保护的潮流。[④] 库珀针对的更多的是女性读者，她鼓励那个时代的女性从事有关自然研究的工作。

自库珀的著作出版以来，公众保护荒野的热情逐渐高涨，许多女性博物学家追随库珀，展开对本土动植物的研究。譬如玛丽·奥斯汀经常观察和研究住所附近动植物的季节变化情况，成为影响力很大的作家。虽然她来自美国东部，但是她经常把自己视作西部之人，撰写了大量的文章、著作赞美那里的自然和居民，在美国文学舞台上赢得了一席之位，并成为19世纪的博物学家和20世纪六七十年代的女性自然散文家之间的纽带。[⑤] 玛丽·特里特是美国新泽西州的一位女博物学家，她最大的乐趣便是研究自然。[⑥] 从1870年开始，她就在专业期刊上发表有关新泽西州动植物研究的文章，为儿童和成人创作出大量有关自然的作品，成为后来的女性学习的典范。她的著作《自然的家庭研究》(*Home Studies in Nature*)通过描写自己住所周围的自然环境，呈现出丰富的自然知识和自然界中万物和谐的共生规则，也突出了自然与家庭的相通性和女性从事自然研究的合理性。

---

① Susan F. Cooper, *Rural Hours*, p. 49.

② Susan F. Cooper, *Rural Hours*, p. 213.

③ Susan F. Cooper, *Rural Hours*, p. 214.

④ Robert K. Musil, *Rachel Carson and Her Sisters: Extraordinary Women who have Shaped America's Environment*. New Brunswick, New Jersey: Rutgers University Press, 2014, pp. 18～19.

⑤ Vera Norwood, *Made From This Earth: American Women and Nature*, p. 49.

⑥ Mary Treat, *Home Studies in Nature*. New York: Harper & Brothers, 1885, p. 6.

到19世纪后半期，描述、赞美、研究自然的文学作品大量涌现，涵盖了多种主题——鸟类、花卉、树木，并赋予它们神秘、敬畏和审美价值，试图将自然的美丽和慰藉带给在现代工业中疲惫的人们。① 19世纪的女性作家们在传达自然信息和资源保护思想的同时也加强了对女性恰当角色的理解，她们更加公开地质疑女性性别的意义。特别是奥斯汀称男性对自然的统治和女性受到的压迫紧密相关②，为现代环保运动中女性与自然的进一步结合奠定了基础。

除自然文学创作之外，女性还通过绘画和摄影等方式进入自然研究领域，通过更形象、更准确的方式表达对自然的情感。到19世纪，女性画家和摄影家们开始记录植物、鸟类、昆虫等的活动，她们对自然研究及早期资源保护运动的影响也比较大。女性的自然绘画兴起于19世纪50年代，这些绘画作品大都成为男性自然著作中的插图，对于辨别动植物起到关键作用。美国第一位从事自然绘画工作的女性是科尔登，她的《植物手记》(*Botanic Manuscript*)便是长期观察自然的成果。安娜·B. 科姆斯托克(1854～1930)的一项自然研究工作也是自然绘画。科姆斯托克在童年时代便经常流连于乡村的田野间，对自然和自然历史产生了浓厚的兴趣。在康奈尔大学就读期间，她经常在教师约翰·亨利·科姆斯托克的带领下深入乡村，探索自然。二人结婚后，安娜·科姆斯托克成为丈夫的同事和研究助手。她从1877年1月开始绘制昆虫插图，为她丈夫的著作《昆虫研究手册》(*A Manual for the Study Insects*)提供了800幅画作，形象地展现了昆虫的生命轨迹。生动的文字和精美的图片使科姆斯托克夫妇的著作脱颖而出，受到许多人的喜爱。③

除此之外，一些女性还走向荒野，创作出美丽夺目的风景画，向民众展现自然之美。19世纪的女性画家面临诸多困难，不仅被排斥于正规的美术学院之外，就连著名的艺术俱乐部也不欢迎女性的加入，甚至一些男性画家还认为女性不应当尝试风景画或女性在艺术上几乎无重大建树。然而，在19世纪美国女性渴望走向社会以及旅游业兴起的推动下，一些女性摆脱了时代的偏见和束缚，脱下长裙，换上长裤，走进荒野写生，绘制了大量独特的风景画。例如，哈德逊画派的奠基人托马斯·科尔(Thomas

① Sandra Jeanne Johnson, "Early Conservation by the Arizona Federation of Women's Clubs from 1900～1932." M. S. thesis, the University of Arizona, 1993, p. 18.

② Vera Norwood, *Made From This Earth: American Women and Nature*, p. 50.

③ Kevin Connor Armitate, "Knowing Nature: Nature Study and American Life, 1873～1923." Ph. D. diss., University of Kansas, 2004, p. 142.

Cole,1801～1848)的妹妹萨拉·科尔(Sarah Cole)在卡茨基尔山徒步旅行,并以荒野为背景,创作出《达菲尔教堂》(Duffield Church)、《英格兰风景》(English Landscape)以及《带有教堂的风景》(Landscape with Church)等优秀画作;另一位有着类似经历的女性劳拉·伍德沃德(Laura Woodward)也到处行走游览,进行野外的美术探索及研习,并以佛蒙特州的克拉伦登为背景绘制出《克拉伦登的风景》[View in (possibly) Clarendo,Vermont],将对自然的赞美融入绘画中,为后世留下了丰厚的遗产。①

19 世纪末,美国女性摄影师的数量也快速增加,她们拍摄的照片为人们理解和感受户外景观提供了新的视角和最真实的感受。为了获得预期的照片,女性摄影师通常要付出极大的艰辛。和插图画家不同,她们需要在田野中花费更多的时间,对动植物、山脉、河流等进行拍摄。面对各种挑战,她们从未退缩,展现出大无畏的精神。② E. L. 特纳(E. L. Turner)撰写的《女性的鸟类摄影》(*Bird Photography for Women*)③讲述了女性摄影师遭遇的诸多困难,并给她们提供了一些建议。但特纳指出,女性也有其特有的优势。由于当时男性过度狩猎导致许多野生物锐减甚至灭绝,猎场管理者多禁止男性对猎物的捕杀,但并不反对摄影之类的活动。因此相对来说,女性更容易进入受保护的禁区并获得拍摄机会。④ 19 世纪末,加利福尼亚州的一位摄影师玛丽·温斯洛(Mary Winslow)只身一人旅行并进行景观拍摄,而她的装备只有一把左轮手枪和一顶男性的帽子。⑤ 著名的女性摄影家、博物学家和作家吉恩·斯特拉顿·波特(Gene Stratton Porter)是一位热切的自然观察员,不仅撰写了多部有关自然的著作,还经常深入她的家乡——印第安纳州日内瓦镇(Geneva)附近的湿地和河流,对栖息地中的各种鸟类进行拍摄。波特从 1895 年开始从事摄影工作,拍摄了大量珍贵的照片,在几个杂志上刊登出来,她还应邀为《娱乐》杂志创办了摄影专栏。同时,她拍摄的照片还作为插图出现在自己创作的自然小说中,她的 13 幅野生物图片还被选入 1900 年的《美国摄影年鉴》(*American Annual of Photography*),她也因此成为被公众熟知和认可的田野博物学

① 程虹:《当女性与荒野相遇——美国哈德逊风景画派女画家》,《读书》,2022 年第 10 期,第 50、52、53 页。

② Glenda Riley,*Women and Nature*:*Saving the"Wild"West*,p. 85.

③ Miss E. L. Turner,"Bird-Photography for Women. "*Bird Lore*,Vol. 17,No. 3(May-June,1915),pp. 179～190.

④ Kevin Connor Armitate,"Knowing Nature:Nature Study and American Life,18731923",p. 136.

⑤ Glenda Riley,*Women and Nature*:*Saving the"Wild"West*,p. 85.

家。① 通过与自然的亲密接触，波特成为一名资源保护主义者。她希望文学和摄影作品的展示向公众传达出热爱自然的热情，以促使他们保护自然环境，改善生活质量。

除此之外，19世纪还出现了许多女性攀岩者、运动员、旅行家、园艺学家等。较之前束缚于家庭的女性，这些女性拥有更多与自然接触的机会。她们通过自身体验，将自然知识和经验用文字的形式记录下来并进行广泛传播，激励更多的女性和公众从事与自然相关的活动。从1870～1920年，女性的自然研究活动种类繁多而丰富，也逐渐拥有更多的专业培训机会和进入公共领域的可能，用女性独特的方式影响着公众对自然的态度。女性旅行家撰写了大量的旅行著作和文章，在妇女俱乐部中发表了多场讲话，分享了诸多摄影作品，让人们对西部自然的态度由陌生、恐惧变成欣赏、赞美，并为资源保护理念赢得了更多的支持者。许多女性园艺学家也参与到自然研究和保护中，例如1912年在夏威夷的火奴鲁鲁成立的户外团体就将园艺技术运用到公园、花园、户外娱乐区域和森林等的保护中。1913年成立的美国花园俱乐部（Garden Club of America）在建立之初就将环境问题作为其使命之一，其创立的植树节和举办的植树活动也成为最受欢迎的活动之一。② 还有许多女性攀岩者，登上了被认为不可攀登的山脉，挑战男性的权威，改变了社会传统观念。如安妮·皮克（Annie Peek）登上了难以逾越的麦金利山（Mt. McKinley），沃克曼夫人（Mrs. Workman）登上了喜马拉雅山，奥布里·布朗德夫人（Mrs. Aubrey Le Blond）也攻克了阿尔卑斯山几乎所有的高峰。这些新闻被报纸纷纷报道，既激发了女性走向大自然的热情，又将大自然的信息传达给公众。③

第三节　自然研究的内容

从自然研究的内容看，女性的研究对象涉及多种自然元素，但相对来说，她们在植物学和鸟类学中的贡献远远多于对动物学和地理学的贡献，

---

① Pamela J. Bennett, ed., "Gene Stratton Porter." *The Indiana Historian*, Indianapolis: Indiana Historical Burea, pp. 6～7.

② Glenda Riley, "'Wimmin is Everywhere': Conserving and Feminizing Western Landscape, 1870～1940." *The Western Historical Quarterly*, Vol. 29, No. 1 (Spring, 1998), p. 11.

③ Esther Merriam, "Women Mountain-Climbers." *Harper's Bazaar*, Vol. 44, No. 11 (Nov. 1910), p. 634.

这是因为19世纪的女性和男性都将植物和鸟类研究同女性的社会角色对等。① 通过自然研究发现，植物世界与纯洁、柔弱的女性十分相似，而鸟类筑巢、喂养和照顾幼鸟的行为也和人类异曲同工。

一、植物研究

在女性自然研究的所有分支中，被认为最适合女性，同时也是女性最早关注的当属植物学（植物研究）。在《科学》（*Science*）杂志1887年刊登的《植物学是适合年轻男性的学科吗？》一文中，作者开篇指出："在很多年轻男性看来，植物学并不是一项体现男子汉气概的研究，它只是适合年轻女性和柔弱的年轻人的装饰性学科门类，并不适合强壮的男性。"②文章虽然意在证实植物学同样适合于男性，但这段话从侧面体现出19世纪美国的植物学是一个属于女性的领域。

植物学适合女性的观点可以上溯到18世纪的欧洲。让-雅克·卢梭（Jean-Jacques Rousseau）就提出了这样的观点："我认为你想培养你的女儿活泼的性格，锻炼她关注宜人又多变的植物课题是件极好的事情……我全力支持，并尽力帮助你完成。"③虽然卢梭并未明确提出植物学是适合女性的最佳职业，但他的这种暗示却影响了后人，特别是女性作家。而瑞典博物学家林奈（Linnaeus）④则创建了一种简单易懂的植物分类体系，使植物学成为18世纪的业余爱好者易于进入的领域。欧洲的许多女性作家秉承卢梭的传统，并在林奈体系的指导下，将植物学作为一门高贵的科学推广开来。⑤

随着欧洲殖民者纷至沓来，植物研究的传统也被带入美洲大陆。18世纪美国流行的一种观点是女性不适合从事与智力相关的活动，而简·科尔登的植物学家父亲卡德瓦拉德·科尔登（Cadwallader Colden，1688～

---

① Vera Norwood, *Made From This Earth: American Women and Nature*, p. xv.

② J. F. A. Adams, "Is Botany a Suitable Study for Young Men?" *Science*, Vol. 9, No. 209 (Feb. 4, 1887), p. 116.

③ Jean-Jacques Rousseau, *Elements of Botany*, translated by Thomas Martyn. London: Printed for J. White, 1802, p. 19.

④ 林奈（1707～1778），全名为卡尔·冯·林奈（Carl Linnaeus），是瑞典的一位动物学家、植物学家和生物学家。他建立的体系称为林奈体系，即植物的人为分类体系和双名制命名。林奈将植物分为24纲、116目、1000多个属和10000多种，这些都是林奈的首创。他采用的双名制命名法将植物的常用名分为两部分，前者为属名，后者为种名。林奈体系被各国生物学家所接受，从而结束了植物王国的混乱局面，林奈也被誉为近代植物分类学的奠基人。

⑤ Emanuel D. Rudolph, "How it Developed that Botany was the Science Thought Most Suitable for Victorian Young Ladies." *Children's Literature*, Vol. 2 (1973), p. 93.

1776)就打破传统，指导她研究植物。当时的女性常常对于如何打发时间感到迷茫，科尔登的父亲认为植物学是一项适合女性的娱乐方式，因为她们天生对美丽和各种服饰充满好奇和兴趣，这注定她们适合从事植物研究。[①] 他向科尔登教授有关植物学方面的课程，并教给她林奈的植物分类法。1740年，科尔登已经成为一名熟练的植物分类专家。她徜徉于田野，用笔画下了超过340种植物的图像。在写给一位植物学家的信件中，科尔登的父亲谈道："我有一位女儿，十分热爱阅读，对自然哲学和自然历史充满好奇……她已经掌握了足够的资料撰写有关植物的介绍。"[②]在父亲的指导下，科尔登利用林奈体系创作出"纽约植物体系"(Flora of New York)，包括340个植物插图和对它们的详细介绍，[③]科尔登也成为18世纪试图追求智力发展的一名独特女性。

之后，"植物学是特别适合女性的一门科学"的观点在美国广为流行。费尔普斯就曾指出："植物学特别适合于女性，它调查的对象是美丽、娇弱的植物，它有助于身体健康和心情愉悦。"[④]《美国教育期刊》还曾于1829年刊登了一篇文章，强烈建议将植物学引入学校教育中，并列出几大理由：对于年轻人而言，植物学是一项最有趣、最能带来快乐的职业之一。如果能得到合理的讲授，它将会给年轻的学者带来崭新的、奇特的观点。植物学还能培养专注而严谨的观察习惯，它能教给学生井然有序的习惯、提升年轻人的道德情怀，林奈创造的体系其规律性和分类方法对学习者习惯的培养意义重大。[⑤] 同时，这篇文章还指出："植物学尤其适合引入女子学校中。它十分符合女性的品味、感受和能力，因为大部分植物学家都是女性。男孩对它的兴趣并不浓厚，他们在处理标本之时体现出粗心、粗暴的特点，他们更关注剧烈的、喧闹的运动。而相反地，女孩更乐于观察柔弱的花朵，保存标本并用铅笔或水彩将最显眼的东西描绘下来。因此，她们的热情很容易便会被激发出来！女孩常常将植物学看作一个高贵的职业，它值得她们

---

① Elizabeth B. Keeney, *The Botanizers: Amateur Scientists in Nineteenth-Century America*. Chapel Hill: University of North Carolina Press, 1992, p. 71.

② Colden to Dr. John Frederic Gronovius, Oct. 1, 1775, in Cadwallader Colden, Letters and Papers, 29～30, cited in Tina Gianquitto, *Good Observers of Nature: American Women and the Scientific Study of the Natural World*. Athens: The University of Georgia Press, 2007, p. 15.

③ Nancy J. Warner, "Taking to the Field: Women Naturalists in the Nineteenth-Century West." M. S. thesis, Utah State University, 1995, p. 7.

④ Almira Hart Lincoln Phelps, *Familiar Lectures on Botany*. Hartford: F. J. Huntington, 1832, p. 14.

⑤ "Botany for Schools." *American Journal of Education*, Vol. 4, No. 2 (Mar. /Apr., 1829), pp. 169～171.

付出时间和精力……她们通过植物学获得心情的愉悦和身体的锻炼，对于她们来说，这种放松对她们的健康和精神更加重要、更能产生有益的影响。"①

在美国，推动女性对植物学产生广泛兴趣的是植物学家阿莫斯·伊顿（Amos Eaton，1776～1842）和他的女学生们。19 世纪 20 年代，伊顿在纽约州的特洛伊市（Troy）开设了有关植物学的系列讲座，他的课堂基本由女学生构成，这大大推动了女性对植物学的兴趣和研究。1824 年，伊顿曾写道："新英格兰地区和纽约州超过一半的植物学家都是女性。"②在这些女学生中，受伊顿影响最大，并将伊顿的影响力扩大的当属阿尔迈拉·哈特·林肯·费尔普斯（1793～1884）。

费尔普斯是一名教师、作家和植物学家，也是许多科学著作和文章的作者，她作为几个女子学院的领袖在女性教育运动中成绩斐然。她提倡科学教育在学校中的重要性，同时承担着传播自然知识的重任。虽然特洛伊周围有丰富的植物种类，但当时的植物学课堂却缺乏相关教材。受伊顿的鼓励，费尔普斯通过田野调查的方式获得了大量的一手资料，并在伊顿的敦促下，开始整理自己的讲座材料，于 1829 年出版了植物学著作《有关植物学熟悉的讲座》（*Familiar Lectures on Botany*）③一书，随后于 1831 年又出版了《初学者的植物学》（*Botany for Beginners*）。这两部著作在 19 世纪最后 30 年被很多女子学院和学校广泛使用。《有关植物学熟悉的讲座》中包含了大量植物插图，详细的植物学讲稿，以及关于家庭经济方面的建议，甚至原创的植物词汇，结合了自然历史、民俗传统和科学知识，使很多人有机会成为业余植物学家。到 1842 年，该书共重印、再版 17 次，到 1872 年，销量达 37.5 万册。费尔普斯在书中介绍了植物学在女性教育经历中的重要性，"植物学……能扩大女性的视野、训练女性的思维。目前还没有一本大众化读物能引导学生一步步了解基础知识和基本科学原理，这是《有关植物学熟悉的讲座》出版的初衷。自这部书出版以来，它讲到的科学知识已经被广泛引进女子学院和学校的每一个年级。对此，我感到很满足"④。

---

① "Botany for Schools." *American Journal of Education*, Vol. 4, No. 2 (Mar. /Apr., 1829), p. 173.

② Amos Eaton, *A Manual of Botany for the Northern and Middle States of America*. Albany, New York: Websters and Skinners, 1824, p. ix.

③ Pnina G. Abir-Am, and Dorinda Outram, eds., *Uneasy Career and Intimate Lives: Women in Sciences, 1789～1979*. New Brunswick: Rutgers University Press, 1987, p. 88.

④ Almira H. Lincoln Phelps, *Lectures to Young Ladies*, Comprising Outlines and Applications of the Different Branches of Female Education for the Use of Female Schools, and Private Libraries. Boston: Carter, Hendee and Co. and Allen and Ticknor, 1833, p. 208.

费尔普斯在回顾植物学的历史时提到了几位女性，强调了女性进行植物研究的天分和恰当性。费尔普斯激励她的读者推广自然历史和自然知识，并鼓励女性经常展示收集的标本。[①] 同时，费尔普斯还为广大女性读者撰写了大量科学类的著作和文章，传播科学知识的同时指导她们如何开展科学研究。

在教学中，费尔普斯将植物学描述为一种可以实现多种教学目标的工具，包括道德观念的塑造、身体素质的加强、观察技巧的建立、逻辑思维的培养等。同时，她也突出了植物学的实用价值。她还将科学与情感相融合，为女性走入植物学奠定了重要的基础。在她看来，植物学比天文学更有利于女性的智力发展，在探索过程中，它更能培养纯洁、愉悦的情感。费尔普斯的很多学生受她的影响，开始传播植物研究的思想，植物学在中上层美国女性中广为流行，很多人都相信母亲应向孩子传授植物学。[②] 如一些女性自己参加或鼓励孩子参加各种植物学活动，还有一些从事植物学教学工作，协助她们的丈夫进行植物研究，或参与各种新成立的植物学团体。费尔普斯使很多女性对科学产生了毕生的兴趣，促使植物学成为美国的一个重要学科[③]，也使同时代的美国教育家看到了植物研究对于女性的真正价值。它引导女孩们走出家门，在新鲜的空气中获得锻炼；它训练女孩们探寻自然世界中物体之间的科学联系；它还向她们展示如何使这些联系服务于家庭。[④]

在教育改革家推进女性教育的时候，植物学便开始在学校课程中扮演重要的角色。1830 年以前，仅有 24％的女子学院开设植物学课程，1830 年之后，这个数字增长为 82％。[⑤] 在整个 19 世纪，植物学取得了突飞猛进的发展，女性植物学家人数逐渐增多，特别是中产阶级女性。到 19 世纪末，植物学已经成为美国中学女性的必修课程。

19 世纪出现了大量女性植物学家，虽然她们大多是业余研究者，但她们成为植物学领域极为重要但又易于被忽视的群体。据 1873 年美国第一

---

① Mrs. Almira Hart Lincoln, *Familiar Lectures on Botany*, 3rd ed. Hartford: F. J. Huntington, 1832, p. 46.

② Kimberley F. Higgins Tolley, "The Science Education of American Girls, 1784～1932." Ed. D. diss., University of California, 1996, pp. 190, 192.

③ Emanuel D. Rudolph, "Almira Hart Lincoln Phelps and the Spread of Botany in Nineteenth Century America." *American Journal of Botany*, Vol. 71, No. 8(Sep., 1984), p. 1161.

④ Tina Gianquitto, *Good Observers of Nature: American Women and the Scientific Study of the Natural World*. Athens and London: The University of Georgia Press, 2007, p. 5.

⑤ Tina Gianquitto, *Good Observers of Nature: American Women and the Scientific Study of the Natural World*, p. 22.

部正式出版的《植物学家指南》记录，599 名植物学家中有 13％是女性，这两个数字在 1878 年分别达到 982 名和 16％。① 而另一份统计资料显示，19 世纪约有 1185 名女性植物学家活跃于社会各个领域。其中，23％的人从事标本收集工作，超过一半的人在学校承担着教学工作，大多数人则致力于书籍和文章的撰写。② 特别是到了 20 世纪初，女性在植物学和植物价值观中的贡献与日俱增，出现了更多的女性植物学家，这些都是被记录下来的。除此之外还有很多无名女性活跃在植物研究中，这些女性的职业主要包括作家、教师、收藏家、艺术家、实验室助手、博物馆负责人、图书馆工作人员、园艺学家等。一些女性还成为植物研究俱乐部或团体的成员，其中极少数人接受了高等教育，甚至获得了博士学位。③ 她们收集植物并进行分类研究，撰写观察记录、科学文章和著作，从事植物学教学，成为 19 世纪植物学的重要组成部分。

在 19 世纪末 20 世纪初的女性植物学家中，艾丽斯·伊斯特伍德（1859～1953）④是试图探索新职业的进步主义女性的代表。伊斯特伍德穿越荒野、收集标本，撰写了许多关于自然的作品，将毕生精力奉献于自然研究与保护。和许多传统女性一样，她要承担多项与女性相关的家务工作。在开始植物学生涯之前，她的这种生活持续了 15 年。伊斯特伍德早期对植物的兴趣产生于 19 世纪的大众文化，即植物研究被认为与自然神论（natural theology）紧密关联：植物的进化和完善是对上帝的仁慈的印证，植物收集是通向道德和精神世界的道路，它同女性紧密相连。因此，植物调查研究被看作适合女性的消遣。在这种背景下，到 19 世纪 70 年代，伊斯特伍德对植物产生了浓厚兴趣并顺理成章地开始研究植物之间的相互关系。⑤ 伊斯特伍德积极开展田野调查，掌握了大量有关植物的知识。1887 年，当英国著名的博物学家、探险家、地理学家艾尔弗雷德·拉塞尔·华莱士（Alfred Russel Wallace）到达落基山脉时，伊斯特伍德作为他的向导带他参观科罗拉多。1891 年，她开始为植物学杂志《生命》（*Zoe*）供稿，

---

① Emanuel D. Rudolph, "Women in the Nineteenth Century American Botany: A Generally Unrecognized Constituency." *American Journal of Botany*, Vol. 69, No. 8 (Sep., 1982), p. 1346.

② Marcia Myers Bonta, *Women in the Field: America's Pioneering Women Naturalists*. College Station: Texas A&M University Press, 1991, p. 71.

③ Emanuel D. Rudolph, "Women in the Nineteenth Century American Botany: A Generally Unrecognized Constituency", p. 1350.

④ 研究艾丽斯·伊斯特伍德的作品：Carol Green Wilson, *Alice Eastwood's Wonderland: The Adventures of a Botanist*. San Francisco: California Academy of Sciences, 1955。

⑤ Patricia Ann Moore, "Cultivating Science in the Filed: Alice Eastwood, Ynes Mexia and California Botany, 1890～1940." Ph. D. diss., University of California, 1996, pp. 10～11.

之后成为该杂志的主编。1892年,伊斯特伍德返回加利福尼亚,承担起成立加利福尼亚植物学俱乐部(The California Botanical Club)的任务,并全面负责该俱乐部之后的一切事务。在此期间,她收集了大量的植物标本。在1912～1949年退休期间,她所搜集的植物标本数量达到34万枚。其中一个最主要的目的就是核实加利福尼亚州外来热带和亚热带植物物种的类别。1893年,她的著作《科罗拉多州丹佛市一种流行的植物》(*A Popular Flora of Denver, Colorado*)出版;1905年,《加利福尼亚树木手册》(*A Handbook of the Trees of California*)出版,其中包含了她绘制的精美图画。伊斯特伍德在植物学分类、统计和研究中均做出了突出的贡献。她性格开朗,热情坚定,不仅为专业的植物学家提供标本,还指导旅行家们搜集植物,并鼓励公众保护本土物种。同时,伊斯特伍德从植物研究和社会生活中获得了极大的乐趣,为那些热爱植物的人们树立了榜样。

从欧洲殖民者到达美洲的那一刻起,女性便和植物结下不解之缘。女性将植物研究看作适合她们的职业,大多作为业余研究者从事植物研究工作,这样易于被公众所接受。与此同时,植物学还吸引了那些试图挑战两分领域、扩大女性领域的女性。例如费尔普斯就曾挑战"真女性信条"对女性行为的限制,她认为植物学是一个有效的工具,因为它的一些活动超越了女性行为的传统范围。事实上,虽然提升教养使植物学被看作是适合女性的职业,但它所包含的科学知识的魅力同时吸引着男性。19世纪的美国人,不论男性还是女性,都认为植物学是一项高贵、有教养的研究。[①] 随着19世纪后期自然科学越来越专业化,女性逐渐被从事科学研究的男性边缘化。即便如此,在科学知识的吸引下,女性继续享受各种科学知识和自然历史知识所带来的乐趣。

二、鸟类研究

早在18世纪末,鸟类研究就成为自然研究中另一个重要的主题。鸟类研究被认为潜力无限,鸟类学也作为一个学科受到推崇。鸟类之所以受到关注,原因在于它们被赋予人性的特质:它们愉悦了人类的双眼,并将人类同神秘、令人敬而远之的荒野联系在一起。作者柯克帕特里克·多尔西(Kurkpatrick Dorsey)指出,人类长久以来对鸟类充满了热爱,因为这两个物种之间存在共同点,他们"都自己筑巢、抚育下一代"。在自然历史的所

---

① Elizabeth B. Keeney, *The Botanizers: Amateur Scientists in Nineteenth-Century America*, 1992, p. 72.

有分支中，鸟类研究在人类对自然的情感表达中占据首要位置，而女性在该领域成就瞩目。女性具备独特的能力，从独特的视角描述户外生活，她们看到了男性完全忽视的内容，这使她们的领悟力远远超过男性。①

19世纪的鸟类研究活动主要包括两个方面：其一是对鸟类的观察及有关鸟类的文学创作；其二是在公立学校中推行鸟类教育，如“鸟类保护日”项目和活动的推广，目的是加强教师和学生对鸟类的了解，从而促进对鸟类的热爱和保护。鸟类研究首先体现在鸟类观察及鸟类文学作品的创作方面，女性对此做出了重要贡献。早在18世纪，女性就对花园内的鸟类表现出兴趣和热爱。一些女性还远离家园，去大自然中观察鸟类，通过撰写田野手册和自然文学作品来获得名望。和男性鸟类学家不同，女性不会先捕杀鸟类，然后对它们进行详细观察，她们通常花费很长时间耐心观察巢中的鸟，并记录它们的活动。② 19世纪诞生了许多女性鸟类学家，她们虽多从事独立研究，但彼此熟悉，在相同的杂志上发表文章，共同构成了女性的自然研究网络。③ 从1870年开始，鸟类出版物层出不穷。1893～1898年间，仅纽约和波士顿就销售了7万册有关鸟类的书籍，其中很多由弗洛伦丝·M. 贝利、奥利夫·索恩·米勒、西莉亚·莱顿·撒克斯特(Celia Leighton Thaxter)、梅布尔·奥斯古德·赖特、吉恩·斯特拉顿(Gene Stratton)等女性作家创作完成。到19世纪末，鸟类观察和研究已经成为中上层女性接受的高贵的消遣方式和追求。

奥利夫·索恩·米勒(1831～1918)是19世纪美国一位多产的、有影响力的女性作家和鸟类学家，其本名是哈丽雅特·曼·米勒(Harriet Mann Miller)。她以米勒为笔名，撰写了11部关于鸟类的著作，这些著作突出了鸟类保护主题，且充满了人道主义精神和责任感。米勒从1880年开始对鸟类进行专门研究，经常深入西部旅行，为其最具影响力的著作《西部的一位鸟类热爱者》(*A Bird-Lover in the West*，1894)的完成奠定了基础。另外两部重要的著作是1899年出版的《第一部关于鸟类的书籍》(*The First Book of Birds*)和1904年出版的《缅因的鸟类》(*Birds in Maine*)。《第一部关于鸟类的书籍》详细介绍了鸟类的生活习性、成长过程、身体结构、相互关系等，目的是“使年轻人对鸟类的生活方式和习惯产生兴趣，并

---

① "Woman in the Field." *Forest and Stream*, Vol. LXXII, No. 12(Mar. 20, 1909), p. 002.

② Kathy S. Mason, "Out of Fashion: Harriet Hemenway and the Audubon Society, 1896～1905." *Historian*, Vol. 65, No. 1(2002), p. 7.

③ Robert K. Musil, *Rachel Carson and Her Sisters: Extraordinary Women who have Shaped America's Environment*. New Brunswick, New Jersey: Rutgers University Press, 2014, p. 41.

激励他们进行进一步研究"①。

米勒还为各大期刊撰写文章,并为鸟类研究提供不同的研究方法。她在《鸟类学》杂志刊登的一篇文章肯定了贝利提出的"田野课堂"(Filed Classes),并根据自身经验提出了不同的研究方法,尤其提倡独立研究。她认为独立研究可以使人与自然亲密接触、在树林和田野中获得乐趣、身心受益并与自然建立友谊。② 米勒自己也践行田野调查和探索的理念,前往鸟类栖息地,近距离观察和研究鸟类行为。在她的一篇文章中,她详细描述了自己几个月来如何循着鸟儿的啼鸣,追随鸟儿,对鸟儿一家的习性进行观察。通篇文章中,她用"他、她、女士、家庭、聊天、害羞、智慧"等字眼描述鸟儿,将它们视作同人类一样的物种去研究,并在字里行间流露出发现的喜悦和激动。同时,米勒还指出自己试图努力实地了解不同鸟儿的原因——鸟类研究的最大魅力就在于了解这些可爱的生物的个性,研究每个个体就是在研究一个独特的性格,包括外貌特征、习性和属于他自己的独有的歌声……只有近距离地观察,才能了解他们之间的差异。他的羽翼、行为、表情、态度等都是他自己独有的。③

此外,米勒还十分担忧鸟类面临的危险,即用于女帽装饰而遭受的捕杀。她通过观察鸟类之间的关系、筑巢活动、如何照顾幼鸟等,指出人类行为与鸟类之间的相似性,告诫人们"不要杀死鸟类,否则就是犯罪"④。她曾在马萨诸塞州的剑桥镇开展了一系列有关鸟类的讲座,吸引了公立学校的大量教师和公众的参与,每场讲座的参与人数都达到300~400人,引起了广泛的兴趣和讨论。在密尔沃基,米勒的讲座引起了公众对佩戴羽毛行为的憎恶,还促使一位女帽商取消了一个600美元的羽毛订单。通过这样的谈话和讲座,孩子们的热情被激发出来,他们强烈抨击捕杀鸟类的行为,推动更多人发出保护鸟类的呼声。⑤

弗洛伦丝·M. 贝利(1863~1948)⑥是19、20世纪女性鸟类学家中最具代表性的人物之一,她和米勒是好朋友,受米勒的影响极大。贝利收集

---

① Olive Thorne Miller, *The First Book of Birds*. Boston: Houghton Mifflin, 1899, p. iii.

② Olive Thorne Miller, "The Study of Birds——Another Way." *Bird Lore*, Vol. 2, No. 5 (Oct., 1900), p. 151.

③ Olive Thorne Miller, "Whimsical Ways in Bird Land." *Atlantic Monthly*, Vol. 77 (Jan. — Jun., 1896), pp. 670~675.

④ Olive Thorne Miller, *The First Book of Birds*, pp. 1~2.

⑤ Margaret Hamilton Welch, "Club Women and Club Work: Bird-Protection and Women Clubs." *Harper's Bazaar*, Vol. 30, No. 26 (Jun. 26, 1897), p. 527.

⑥ 研究贝利的著作: Harriet Kofalk, *No Woman Tenderfoot: Florence Merriam Bailey, Pioneer Naturalist*. College Station: Texas A&M University Press, 1989.

了大量有关北美鸟类的行为和习性的信息，撰写了50多篇有关鸟类的文章及多部畅销书，并和她的同学范妮·哈迪(Fannie Hardy)成立了史密斯学院奥杜邦协会(Smith College Audubon Society)，发起了一场保护鸟类的运动。贝利还鼓励鸟类观察活动，认为这将提升人们的精神境界，实现他们对鸟类保护的最高期望。到1900年，贝利在文学和自然科学研究领域已赢得了一定的声誉：一名利用情感和现实主义手段推进自然研究和保护的自然作家，她因此也被称作"鸟类学研究领域无人可及的女能手"①。

贝利的鸟类研究经历源自家庭的影响。她的哥哥哈特是美国野生物保护组织"生物调查局"(Biological Survey)的创始人，与西奥多·罗斯福交好。他指导贝利如何辨认田野和博物馆中的鸟类，并让她学习关于鸟类和解剖学的知识，使她从幼年时代便对鸟类产生了浓厚的兴趣。贝利在马萨诸塞州小镇北安普顿(Northampton)的史密斯学院(Smith College)就读期间(1882～1886)，正是羽毛时尚盛行之时。史密斯学院300名在校女生中，很多人用来装饰帽子的羽毛都是贝利最为喜爱的鸟儿的羽毛，她还不断从她哥哥那儿获得有关美国鸟类被捕杀的消息。此时的贝利意识到，保护鸟类将是她一生为之奋斗的事业，同时她觉得应有所行动，以激发人们保护鸟类的欲望。于是她为学院的科学协会撰写了一篇有关鸟类生活习性的文章，谴责人们捕杀鸟类的行为，这篇文章开启了贝利保护鸟类的征程。

在贝利和哈迪建立的奥杜邦协会中，二人带领大家在田野中观察鸟类，让他们走向田野，使他们亲身感受鸟类的话语、鸟类的生活状态等。②同时，她还邀请一些鸟类学家参与到她的鸟类观察工作中，她认为这项活动是"向他们开放的崭新世界，提升了他们的精神境界，实现了对这项工作的最高期望"③。大学最后一年，贝利发表了有关鸟类的系列文章，题为《给奥杜邦工作者的建议：50种普通鸟类的基本介绍》(*Hints to Audubon Workers: Fifty Common Birds and How to Know Them*)。之后，这些文章经过修订被收录到她的第一部著作《观剧镜下的鸟类》(*Birds through an Opera Glass*)中，该书于1889年出版，受到年轻人的广泛喜爱。除了发表的系列文章外，这部著作还收录了其他作者对另外20种鸟类的介绍、附

① Nancy J. Warner, "Taking to the Field: Women Naturalists in the Nineteenth-Century West." M. S. thesis, Utah State University, 1995, p. 91.

② Harriet Kofalk, *No Woman Tenderfoot: Florence Merriam Bailey, Pioneer Naturalist*. College Station: Texas A & M University Press, 1989, p. 35.

③ Harriet Kofalk, *No Woman Tenderfoot: Florence Merriam Bailey, Pioneer Naturalist*, p. 37.

录和参考文献，以帮助读者鉴别他们所观察到的鸟类，并鼓励更多的田野研究。[①] 之后，贝利还出版了《马背上的鸟类研究》(*A-Birding on a Bronco*)、《乡村和田野中的鸟》(*Birds of Village and Field*)等有关鸟类的书籍，为人们了解鸟类提供了参考。

1899 年，贝利同一位年轻的博物学家弗农·贝利(Vernon Bailey)结婚。婚后不久，二人便在新墨西哥州开启了一系列田野徒步旅行活动，贝利继续致力于鸟类生活的观察和研究。在接下来的 30 年中，他们先后在得克萨斯州、加利福尼亚州、亚利桑那州、达科他州及太平洋西北岸工作。在这期间，贝利撰写了一系列有关鸟类的文章，这些文章被《海雀》(*The Auk*)、《鸟类学》(*Bird Lore*)及《秃鹰》(*The Condor*)[②]等杂志连载。与之前的文章相比，这些文章科学性更强。1902 年，贝利创作的《美国西部鸟类手册》(*Handbook of Birds of Western United States*)出版，这是第一部现代自然图鉴，包含 33 页插图和 600 多张鸟类图片。作为当时著名的《美国东北部鸟类手册》(*Handbook of Birds of Eastern North America*)[③]的姊妹篇，这部著作成为鸟类热爱者的标准参考书。该书将鸟根据种类进行排列，详细描述了它们的形态、习性等，确立了现代自然图鉴的基本架构。它的出版引起了美国社会对鸟类的关注，对日后的鸟类保护产生了重要的影响。[④] 在生物调查局的资助下，贝利花费几年时间完成了第一部全面描述西南部鸟类生活，也是里程碑式的著作《新墨西哥的鸟类》(*Birds of New Mexico*)，并于 1928 年出版。这部著作使贝利获得了美国鸟类学家联合会(American Ornithologists' Union，AOU)[⑤]的布鲁斯特奖章(Brewster Medal)。

---

① Madelyn Holmes, *American Women Conservationists: Twelve Profiles*. Jefferson, N. C.: McFarland: 2004, p. 41.

② 《海雀》是美国鸟类学家联合会的官方刊物，是同行评审的科学类期刊，季刊。它创建于 1884 年，其内容包括鸟类的解剖、行为和分布情况。《鸟类学》由弗兰克·查普曼(Frank Chapman)于 1899 年创办，奥杜邦协会的官方期刊，是一份致力于鸟类和哺乳动物研究和保护的双月刊。1931 年更名为《奥杜邦杂志》(*Audubon Magazine*)，之后简化为《奥杜邦》(*Audubon*)。《秃鹰》是库珀鸟类协会(Cooper Ornithological Society)的官方期刊，也是同行评审的科学类期刊。它创刊于 1899 年，主要致力于美国西部鸟类的研究。

③ 该手册由当时著名的男性博物学家、奥杜邦运动的领袖弗兰克·查普曼撰写。

④ 祖国霞：《美国进步主义时期环境运动中的女性》，《学术研究》，2013 年第 4 期，第 92～93 页。

⑤ 1883 年，美国鸟类学家联合会由致力于鸟类研究和保护的专家威廉·布鲁斯特(William Brewster, 1851～1919)、埃利奥特·库斯(Elliott Coues, 1842～1899)和乔尔·艾伦(Joel Allen, 1838～1921)组织成立。作为一个专业的鸟类学家组织，该联合会的目标是提升公众对鸟类的科学认识，丰富鸟类学的内涵并建立鸟类保护的科学基础。

鸟类研究是贝利一生追求的事业。她随处观察鸟类，并将所见转化为文字。她所撰写的50多篇文章和几本鸟类手册对不同种类、来自不同地区的鸟进行了详细的介绍和分类，广泛传播了鸟类知识，并呼吁人们反对羽毛佩戴、支持鸟类保护。贝利坚信学校教育是解决鸟类捕杀问题的真正方法，她为儿童杂志撰写了大量的文章，让孩子们对自然产生了兴趣，从而推动了资源保护工作的开展。① 她的著述常常被妇女俱乐部作为推荐书目推介给学校，成为孩子们了解自然的必读书目。贝利在自然文学创作、鸟类研究和资源保护方面的工作也为后人打下了坚实的基础，她创作的作品成为鸟类研究的先锋，对20世纪参与环境保护的女性产生了重要的影响。

除文学创作外，鸟类研究的另外一个重要表现就是在全国范围内的公立学校推行“鸟类保护日”(Bird Day)活动，加强对孩子们的鸟类教育。“鸟类保护日”是自然研究运动的一项内容，也是资源保护运动的一个组成部分，它的支持者们希望鸟类保护系列项目不仅包括对鸟类的文学欣赏，而且还包含户外实践活动。② 它号召孩子们同猎杀鸟类的丑恶行为做斗争，“鸟类是美好而有趣的生物，孩子们应发自内心地欣赏鸟类、保护鸟类”③。在推广“鸟类保护日”的过程中，女性作为教师和作家发挥了重要作用。

“鸟类保护日”起源于1894年，由宾夕法尼亚州石油城的教育厅厅长查尔斯·C. 巴布科克(Charles C. Babcock)效仿植树节(Arbor Day)设立。④ 巴布科克在其著作《鸟类保护日：如何为它做准备》(*Bird Day：How to Prepare for It*)中指出鸟类被大肆捕杀的现状和它们对于人类不可估量的价值。他认为，人类要改正自身的错误，不仅要停止捕杀鸟类，更要寻找一切可能的方式保护它们，而鸟类保护的当务之急是对鸟类本身、鸟类的生活方式等进行认识和了解。早在1894年春天，巴布科克就注意到孩子们对鸟类研究的兴趣，于是萌发了设立“鸟类保护日”的想法，这样才能使鸟类研究更加有效。为了推动这个节日的建立，巴布科克联合几位著名的博物学家为孩子们撰写了一系列文章。这些文章都对鸟类保护日的设

---

① Nancy J. Warner, “Taking to the Field: Women Naturalists in the Nineteenth-Century West”, pp. 109, 111.

② “Programs for Arbor and Bird Day.” *The Nature-Study Review*, Vol. 6, No. 4 (Apr., 1910), p. 107.

③ Charles Babcock, *Bird Day: How to Prepare for It*. New York: Silver, Burdett and Company, 1901, pp. 20, 21.

④ Kevin C. Armitage, “Bird day for Kids: Progressive Conservation in Theory and Practice.” *Environmental History*, Vol. 13, No. 3 (Jul., 2007), p. 528.

立表示强烈赞同，称赞它是独具匠心的节日，并希望发起一场运动尽快建立“鸟类保护日”，使孩子们充分了解鸟类，建立对鸟类的感情。① 米勒公开支持任何一项与鸟类保护相关的倡议和活动，“无论如何，让我们在学校里建立一个鸟类保护日。我认为孩子是我们保护鸟类的唯一希望，他们能推动公共情感的建立，从而终止捕杀鸟类的行为。现在需要做的就是要使男孩和女孩对鸟类产生兴趣，并使他们成为未来的鸟类保护者”②。另一位女性梅布尔·奥斯古德·赖特也提倡通过公共教育推动鸟类保护的开展，“鸟类保护的成功依赖于公共教育，公共教育和民族一样长久，它是一项不可剥夺的权利”③。

巴布科克提议，从1894年1月1日起，石油城的学校每周分出两个10到20分钟的时间段让学生进行鸟类研究，鼓励学生和教师走向大自然，并为他们提供指导。这项工作一直持续到5月4日庆祝“鸟类保护日”之时。④ 在“鸟类保护日”当天，石油城的学生用前所未有的热情庆祝节日。他们收集到数量惊人的有关鸟类的信息⑤，并发起了撰写关于鸟类的作文、发表演讲、到近郊观看鸟类、讨论鸟类文学等庆祝活动。这次活动取得了巨大的成果，随后，巴布科克将“鸟类保护日”设立为每年一次的节日。之后的“鸟类保护日”都在学校取得了良好的效果。学生们通过开展一系列活动庆祝“鸟类保护日”，如植树、建造鸟舍、料理花园、美化学校运动场、背诵诗歌、表演话剧、撰写有关鸟类的作品等，将情感和行动结合起来。他们开始掌握了一定的鸟类知识，并产生了热爱鸟类和保护鸟类的情愫，他们与鸟类之间的关系发生了彻底的改变。⑥

“鸟类保护日”主要在美国的公立学校中推行，因此，教育是“鸟类保护日”的重要内容之一。博物学家威廉·达彻(William Dutcher)认为，自然知识往往掌握在极少数自然研究者手中，普通民众对这方面的认识非常粗浅，而教育是改变人们知识贫乏局面的主要手段。⑦ 女性是公共教育的主力军，在学校，女性教师作为“鸟类保护的辅助人员”传播鸟类知识，引导学

---

① Charles Babcock, *Bird Day: How to Prepare for It*, pp. 9～14.

② “A Bird Day for School.” *New York Times*, Sep. , 20, 1896, p. SM15.

③ Mabel Osgood Wright, “Keep on Parading!” in David Stradling, ed. , *Conservation in the Progressive Era: Classic Texts*. Seattle: University of Washington Press, 2004, p. 49.

④ Charles Babcock, *Bird Day: How to Prepare for It*, pp. 22～28.

⑤ Charles Babcock, *Bird Day: How to Prepare for It*, p. 13.

⑥ Kevin C. Armitage, “Bird day for Kids: Progressive Conservation in Theory and Practice”, p. 535.

⑦ William Dutcher, “Education as a Factor in Audubon Work—Relation of Birds to Man.” *Bird Lore*, Vol. 11, No. 6(Dec. 1909), p. 282.

生进行鸟类观察,并开展有关鸟类的文学讨论、鸟类写作、绘画、知识竞赛等活动。她们还通过众多的青少年奥杜邦俱乐部(Junior Audubon Clubs),鼓励数以百万计的学生参与到鸟类保护之中。到 1915 年,青少年奥杜邦俱乐部的在册学生达 152164 名,这些学生在鸟类保护运动中做出了重要的贡献。① 研究奥杜邦协会的历史学家弗兰克·格雷厄姆(Frank Graham)对这一项目进行了高度赞扬,称它将奥杜邦协会从组织零散的地方性机构转变为一股全国性的保护力量。②《鸟类学》杂志的《致教师和学生》专栏专门刊登有关鸟类保护的内容,并为他们提供指导。许多女性作家也在学校中推行同自然互动,从中获得快乐的理念。譬如米勒在专栏中就提倡学生走向大自然,了解田间树林中愉悦身心的万物。③ 赖特在康涅狄格州大力推行"鸟类保护日"教育活动,她发表了一系列演讲,展示了大量图片,将"鸟类保护日"计划向 1350 个学校推广,并向有需要的学校和图书馆捐赠关于自然历史的书籍。④

除了在学校推广鸟类教育工作外,女性作家撰写的作品也被广大公众阅读,促使"鸟类保护日"被熟知,其中赖特是最受欢迎的作家之一。赖特同鸟类学家埃利奥特·科兹(Elliot Coues)和艺术家路易斯·A. 富尔特斯(Louis Agassiz Fuertes)合著了含有精美图片的著作《作为公民的鸟类》(*Citizen Bird*)。和大多数鸟类作品一样,这部著作强调了鸟类对人类的益处及"鸟类作为公民和劳动者无异于人类"的观点,并提倡鸟类拥有生存和被保护的权利。⑤ 在这个物质文明取得巨大进步的年代,鸟类的歌声和与人类异曲同工的习性应当作为保护鸟类的理由,因此人们应多关注鸟类的美丽和给人类带来的愉悦。⑥

"鸟类保护日"的设立取得了良好的效果,全国范围内的广大学校和社区持续庆祝这一节日,至少有 25 个州立法将"鸟类保护日"和"植树节"一

---

① Kevin C. Armitage,"Bird day for Kids:Progressive Conservation in Theory and Practice." *Environmental History*,Vol. 13,No. 3(Jul. ,2007),p. 532.

② Frank Graham,Jr. ,*The Audubon Ark:A History of the National Audubon Society*. New York:Alfred A. Knopf,1990,p. 83,cited in Kevin C. Armitage,"Bird day for Kids:Progressive Conservation in Theory and Practice",p. 532.

③ Olive Thorne Miller,"The Study of Birds-Another Way."*Bird Lore*,Vol. 2,No. 5(Oct. ,1900),p. 151.

④ Kevin C. Armitage,"Bird day for Kids:Progressive Conservation in Theory and Practice",p. 540.

⑤ Mabel Osgood Wright and Elliott Coues,*Citizen Bird*. New York:Jan Kalousek,1897.

⑥ Mabel Osgood Wright,"A Little Christmas Sermon for Teachers."*Bird Lore*,Vol. 12,No. 6(Dec. ,1910),pp. 253,254.

起定为官方节日。许多州向教师们印发了各种手册并举办各类活动以宣传“鸟类保护日”,孩子们记录鸟类的习惯和活动,为鸟类搭建鸟舍。“鸟类保护日”作为鸟类保护的宣传日,是“地球日”及当代其他旨在提升环境保护意识的节日如“国际候鸟日”的雏形。它将鸟类研究与鸟类保护宣传、教育和实践活动等紧密结合在一起,通过学校和社会的道德、人性教育,将鸟类保护理念传达给每一个学生,鼓励他们走出课堂,与自然亲密接触,参与到自然资源保护之中。鸟类研究为鸟类保护提供了思想基础,它呼唤人们保护自然的热情,推动人们对鸟类及自然资源的保护。

第四节　自然研究运动:19世纪女性自然研究的高潮

随着19世纪末自然破坏程度的加深和自然研究的深入,公众对自然的态度发生了转变,之前的恐惧、冷漠、破坏逐渐被热爱、崇尚和保护所替代,许多人呼吁走向自然、了解自然。历史学家彼得·施米特(Peter Schmitt)将这种现象定义为美国都市人发起的回归自然运动(back to nature movement),伴随这场运动的是人们对户外运动、景观园艺、自然研究和资源保护等的兴趣和对简单乡村生活的向往。一场宣传保护自然的必要性、将自然研究引入学校课堂的自然研究运动[①]于19世纪80年代诞生,而19世纪女性的自然研究传统也在这场运动中达到顶峰。

一、什么是自然研究运动

“自然研究”对应的英语表达是The Nature-Study Movement,Nature-Study或Nature Study,由此看来,目前美国学术界所说的“自然研究”一词,事实上指的是自然研究运动。但笔者通过解读材料认为,自然研究运动并非一场割裂的或瞬时兴起的运动,而是与19世纪的自然探索和发现密不可分或具有延续性。因此,笔者用“自然研究”一词涵盖19世纪一切研究、探索自然的活动及这场自然研究运动。

根据自然研究专家安娜·科姆斯托克的说法,早在1862年2月11日在奥斯威戈师范学校召开的一场教育大会上,类似于自然研究的词语“用动植物进行实物教学”(object lessons with plants and animals)便被提了

---

① 这里将study译为“研究”,而非“学习”,因为这场运动的目标是将自然研究引入学校课堂,让学生了解自然,并走向自然,研究自然,从而产生对自然的同情。

出来。科姆斯托克认为，这就是自然研究的雏形——通过观察与人类休戚相关的生存环境中的万物进行教学。[①] 自然研究运动的理念真正萌芽于哈佛大学动物学教授路易斯·阿加西斯(1807～1873)于1873年7月6日创立的夏季安德森自然历史学校。虽然阿加西斯的教学和后来的自然研究运动不尽相同，但是他的理念却深深地影响了后者。阿加西斯的学校创立于这样的背景下：大部分学校的教师仍使用机械的、传统的教学方法教授科学课程，学生们也依然依靠书本，通过背诵的方式获得知识，与自然接触的机会很少。[②] 为了改变这种现象，阿加西斯提出了"科学野营大会"(a scientific camp-meeting)的想法。他期望教师和学生们一起接受自然培训，为学校培养自然历史教师。夏季学校的想法一经提出便得到了许多人的响应，上百份申请书从全国各地蜂拥而至，阿加西斯选择了其中近50名来自全国各地的教师、学生和博物学家参加。[③] 在安德森夏季学校的开幕式上，阿加西斯指出书本研究只能让人远离熟知的事物，提出了公共教育发展的一个新方向即研究自然，并希望能引导学生自主读书。[④] 值得一提的是，这50人中，女性占1/3，这吸引了各大媒体的关注。阿加西斯公开鼓励女性从事自然历史教学工作，她们不仅参加讲座、收集标本，还解剖海洋动物。阿加西斯称他招募女性是经过深思熟虑的，最可能的原因是他注意到女性作为科学教师和推广者的社会角色，将女性看作自然历史教育中潜在的资源。[⑤]

阿加西斯的第二任妻子伊丽莎白·卡伯特·阿加西斯(Elizabeth Cabot Agassiz)深受丈夫的影响和鼓励。作为一名作家和博物学家，她也非常关注自然历史教育问题。婚后，她最初担任丈夫的编辑和秘书，协助其工作，誊抄他的演讲稿，与丈夫合作创作等。[⑥] 直到阿加西斯去世，伊丽莎白才真正开始了独立创作的生涯，她的贡献才逐渐被认可。她撰写了大

---

① Anna Botsford Comstock, "The Growth and Influence of the Nature-Study Idea." *The Nature-Study Review*, Vol. 11(Jan., 1915), p. 5.

② David Starr Jordon, "Agassiz at Penikese." *The Popular Science Monthly* (Apr., 1892), p. 722.

③ Kevin Connor Armitage, "Knowing Nature: Nature Study and American Life, 1873～1923", p. 9.

④ Albert Hazen Wright and Anna Allen Wright, "Agassiz's Address at the Opening of Agassiz's Academy." *The American Midland Naturalist*, Vol. 43, No. 2(Mar., 1950), p. 504.

⑤ Kimberley F. Higgins Tolley, "The Science Education of American Girls, 1784～1932", pp. 214, 216.

⑥ Daniel, Patterson, ed., *Early American Nature Writers: A Biographical Encyclopedia*. Westport: Greenwood Press, 2008, pp. 8～9.

量有关自然历史的书籍和文章，推动了科学观察的传播。她于1859年出版了一部儿童自然读物《自然历史研究的第一课》(*First Lessons in Natural History*)，试图通过温暖的、人性的、易懂的风格将复杂的话题传达给儿童。她谨遵阿加西斯的嘱咐，帮助学生了解他们周围的环境，为他们展示动植物标本。伊丽莎白的工作为以后儿童自然研究流行作家梅布尔·奥斯古德·赖特和欧内斯特·汤普森·西顿(Ernest Thompson Seton)等的工作奠定了基础。[①]

作为一名博物学家，阿加西斯的信条是"求助于自然……获得我们经常疑惑的绝对真理"[②]。他鼓励学生"研究自然，而非书本"(study nature, not books)，并通过言传身教指导学生如何观察自然，如何从鲜活的自然中获得知识。[③] 阿加西斯的观点获得了广泛的认可。虽然1873年12月阿加西斯不幸去世，安德森学校也随之衰落，但阿加西斯的理念和教学方法却得到传播，在兴起的自然研究运动中发扬光大。

内战后，美国兴起了一场在公立学校推广科学教育的运动，教育家们就孩子们应该学习哪种科学学科展开了激烈争论。最终，他们达成了一致：最适合八年级以下学生学习的科目是自然历史。[④] 因为自然历史学科不像天文学和物理学等学科那样，吸引的往往是男士和专业人士，它更像一个民主的学科，门槛较低，即便是业余爱好者，也能取得不错的成就。而后，将自然研究引入学校的运动迅速兴起并蔓延，这场运动便是自然研究运动。自然研究运动于1890～1920年间蓬勃发展，主要在美国的东北部、西部和中西部广为盛行。根据现有研究成果，这场运动是美国教育史上一场重要的改革运动。美国著名的女性教育家、三所学校自然教育的创始人威尼弗里德·S. 斯托纳(Winifred S. Stoner)认为自然是孩子的第一任教师，通过接触自然，孩子们获得了实践教育，见证了生命科学的美好形式，训练了五种感官，锻炼了观察力、专注力、模仿力、洞察力、想象力和辨别能力，为他们以后学习植物学、鸟类学、动物学、生物学等学科打下基础。通

---

① Kevin Connor Armitage, *Knowing Nature: Nature Study and American Life*, 1873～1923., p. 19.

② Alice Bache Gould, *Louis Agassiz*. Boston: Small, Maynard & Company, 1900, pp. 141～142.

③ Arnold Guyot, *Memoir of Louis Agassiz: 1807～1873*. Princeton, N. J.: C. S. Robinson & Co., Printers, 1883, p. 45.

④ Kimberley F. Higgins Tolley, "The Science Education of American Girls, 1784～1932." Ed. D. diss., University of California, 1996, p. 224.

过教育孩子热爱自然,可以让他们成为未来的优秀公民。[①] 自然研究通过精神和实践教育,让孩子们产生同情,学会尊重自然,意识到保护周围环境的重要性,从而停止破坏自然的行为。

自然研究并非科学术语,也不是自然历史的代名词,更不是大众科学。决定自然研究内涵的并非其词汇本身表达的意思,而是它的用途。它通过与自然世界的互动获得精神与知识经验,从而更好地进行科学调查。因此,它是一种教学手段,是一种精神[②],是对鸟类、昆虫、植物等大自然中个体生命的理解[③]。尽管很多大学教师在这场运动中发挥了重要作用,但它发源于公立小学。它反对从书本中学习自然,提倡实物教学(object teaching),鼓励孩子们走向大自然,通过观察自然,了解并热爱生存环境中的普通事物,从而发现增长知识的真谛和改善生活的乐趣。[④] 虽然自然研究运动起源于学校,但又不限于学校,它丰富了所有热爱森林和田地,并热切探索自然奥秘和真谛的人们的生命。自然研究运动中具有代表性的人物包括著名教育家和博物学家安娜·B. 科姆斯托克、利伯蒂·海德·贝利和威尔伯·S. 杰克曼(Wilbur S. Jackman)等。

事实上,根据自然研究运动的内涵和发展历程,它还是第一个将教育改革和环境研究相结合的运动[⑤],是资源保护运动的一部分。它与资源保护运动诞生于同一时期,同样的背景,即为了下一代的未来,因此,它也被赋予了更高的关注和期待。同时,自然研究运动使资源保护主义者认识到教育和宣传在实现其目标过程中的重要性,而大部分广泛传播资源保护思想的教育家也是自然研究的提倡者。他们通过教学实践和自然文学创作研究自然,引导学生走向自然并了解自然的理念,将自然界中的实物和自然研究成果引入学校,通过增加自然教学课程进行课程改革,在学校中设立有关自然的教学竞赛或节日等,均促进了包括儿童在内的社会公众对自

---

① Winifred Sackville Stoner, "The Importance of Nature Study: Our Children Need the Wholesome Influence of Mother Nature." *General Federation of Women's Clubs Magazine* (Feb., 1917), p. 21.

② Anna Botsford Comstock, "The Growth and Influence of the Nature-Study Idea." *The Nature-Study Review*, Vol. 11 (Jan., 1915), p. 5.

③ Anna Botsford Comstock, *Handbook of Nature-Study*. Ithaca, N. Y.: Comstock Publishing Company, 1931 [c1911], p. 5.

④ Liberty H. Bailey, *The Nature-Study Idea; being an Interpretation of the New School Movement to Put the Child in Sympathy with Nature. New York*: Doubleday, Page, 1903, pp. 4, 6; Liberty H. Bailey, "The Nature-Study Movement," in New York State College of Agriculture, ed., *Cornell Nature-Study Leaflets*. Albany: J. B. Lyon Co., printers, 1904, p. 21.

⑤ Tyree G. Minton, "The History of the Nature-Study Movement and its Role in the Development of Environmental Education." Ed. D. diss., the University of Massachusetts, 1980, p. vii.

然的怜惜和热爱，对于这一时期资源保护意识的觉醒起到了积极的作用，也推动了资源保护运动在社会层面的发展。在自然研究浪潮的激发下，美国人带着各种向导手册、相机和收集箱走出家庭和教室，走向森林、田野、河流和山脉，去感受大自然，并在现代实验研究之下保留了自然历史传统中对自然的情感和道德热情。[①]

19 世纪末的美国人认为，建立和自然的紧密联系是对传统价值观的延续，有利于陶冶人的情操，塑造积极的价值观和道德准则。当孩子们无法参与狩猎、钓鱼、登山等户外活动的时候，他们的精神世界就会空虚，面临道德堕落的危险。自然研究通过让孩子们了解自然界万物的特性和感受，教会他们仁慈、公正和宽恕，从而学会尊重他人，成为品质良好的公民。有数据显示，接受过自然教育的人极少犯罪。[②] 因此，自然研究进入学校教育的背后是对城市孩子成长的关心。[③]

同时，自然研究通过传播自然知识和欣赏自然，促使移民更好地融入美国社会。20 世纪初，自然研究已经成为许多城市公立学校的重要课程，而与此同时，外来移民的孩子占据了美国城市学校人口的大多数。因而，教育赋予自然研究塑造这些孩子，使他们成为真正的美国人的重任。自然研究课程不仅教授孩子们自然知识与自然法则，还让他们欣赏美国自然的独特与魅力，培养他们为之而自豪的身份认同感。孩子们通过与土地、植物的接触，培养诚实、节俭、自律、公正的品性，热爱自然的情感，同时也培养他们的公民自豪感和爱国主义情感。还有一些学校提供了假期学校，培养他们的动手能力、家政技能和艺术能力等，从而让孩子们不再流连于街道，并摒弃父母一代陈旧的观念。[④]

自然研究运动的领袖利伯蒂·海德·贝利反对以经济利益为目的培养人才的教育模式[⑤]，批评传统的教学从一开始就将孩子们从自然环境中剥离出来，只关心教学内容而非孩子本身[⑥]。他在自己的一本著作《自然

---

① Kevin Connor Armitage, "Knowing Nature: Nature Study and American Life, 1873～1923." Ph. D. diss., University of Kansas, 2004, p. 8.

② Library of Congress American Memory Collection. *To Elevate Morals. Bird Day. Animal Day.*

③ Kimberley F. Higgins Tolley, "The Science Education of American Girls, 1784～1932", pp. 229～230.

④ Adam Rome, "Nature Wars, Culture Wars: Immigration and Environmental Reform in the Progressive Era." *Environmental History*, Vol. 13, No. 3(Jul, 2008), pp. 445～446.

⑤ Liberty H. Bailey, *The Holy Earth*. New York: Charles Scribner's, 1916, p. 41.

⑥ Liberty H. Bailey, "The Nature-Study Movement", p. 21.

观》(*The Outlook to Nature*)①中重点阐释了人类应对自然秉承的态度，即通过对生存环境的观察与体验，归纳知识和经验，从而了解科学知识和自然本身，最终提升人类的精神生活。自然研究参与者认为一个国家的公民应充分了解本国动植物的自然历史，这种知识给人们的生活带来的益处是现代科学所无法媲美的。②

二、女性与自然研究运动

这场将自然研究引入普通学校的自然研究运动，兴起于1884～1890年间，在19世纪最后10年获得了广泛关注。到1925年，它几乎进入美国所有学校的课程设置中。这场运动继承了之前自然历史传统的情感和道德内涵，由于其传承性，它吸引了众多女性的参与。1908年美国自然研究学会(The American Nature Study Society)成立伊始便吸收了大量女性业余博物学家，学会将其官方杂志《自然研究评论》(*The Nature-Study Review*)的所有订阅者都吸收为会员，包括教育工作者、图书馆员、博物馆工作人员、博物学家俱乐部成员等，而这些人多为女性。例如，班戈鸟类俱乐部(Bangor Bird Club)的146名成员中只有一名是男性，而匹兹堡自然俱乐部的成员全部是女性。到了20世纪20年代，全国自然研究领域的领导人几乎全是女性。1927年，美国自然研究学会的成员中63%是女性，而各地分会的领导人和成员也多为女性，女性成为自然研究运动的主力军。③

参与自然研究运动使女性获得了大量的就业机会。在自然研究运动兴起之初，女性教育家便作为自然研究项目的实施者在各学区、机构担任自然研究监督员，在自然历史博物馆、大学各院系担任助理、讲师，甚至教授等。女性将女性教育家和博物学家前辈建立的女性文化带入她们的自然研究工作中，推广一种更适合自己的科学教育。④

在许多地方，政府雇用女子大学和师范学校的毕业生承担自然研究监督员的工作。如斯坦福大学植物学专业的毕业生埃菲·B. 麦克法登(Effie B. Mcfadden)于1897年开始负责监督加利福尼亚州奥克兰城市学校的自然研究项目，当1900年麦克法登离开奥克兰时，由毕业于斯坦福大学昆

---

① Liberty H. Bailey, *The Outlook to Nature*. New York: The Macmillan Company, 1905.

② Kevin Connor Armitage, "Knowing Nature: Nature Study and American Life, 1873～1923", p. 8.

③ Kimberley F. Higgins Tolley, "The Science Education of American Girls, 1784～1932", pp. 227, 243, 254.

④ Kimberley F. Higgins Tolley, "The Science Education of American Girls, 1784～1932", p. 256.

虫学专业的女性伯莎·查普曼(Bertha Chapman)接任。在洛杉矶的城市学区,几乎所有自然研究项目的监督员都是女性。其中很多女性是美国自然研究学会的活跃分子,一些监督员通过创办、出版自然研究材料,在各地、各州甚至全国范围内获得了认可。20世纪20年代,自然研究监督员成立了自己的全国性组织——全国自然研究和园艺监督员组织(The National Supervisors of Nature Study and Gardening)。1946年,自然研究监督员正式成为女性的一项职业。①

女性还在自然研究运动中担任教师的角色。自然研究的推行者提倡,通过广泛的教学实践和大众自然历史的撰写,传播资源保护理念。而女性作为自然研究运动中重要的业余参与者,鼓励孩子们与自然直接接触,从而获得更多关于自然的知识。女性是公共教育的主要推行者,她们不仅向学生传授自然知识,还引导他们开展植树、鸟类保护等自然保护活动。一名名叫海伦·斯韦特(Helen Swett)的女性就于1900~1902年间在阿拉米达城市学区(Alameda City School District)承担这样的工作。斯韦特除了要教授高中的植物学和动物学课程外,还要给小学老师提供课后自然研究培训、领导田野工作、收集标本、建立新课程并监督指导小学的自然研究教学,甚至连周六也排满了工作。② 她在给未婚夫的信中描写了这种情景:"周六一大早,我便出发去海沃德(Hayward)寻找阳光、新鲜空气和小溪……我看到如下内容:四条刺鱼、两只小蟾蜍、一条水蛇、两只小蜥蜴、一对织网蜘蛛和三只其他蜘蛛、一只松藻虫、三只划蝽、四只之前从未见过的蚱蜢等,一天的收获还不错吧?"③在观察之后,这些女性将观察到的内容记录下来,并在课堂上与学生共享,让学生获得更加鲜活的知识。资源保护主义者埃蒙斯·克罗克夫人[Mrs. Emmons Crocker,即玛丽昂·克罗克(Marion Crocker)]说过,她对资源保护工作的热情就来自老师的指导。老师曾告诉她,一个生活在城市的孩子在感受了乡村新鲜的空气、观赏了他从未看到过的花草树木之后,竟惊奇地说"原来苹果长在树上!"④1896

① Kimberley F. Higgins Tolley, "The Science Education of American Girls, 1784~1932", p. 248.

② Kimberley F. Higgins Tolley, "The Science Education of American Girls, 1784~1932", p. 249.

③ Swett to Schawartz, Sep. 2, 1900, in Helen Swett Papers, Bancroft Library, U. C. Berkeley, cited in in Kimberley F. Higgins Tolley, "The Science Education of American Girls, 1784~1932", p. 249.

④ "Mrs. Marion Crocker Argues for the Conservation Imperative, 1912," in Carolyn Merchant, *Major Problems in American Environmental History: Documents and Essays*, 2nd ed. Boston: Houghton Mifflin, 2005, p. 325.

年出版的一本自然读物讲述了一个男孩抓住一只蝴蝶后双手沾满了棕色和黄色的粉末。对此,他不以为然。而当老师将一只蝴蝶的标本放在显微镜下,并让他观察后,他惊奇地发现自己手上的粉末竟然是蝴蝶翅膀的组织结构,像屋顶的瓦和鱼的鳞那样整齐地排列着。经过与老师的交流,他意识到,以后要非常小心地触碰蝴蝶。①

美国进步主义时期最著名的自然研究者当属康奈尔大学的教授安娜·B. 科姆斯托克。科姆斯托克是康奈尔大学第一个获得教授职称的女性。1898年,她获得该校自然研究助理教授职称,专门负责自然研究项目的组织和实施。然而,作为首位女性教授,这一任命遭到了部分校董事的激烈反对。直到1913年,她才正式被授予助理教授职称,1920年晋升为教授。科姆斯托克是一位著名的自然研究教师、博物学家,是自然研究领域的领袖及美国最具影响力的流行科学作家之一,是最早在大学中担任教师的女性之一。在很多人看来,无论科姆斯托克作为一名艺术家、插画家,还是作家,她只是作为其丈夫的助手而存在。唯有"自然研究教授"这一称谓是她独特的身份标识,她在该领域取得了显著的成绩。② 她在自然研究过程中将她的艺术天分、对科学知识的热爱和对教育的兴趣结合了起来③,深刻影响了美国民众对环境的态度,被称作"美国自然研究的泰斗"④。她的自然研究工作主要包括插图绘画、写作和教育等,具体工作有协助丈夫的自然研究工作、撰写儿童读物、开展自然研究教学和科学创作等。同时,科姆斯托克还发明了木刻,为她的昆虫学家丈夫的科技文章提供昆虫插图。这些经历帮助她在自然研究运动中占据了一席之地,被越来越多的人认识。⑤ 科姆斯托克认为,人和自然世界有着紧密的联系,动植物具备许多对人类有益的特质,例如害虫控制、自然平衡等,因此她教育读者们要对自然环境承担责任,这体现在她的多个作品中。相对于吵闹、繁杂的物质世界,她更喜欢给人带来愉悦和创造力的大自然,她希望孩子们可以与自然

---

① Frances L. Strong, "The Butterfly," *in All the Year Round: A Nature Reader*. Boston: Ginn & Co., 1896, pp. 61~62.

② Edward H. Smith, "The Comstocks and Cornell: in the People's Services." *Annual Review of Entomology*, Vol. 21 (1976), p. 17.

③ Pamela Henson, "Through Books to Nature: Anna Botsford Comstock and the Nature Study Movement," in B. T. Gates, and Ann B. Shteir, eds., *Natural Eloquence: Women Reinscribe Science*. Madison, Wis.: University of Wisconsin Press, 1997, p. 116.

④ Kimberley F. Higgins Tolley, "The Science Education of American Girls, 1784~1932", p. 250.

⑤ Pamela Henson, "Through Books to Nature: Anna Botsford Comstock and the Nature Study Movement", p. 119.

建立亲密的关系。

科姆斯托克推动了自然研究在公立学校的开展。她认为，尊重任何一种植物和动物的权利是理所当然的，没有任何一种力量能像自然研究那样对野生物保护产生巨大影响。① 为此，她放弃了早年钟爱的木刻，撰写了大量有关自然研究的文章和手册，并亲自为它们绘制插图。她还为学校的自然研究工作提供各种建议，如鼓励学生的田野工作和独立观察。② 科姆斯托克称，如果从事自然研究的教师将这项工作做好，那么她将会引起人们对所有自然生命的尊重。19 世纪末之前，男孩经常被看作野生物的破坏者。随着自然研究运动的开展，到 19 世纪末，男孩们开始停止破坏自然的行为，转向保护自然。可以说，自然研究运动为科姆斯托克提供了一个教育孩子了解并热爱自然环境的机会。

科姆斯托克还推动了 1893～1903 年间纽约州自然研究运动的开展。19 世纪 90 年代，纽约州农业生产低迷，许多年轻人离开农场前往城市谋生。农业领袖们认为，充分展现乡村的魅力是阻止人口流失的最佳方式，自然研究成为首选。该任务被指派给康奈尔大学，科姆斯托克和其他两位教授共同承担起这一任务。③ 科姆斯托克和其他几人一道在康奈尔大学成功地举办了自然研究培训班，通过讲座、实验室工作和田野工作等方式为昆虫研究提供各种指导。她还在 1900 年秋纽约州的教师大会上推出、讨论自然研究议题，并于 1900～1901 学年在哥伦比亚教师学院开展自然研究系列讲座。④ 1911 年，科姆斯托克为自然研究教师们撰写的手册《自然研究手册》(*Handbook of Nature Study*)出版，产生了巨大的影响力，受到社会的广泛好评。它先后被重印 24 次，翻译为 8 种语言，成为“自然研究的圣经”。

科姆斯托克也是一位试图突破家庭束缚，在男性的自然研究世界中立足，利用自然研究工作提升女性地位的进步主义女性代表，她反映了女性期望在自然研究中寻找有意义的职业的理想。她在协助丈夫工作的过程

---

① Anna Botsford Comstock, “Conservation and Nature-Study.” *The Nature-Study Review*, Vol. 18(Oct., 1922), p. 300.

② Anna Botsford Comstock, “Suggestions for a Graded Course in Bird Study.” *The Nature-Study Review*, Vol. 16, No. 4(Apr., 1920), p. 147.

③ Edward H. Smith, “The Comstocks and Cornell: in the People's Services.” *Annual Review of Entomology*, Vol. 21(1976), p. 17.

④ Glenn W. Herrick, and Ruby Green Smith, eds., Anna Botsford Comstock, *The Comstocks of Cornell: John Henry Comstock and Anna Botsford Comstock*. New York: Comstock Publishing Associate, 1953, pp. 193～195.

中成功地进入了自然研究领域,从边缘逐渐进入主流。1923 年,她被妇女选举人联盟(The League of Women Voters)评选为美国最伟大的 12 名女性之一。①

除了女性自然研究监督员和教师之外,女性自然文学作家也推动了自然研究运动的开展。她们为学生提供有关自然的基本读物,如自然故事或介绍性作品等,宣传并推行自然研究活动。博物学家玛丽·特里特于 1880 年撰写的一部畅销书《自然的家庭研究》描述了鸟类、昆虫、植物等的习性,为读者提供了丰富的自然知识,她还为儿童杂志和家庭杂志贡献有关自然历史的各类文章。特里特认为她一生中最大的乐趣就是进行自然研究,思考自然是快乐永恒的源泉,能满足人一生中对知识的渴求。② 鸟类学家梅布尔·奥斯古德·赖特作为自然研究运动中的一位女性博物学家,撰写了一部小说《汤米·安妮和三颗心》(*Tommy · Anne and the Three Hearts*),讲述了主人公汤米·安妮获得了一副能读懂自然秘密并解读自然语言的眼镜,通过与动物对话,从动物的角度理解自然界万物的行为习惯,从受害者的视角认识到人类对其他生物的残暴态度。该小说推翻了自然文学作品中人类利用超能力控制自然的传统,将动物与人类置于平等的位置进行对话,传达出对自然世界的尊重。③ 这样的写作手法和主题有利于引起读者的共鸣,唤起他们对自然的同情。

自然研究的作家还将自然研究和资源保护联系在一起,这种联系构成了《自然研究评论》的主题之一。从 1905 年第一期到 1923 年最后一期,该期刊先后刊登了多篇有关资源保护的文章。④ 科姆斯托克在 1922 年第 10 期的一篇文章中这样总结自然研究和资源保护的关系:"自然研究运动将教会无产者以及贵族们如何看待他们眼前的一切及怎样保护充满魅力的荒野……保护矿藏的最佳方式是在学校里推行自然研究,让学生了解自然中的树木、动物和鸟类,从而使他们了解权利是什么并学会尊敬它们的权利。"⑤在科姆斯托克看来,教育能培养人的道德情怀,而在公立学校中推

---

① Kimberley F. Higgins Tolley, "The Science Education of American Girls, 1784～1932", p. 251.

② Mary Treat, *Home Studies in Nature*. New York: Harper & Brothers, 1885, p. 6.

③ Kevin Connor Armitage, "Knowing Nature: Nature Study and American Life, 1873～1923." Ph. D. diss., University of Kansas, 2004, p. 165.

④ Kevin Connor Armitage, "Knowing Nature: Nature Study and American Life, 1873～1923", p. 155.

⑤ Anna Botsford Comstock, "Conservation and Nature-Study." *The Nature-Study Review*, Vol. 18, No. 7 (Oct., 1922), p. 299.

行自然研究是保护野生物的最佳方式之一。《自然研究评论》还发布了那些利用自然研究传播资源保护活动的信息，如康奈尔大学雄心勃勃的乡村学校传单计划①、新泽西州的学校组织的“遮阴树保护者联盟”(Shade Tree Protectors' League)的活动②等。③《自然研究评论》1923年最后一期还专门指导读者向众议员写信，阐述关于鸟类保护的内容，并反复强调科姆斯托克的观点，即资源保护是一项值得的、有趣的课题。④ 接下来的20年，随着自然研究在全国的公立学校获得了一定的地位，业余博物学家继续通过出版自然文章和故事影响运动的发展。

自然研究运动的兴起是迅猛的，但很快便衰落了，到20世纪30年代，这场运动已经偃旗息鼓。它虽持续时间不长，但却产生了广泛的影响。据统计，到1925年，127所公立学校中，49%为所有年级的学生提供自然研究课程，25%覆盖至少6个年级，11%覆盖至少4个年级，5%覆盖3个及以下年级，未提供自然研究的学校仅占10%。⑤ 从这些数字可以看出，自然研究精神已在学校中盛行，它的影响已深入全社会，成为公立教育不可或缺的一部分。

自然研究运动还取得了不少可喜的成绩。首先是传统的学校教学体系发生了全新的改变，依靠书本死记硬背的学习方式最终被取代。学校的课程设置得到了完善，大量有关自然的课程引入学校中。从教学方式看，以往课堂所使用的呆板的教具得到了更新。自然研究兴起伊始，自然课堂所使用的教具可能只是一只残缺的、被反复使用的鸟类标本。当教师和学生讨论有关这只鸟的名称和习性时，学生既无兴趣，又无知识积累，这样的自然教学是静态的且效率极低。而当自然研究在学校轰轰烈烈开展之时，一切都改变了。这时的学生开始通过与大自然的亲密接触获得一手资料，他们带着笔记本、铅笔进入自然历史博物馆和自然世界，呈现在他们面前的是鲜活的鸟类。学生的兴趣浓厚了，他们对自然有了更加深刻和生动的了解。学校还鼓励学生进行田野调查，让他们认识到通过观察和体验获得知

---

① E. Laurence Palmer, “How the Cornell Rural School Leaflet Hopes to Teach Conservation Through Nature-Study.” *The Nature-Study Review*, Vol. 16, No. 2(Feb., 1920), pp. 65～72.

② Agnes V. Luther, “The Shade Tree Protectors' League of Newark, N. J.” *The Nature-Study Review*, Vol. 7, No. 2(Feb., 1911), pp. 29～38.

③ Kevin Connor Armitage, “Knowing Nature: Nature Study and American Life, 1873～1923”, p. 157.

④ Anna Botsford Comstock, “Editorial: Hew to A Line and Let the Chips Fall as They May.” *The Nature-Study Review*, Vol. 19, No. 6(Sep., 1923), p. 276.

⑤ Kimberley F. Higgins Tolley, “The Science Education of American Girls, 1784～1932”, p. 135.

识和经验的重要性①,一次这样的经历远远比几十节传统课堂更加有效②。

其次,自然研究强健了学生的体魄,培养了学生的内在品格,改变了学生的认知。事实证明,同那些从未接受过自然研究训练的孩子相比,在公立或私立学校完成了自然研究完整课程的孩子往往具有更加健康的体魄、坚韧的品格和更强的解决问题的能力。通过户外活动,他们身体素质得到了提高,成为优秀的"游泳健将""跑步运动员"和"攀登者"。同时,他们的视力、听力及其他能力都得到了锻炼,尤其是观察能力被极大地提升,而敏锐的观察力有助于形成良好的判断力和决策力,对孩子们未来的学习和生活大有裨益,使他们未来成为更优秀、更全面的美国公民。③ 通过这些灵活的教学材料和方法,学生的想象力被充分激发,之前对自然的零散兴趣和认识得到了整合,智识得到了提升,学会了思考。通过研究万能的自然,他们获得了丰富全面的知识,培养了勤勉好学、乐于观察和探索世界擅于想象的品质,获取了掌握真理的有效途径和对真理的判别能力,掌握了取得成功和获得幸福的方法,成为具有良好鉴赏能力的公民,让他们在自然破坏和灾难面前不再束手无策。④ 因为大自然缤纷的多样性,自然研究还培养了学生对美的热爱,对色彩、形状和音乐的鉴赏能力。⑤ 正如自然研究专家利伯蒂·海德·贝利所说的那样,"良好的自然研究教育培养学生的个性,鼓励学生思索,建立与外部世界的独特联系。它强调对生活的适应,反对我们现存教育可能导致的思想和行动的矛盾性"⑥。

再次,自然研究的开展推动了公民资源保护意识的觉醒。从儿童时期开始,自然文学作品的流行、自然研究进入课堂、自然博物馆的建立、户外活动的开展等将自然知识渗透于学生的日常生活和学习中,⑦将大自然展

---

① Liberty H. Bailey, *The Nature-Study Idea: being an Interpretation of the New School-Movement to Put the Child in Sympathy with Nature*. New York: Doubleday, Page, 1903, p. 33.

② Ellen Eddy Shaw, "A Survey of Twenty Years' Progress in Nature Study in Providing Materials for Study." *The Nature-Study Review*, Vol. 17(Feb. 1921), pp. 63～64.

③ Dr. R. W. Shufeldt, "Young America and Nature-Study." *The Nature-Study Review*, Vol. 18, No. 5 (May, 1922), pp. 162～164.

④ Anna Botsford Comstock, *Handbook of Nature-Study*, p. 1; Mrs. John Dickinson Sherman, "Conservation Department." *General Federation Magazine*, Vol. XVI, No. 8 (Nov., 1917), p. 22.

⑤ Anna Botsford Comstock, *Handbook of Nature-Study*, p. 1.

⑥ Liberty H. Bailey, *The Nature-Study Idea: An Interpretation of the New School-Movement to Put the Young into Relation and Sympathy with Nature*. 4th ed, revised. New York: The Macmillan Company, 1911, p. 52.

⑦ Sally Kohlstedt, *Teaching Children Science: Hands-on Nature Study in North America, 1830～1930*. Chicago: the University of Chicago Press, 2010, p. 10.

现于学生的眼前。他们通过观察外部世界,认识到自然万物相异的道理,塑造了慈爱及与世界和谐相处的品格,懂得从他人和他物视角考虑问题,从而摒弃了自私、狭隘、残暴、偏见、误解等负面能量,建立起正确的人与生存环境的关系。通过自然研究,学生意识到自然法则不可违背的道理,人类对自然的无视和破坏必将引发不可逆的痛苦和死亡,从而树立人类依赖于自然的理念,对自然产生怜悯与热爱,阻断破坏自然的想法和行为。科姆斯托克在《自然研究手册》开篇便提到,自然研究帮助孩子们与自然建立了伙伴关系。而是否热爱自然将成为教师判断其工作是否成功的标准。如果自然研究没有教会孩子热爱自然,那么它应该即刻终止。真正的自然研究应该“牵着孩子的手,走向田间地头,用眼睛观察,用心去感受头顶的天空与脚下的土地”①。另外,自然研究所提倡的实践使学生产生对周围事物的兴趣,有利于培养学生的公民责任感、爱国热情和身份认同感,使他们朝着优秀公民的方向迈进。② 从这个意义上讲,自然研究就是一场德育运动。

回顾自然研究运动的发展历程,它兴起于 19 世纪 80 年代,并于进步主义时期达到顶峰,成为资源保护运动的一项重要内容。然而,当人们谈论自然保护时,更多的是荒野、森林、野生物、景观等,很少提及自然研究。但追根溯源,自然研究活动从殖民地时期便有之。田间劳作、自然文学创作、绘画、摄影等都成为研究自然、传播自然知识的重要途径,为日后轰轰烈烈的保护自然资源的活动奠定了基础。女性作为美国历史上自然研究的重要参与者,从未缺席对自然的欣赏与同情。从欧洲殖民者将自然研究传统带入美洲后,女性便开始了同美洲大陆自然的互动。自然研究既是一种自我教育,又是一种公共教育。它以散文、绘画、演讲、图片、诗集等形式,覆盖了自然的各个主题:农业、林业、景观、矿业、鸟类、资源保护等。至少在 19 世纪二三十年代,美国女性就成为自然研究的积极参与者,她们通过农业和园艺活动、自然文学创作、绘画、摄影、教育教学等方式为自然研究做出了重要贡献,也形成了一种合理的自我科学训练方式。

女性的自然研究不仅有益于自身,而且有利于后代,这既符合女性的职责要求,又能使她们培养更好的国家公民。首先,女性从植物、鸟类中看到了许多和自身的共性,鸟类家族所体现的诚实、谨慎、无私的母爱、雄鸟对雌鸟的照顾及鸟类筑窝的行为和人类非常相似,堪称人类行为的楷模,

---

① Anna Botsford Comstock, *Handbook of Nature-Study*, p. 2.

② R. W. Shufeldt, “Conservation and Nature-Studies in the Public Schools of Washington, D. C.” *The Nature-Study Review*, Vol. 18, No. 7(Oct. 1922), p. 262.

逐渐形成“鸟类即我们”的观点，常常成为女性教育子女的手段。苏珊·F.库珀常鼓励她的女性读者亲密接触自然，认真观察花类植物，因为它们反映了恰当的女性品德：谦逊、坚定不移和姐妹之情。观察鸟儿的时候，她找到了她的家庭；观察花卉的时候，她看到了女性形象。① 其次，自然研究被看作适合维多利亚时代“真女性”行为的活动。通过自然研究，她们可以发挥女性道德卫士的职责，以此塑造伟大的社会道德和理想。自然被看作家庭的一部分，作为家庭卫士的女性对自然有着特殊的义务，男性对破坏自然的行为负责，而女性的职责就是保护自然。因此，女性的自然研究活动不但没有受到男性的责难，反而得到鼓励。对于早期的大多数女性博物学家、作家等来说，她们也欣然接受这种观点，试图在自己的恰当领域内进行自然研究。而通过研究自然，美国女性不仅培养了理性，还丰富了情感，获得了自我道德品格的升华和公共角色的拓展。②

女性在自然研究过程中创作出大量的文学和艺术作品，它们所表达的环境理念激发起公众对自然研究的兴趣，促进了环保意识的觉醒。她们在公立学校中推行自然研究的努力，不仅改变了死板的教学方式，拓展了单一的教学内容，提升了学生的学习兴趣，而且让学生通过亲身体验，产生了对自然的同情与热爱，丰富了精神内涵。就女性自身而言，自然研究既为她们向公共领域迈进提供了契机，又培养了她们的资源保护意识和市政管理理念，为之后她们在鸟类保护、森林和河流保护、动物权利保护和城市区域绿色空间建立中做出的贡献奠定了基础。到了进步主义时期，这些女性成为许多环境组织如奥杜邦协会、塞拉俱乐部的中流砥柱③，也成为资源保护运动和城市环境改革的中坚力量。

小结：当人们谈及自然资源保护时，往往指的是对各类自然元素的保护活动，对自然的认知与研究却甚少关注。事实上，任何运动的兴起都离不开意识的觉醒，而对自然的了解和同情便是自然资源保护的先导。自然研究作为美国女性的一项传统活动，充分体现出女性同自然不可割裂的关系。通过观察、探索、记录、撰文、绘画、摄影等方式，美国女性将自然之美传达于公众，将自然破坏之殇公之于众，从而改变了公众对自然的态度，为之后的自然资源保护运动提供了重要的舆论保障。然而，19 世纪的美国

---

① Vera Norwood, *Made From This Earth: American Women and Nature*. North Carolina: Chapel Hill, 1993, p. 39.

② Vera Norwood, *Made From This Earth: American Women and Nature*, p. 22.

③ Vera Norwood, "Women's Roles in Nature Study and Environmental Protection." *OAH Magazine of History*, Vol. 10, No. 3, Environmental History (Spring, 1996), p. 17.

社会以男性为主导，女性的传统职责在家庭，她们常被高等教育和公共事务拒之门外。在自然研究领域，无论是早期的动植物研究，还是后来出现的如植物学、动物学、地理学等专门学科，占统治地位且制定学科规则的均是男性。由于女性常将其自然研究活动同她们作为家庭维护者的角色联系在一起，因而尽管女性在19世纪的自然研究者中比例与影响颇大，但她们的自然研究活动却多被视作业余爱好和男性的辅助。到了自然研究运动期间，该运动所提倡的以科学和理性为导向的实证研究和以道德和精神为导向的感性研究常常发生冲突，而前者往往以男性为主力，后者则是女性自然研究的内涵和目标。因此，女性的自然研究活动被认为过于浪漫或感性，缺乏专业知识和理性思考，自然研究也常被蒙上一层性别化的色彩。特别到了19世纪末20世纪初，随着美国边疆消失、女性争取选举权的呼声增强、职业女性数量的增加及科学化和专业化时代的来临，男性遭遇了性别危机，认为其雄性力量遭到女性的挑战和威胁，女性的自然研究工作因此遭到排斥。她们不得不试图摆脱自然研究传统的情感与道德内涵，转向更为客观和理性的科学研究。

第三章　自然资源保护中的美国女性

19 世纪 90 年代初，美国政府宣布边疆消失，森林保护区和可耕作土地面积剧减，美国人开始意识到保护自然的必要性和紧迫性。而到了进步主义时期，对环境的关心才真正得到广泛宣传和认可，并转化为政府政策。[①] 资源保护主义者和自然保留主义者承担起保护森林、水资源和矿藏资源，修复被开垦殆尽的土地及保护荒野的使命，这也坚定了女性保护自然资源的决心。内战后，女性对自然的研究转化为对环境未来的关怀。男性以“进步”的名义开发自然资源，从中获利，而女性则主要通过俱乐部发起对森林、水资源、野生物、土壤及鸟类等的保护。自然资源保护成为女性为家庭和国民福祉奋斗的事业，也成为她们教育公众、影响立法、扩大自身权利的途径。

第一节　自然资源的破坏及保护意识的形成

19 世纪的美国经历了从以农业和乡村为主导的传统社会向以工业化和城市化为标志的现代社会的转变，经济飞速发展、科技快速进步、物质空前丰裕、文化一片繁荣，美国经历了深刻的转变，从一个地处一隅的小邦变成了一个大国。但这巨大的发展、迅速的崛起却是以沉痛的代价和牺牲为前提的。各类社会问题丛生，美国民众遭受了始料未及的痛苦，这就是所谓的“工业文明综合征”。从环境史角度看，受近代以来人类中心主义和机械主义自然观的影响，美国的现代化发展建立在征服自然、改造自然的基础之上，是几千年来人类与自然关系的一个缩影。在此过程中，人们并未考虑到自然对人类的反作用及人与自然之间的平衡。这种观念主要表现

---

① Martin V. Melosi, *Effluent America: Cities, Industry, Energy, and the Environment*. Pittsburgh: University of Pittsburgh Press, 2001, p. 211.

在两个方面：一是鼓吹人类征服自然、控制自然的理论；二是为这个理论的实现提供了研究方法和思维模式，即机械主义还原论。[①] 这种观点忽视了自然资源的有限性，在现代化过程中对自然造成严重破坏，也随之带来对人类自身的威胁，从而造成人与人、人与社会、人与自然关系的紧张。[②] 面对一系列问题，美国人对自然的态度不得不做出调整，逐渐萌发出保护自然的意识。

当欧洲殖民者踏上北美大陆的那一刻，他们被广袤的土地、茂密的森林和神秘的荒野所震撼。首先，殖民者将眼前的荒野视为生存的敌人、难以驯服的魔鬼，试图通过开发，征服、改造它。荒野对于拓荒者来说，还是黑暗、罪恶的象征。它缺乏道德情感，是一片混乱的、被诅咒的废地。因此，他们认为，与荒野和自然的斗争不仅仅是为了个人的生存，而且是出于国家、民族和上帝的名义。推进新世界的文明化是点亮黑暗、重树秩序、扬善除恶的过程，是个人成就和自豪感的源泉。[③] 因此，无论是出于实用主义考虑，还是乌托邦观点，改变荒野、开辟花园、将眼前的景观打造成熟悉的英国乡村成为殖民者共同的目标。[④] 其次，经济机会主义主导欧洲殖民者及后来的美国人对荒野的态度。[⑤] 作家、艺术家、狩猎者、收藏家、户外运动者和新兴的中产阶级欢呼美国无限丰富的自然资源，对自然资源开始大肆开发利用，形成了掠夺式资本范式（the exploitive capitalist paradigm）。正是这种传统而根深蒂固的西方思想同“天定命运”相结合，成为他们开始对所谓的“取之不尽、用之不竭”的资源进行掠夺的动力。工业革命在美国的兴起又促使大量美国人向西迁徙，在此过程中，拓荒者对荒野不计代价的挥霍达到了前所未有的严重程度，这些都造成了自然的破坏和资源的浪费。

19世纪的很多文章和著作都深刻记录了美国遭遇的环境巨变，描绘了自然在人类文明推进下的沦丧。其中，苏珊·F. 库珀的《乡居时光》便是一部具有代表性的作品。《乡居时光》是“美国女性作家撰写的第一部环

---

① 徐再荣等著：《20世纪美国环保运动与环境政策研究》，北京：中国社会科学出版社，2013年版，第14页。

② 付成双：《从征服自然到保护荒野：环境史视野下的美国现代化》，《历史研究》，2013年第3期，第35～36页。

③ Roderick F. Nash, *Wilderness and the American Mind*, 5th ed. New Haven: Yale University Press, 2014, pp. 24～25.

④ Daniel G. Payne, *Voices in the Wilderness: American Nature Writing of Environmental Politics. Hanover*: University Press of New England, 1996, p. 12.

⑤ Daniel G. Payne, "In Sympathy with Nature: American Nature Writing and Environmental Politics, 1620～1920." Ph. D. diss., the State University of New York, 1993, p. 7.

境文学作品,是亨利·D. 梭罗(Henry D. Thoreau)《瓦尔登湖》的重要参考,也是可以与之媲美的一部作品"[①]。它生动地展现了商业化、工业化和城市化的发展及其对库珀的家乡——尚处于乡村状态的纽约州北部地区产生的巨大影响,这些变化给库珀及同时代的人都烙上了深刻的印记。[②]书中这样描述美国发生的变化:"三个世纪前白人抵达美洲大陆后便开始在这里开疆辟地,建设家园,变化悄然发生。斧头、铁锯、熔炉、车轮,从早到晚不曾停歇;牛和猪占据了灌木丛,野生动物四处逃窜;拉车的牛马踩着倒在泥土中的树干,野生物逃离逐渐消失的森林……土地几千年来的主人也从这片土地上消失,他们仅仅存在于我们不确定的记忆之中或被遗忘于坟墓中。这便是上半个世纪发生的变化……当我们驻足回忆我们这代人生活的年代时,我们心中定会充满种种不可思议。"[③]

纽约的库珀斯敦(Cooperstown)曾是一片荒凉的地区,工业化使它开始被广阔、肥沃的农场和一条条被踩实的道路替代。山谷中的森林被砍伐殆尽,山头变得光秃秃,木材被快速变成钞票。据统计,仅纽约州每年被砍伐的松树林就达 6 万英里;以这样的速度计算,20 年之后,也就是 1870 年,森林将从这个地区完全消失。[④] 同时,库珀也注意到笼罩在这个乡村强烈的渴望财富的气息。她对这些现象无法理解,"在只有 1400 人的小镇里,竟然有 3 家珠宝店和钟表店,还有 7 家小旅馆和 6 家规模不小的商店……这里充斥着数以千计的只有文明人才需要的物品"[⑤]。

正如库珀所说的,经济的飞快发展满足了人们的无限欲望,同时给环境带来了巨大变迁,不仅仅是对她的家乡,还包括整个国家。过度的森林砍伐、土地开垦、草原放牧和采矿业的发展导致土壤植被遭到严重破坏;从新建的工厂里排出的染料、废弃物污染了河流;水土流失严重,沃土良田变成荒漠,旱涝灾害频仍,野生动植物被攫取殆尽,生存环境惨遭破坏。在所有的自然资源中,遭受破坏程度最深的是森林。移民不仅砍伐、焚烧大量的原始森林用以开荒,还用于修建房屋、取暖、工业加工、建设铁路等。随着 19 世纪初东海岸城市数量的剧增,纽约和新英格兰的农民经常为补贴

---

① Rochelle Johnson, and Daniel Patterson, eds. , *Susan Fenimore Cooper*: *New Essays on Rural Hours and Other Works*. Athens: University of Georgia Press, 2001. Cited in Susan Fenimore Cooper, available at https://en.wikipedia.org/wiki/Susan_Fenimore_Cooper, 2015-12-30.

② Robert L. Dorman, *A Word for Nature*: *Four Pioneering Environmental Advocates*, *1845～1913*. Chapel Hill: The University of North Carolina Press, 1998, p. 10.

③ Susan F. Cooper, *Rural Hours*. New York: Putnam, 1851, pp. 189～190.

④ Susan F. Cooper, *Rural Hours*, p. 214.

⑤ Susan F. Cooper, *Rural Hours*, pp. 467～468.

生活、供应城市居民的需求而大量砍伐树木。锯木厂遍地都是，木材被广泛用于建造行业。铁路修建、汽船的大量使用也增加了对木材的需求，每英里铁路大约需要 2500 根枕木，轮船往返一趟需要燃烧几百考得(cord，美国计算木材数量的单位)的木材。① 据统计，从 1870 年到 1900 年，修建铁路每年消耗的木材量占木材产品总量的 20%～25%。

另外，焚烧也造成森林的极大损耗。农民们为了获得耕地，经常放火焚烧森林和草皮，造成毁灭性的后果。而当一片土地不适合耕作和放牧时，他们又会用同样的方式获得新的土地。周而复始，大片的森林和土地被破坏，环境问题也随之产生。农民土地的围栏也消耗了大量树木。到 1850 年，全国大约有 300 万英里这样的围栏，这种对木材无限制的消耗触目惊心。仅仅 19 世纪 50 年代，美国森林的砍伐面积就达到 4000 万英亩，相当于过去两个世纪森林砍伐总量的三分之一。② 到 1880 年，全国 75% 的森林被砍伐，到 1913 年，森林面积仅剩 13%。森林的砍伐破坏了水源的涵养，不但影响了河流的通航能力和农业灌溉用水，而且导致了严重的土壤流失。③

森林被大量破坏的同时，许多动植物也遭到灭顶之灾，很多物种濒临灭绝。商业狩猎者、户外运动爱好者和以研究为目的的收藏家们都成为野生物急剧减少的罪魁祸首。在众多消逝的野生物中，最骇人听闻的是野牛数量的剧减。北美野牛长久以来象征着美国的西部，徜徉于广袤的平原上，是印第安人的主要食物来源。曾经，北美野牛的数量达到 4000 万到 6000 万头，但到了 19 世纪 80 年代，对野牛皮的商业需求导致野牛被大量捕杀，濒临灭绝。与此同时，旅鸽的消失让人们表现出强烈的恐惧和担忧。曾经，成群飞过的旅鸽一度遮蔽了太阳的光芒，它们拍打翅膀的声音如同“远处传来的滚滚雷声”。捕猎者可以非常轻易地抓住或射杀鸟类，并将它们运往食物市场。曾经的旅鸽数量达到 50 亿只，到 19 世纪末遭到大量捕杀，美国的任何一个地方都不再有旅鸽成群出现，到 1914 年最终灭绝。④

---

① Robert L. Dorman, *A Word for Nature: Four Pioneering Environmental Advocates, 1845～1913*, p. 11.

② Robert L. Dorman, *A Word for Nature: Four Pioneering Environmental Advocates, 1845～1913*, p. 11.

③ 徐再荣等著：《20 世纪美国环保运动与环境政策研究》，北京：中国社会科学出版社，2013 年版，第 31 页。

④ Leslie Kemp Poole, “The Women of the Early Florida Audubon Society: Agents of History in the Fight to Save State Birds.” *The Florida Historical Quarterly*, Vol. 85, No. 3 (Winter, 2007), p. 302.

年复一年，出于个人用途、自我保护、利益追求、个人乐趣和研究的目的，自然惨遭蹂躏。① 自然的破坏给美国人带来的负面影响也许在短时间内无法被感知，但正是这种对自然长期的践踏使得气候开始发生改变，各种资源逐渐消失，自然环境悄然发生着变化，20 世纪 30 年代的那场沙暴便是最好的证明。著名的资源保护主义者吉福德·平肖严厉批评了消耗自然的行为，“如果我们不保护资源，那么，我们的后代必将为今天的进步和繁荣付出惨痛的代价。当自然资源消耗殆尽的那日，灾难和衰败必将吞噬生活。因此，保护自然资源是取胜的基础，而且是唯一永恒的基础”②。

工业化对自然造成的破坏引起了一些美国人的担忧。早在 19 世纪初，新英格兰地区及其他地方的农业改进协会便鼓励成员大量植树。③ 而同时代美国东部沿海地区的农业改革者也开始孕育一种生态理念，他们是第一批意识到生物之间互相依存和自然体系相互关联的群体。④ 这种观点在当时虽未形成系统的认识，但是它却影响了早期人们对渔业、森林等资源的态度。直到工业化的发展、移民的迁入、新的自然资源的消耗者——铁路和工厂等的出现才真正引发了 19 世纪后期美国人对环境的反思。

从思想层面来看，美国人对自然态度的转变来自文化民族主义思想、浪漫主义思想和超验主义思想的影响。⑤ 纳什在《荒野和美国思想》一书中引用到托马斯·科尔的话，“尽管对于欧洲人来说，美国的景观没有什么价值，但是它却有着欧洲人所不知的特色，非常鲜明的特色……其中，最为特色，可能令人印象最深刻的就是它的荒野”⑥。美国建国后，最主要的任务就是创建其独特的文化和民族性，让美国人区别于旧世界的欧洲人。它短暂的历史、薄弱的传统和稀少的文学艺术成就无法与欧洲比拟，唯一值得骄傲的就是其无与伦比的荒野。于是，美国人将荒野和文化民族主义相结合，开始对荒野产生欣赏的情愫。荒野是美国人的宝贵财富，具有很大

---

① Theodore Whaley Cart, “The Struggle for Wildlife Protection in the United States, 1870～1900: Attitudes and Events Leading to the Lacey Act.” Ph. D. diss., University of North Carolina, 1971, p. 25.

② Gilford Pinchot, *The Fight for Conservation*. New York: Doubleday, Page & Company, 1910, pp. 3～4.

③ Robert L. Dorman, *A Word for Nature: Four Pioneering Environmental Advocates, 1845～1913*, p. 43.

④ Thomas Raymond Wellock, *Preserving the Nation: The Conservation and Environmental Movements, 1870～2000*. Wheeling, Illinois: Harlan Davidson, Inc., 2007, p. 19.

⑤ Dorceta Taylor, “Race, Class, Gender and American Environmentalism.” General Technical Report, PNW－GTR－534. Portland, OR: U. S. Department of Agriculture, Forest Service, Pacific Northwest Research Station, 2002, p. 4.

⑥ Roderick F. Nash, *Wilderness and the American Mind*, 5th ed, p. 67.

的内在价值，是其文化、精神资源和国家尊严的基础。[①] 18 世纪末 19 世纪初，浪漫主义和超验主义进入美国，一批浪漫主义作家和艺术家如约翰·詹姆斯·奥杜邦、托马斯·科尔、拉尔夫·沃尔多·爱默生、亨利·梭罗等诞生。他们受浪漫主义和超验主义的影响，通过文学和艺术的形式，以欣赏的视角歌颂和赞美自然的美感和价值，反对盘剥自然，呼吁与自然和谐相处，以唤起美国人对独特的景观和荒野的意识。有些人还呼吁政府为了后代人的利益保护荒野，因为对自然资源的破坏将产生长期的负面影响。

著名的画家、鸟类学家和博物学家约翰·詹姆斯·奥杜邦目睹了森林被砍伐、鸟类被捕杀的悲惨景象。他创作出大量有关鸟类的画作，希望人们了解大自然、关注大自然的美丽。他的日记和随笔也流露出保护自然、尊重生命的理念，对整个社会产生了非常深远的影响，而他的名字也成为野生物保护和自然资源保护的象征。他逝世后，很多博物馆、环境保护机构都以他的名字命名，其中最著名的就是奥杜邦协会。著名作家詹姆斯·费尼莫尔·库珀也创作了诸多作品，体现出对美国荒野的担忧。他的长篇小说《皮袜子故事集》（*Leatherstocking Tales*）[包括《拓荒者》（*The Pioneers*，1823）、《最后一个莫希干人》（*The Last of the Mohicans*，1826）、《大草原》（*The Prairie*，1827）、《探路者》（*The Pathfinder*，1840）和《杀鹿者》（*The Deerslayer*，1841）]反映了在西进运动和工业化的推动下，美国人如何开发西部资源、如何将西部荒野向工业文明下的社会推进的过程，库珀对自然在此过程中遭受的破坏深表痛心。梭罗的著作《瓦尔登湖》也成为生态伦理学的经典之作。在梭罗看来，荒野是活力、灵感、力量的源泉，任何同荒野隔断联系的文化或个人都是贫瘠的和单调的。[②] 而另一位受浪漫主义和超验主义影响的环保领袖约翰·缪尔也公开发表了很多宣传保护荒野、建立国家公园的言论。缪尔是 19 世纪美国自然保留运动的倡导者，一直以来被人们称为"心醉神迷的梭罗""大自然的推销者"。他以美国西部山区为素材，撰写了近十部描写自然、与自然进行心灵对话的著作，深刻影响了美国人对荒野的态度。[③] 这些浪漫主义作家、艺术家等对自然保护的呼吁引起美国人对资源浪费和自然破坏的反思，一些人开始意识到环境危机及其对美国未来文明的威胁，自然保护意识逐渐萌芽。

在此背景下，一些科学家和官员开始认识到自然资源的价值。他们改

---

① Roderick F. Nash, *Wilderness and the American Mind*, 5th ed, p. 67.

② Roderick F. Nash, *Wilderness and the American Mind*, 5th ed, p. 88.

③ 程虹：《自然文学先驱及其精神价值——论爱默生及其精神追随者的自然文学创作》，《鄱阳湖学刊》，2020 年第 1 期，第 21 页。

变了传统上对自然所持的敌视态度和自然资源无限的观点，重新审视人与环境的关系，出现了以乔治·马什(George Marsh，1801～1882)、约翰·鲍威尔(John Wesley Powell，1834～1902)、平肖、罗斯福为代表的资源保护主义者。马什是第一个批驳美国资源无限丰富论，呼吁美国人应当改变他们的传统思想和习惯的卓识之士，也是最早认识到土地既是人类的产物又是自然的产物的美国人之一。[①] 早在 1847 年，马什就在佛蒙特州拉特兰县农业协会(The Agricultural Society of Rutland County，Vermont)的一次演讲中专门向农民阐述了森林的价值和砍伐森林对土地产生的影响。后来马什将他的观点发展为管理国家森林的战略，形成了他的著作《人与自然》(*Man and Nature*，1867)[②]。马什在这次演讲中提到，除了提供木材和燃料，森林的功能还有很多：它们能保护娇嫩的植物免受风的侵蚀，每年秋天的落叶、腐烂的树枝构成了肥沃的腐殖土，为树木提供最丰富的营养，并通过雨水和雪水的冲刷将养分冲向较低的土地。[③] 马什的这些观点是最早的关于森林价值的阐述。马什曾在国外旅行多年，他坚信伟大的文明国度最后都因对自然系统和资源的滥用而毁灭。他告诫美国人，森林的砍伐导致水土流失和污染，极大地伤害了土质结构，最终使依靠土地生活的人们自食其果。

马什的著作《人与自然》是美国第一部全面、系统地阐释环境问题的著作，它揭示出人类活动给生存环境带来的变化，对美国人不够重视、尊重自然的态度提出了批评。尽管这部著作包含大量科学、客观的内容，但它字里行间仍体现出作者个人对自然世界的情感。当他写道“对森林面积逐渐缩小的悔意”时，其实表达的是自己的经历与感受。[④] 最初这本书的影响还很有限，随着时间的推移，其影响力逐渐扩大。最开始被美国林业运动(The American Forestry Movement)(进步主义时期资源保护运动的前身)中的一小部分科学家和森林学者所推崇，并被一份向国会提交的报告所吸收。而这份报告直接推动了 1876 年农业部特派员办公室(The Office of Special Agent)的成立，即 20 余年后成立的重要的资源保护机构——

---

① 徐再荣等著：《20 世纪美国环保运动与环境政策研究》，北京：中国社会科学出版社，第 38～39 页。

② George P. Marsh，*Man and Nature*；*or*，*Physical Geography as Modified by Human Action*. New York：Charles Scribner & Co. ，1867.

③ George Perkins Marsh，*Address Delivered before the Agricultural Society of Rutland County*，Sep. 30，1847. Rutland，VT：Herald Office，1848，p. 17.

④ Robert L. Dorman，*A Word for Nature*：*Four Pioneering Environmental Advocates*，*1845～1913*，pp. 44～45.

美国森林服务处(U. S. Forest Service)的前身。该著作也成为后来的资源保护主义者引用的经典著作之一。

马什的思想对那些关心森林命运的人产生了重要影响。在通读《人与自然》之后,美国科学促进会(The American Association for the Advancement of Science)的富兰克林·B. 霍夫博士(Dr. Franklin B. Hough)于1873年向国会提出了成立一个林业委员会的请求。三年后,该请求获得通过,霍夫成为联邦政府任命的第一位林业官员。任职期间,霍夫开始收集有关国家森林的信息,特别是利用“林业报告”(*Report Upon Forestry*)公开森林被消耗的速度,①以引起人们的重视。19世纪后半期,越来越多的美国人开始担心自然资源的整体恶化,担心破坏性消费方式将影响国家的发展和进步。正是在自然资源被破坏和早期荒野保护思想的影响下,美国人开始从不同的角度考量资源和荒野,并对此做出回应。荒野不再被看作邪恶的事物,而是拓荒者的家园和美国精神的体现,取代了工业化而成为美国的象征。② 保护自然的意识得到了广泛宣传,唤起了人们对破坏荒野和自然资源的思考,为进步主义时期轰轰烈烈的资源保护运动和自然保留运动奠定了思想基础。虽然这两场运动的理念和手段不同,但二者所传达的遏制破坏环境和保护自然资源的理念却深刻地影响了公众,使人们对环境的态度向更深远和广阔的方向发展,也为运动赢得了广泛的社会基础。

自然文学作品流行、保护意识逐渐觉醒,这体现出工业化下美国人对工业体系膨胀、乡村生活退化与城市空间扩张的担忧,表达出他们对城市化的评判甚至是否定,以及对回归田地,复兴传统农业社会的渴望。③ 在这种背景下,早期的环保主义者发起了积极的行动。除了中上层男性外,美国女性也投入自然资源的保护大潮中。她们接受并采用了与19世纪民族主义、浪漫主义和超验主义类似的观点看待周围环境,并将自身同自然联系在一起,将自然看作精神的源泉,对自然环境的破坏、自然资源的浪费及其对人类造成的危害产生了担忧和共鸣。她们将女性的慈爱运用于自然保护之中,拓展了自然资源保护的内涵和宽度。森林、水资源、野生物等的保护和国家公园的建立都证明了女性的能力,她们通过文学创作、妇女组织的活动等释放出保护自然的热情。

---

① David Stradling, *Conservation in the Progressive Era: Classic Texts*. Seattle: University of Washington Press, 2004, p. 4.

② Sandra Jeanne Johnson, "Early Conservation by the Arizona Federation of Women's Clubs from 1900～1932." M. S. thesis, the University of Arizona, 1993, p. 15.

③ Martin V. Melosi, *Effluent America: Cities, Industry, Energy, and the Environment*. Pittsburgh: University of Pittsburgh Press, 2001, p. 212.

第二节 女性参与自然资源保护的概况

内战后，随着自然研究的深入开展及各类自然文学作品的广泛传播，美国女性对自然开始产生同情，并呼吁对自然的保护。早在19世纪70年代，一位来自得克萨斯州潘汉德尔地区的女性玛丽·安·戴尔·古德奈特(Mary Ann Dyer Goodnight)就发起了一场保护自然资源的运动。婚后第七年，古德奈特便开始致力于自然研究。她与鸟类、野生花卉和树木为友，指导她的丈夫和兄弟收集小野牛，将它们带回家进行饲养并加以保护。到20世纪30年代初，她饲养的野牛数量达到近200头，每年夏天产16～20头小牛。古德奈德的侄女说“玛丽阿姨非常厌恶对野牛的无情捕杀……野牛并不是只适合捕杀的动物，而是得克萨斯历史的一部分及本州最珍贵的动物”①。这番话也反映出当时女性对自然的态度。

像古德奈特这样的女性并非凤毛麟角，从自然研究者到俱乐部妇女，再到政治活动家，都提倡加强对自然资源的保护，体现出女性为当代人及后代福祉着想的道德责任感。艾丽斯·伊斯特伍德是一位著名的植物学家和资源保护的提倡者。她穿越荒野，收集标本，撰写了大量著作、文章和小册子，以敦促加利福尼亚人保护当地的物种，将毕生精力奉献于自然研究与保护。伊斯特伍德对环境保护理念的提倡不仅为她赢得了荣誉，而且唤起了公众对自然保护的思考。② 除从事科学研究的女性之外，许多参加户外运动的女性(如女性登山者)也提倡环保主义，她们加入塞拉俱乐部和登山俱乐部等组织，或通过身体力行，或通过口头号召的形式保护自然。如登山俱乐部的女性试图激发公众对山脉的兴趣，并鼓励公众对森林、花卉和自然景观进行保护。她们推动了落基山国家公园和恐龙国家纪念碑的建立，为移除丹佛山公园的广告牌而斗争，并发起了“拯救野花”的运动。③

除女性个人外，许多妇女组织也是自然资源保护的重要参与者和推动者。其中，以妇女俱乐部最为突出，主要通过各地、各州和全国性妇女俱乐部开展自然资源保护活动。妇女俱乐部成立之初便设立了社区公园修建、

---

① Glenda Riley, *Women and Nature: Saving the "Wild" West*. Lincoln: University of Nebraska Press, 1999, pp. 97～98.

② Glenda Riley, "Victorian Ladies Outdoors: Women in the Early Western Conservation Movement, 1870～1920." *South California Quarterly*, Vol. 83, No. 1(Spring, 2001), p. 67.

③ Glenda Riley, "Victorian Ladies Outdoors: Women in the Early Western Conservation Movement, 1870～1920", p. 70.

自然景观保护等项目。逐渐地，妇女俱乐部的环境关怀拓展到社区之外，将任何影响女性及其家人的环境因素都作为保护对象。① 哥伦比亚特区妇女俱乐部联盟是第一个通过资源保护决议的妇女组织，它当时拥有 17 个成员俱乐部，4000 名会员，大力支持罗斯福总统保护自然资源的政策，引领其他妇女俱乐部加入全国资源保护运动。② 总联盟也将自然资源保护列为其主要任务之一。1896 年，在新泽西州妇女俱乐部联盟的敦促下，总联盟开始关注森林保护问题；1902 年之后，总联盟开展了关于合理利用水资源、净化河流等的运动，并于 1902 年成立了林业委员会（Forestry Committee），1908 年成立了航道委员会（Waterways Committee），1910 年 9 月将二者合并为资源保护部（Conservation Department）。到 1908 年，总联盟已经成为全国资源保护大会（The National Conservation Congress）的重要成员。

除总联盟之外，美国革命女儿会、全国妇女河流与港口大会等全国性妇女组织也将资源保护纳入自己的工作议程。美国革命女儿会共有 956 个分会，成员数量超过 5.8 万名。它于 1908 年 4 月通过了资源保护决议［在美国林业协会（American Forestry Association）的官方期刊《资源保护》（*Conservation*，前身是 *Forestry and Irrigation*）1908 年 5 月期刊登］③，并于 1909 年成立了资源保护委员会，参与对阿巴拉契亚山脉分水岭、帕利塞兹帕克、尼亚加拉瀑布等的宣传和保护工作。全国妇女河流与港口大会成立于 1908 年 6 月，建立之初只有 7 名成员，后来增长至 1.2 万名。该组织于 1908 年 12 月 9～11 日在华盛顿举行的年会上通过了其章程：本大会的目标是推动有价值的内陆航道和港口的发展，保护森林及其他自然资源，确保相关的联邦及州立法的通过，并筹措足够资金以实现这些目标。它还特别提出森林保护的重要性，因为它和航道改善紧密相关，都是国家自然资源保护的重要组成部分。④ 该组织在各地区、各州和全国范围内推动了河道开发、河岸和河水清洁及立法等工作的开展；它还召开会议、组织公众集会，宣传资源保护理念并在学校推行资源保护教育，向孩子们宣传他们作为公民有拯救国家自然资源的责任；它还在美国林业协会

---

① Glenda Riley, "Victorian Ladies Outdoors: Women in the Early Western Conservation Movement, 1870～1920", pp. 70～71.

② Lydia Adams-Williams, "A Million Women for Conservation." *Conservation: Official Organ of the American Forestry Association*, Vol. XV, No. 6(Jun., 1909), p. 346.

③ Lydia Adams-Williams, "A Million Women for Conservation", p. 346.

④ Lydia Adams-Williams, "The Woman's National Rivers and Harbors Congress." *Conservation*, Vol. XV, No. 2(Feb., 1909), pp. 98～99.

的官方期刊上刊发文章，目的是“加强公众意识，用信息网络覆盖整个国家，发动所有的男性与女性全面实现我们永久繁荣的可能性，并向人们表明，如果我们的政府不采取资源保护措施，那么国家必然将衰落”①。大会通信秘书弗朗西丝·沙特尔沃思夫人（Mrs. Frances Shuttleworth）也特意给该杂志编辑写信，表达了大会对保护航道和森林的愿望，并期望该杂志能继续刊登大会的相关文章，这充分体现出俱乐部妇女对资源保护的热情和兴趣。②

女性在森林、水资源、土壤、野生物、历史遗迹和其他大型自然系统的保护及国家公园和纪念碑等的建立中发挥了重要作用，为自然资源保护运动中的男性精英和广大民众搭建了沟通的桥梁。1900 年到 1916 年间，全国超过 200 万名女性参与自然资源保护。到 20 世纪 20 年代，大部分妇女俱乐部将环境问题纳入其议事日程，体现出她们对作为美国人生命基础的自然资源面临枯竭的担忧，也表达了自己保护这些资源的责任感。总联盟主席莉迪娅·亚当斯·威廉斯认为自然资源保护就是女性的工作。在她看来，“男人们都忙于修建铁路、建造轮船、设计大型工程、进行商业开发，他们无暇去考虑有关家庭和未来福祉的问题”，而“女性的诚实、足智多谋、天赋和忍耐力则促使这项伟大的事业得以完成”。因此，“通过教育大众拯救家庭和孩子赖以生存的资源，使其免受掠夺和破坏”③以维护全体美国公民的福祉，是女性积极推动自然资源保护的主要目标。

文化和道德提升是女性保护自然资源的另一个目标。在这些女性看来，自然资源的破坏将导致美国人的道德堕落和美国文明的消失，而加以保护则可以提升美国社会的道德水准。米拉·L. 多克就多次利用这种论点说服其他俱乐部妇女和潜在的男性伙伴，让他们相信自然资源保护是女性的一项工作。总联盟资源保护部主席玛丽·K. 舍曼（Mary K. Sherman）也利用这一观点推进国家公园的建设工作，希望美丽的景致能提振人们的精神状态。威廉斯也认为，资源保护工作使得女性的关怀、仁爱与奉献精神得到发扬，这项工作的广泛性也使她们能够最大限度地提升人性。通过不懈的教育，女性将在三四十年的时间内改变整个国家的观念，

---

① Carolyn Merchant, “Women of the Progressive Conservation Movement, 1900～1916.” *Environmental Review*: ER, Vol. 8, No. 1, Special Issue: Women and Environmental History (Spring, 1984), p. 68.

② “Interest of Women in Conservation.” *Conservation, Official Organ of the American Forestry Association*, Vol. 15(1909), pp. 568～569.

③ Lydia Adams-Williams, “Conservation-Woman's Work.” *Forest and Irrigation*, Vo. XIV, No. 6(Jun., 1908), p. 350.

使国民由世界上最浪费、最奢靡之人变为最节俭、最保守之人。①

在推行自然资源保护工作的过程中，女性使用了多种手段实现其目标。在获得选举权之前，俱乐部女性主要利用自身的组织技能和道德权威影响自然保护事业，对儿童和公众的恰当教育是她们开展自然保护工作的重要手段。她们通过宣传的形式教育学校学生和公众，同时引起众多女性的关注，积极参加由男性组织的资源保护大会，扩大自身的影响力。许多妇女俱乐部设立了各种教育年轻人、灌输自然保护观念的项目。例如在宾夕法尼亚州的哈里森堡，市民俱乐部的成员们在各个学校进行演讲，宣传保护自然的重要性。很多俱乐部还利用植树节和教师、孩子们进行沟通，并向他们灌输保护理念。一些俱乐部还就自然保护项目和当地学校进行长期合作。如洛克海文妇女市民俱乐部说服学校董事会在全社区修建儿童花园，并为孩子们提供树种；②钱伯斯堡的俱乐部妇女们于 1915 年设立了几个教育项目，专门对鸟类保护和树木文化进行宣传。除此之外，俱乐部妇女还进行游说进言，同工业人士、立法者、国会，甚至总统直接对话，并向议员施压，以推动环境保护立法的通过。③ 女性的这种社会影响力受到很多政治家的关注，他们试图争取妇女俱乐部的支持。例如平肖就将女性看作森林保护事业的重要盟友，缪尔则试图在赫奇赫奇事件中发掘女性的影响力，而女性也乐意同男性合作，以实现自身的价值。

随着资源保护运动的展开，美国女性保护自然资源的深度和广度均得到了拓展。到了进步主义时期，她们已经成为这场运动不可缺少的社会力量。在所有自然资源中，森林资源最受女性关注，这符合当时美国资源保护的背景。19 世纪森林面积的锐减引起一些人的担忧。早在 1875 年，一群关心森林问题的美国人便成立了美国林业协会。最初，该协会主要由植物学家、景观园艺家和地产所有者组成，强调对森林的美学欣赏和研究，试图保护森林免受破坏而非对木材进行有效管理，而这并未引起公众对滥伐树木的关注。④ 联邦政府从 1876 年开始致力于林业工作，成立了特派员

① Lydia Adams-Williams, "Conservation-Woman's Work", p. 351.

② Susan Rimby, "Better Housekeeping Out of Doors: Mira Lloyd Dock, the State Federation of Pennsylvania Women, and Progressive Era Conservation." *Journal of Women's History*, Vol. 17, No. 3 (Fall, 2005), p. 19.

③ Wendy Keefover-Ring, "Municipal Housekeeping, Domestic Science, Animal Protection, and Conservation: Women's Political and Environmental Activism in Denver, Colorado, 1894～1912." M. A. thesis, the University of Colorado, 1986, p. 125.

④ Samuel Hays, *Conservation and the Gospel of Efficiency: The Progressive Conservation Movement, 1890～1920*. Cambridge, Mass: Harvard University Press, 1959, pp. 27～28.

办公室(隶属于农业部)委派研究树木的专家富兰克林·B. 霍夫博士对森林现状进行调研,并于1881年将该办公室扩大为林业处(The Division of Forestry),霍夫担任首任处长。1891年《联邦森林保留地法》(The Federal Forest Reserve Act)通过,赋予总统保护公共土地的权力。1896年,在美国林业协会的请求下,一个全国森林委员会(National Forest Commission)成立,平肖是其中的一位成员。平肖曾在法国和德国接受过系统、科学的林业培训,倡导科学的森林管理理念。① 1898年,平肖担任林业处处长,推动了森林科学管理理念的推广。到19世纪末,美国林业运动的重心从拯救树木使其免受破坏转变为推进森林永续利用的管理体系(sustained-yield forest management),②为资源保护运动定下了基调,也为女性的森林保护工作指明了方向。

如火如荼的林业运动激发起女性的保护热情。许多女性之所以将森林看作自然资源中最重要的保护对象,是因为它是水、土壤、野生物及人类赖以生存的基础。多克曾提出"我们不仅需要游乐场和公园,而且需要大片茂密的树林……强壮者获得力量和更明确的目标,疲惫者的灵魂则获得安宁"③。女性们聚集于妇女组织中,通过集结庞大的力量获得公众和政府的关注,以更好地管理林业,总联盟和美国革命女儿会等女性组织都对联邦政府的资源保护工作给予了大力支持。"必须承认,几乎所有保护森林的热情都来自妇女俱乐部。女性们不仅完成了森林改革,而且还教育她们的家人。她们向孩子们灌输经济规律,让他们了解并承担爱国义务,在本国实现最高程度的文明。"④

在总联盟的号召下,各州的俱乐部妇女积极响应,加入森林保护的潮流。宾夕法尼亚州妇女俱乐部联盟在多克的领导下于1897年通过了一项森林决议,得到各地区妇女俱乐部的支持。⑤ 成立于1894年的新泽西州

---

① Priscilla Massmann, "A Neglected Partnership: The General Federation of Women's Clubs and the Conservation Movement, 1890～1920." Ph. D. diss., the University of Connecticut, 1997, pp. 73～74.

② Samuel Hays, *Conservation and the Gospel of Efficiency: The Progressive Conservation Movement, 1890～1920*, pp. 29～30.

③ Mira Lloyd Dock, "Some Arbor Day Reminders and Suggestions", pp. 13, 15, cited in Susan Rimby, *Mira Lloyd Dock and the Progressive Era Conservation Movement*. University Park, Pennsylvania: The Pennsylvania State University Press, 2012, p. 2.

④ Lydia Adams-Williams, "Conservation-Woman's Work." *Forest and Irrigation*, Vo. XIV, No. 6(Jun., 1908), p. 351.

⑤ Susan Rimby, "Better Housekeeping Out of Doors: Mira Lloyd Dock, the State Federation of Pennsylvania Women, and Progressive Era Conservation." *Journal of Women's History*, Vol. 17, No. 3(Fall, 2005), p. 14.

妇女俱乐部联盟率先成立了林业委员会,该委员会在同总联盟和其他各州妇女俱乐部联盟的林业委员会合作的过程中取得了许多重大成就。新罕布什尔州妇女俱乐部联盟林业委员会尽全力保护白山保护区的完整,并同新罕布什尔森林保护学会合作推动这一目标的实现。同时,她们还向全国范围内的其他妇女俱乐部发出呼吁,请求她们向国会议员施加压力,促成保护白山的法案的通过。① 从 1900 年开始,加利福尼亚州的俱乐部妇女们加入了保护加利福尼亚北部的卡拉维拉斯红杉林(Calaveras Redwood Grove)的队伍,试图将它变成一个国家森林保护区或国家公园,获得了来自全国各地女性的积极支持。缅因州妇女俱乐部联盟作为第一个加入总联盟的州级俱乐部联盟,除了支持缅因大学的一项林业计划的执行外,还为阿卡迪亚国家公园和卡塔丁山州立公园的建立而斗争。其林业委员会帮助许多俱乐部收集材料并制定林业计划,还对森林火灾提出警告。另外,它还成立了一个委员会,目的是寻找适合开辟州森林保留地的土地。②在科罗拉多州,俱乐部妇女们通过召开社会和科学会议、发表文章及开展讲座的形式保护印第安人遗址梅萨维德悬崖村(Mesa Verde Cliff Dwellings)。③ 1910 年,283 个妇女俱乐部报道她们已向各州和联邦立法机构呈交有关森林火灾立法、重新造林免税、示范林拨款等方面的信件和请愿书,而 250 个俱乐部活跃于鸟类和植物保护运动中。④

除森林资源外,女性在国家公园的创建过程中也发挥着重要作用。事

---

① Olive Rand Clarke,"Forestry Report," in *The New Hampshire Federation of Women's Clubs:Yearbook 1905~1906*. Concord,NH:New Hampshire Federation of Women's Clubs,1906), p. 14,in Kimberly A. Jarvis,ed. ,*How did the General Federation of Women's Clubs Shape Women's Involvement in the Conservation Movement, 1900 ~ 1930*. Binghamton, NY: State University of New York at Binghamton,2005.

② Grace H. Thompson,"Report of Forestry Committee. "*Maine Federation of Women's Clubs Yearbook, 1909 ~ 1910*, pp. 20 ~ 21, Maine Federation of Women's Clubs Collection, Box 1742,Special Collections Department,Folger Library,University of Maine,Orono,Maine,in Kimberly A. Jarvis,ed. ,*How did the General Federation of Women's Clubs Shape Women's Involvement in the Conservation Movement, 1900~1930*. Binghamton,NY:State University of New York at Binghamton,2005,pp. 20~22.

③ Mary E. Mumford,"What Women Have Done for Forestry. "*The Chautauquan*, Vol. 37, No. 5(Aug. ,1903),p. 509.

④ Carolyn Merchant,"Women of the Progressive Conservation Movement,1900~1916. " *Environmental Review*: ER, Vol. 8, No. 1, Special Issue: Women and Environmental History (Spring,1984),p. 62.

实上，1908年的“赫奇赫奇争论”[①]并不是美国女性参与国家公园建设的开始。早在内战前，女性就作为旅行者进入国家公园，当时还未成为国家公园的约塞米蒂峡谷成为她们的第一站。植物学家珍妮·卡尔（Jeanne Carr）是第一位真正进入约塞米蒂峡谷的女性，她于1869年造访该地，并收集了一种赤雪藻。四年后，她和好友缪尔及另外两位朋友在该地开始了为期三个月的植物研究、宿营和徒步旅行。在缪尔的陪伴下，卡尔获得了更加准确的自然知识，她也因此成为第一个探索图奥勒米大峡谷和赫奇赫奇山谷的白人女性，鼓舞其他女性开始了对国家公园的探索。[②]

“赫奇赫奇大坝”事件后，除了推动国家公园的建立，女性主要在国家公园中承担自然向导、教师、护林员和博物学家等角色，还支持国家公园管理局（The National Park Service）的成立。[③] 博物学家伊诺思·米尔斯（Enos Mills）曾在落基山国家公园创立了自然博物馆，专门培养自然向导。米尔斯十分鼓励女性担任自然向导，他相信女性向导和男性向导同样重要。1916年，大学教师伊丽莎白·伯内尔（Elizabeth Burnell）和室内设计师埃丝特·伯内尔（Esther Burnell）作为旅行者来到落基山。在米尔斯的鼓励下，她们成为落基山国家公园的自然向导，被公园负责人克劳德·韦（Claude Way）称赞为“国家公园一道亮丽的风景线”，吸引了许多好奇的旅行者。[④] 还有一些女性作为护林员加入国家公园的管理中。最早的两位女性护林员任职于1918年，一位是维尼亚山国家公园的海伦尼·威尔逊（Helene Wilson），另外一位是约塞米蒂国家公园的克莱尔·玛丽·霍奇斯（Clare Marie Hodges）。威尔逊的工作地点是在维尼亚山国家公园的主要入口处，其工作是记录每辆车的发动机号、执照和每一位所有者的姓名和地址，而霍奇斯也鼓起勇气，向约塞米蒂国家公园的负责人提出申请，并获准在该地担任护林员。[⑤] 到20世纪20年代末，落基山、大峡谷和黄石

---

① “赫奇赫奇争论”开始于1908年，围绕为了解决旧金山市的用水问题是否在赫奇赫奇峡谷建造大坝这一议题而展开。以平肖为代表的资源保护主义者从功利主义角度出发，提倡对自然的有效利用，支持大坝的修建；而以缪尔为代表的自然保留主义者则从自然本身的利益出发，希望保护自然的完整，因此持反对态度。二者就大坝的修建在全国范围内展开了激烈的争论，也由此开始决裂。最终，该争论以资源保护主义者的胜出而结束。

② Polly Welts Kaufman, *National Parks and the Woman's Voice: A History*. Albuquerque: University of New Mexico Press, 1997, p. 4.

③ Polly Welts Kaufman, “Challenging Tradition: Pioneer Women Naturalists in the National Park Service.” *Forest & Conservation History*, Vol. 34, No. 1 (Jan., 1990), pp. 4～16.

④ Polly Welts Kaufman, “Challenging Tradition: Pioneer Women Naturalists in the National Park Service”, p. 5.

⑤ Polly Welts Kaufman, “Challenging Tradition: Pioneer Women Naturalists in the National Park Service”, p. 7.

国家公园招募了一批高素质的女性护林员兼博物学家(ranger-naturalist)。落基山国家公园的负责人罗杰·托尔(Roger Toll)聘请刚刚从芝加哥获得地理学博士学位的玛格丽特·富勒·布斯(Margaret Fuller Boos)担任1928年和1929年夏季的季节护林员兼博物学家,在这里承担解说工作。第二个暑假,她还开展了有关地理、生物等学科的晚间讲座,听众人数超过1500名。同时,她还带领参观者开始了田野旅行。①

女性在国家公园的建设和管理中做出了重要贡献,她们通过不同的角色和工作展现出女性独特的魅力,成为国家公园历史上一个特殊的群体。但到了20世纪20年代,女性博物学家不再受到男性的欢迎,被认为抢夺了男性的工作机会,威胁到国家公园中男性的权威,因而开始受到排斥。20世纪30年代中期之后,国家公园基本不再雇用女性,这种现象一直持续到60年代。直到现代妇女运动兴起之时,女性在国家公园中的工作才再一次得到肯定。

在自然资源保护工作中,女性关注的对象往往更加广泛。除上述森林、水资源与国家公园外,动物保护也是女性的重要工作。"仁慈的上帝创造了我们,并让我们统治所有的生物",这种观点成为几乎所有美国人对待自然界中其他生物的态度。欧洲殖民者抵达北美大陆之初便将野生动物看作为人所用的生物,一些被当作食物,一些被制成皮革,而另外一些则被杀死或驱赶,目的仅是将荒野变成农田或牧场。所有的野生动物,哪怕是对人有用的动物,都只是暂时的资源,是文明推进的必然牺牲品。② 在此过程中,无论是大型动物如狼、北美野牛、鹿,还是小型动物如鸟类,都遭受了毁灭性的杀戮。到19世纪50年代,美国东部已很少能见到狼的踪影,而红狼也几乎绝迹。直到19世纪80年代才产生了保护野生动物的意识和活动,而女性是野生动物保护的积极倡导者。

在所有受保护的动物中,受女性关注最多的是鸟类。她们不仅观察并研究鸟类的行为习惯,还撰写了大量有关鸟类的著述,推广鸟类的美学价值和实用价值,并建立了鸟类保护机构,发起了保护鸟类的运动。鸟类的捕杀源于欧洲的时尚传统,鸟儿羽毛被用来装饰帽子、衣服或扇子,羽饰被认为是高贵、时尚的象征。这种时尚导致全世界范围内每年有500万只鸟被捕杀,而这也刺激了鸟类保护意识的觉醒。女性对鸟类保护做出的贡献

---

① Polly Welts Kaufman,"Challenging Tradition:Pioneer Women Naturalists in the National Park Service",p. 9.

② Thomas R. Dunlap, *Saving America's Wildlife*. Princeton:Princeton University Press, 1988,p. 5.

将在本章第四节进行详细阐述。

除了野生动物，女性也提倡对家养动物进行保护。1881年，丹佛市的一名人道主义者曾指出本市大量马匹被迫干不适合它们的工作，且受到残暴对待，这对马来说极不公平。1881年成立的科罗拉多人文协会把保护遭受残忍待遇的动物列为首要工作，并同科罗拉多州妇女俱乐部联盟合作共同保护动物。在人道主义思想的影响下，19世纪末的许多人道主义者和自然主义作家要求提高动物的地位。在他们看来，动物是有理性思维的，并懂得社会关系，它们是不懂语言的人类。同时，女性还将残忍对待动物的行为和社会暴力联系在一起，促使全社会开始对动物进行保护。1901年，在科罗拉多妇女俱乐部的协助下，一个州立机构"科罗拉多儿童和动物保护局"(The Colorado Child and Animal Protection Bureau)成立，并通过了保护家养动物和野生动物的人文法律。这既使女性的人道主义精神组织化，又帮助她们扩大了影响力。①

女性在进步主义资源保护运动中的贡献获得了很多男性的认可和重视。如平肖在其著作《为资源保护而战》中详细论述了女性对于一个国家的重要性，"任何国家提升爱国主义精神的工作都掌握在女性手中。归根结底，是一个国家的母亲指引着这个国家的命运"②。对于女性保护自然资源的行为，平肖认为："我想有一点是毫无争议的，那就是自然资源为人民而存在，并属于人民。我认为部分工作落在女性的肩上(绝不是一项小工作)，她们要保证孩子们即未来的男性和女性能享受这些资源，使它们不受任何人的控制，不因浪费而遭到破坏。"③平肖希望加大女性在资源保护活动中的参与，而女性也对平肖的工作给予了极大支持。

第三节　全国妇女俱乐部总联盟与自然资源保护

全国妇女俱乐部总联盟成立于1890年，是美国最重要的全国性妇女组织之一。它由代表各方利益、实践各类行动的妇女俱乐部组成，致力于

---

① Wendy Keefover-Ring, "Municipal Housekeeping, Domestic Science, Animal Protection, and Conservation: Women's Political and Environmental Activism in Denver, Colorado, 1894～1912." M. A. thesis, the University of Colorado, 1986, pp. 136～138.

② Gilford Pinchot, *The Fight for Conservation*. New York: Doubleday, Page & Company, 1910, p. 102.

③ Gilford Pinchot, *The Fight for Conservation*, p. 105.

建立"女性互助的秩序",指导她们开展有益于世界的事业,[①]是 19 世纪美国妇女俱乐部运动发展、女性进一步联合的产物。建立之初,总联盟还甚少考虑公共服务,大部分成员俱乐部以自我教育为主要目标,旨在加强中产阶级女性与外部世界的联系,即便是提供社会服务的俱乐部也多局限于地方性事务。但到了 19 世纪末,各地俱乐部和总联盟的关注内容逐渐从教育转向社会服务,关注范围也由各地、各州上升至联邦层面。在总联盟的领导下,全国各地的妇女俱乐部共同致力于各类社会问题的解决,包括教育、资源保护、公共污水处理、妇女儿童福利、城市卫生、工厂环境及女权等,通过影响国会议员、教育公众实现目标。随着进步主义时期资源保护运动的兴起,作为道德卫士的俱乐部妇女将自然资源保护列为其工作重点之一,致力于森林、水资源、航道、鸟类等的保护和教育工作,自下而上地推动了资源保护运动的开展,成为政治机构和基层组织的重要纽带。

一、总联盟的成立与发展

1889 年 3 月,"妇女联谊会"正在筹备其 21 周年庆典。其创建者克罗利提议召开一次庆祝大会,这项提议获得了成员们的一致通过,并向全国 97 个知名的妇女俱乐部发出了参会邀请。庆祝大会于 1889 年 3 月 18～20 日召开,有 61 个俱乐部出席,为总联盟的成立奠定了基础。大会上,由 14 人组成的委员会起草了章程,并成立了一个由 7 人组成的顾问委员会(Advisory Board),专门负责处理行政事务和总联盟成立的筹备工作,计划于 1890 年 4 月 23～25 日在纽约市召开章程批准大会。1889 年 10 月,顾问委员会组建了一个各州通信委员会(States' Committee of Correspondence),由每个委员负责几个州的联系工作,为各地俱乐部加入总联盟提供指导和帮助。顾问委员会还负责章程批准大会的所有日程,并向已经申请加入总联盟的成员俱乐部发出参会邀请。章程批准大会由"妇女联谊会"发起并组织,来自 17 个州的 63 名代表悉数参加。大会上,章程获得通过,总联盟正式成立,将全国分散的妇女俱乐部联合起来。来自新泽西州的夏洛特·爱默生·布朗夫人(Mrs. Charlotte Emerson Brown)被推选为第一任主席,各成员俱乐部的主席则担任副主席。这样每个俱乐部都有机会通过它的代表与总联盟直接接触,有利于工作沟通。

建立之初,总联盟的组织结构比较简单,其主体是一个由 6 名主管人

① Nancy Woloch, *Women and the American Experience*, 3rd. ed. New York: McGraw Hill Company, 2000, p. 294.

员组成的委员会，包括主席、副主席、记录员、通信秘书、财务主管和审计员，负责顾问委员会的选举事宜和联盟的政策制定及工作实施等。之后，由总联盟任命成立了一个委员会，由被选举的主管人员和每个成员俱乐部的主席组成。这样，每个俱乐部都通过它的主管人员将其声音反映给总联盟。该委员会被赋予选举顾问委员会成员的权利。1892 年，顾问委员会的名称和组成发生了改变，它由主管人员和 9 名被选举出来的成员构成，同时更名为“理事会”(The Board of Directors)。随着总联盟的壮大，理事会的人员数量也在增加。20 世纪中期，它包括总联盟主管人员、各州妇女俱乐部联盟的主席及总联盟各部门、各处和各委员会主任。

根据总联盟章程的第二条，总联盟的目标是“加强世界范围内各类妇女俱乐部之间的交流，让它们对比研究各自的工作方法以促进互助”①，其主要工作是向各成员俱乐部传达关于它的目标和政策方面的信息，引导各成员俱乐部的发展方向，并对其具体工作的开展提供指导。在 1890 年 5 月 7 日举行的顾问委员会第一次会议上，由克罗利创办并担任主编的《妇女界》杂志(*The Woman's Cycle*)被确立为总联盟初建阶段的官方杂志。从 1892 年开始，总联盟每两年召开一次年会，主要就总联盟的工作进展进行讨论和总结。总联盟的成立吸引了许多地方俱乐部的加入，它的成员数量不断增长。在布朗夫人担任主席的四年中，其成员俱乐部由最初的 51 个增长至 354 个，4 个州级妇女俱乐部联盟(缅因、马萨诸塞、爱荷华和堪萨斯)加入其中。② 作为妇女联盟，总联盟不仅吸收美国本土的妇女俱乐部，还积极吸纳其他国家的妇女俱乐部，极大地拓展了总联盟的国际影响力。1891 年，来自印度孟买的“妇女联谊会”(Sorosis)第一个申请加入总联盟；1892 年，来自锡兰(斯里兰卡的旧称)和澳大利亚的两个妇女俱乐部也申请加入总联盟。

最初，总联盟规定其成员俱乐部必须具备文学或教育性质，其章程也明确指出了这一点，“申请加入总联盟的所有俱乐部必须证明对其成员不进行任何宗派或政治检验，尽管俱乐部被定义为人道主义性质的组织，但它们的主要目的不是做慈善，而是开展社会的、文学的、艺术的和科学的活动”③。最初成立的两年，总联盟也确实致力于这些活动。1891 年，克罗利

---

① Mildred White Wells, *Unity in Diversity: The History of the General Federation of Women's Clubs*. Washington: General Federation of Women's Clubs, 1953, p. 26.

② Ellen Henrotin, "The General Federation of Women's Club." *The Outlook*, Vol. 55, No. 6 (Feb. 6, 1897), p. 443.

③ Ellen Henrotin, "The General Federation of Women's Club", p. 443.

开始意识到，教育目的不再适应总联盟自身的发展和社会的需要。她开始呼吁总联盟关注市政改革，成立专门的委员会负责处理城镇事务，包括教育、卫生、工业问题及一切提高公众生活质量的活动。①

随着总联盟工作内容的拓展，1892 年，许多部门俱乐部加入总联盟，成为其重要的组成部分。部门俱乐部不仅使得女性能更好地利用俱乐部的力量推进更为广泛的社会改革，而且吸引了数量众多的女性的参与，扩大了俱乐部运动的影响。这些部门俱乐部由负责具体事务或计划的各部门组成，使总联盟的工作进一步细化，便于推进更广泛的社会变革。例如芝加哥妇女俱乐部由 6 个部门组成：改革、家庭、教育、慈善、艺术与文学及哲学与科学。② 从 1894 年在费城举行的第二届年会开始，总联盟成员间开始进行相关计划和项目的交流，一个互惠委员会（A Reciprocity Committee）成立，就社会科学、教育、美国历史、美国文学、早期英语历史、社会专题讨论、乡村俱乐部和流动图书馆等项目展开讨论。到 1906 年第八届年会时，总联盟的常设委员会数量已经达到了 17 个，涵盖了文学、艺术、市政服务、教育、自然资源、家政经济、食品、工业、童工、立法等方面。③ 到 20 世纪中期，总联盟已成立了公共事务、青少年保护、社区服务、国际事务、印第安人福利、退伍老兵、残疾人、国防、立法等多个部门。

随着工作内容的增加，总联盟作为一个全国性妇女组织，已很难形成统一的满足所有俱乐部需求的研究或实践工作体系。因此，在总联盟的激励下，各州的妇女俱乐部开始联合起来，效仿总联盟成立了州级妇女俱乐部联盟。这些俱乐部的成立不仅有利于将各州的地方俱乐部联合起来，形成更为一致的行动方案和目标，更加强了地方俱乐部与总联盟之间的联系。同时，在州级妇女俱乐部联盟和总联盟成立之前，妇女俱乐部的工作内容多局限于地方性事务，随着全国范围内妇女俱乐部的联合，州事务乃至全国性事务均成为妇女予以关注的重点，各类问题得到更为有效的解决，也使女性的影响力得到进一步扩大和深入。缅因是第一个成立妇女俱乐部联盟的州（1894 年成立），马萨诸塞州随后，到 1894 年年底，爱荷华、犹他、伊利诺伊、肯塔基、新泽西、纽约、俄亥俄、内布拉斯加、佛罗里达、马里兰、密歇根、明尼苏达、密苏里、新罕布什尔、宾夕法尼亚、罗德岛、田纳西

① Mary Wood, *The History of the General Federation of Women's Clubs: for the First Twenty-Two Years of Its Organization*. New York: 1912.

② Mrs. Jane Cunningham Croly, *The History of the Woman's Club Movement in America*. New York: Henry G. Allen, 1898, p. 62.

③ Mary Wood, *The History of the General Federation of Women's Clubs: for the First Twenty-Two Years of Its Organization*, pp. 195～196.

及佛蒙特各州和哥伦比亚特区均成立了州联盟，大大地促进了本州妇女俱乐部成员之间的互助合作和智识提升。

随着各地俱乐部数量的增加，特别是大量州级妇女俱乐部联盟的诞生，全国范围内妇女俱乐部的工作更加复杂化。为了将各地妇女俱乐部、各州妇女俱乐部联盟及总联盟的利益一体化，总联盟敦促各州联盟成为其会员。之后，总联盟不再仅仅是俱乐部的联盟，而成为俱乐部联盟的联盟。① 地方性俱乐部既可以像之前那样直接加入总联盟，也可以通过加入州级俱乐部联盟成为总联盟的成员。每个州级俱乐部联盟选派一名通信秘书，由她负责全州俱乐部的监管工作和与总联盟的沟通工作，帮助新的俱乐部加入总联盟。1896 年在肯塔基州路易斯维尔市举行的年会显示，总联盟共有 495 个直属的成员俱乐部及 20 多个附属的州级妇女俱乐部联盟，而州级俱乐部联盟的成员俱乐部数量达 800 个。在这 495 个独立俱乐部中，50 个是纯粹的文学俱乐部，而所有的部门俱乐部都包含致力于不同领域的部门。② 到 1911 年，各州均成立了妇女俱乐部联盟，且都成为总联盟的成员。事实证明，州级俱乐部联盟的工作效率非常高，它们更加紧密地将俱乐部成员团结起来。

到 19 世纪 90 年代中期，随着俱乐部妇女关注的社会问题的增多，她们逐渐建立了解决各类问题的模式。当发现某一问题时，她们首先收集相关信息，并通过分析这些信息寻找最佳解决办法。一旦这一办法被证明有效，她们便开始游说相关的政府机构予以实施。通常，女性的这些计划在提交给政府的过程中会遭遇各种阻力，因此，在政府机构解决问题的同时，女性还要承担监督者的角色，以保证计划的顺利实施。③

总联盟最初的改革努力主要集中于几个方面：改善教育状况，为穷人、儿童及其他有需要之人提供帮助，关注城市问题等。每个问题都将女性的家庭生活同公共期望联系在一起，有利于 19 世纪的美国女性进入公共领域。同时，这些领域的工作帮助女性接触到其他领域的相关问题。相应地，女性的工作也得到了拓展，她们对社区事务的兴趣也进一步加深，这促使另一种俱乐部形式——市政俱乐部诞生。总联盟主席玛丽·芒福德夫人（Mrs. Mary Mumford）这样界定市政俱乐部中的女性："植树或打扫街

---

① Mary Wood, *The History of the General Federation of Women's Clubs: for the First Twenty-Two Years of Its Organization*, p. 67.

② Ellen Henrotin, "The General Federation of Women's Club", p. 444.

③ Priscilla Massmann, "A Neglected Partnership: The General Federation of Women's Clubs and the Conservation Movement, 1890～1920." Ph. D. diss., the University of Connecticut, 1997, p. 63.

道的女性，送孩子上学、要求改善教室卫生状况、提升智力和道德文化的女性等都是市政俱乐部的一员。从家庭到学校，她研究所有公共慈善的管理方式及相关的政府原则。所有这些妇女联合起来便组成了一个市政俱乐部。”①市政俱乐部的出现也促使许多妇女俱乐部成立了市政委员会以更好地应对社会问题。其中，公园建设、道路美化、洁净水供给、污水处理等乡镇改进活动成为进步主义时期女性进行城市环境改革的基础。

到1915年，总联盟的会员人数已经达到120万，会员活跃于各个村镇、城市和州，服务于与国家发展和民众福祉相关的领域。总联盟是成千上万的美国女性通过志愿者组织在公共领域中寻求自身利益的产物，它的工作建立在互惠的基础之上，反映了总联盟的口号，即“求同存异”（Unity in Diversity），“我们在多样性中寻求一致，希望你们的经历让我们变得丰富，让我们为共同的事业——全世界女性的联合而奋斗”②。通过总联盟的工作，女性的市政改革精神得到了加强。俱乐部的工作方法和组织让她们享受到真正的民主，实现了她们反对物质主义、获得广泛知识、参与社会事务的目标，其影响力也深入社会及政治领域。布朗夫人称，“只有组织起来，政治、商业、宗教或改革等事业才会永久繁盛，妇女俱乐部亦如此。若没有总联盟……每一个俱乐部只会各行其是，满足于小事业，没有宏伟的计划，没有中心，无法聚集在一起协商和对比工作方法，没有合作和联系……我看不出有任何一个妇女俱乐部能存在于联盟之外”③。布朗夫人的话足以体现总联盟对于女性成长和社会进步的重要性。

在总联盟的所有工作中，自然资源保护是其中重要的一项，这既符合资源保护运动维护美国人精神价值和国民性格的爱国主义特点，④又体现出女性组织对自然的关怀和维护国民利益的责任感。最初，总联盟主要关注森林和水资源问题，随着资源保护运动和自然保留运动的分裂，其自然资源保护工作从对资源的保护转向对自然资源和自然环境的双重保护。虽然女性们并不具有选举权，但她们通过宣传教育、向男性施压、利用正式的和非正式的组织网络开展保护活动，为子孙后代谋取福利。

---

① Mary Wood, *The History of the General Federation of Women's Clubs: for the First Twenty-Two Years of Its Organization*, p. 75.

② Mildred White Wells, *Unity in Diversity: The History of the General Federation of Women's Clubs*. Washington: General Federation of Women's Clubs, 1953, p. 3.

③ Mildred White Wells, *Unity in Diversity: The History of the General Federation of Women's Clubs*, p. 21.

④ Samuel Hays, *Conservation and the Gospel of Efficiency: The Progressive Conservation Movement, 1890～1920*. Cambridge, Mass: Harvard University Press, 1959, p. 1.

二、总联盟对森林与水资源的保护(1890～1913)

19 世纪后半期，美国森林遭到严重破坏，木材业的推进是这一时期资源被肆意掠夺的缩影。廉价的林地和少量的资本激励大量雄心勃勃的美国人进军林业，为了追逐最大利益以及规避激烈的竞争所导致的各种不确定性，木材公司通常只砍伐最有经济价值的树木，其他树木被当作废弃物随意处置，造成了大量森林资源的浪费。同时，由于伐木业流动性极强，一般采取粗放型伐木方式，伐木工在快速砍伐一片森林后即丢弃土地，转向新的地区。这些都使森林资源每年以惊人的速度减少，引起了公共与私人林业中一些领袖的担忧，他们开始提出科学管理资源的计划。①

到了进步主义时期，资源保护运动轰轰烈烈地开展。在所有自然资源中，森林最早进入总联盟的视线。在全国林业运动蓬勃发展的同时，俱乐部妇女们也加入了保护森林的潮流。总联盟从 19 世纪末便开始致力于森林保护事业，将这项事业视作当下政治、经济和社会发展的需要及女性自身的义务。② 在 1902 年总联盟第六届洛杉矶年会之前，它就曾向各州俱乐部发出问卷，就妇女们对林业问题是否感兴趣、她们的工作进展及是否需要更有力的法律保障等进行调查。回复显示，俱乐部妇女对森林保护充满热情，对完善的法律的需求非常迫切。③ 调查结果更加坚定了总联盟从事森林保护事业的决心，为 1902 年林业委员会的正式成立提供了必要的前提。到 1908 年，总联盟已经将资源保护作为其工作重点之一，在全国范围内形成工作网络。

早在 1896 年 3 月新泽西州妇女俱乐部联盟举办的会议上，联盟林业委员会主任伊迪丝·吉福德夫人(Mrs. Edith Gifford)就做了主旨发言，呼吁其成员保护本州的森林。她首先对新泽西森林的概况进行了说明，并指出采取保护性森林政策的必要性。她还为女性提供了保护森林的多种途径：在学校、图书馆和公共讨论中发挥影响，为学生提供奖励，在本州的每个学区举办图片展览，展示森林破坏的后果和科学管理的成果；加入林业协会；参与林业学校的相关系统培训等。如果新泽西的女性能采取有效

① Samuel Hays, *Conservation and the Gospel of Efficiency: The Progressive Conservation Movement, 1890～1920*, p. 27.

② Carolyn Merchant, "Women of the Progressive Conservation Movement, 1900～1916." *Environmental Review*: ER, Vol. 8, No. 1, Special Issue: Women and Environmental History (Spring, 1984), p. 61.

③ Mary E. Mumford, "What Women Have Done for Forestry." *The Chautauquan*, Vol. 37, No. 5 (Aug., 1903), p. 509.

的、积极的森林保护行动,吉福德夫人相信在一年的时间内,州森林委员会将会被组建,积极的森林火灾政策将会得到执行,教育公众珍惜森林、合理利用树木的课程将会得到设置。① 会议上,大量的地图、照片、小册子等展现了自然被完整保存的美景,树木被乱砍滥伐留下的满目凄凉,西部森林保护的现状,植树的相关知识和林业改善的情况等。这些都使女性更好地了解了本州乃至全国范围内森林破坏与保护的现状,激发起她们保护自然、保护子孙后代利益的热情。会议最大的成果就是促使以吉福德夫人为首的新泽西代表团在前往参加总联盟第三届年会的火车上,起草完成了一项名为"国家森林保护和经济发展"的决议。该决议主要针对 19 世纪末哈德逊河河岸的帕利塞兹(Palisades)悬崖遭到铁路公司破坏的问题。在听取了有关州级森林保护的各项报告,并亲自到哈德逊河调研后,新泽西州俱乐部妇女决定发起保护帕利塞兹、建立森林保留地的活动,而这项决议正反映了俱乐部女性保护帕利塞兹的努力。②

同年 6 月,总联盟第三届年会在肯塔基州的路易斯维尔市举行。吉福德夫人将上述决议提交给总联盟大会,并痛斥破坏帕利塞兹的行为,呼吁总联盟发动所有的俱乐部女性保护该地,并对州政府施压,在此地建立森林保留地。总联盟对此表示积极支持,并通过了该决议:无论是作为妇女俱乐部的联盟,还是独立的俱乐部,我们都要承担起调研森林状况和资源问题的重任,并在这些方面推进几个州利益的最大化。③ 该决议随后被印刷分发给国内的 1500 个俱乐部。这是总联盟最早对林业问题的关注,表明总联盟妇女已经充分认识到森林被恶意砍伐和林业资源浪费的问题,也反映了她们开始将资源保护纳入其工作议程。

1898 年,总联盟认真研究了美国林业协会的工作,要求各州妇女俱乐部联盟对本州的地理条件进行考察,阻止继续破坏自然遗产的行为。1900 年总联盟通过了一项资源保护决议,增加了一项关于合理植树、禁止在河岸倾倒垃圾的立法请求。在总联盟的领导下,各州妇女俱乐部成员积极开展资源保护活动,并大力支持总联盟的工作。

资源保护运动初期,总联盟的资源保护工作主要由各州的成员俱乐部推进。19 世纪末,随着宾夕法尼亚州人口数量的剧增,对资源的需求量也

① "Forestry in Women's Clubs." *Garden and Forest*, Vol. 10(Nov. 24, 1897), p. 466.

② "Forestry in Women's Clubs." *Garden and Forest*, pp. 466～467; Priscilla Massmann, "A Neglected Partnership: The General Federation of Women's Clubs and the Conservation Movement, 1890～1920", p. 71.

③ "Forestry in Women's Clubs." *Garden and Forest*, p. 467.

随之增加。作为宾州的主要产业之一，伐木业使该州的森林遭到更加严重的砍伐。仅仅几十年，宾州北部和西部地区的森林已基本砍伐殆尽，①这一问题引起该州俱乐部妇女的警觉。作为宾夕法尼亚州妇女俱乐部的主席，多克领导俱乐部联盟热情地投入森林保护工作。作为一名积极的资源保护主义者，多克的兴趣广泛，关注几乎所有与生存环境相关的问题，譬如城市美化、公共卫生、森林保护和国家公园建设等，其中，她对森林所做的贡献比美国任何一个女性都要多。②

多克从小跟随父亲在宾夕法尼亚州旅行，对森林产生了强烈的情感，也目睹了森林所遭受的乱砍滥伐。她对森林的浓厚兴趣促使她于 1895 年抵达密歇根州的安娜堡市，参加了密歇根大学开设的植物学和林业课程。对这些科学知识的掌握使她获得了更多的有关树木的一手研究资料，为她说服宾夕法尼亚州的官员提供了有力的依据。③ 多克真正的资源保护活动起源于 1897 年在马萨诸塞州的一场旅行。旅行途中，她被新英格兰地区干净、绿色的乡村环境所震撼，这与宾夕法尼亚州肮脏的建筑、遍地的垃圾形成了鲜明的对比。再加上她对植物学的兴趣和研究及 19 世纪末自然研究运动的兴起，多克更加坚定地加入了资源保护运动。④ 1897 年 10 月，多克在哈里斯堡举行的州妇女俱乐部联盟会议上发表演讲，号召俱乐部女性保护森林。同年，多克带领本州女性通过了一项森林决议，受到各地区妇女俱乐部的支持。她还资助有关森林的公共演讲、游说州政府调配资金，并为森林保护工作筹集资金。多克还和宾夕法尼亚州林业委员会及美国林业协会等男性组织合作，游说森林债务法案和水域保护法案的通过。⑤ 多克还受多个妇女俱乐部的邀请，进行主题发言，呼吁各俱乐部开展森林保护活动。她的不断努力也推动了总联盟林业委员会的建立。⑥

1900 年，多克被任命为宾夕法尼亚州妇女俱乐部联盟的林业委员会

---

① Susan Rimby, "Better Housekeeping Out of Doors: Mira Lloyd Dock, the State Federation of Pennsylvania Women, and Progressive Era Conservation." *Journal of Women's History*, Vol. 17, No. 3(Fall, 2005), p. 12.

② "What the State Federations are doing: Pennsylvania, Forestry and Horticulture." *The Federation Bulletin*, Vol. VI, No. 4(Jan., 1909), p. 115.

③ Mary E. Mumford, "What Women Have Done for Forestry." *The Chautauquan*, Vol. 37, No. 5(Aug., 1903), p. 508.

④ Susan Rimby, "Better Housekeeping Out of Doors: Mira Lloyd Dock, the State Federation of Pennsylvania Women, and Progressive Era Conservation", p. 13.

⑤ Susan Rimby, "Better Housekeeping Out of Doors: Mira Lloyd Dock, the State Federation of Pennsylvania Women, and Progressive Era Conservation", p. 14.

⑥ Mary E. Mumford, "What Women Have Done for Forestry." *The Chautauquan*, Vol. 37, No. 5(Aug., 1903), p. 509.

主任。1901 年，她被本州州长提名进入州林业委员会工作，成为当时国内服务于林业委员会的唯一一位女性，这是对宾夕法尼亚州女性的森林保护工作的极大认可。① 1908 年，在多克的领导下，林业与园艺委员会（之前的林业委员会）为植树、火灾预防、森林保护宣传等工作提供了诸多建议和帮助。② 20 世纪初，多克在总联盟的林业与水利常务委员会中任职，并担任资源保护部副主席。通过这些活动，多克更加深入地了解了资源保护运动，并同全国及各州的男性、女性资源保护领袖加强了沟通。她还将大量女性动员起来，让她们了解森林问题，为森林保护提供更积极的支持。作为宾夕法尼亚州林业委员会的一名成员，多克参与了多项森林政策的制定，成为东北部各州学习的典范。

在明尼苏达州，明尼苏达州妇女俱乐部联盟（The Minnesota Federation of Women's Clubs，简称 MFWC）正在莉迪娅·亚当斯·威廉斯的领导下试图取消一项威胁印第安人居住地奇珀瓦河森林保留地（Chippewa Forest Reserve）的《死亡和倒下的木材法案》（Dead and Down Timber Act）。③ 1898～1902 年间，MFWC 准备扩大围绕密西西比河源头艾塔斯卡湖（Lake Itasca）的州立公园。这片土地占地面积约 80 万英亩，其中包含两个印第安人保留地，这里的松林一直被伐木工所觊觎。19 世纪末，松林遭到砍伐和焚烧，MFWC 的女性充满担忧，并于 1898 年将这一问题反映给公共土地办公室，但未引起重视。

1899 年 5 月，公共土地办公室宣布出售 10 万英亩的保留地。该决定不仅会导致松林全部消失，而且居于此地的印第安人将不得不背井离乡，这一公告激发 MFWC 立即采取行动。她们四处分发文学作品、动员公共舆论并游说州立法机构请求国会取消土地的出售，试图购买这片土地以建立国家公园。④ 国家公园的建成不仅能保护印第安人的生存环境，还能使仅存的松林受到政府的监管。威廉斯、多克和其他 50 名女性一道前往这片森林保留地进行考察，并对法案的取消进行宣传。抵达保留地后，这些女性发现大量古老的松树根部被烧毁，眼前景象触目惊心。她们返回华盛顿后开始同支持《死亡和倒下的木材法案》的国会议员面谈，试图利用选票

① Susan Rimby,"Better Housekeeping Out of Doors: Mira Lloyd Dock, the State Federation of Pennsylvania Women, and Progressive Era Conservation", p. 13.

② "What the State Federations are doing: Pennsylvania: Forestry and Horticulture", p. 115.

③ Leslie Kemp Poole,"Let Florida be Green: Women, Activism, and the Environmental Century, 1900～2000. "Ph. D. diss. , University of Florida, 2012, p. 69.

④ Priscilla Massmann,"A Neglected Partnership: The General Federation of Women's Clubs and the Conservation Movement, 1890～1920", p. 76.

问题威胁这些议员，“我们代表州级妇女俱乐部联盟的6000～7000名女性成员，这些成员又代表了同等数量的丈夫和几千名儿子，他们将投出同样的选票”[①]。在MFWC女性及明尼苏达州公众的压力下，内政部部长被迫取消出售这片土地的决定，女性开始了在这里建立国家公园的努力。事实上，尽管她们经常用州立公园或国家公园描述她们的目的，但“森林公园”或“公园保留地”更能准确地反映她们的目标。[②] 到1902年，美国政府最终解决了这一问题，这片土地被列为联邦森林保留地。

各州的森林保护运动轰轰烈烈地推进，森林问题愈加受到女性们的重视，一些州已经成立了林业委员会。各州联盟在林业方面做出的努力促使总联盟将森林保护正式列为其工作重点之一。从此，森林保护正式成为全国范围内妇女们共同奋斗的事业。在总联盟林业委员会正式成立之前，总联盟便开始收集并了解各州林业工作方面的数据，它向各州联盟主席询问是否开展了如下工作：1. 预防火灾和破坏，保护森林资源；2. 保护河流，保障洁净水供应；3. 保护土地，建立休闲公园。从回复来看，大多数州已在如上几方面展开工作，并将继续加强。[③]

1902年5月在洛杉矶举办的第六届年会上，总联盟理事会正式成立了林业委员会，目的是加强对联盟成员的教育，推动林业工作的进行，引导林业运动向必要的立法和其他行动方向发展。[④] 这是总联盟林业保护工作的一项重要举措，也是它正式开始将林业保护作为其工作重点的标志。它反映了各地、各州及全国范围内的妇女俱乐部对林业问题和森林资源保护的关注，同时也将“我们土地的每一部分利益同森林活动的中心华盛顿及立法机构紧密联系在一起”[⑤]。总联盟理事会任命来自宾夕法尼亚州的玛丽·芒福德夫人担任林业委员会主任，委员会委员由各州妇女俱乐部联盟林业委员会的主任或各州妇女俱乐部联盟理事会指派的成员担任。[⑥]

成立之初，总联盟林业委员会首先是各州妇女俱乐部联盟就林业工作

---

① Leslie Kemp Poole，“Let Florida be Green：Women，Activism，and the Environmental Century，1900～2000”，pp. 69～70.

② Priscilla Massmann，“A Neglected Partnership：The General Federation of Women's Clubs and the Conservation Movement，1890～1920”，p. 78.

③ Mary Wood，*The History of the General Federation of Women's Clubs：for the First Twenty-Two Years of Its Organization*. New York，1912，p. 148.

④ “Women's Clubs for Forestry.” *Forestry and Irrigation*，Vol. XIII（Feb.，1907），p. 62.

⑤ Mrs. P. S. Peterson，“Report of the Forestry Committee.” *Forestry and Irrigation*，Vol. XIII（Jul.，1907），p. 361.

⑥ Priscilla Massmann，“A Neglected Partnership：The General Federation of Women's Clubs and the Conservation Movement，1890～1920”，p. 79.

进行汇报和交流的场所，它还向其成员和公众介绍有关森林科学管理和木材合理利用的知识，并邀请经过培训的林业专家参加妇女俱乐部的会议，讨论最新的林业技术，寻求俱乐部妇女对各州及联邦林业活动及立法的支持。① 同时，它还指导各州妇女俱乐部联盟的林业委员会主任为各地的森林保护提供指导和帮助，并为实际工作制定计划。总联盟还敦促未成立林业委员会的各州妇女俱乐部联盟尽快成立，由几位熟悉森林原理的女性组成，重点对本州的森林进行研究，向其成员解释森林的价值和保护森林的重要性。到 1905 年，全国共有 37 个州级妇女俱乐部联盟成立了林业委员会，其他各联盟也计划于 1906 年成立该委员会。根据总联盟林业委员会主任的调查，全国的妇女俱乐部对林业表现出越来越浓厚的兴趣和热情。② 这些州级林业委员会在总联盟林业委员会的领导下共同致力于植树宣传及森林保护的活动。

通常，各州林业委员会通过几种方式开展工作：督促各俱乐部学习林业和树木管理的原理；庆祝植树节，发起研究树木的活动并开展植树活动，监督破坏树木的行为；与本州的林业管理部门合作，为它们提供建议，并获得它们的支持和帮助；开展学校教育和公众教育，在公立学校开展有关树木的阅读、写作、辩论、歌唱等活动及向学校提供自然读物，以唤起孩子们保护森林的意识；通过与公众当面交流、开办流动图书馆、在当地报刊上发表文章、为各类会议提供研究框架和信息等形式宣传森林知识。③

1905 年，总联盟林业委员会新任主任威廉斯指出，总联盟对林业问题的投入日益增加，各州已完成了大量的林业保护工作，总联盟也将继续大力宣传植树和森林保护的重要性。同时，她还为所有的州级妇女俱乐部联盟设定了三个目标：其一，成立一个林业部门(Department of Forestry)，并在本州任命一名经过专业培训的林务官；其二，向各州的公立学校引进林业指导课程；其三，在各州建立森林保留地。④ 为了敦促所有的俱乐部联盟实现这些目标并加强同总联盟的信息交流，威廉斯还将各州俱乐部林业

---

① Leslie Kemp Poole, "Let Florida be Green: Women, Activism, and the Environmental Century, 1900～2000", p. 70.

② Lydia P. Williams, "Forestry." *The Federation Bulletin*, Vol. III, No. 1 (Oct., 1905), p. 13.

③ Mary L. Tucker, "Massachusetts: Forestry in Massachusetts." *The Federation Bulletin*, Vol. VI, No. 4 (Jan., 1909), p. 119; Mary Peterson, "Forestry Committee: Suggestions to the Club Women of the United States." *The Federation Bulletin*, Vol. V, No. 2 (Nov., 1907), p. 58.

④ Lydia P. Williams, "Forestry." *The Federation Bulletin*, Vol. III, No. 1 (Oct., 1905), p. 13.

委员会主任的名字添加到华盛顿林业局的通讯录中，以便她们及时收到林业局的相关通知和报道。① 同时，总联盟还希望俱乐部妇女加入本州的林业协会，加强同这些机构的男性合作。

在林业委员会的鼓励下，较早致力于森林保护的马萨诸塞州妇女俱乐部联盟林业委员会于1905年拟定了一份林业计划，供其他各州在建立林业委员会或调整已有林业委员会活动的过程中进行参考。② 这份计划指出，如果每个俱乐部都能建立一个林业日或在植树、树木保护、废地上再造林、树木害虫控制等方面取得进展，如果各个林业委员会能激发起公众改善树木状况的兴趣，那么森林保护事业的胜利指日可待。该计划还就林业保护的实际工作、林业日计划所包含的主题及俱乐部的研究内容提供了诸多建议，这些都为各州妇女俱乐部的林业保护工作提供了参考。

在威廉斯、F. W. 杰勒德、洛弗尔·怀特夫人等的指导下，总联盟林业委员会带领全国的妇女俱乐部发起了一系列森林保护活动，其中包括大力支持拯救卡拉维拉斯红杉林和建立梅塞维德国家公园的努力，敦促将南阿巴拉契亚山和白山加入国家公园体系的《维克斯法案》(Weeks Act)的通过等。林业委员会主任玛丽·皮特森夫人(Mrs. Mary Peterson)于1906年11月就南阿巴拉契亚山和白山保护法案给委员会成员写信，既表达了她对成员们支持该法案的感谢，又请求她们在1907年3月4日国会会议结束前在所有林业会议上提出这个法案，“参议院白山2327号法案和众议院南阿巴拉契山5065号法案将于今冬提交国会，它们值得美国每一位男性和女性的支持”③。

总联盟第八届年会于1906年5月30日到6月8日在明尼苏达州圣保罗举行。在此次会议上，皮特森夫人发表了热情洋溢的演讲，敦促女性继续承担保护森林的义务，并告诫她们，孩子们只能通过母亲和老师获得正确的教育，而女性正是这项工作的实施者。此次会议通过了一项决议：总联盟继续支持保护阿巴拉契亚和白山森林保护区的立法，并保护明尼苏达州森林保护区和加利福尼亚州卡拉维拉斯红杉林的完整。④ 皮特森夫

---

① Priscilla Massmann, "A Neglected Partnership: The General Federation of Women's Clubs and the Conservation Movement, 1890～1920. "Ph. D. diss., the Unviersity of Connecticut, 1997, pp. 83～84.

② "A Forestry Program. "*Federation Bulletin*, Vol. 3, No. 1(Oct. 1905), pp. 34～35.

③ Cora C. Stuart Jones, "The Committee on Forestry to Presidents of Clubs. "*The Federation Bulletin*, Vol. III, No. 3(Dec., 1905), p. 128.

④ Mrs. Percy V. Pennybacker, *The Eighth Biennial Convention of the General Federation of Women's Clubs*. The Annals of the American Academy of Political and Social Science, 1906, p. 81.

人本人作为一名执着、热情的俱乐部工作者，多年来致力于林业问题的研究，参观了挪威、瑞典、德国等国家的森林状况，积累了丰富的知识。她还组织伊利诺伊州妇女俱乐部联盟的林业工作，成为该州的首位林业主席，领导俱乐部妇女开展了大量林业保护活动。①

为了进一步加强女性对森林保护事业的支持，1907年，林业委员会主任玛丽·皮特森夫人呼吁，将罗斯福总统提出的“各州及国家之命脉建立在森林保护的基础之上”的理念作为林业委员会工作的宗旨。她号召无论森林茂密或稀少，各州都应出台开辟一定比例森林保留地的法律。在此领域，女性可以通过传播信息、培养公众情感的方式为国家和本州的福祉贡献力量。皮特森夫人建议，每个俱乐部应在某一时段专门开展林业工作，并将这一问题纳入本州或本地区的会议日程中；每个俱乐部都应研究林业问题，并保证当地每个图书馆、流动图书馆和阅览室中陈列相关的书籍和杂志，邀请林业方面的专家到俱乐部演讲，因为专家演讲产生的影响力不可预估。1906年，博物学家伊诺思·米尔斯在总联盟年会上发表了有关“我们的朋友——树木”的讲话，不仅激发起女性的热情，而且还使他受到更多州和地区的邀请，同时成为森林服务处的重要合作者。②

1908年6月在波士顿举行的第九届年会上，在时任总联盟林业委员会主任皮特森夫人的推动下，林业保护仍然是各州妇女俱乐部联盟主席、林业委员会主任及其他成员讨论最频繁、最热烈的话题之一。威廉斯称这是一场最令人愉悦的、最为成功的会议之一。林业分会上，威廉斯做了题为“自然资源的浪费现状及保护的必要性”的演讲，开启了林业分会的讨论。她号召女性肩负起资源保护的重任，保护树木、水资源、土壤、石油和矿物质等自然资源使其免受破坏。多克、堪萨斯的W. A. 约翰逊夫人、总联盟的领导人之一爱德华·约翰逊夫人、洛弗尔·怀特夫人等都就各自的林业工作进行了总结和汇报，③激励各州女性继续支持森林保护工作的开展。

到1908年，女性已经通过地方俱乐部、州级俱乐部和总联盟建立了广泛的活动网络。通过这一网络，全国的俱乐部妇女团结起来，继续支持罗斯福总统长远的自然资源保护政策。在总联盟林业委员会的领导下，各州联盟的林业委员会统一行动，不仅同破坏森林的行为作斗争，而且还致力

① Lydia Adams-Williams, "Forestry at the Biennial." *Forestry and Irrigation*, Vol. XIV, No. 8 (Aug., 1908), p. 437.

② Mary Peterson, "Forestry Work for Women." *The Federation Bulletin*, Vol. V, No. 3 (Dec., 1907), p. 96.

③ Lydia Adams-Williams, "Forestry at the Biennial", pp. 435～437.

于在荒芜的土地上再植树。总联盟在其官方期刊上刊发各类资源保护的信息，包括自然知识、全国资源保护的进展、妇女俱乐部的工作内容、资源保护的各类报告等。对森林及其他自然要素的认知和热爱在家庭、学校和社区得到广泛传播，公众情感得到了培养，从而推动了树木保护立法在各州乃至全国的建立。① 同时，总联盟女性还通过请愿、信件和面谈等方式说服立法者支持她们的事业，在植树、林业教育、森林保留地建立等方面做出了重要贡献。通过这些活动，女性逐渐走进了公众的视线，推动了更加广泛的资源保护和社会服务活动的开展。②

各级妇女俱乐部保护森林的热情受到大多数男性林业管理者的尊敬和重视，从而获得了许多支持。如美国森林服务处为总联盟林业委员会提供了大量建议和帮助，还与它通力合作。它向女性提供了大量有关树木和林业的文献，帮助女性了解相关知识；它还向妇女俱乐部派遣受过专业训练的专家，为她们提供知识和实践辅导。1907 年服务处派遣伊诺思·米尔斯于同年 3 月 2 日到 5 月 15 日免费向全国 42 个州的妇女俱乐部进行森林知识的演讲，这些演讲均由林业委员会统一安排。这一活动激起了公众的同情，使森林保护的价值得到广泛传播，服务处慷慨的合作也使妇女俱乐部的影响范围得到了极大的扩展。③

拥有 6000 多名会员的美国林业协会也在其官方期刊《林业与水利》(*Forestry and Irrigation*，先后更名为 *Conservation* 和 *American Forests*)上刊登妇女俱乐部的工作报告，大力宣传俱乐部的林业工作，并通过诸多方式与俱乐部妇女合作，共同推动森林保护工作，具体方式包括安排讲座、分发资料、扩大会员人数、向国会议员致信进行立法游说等。④ 同时，男性林业管理者还邀请女性加入其林业组织，希望开展紧密合作，共同解决林业问题；他们还利用女性发动基层力量，获得各选区选民的支持，从而促成各州政府及联邦政府对资源保护立法的支持。事实证明，资源保护运动的开展正是建立在男性和女性组织紧密合作的基础之上。1905 年，威廉斯受邀参加美国林业大会(American Forestry Congress)并进行了发言。总

① Mrs. Overton G. Ellis, "The General Federation of Women's Clubs in Conservation Work." *Addresses and Proceedings of the First National Conservation Congress*, 1909, p. 151.

② Priscilla Massmann, "A Neglected Partnership: The General Federation of Women's Clubs and the Conservation Movement, 1890～1920", pp. 90～91.

③ Mary Peterson, "Forestry Work for Women." *The Federation Bulletin*, Vol. V, No. 3 (Dec., 1907), pp. 96～97.

④ Mary Peterson, "Forestry Committee: Suggestions to the Club Women of the United States." *The Federation Bulletion*, Vol. V, No. 2 (Nov., 1907), p. 58.

联盟还受邀参加了历届全国资源保护大会，并就其工作内容、工作进展和目标做了重要报告，获得了与会者的认可和赞扬。1915 年 1 月 11 日在美国林业协会第 34 届年会上，总联盟资源保护部主席埃蒙斯·克罗克夫人当选为该协会的副主席。这是首次由一名女性在男性组织中承担如此重要的职务，大大激励了俱乐部妇女为资源保护做更多努力。①

林业保护是总联盟永恒的事业。克罗克夫人曾指出，在所有资源中，森林保护是首要任务，因为它是自然资源保护基本原则的基础；同时，林业保护活动也是女性通过宣传和培养公众情感有效地发挥自身力量以提升国家及各州公众福祉的方式。

除林业保护外，总联盟还特别关注全国的水资源问题，因为水是影响国民健康和幸福的最重要因素，它不仅关乎人的食物来源，还是保持清洁、维持公共卫生的必要因素。② 随着 1902 年后女性对林业兴趣的日益增长，她们日渐意识到森林和水资源之间的相互依存关系。水资源问题在 1902～1904 年间开始真正进入总联盟的视线，主要由林业委员会负责。③最初，水资源对女性的吸引力在于它对家人健康、家庭生活及家庭建设方面的影响。1901 年科罗拉多州妇女俱乐部联盟通过的决议和 1902 年总联盟通过的决议强调了水利服务于家园建设的事实，后者还借用了罗斯福总统和内政部部长伊桑·希契科克(Ethan Hitchcock)的发言以突出这一点。④ 在 1902 年总联盟的年会上，全国水利协会(The National Irrigation Association)主席布思先生(Mr. C. H. Boothe)应邀进行简短发言后，女性旋即通过了几项决议：支持罗斯福总统发布的题为“成功的家庭建设是国家构建的代名词”的国情咨文，并遵循内政部部长的提议“目前对于美国人民来说，没有任何事情比水资源保护、西部贫瘠土地的改良及那些建设家园、建设社区的人们的安居乐业更重要”，同时敦促国会修建必要的水库和水利工程，吸引大量成功的美国公民在荒漠地带安家。⑤ 这种将全国水资源问题同家庭建设结合在一起的观点符合女性作为“城市管家”的理念和

① Lydia Adams Williams, “Mrs. Emmons Crocker.” *American Forestry*, Vol. 21 (Mar., 1915), pp. 204～206.

② Mrs. J. D. Wilkinson, “The Pollution of Our Waterways.” *General Federation Bulletin*, Vol. VIII, No. 9 (Jun., 1911), p. 464.

③ Priscilla Massmann, “A Neglected Partnership: The General Federation of Women's Clubs and the Conservation Movement, 1890～1920”, p. 91.

④ Priscilla Massmann, “A Neglected Partnership: The General Federation of Women's Clubs and the Conservation Movement, 1890～1920”, p. 92.

⑤ Mary Wood, *The History of the General Federation of Women's Clubs: for the First Twenty-Two Years of Its Organization*. New York, 1912, pp. 148～149.

职责要求，成为妇女社会改革的一部分。

与此同时，罗斯福政府也对国家水资源和航道问题甚为关心，这大大加深了其资源保护的工作内涵。1907年，罗斯福总统下令成立了一个内陆航道委员会（Inland Waterways Commission），专门制定有关美国内陆航道使用的计划，引导其向资源保护方向发展。它将河流保护和资源保护结合起来，共同维护国家的繁荣。① 同年，内陆航道委员会提议召开一次州长会议，目的是"通过各州州长和其他公众人士明晰目前国家关于航道改进和水资源发展的要求"，重点强调水资源问题。之后，州长会议的主题扩大到涵盖所有自然资源的保护问题。②

在罗斯福总统的支持下，1908年5月13～15日，资源保护州长会议在白宫举行，罗斯福总统致开幕词。他指出，自然资源保护是目前最重要的问题，也是国家效率（national efficiency）问题的重要组成部分，呼吁与会者要全力保护自然资源，不仅为了当代人，更为了后代子孙。③ 除了各州州长、各州代表、内阁成员、国会议员、内路航道委员会成员等参加外，时任总联盟主席的萨拉·普拉特·德克尔夫人（Mrs. Sara Platt Decker）也应邀参加。德克尔夫人是与会的唯一一位女性代表，这是总联盟的最大荣誉，也是对俱乐部妇女资源保护工作的认可。会议上，罗斯福总统向全国的妇女发出呼吁，希望她们通力合作，将资源保护问题深入广大民众中。④ 这次会议具有重大的历史意义，因为全国最重要的理论、经济、审议专家悉数参加，就资源保护问题进行了讨论。⑤ 会议上还成立了一个委员会，起草了一份有关自然资源保护的州长宣言。⑥

受州长会议的鼓励，总联盟的威廉斯撰写了一篇题为《自然资源的浪费现状及保护的必要性》的文章，并在哥伦比亚特区妇女俱乐部联盟的会议上和第九届年会上进行了宣读。之后，该联盟通过了一项支持资源保护

---

① Priscilla Massmann, "A Neglected Partnership: The General Federation of Women's Clubs and the Conservation Movement, 1890～1920", p. 103.

② Samuel Hays, *Conservation and the Gospel of Efficiency: The Progressive Conservation Movement, 1890～1920*, p. 128.

③ Theodore Roosevelt, "Conservation of National Resources: Weightiest Problem Before Our People-Duty of the Nation and the States." Address of President Roosevelt at the Opening of the Conference on the Conservation of National Resources, at the White House, May 13, 1908. *The Chautauquan*, Vol. 55, No. 1(Jun., 1909), p. 43.

④ Lydia Adams-Williams, "Forestry at the Biennial", p. 437.

⑤ Mary Wood, *The History of the General Federation of Women's Clubs: for the First Twenty-Two Years of Its Organization*, p. 224.

⑥ "Declaration of Governors for Conservation of National Resources." *Chautauquan*, Vol. 55, No. 1(Jun., 1909), pp. 44～47.

运动的决议，成为首个公开支持资源保护运动的妇女俱乐部组织。决议提出："建立在资源保护原则和自然资源现状的基础之上，在联邦政府的监督和帮助下，鉴于我们国家无与伦比的财富、繁盛和发展，我们在全世界推行人道主义和文明的事业，我们全力支持并毫无保留地支持罗斯福总统不遗余力地保护和发展自然资源的政策。"①联盟妇女还立志通过个人和组织的力量，利用文字和自身所能发挥的全部影响力协助各个致力于资源保护的机构的工作；同时，她们还对联盟的资源保护工作进行了明确的部署。

1908 年州长会议后，罗斯福总统成立了全国资源保护委员会（National Conservation Commission），由平肖担任主席，就全国的自然资源状况向总统提供建议，并同州长会议上成立的 37 个州级资源保护委员会进行合作。② 俱乐部妇女对全国资源保护活动给予了热烈的响应。同年，在路易斯安那州约翰·D. 威尔金森夫人（Mrs. John D. Wilkinson）的领导下，总联盟成立了一个航道委员会（The Waterway Committee），专门致力于推动水利、洁净水及更廉价、更便捷的交通的发展。

女性保护资源的目的就是要保护孩子的健康和生命，让他们的身体、精神和心理都能健康成长，而洁净水源的问题却让她们十分忧虑。随着 19 世纪美国人口的增加，洁净水供应成为城镇的重要问题。而由于立法的缺失和人们的无知，美国的河流被忽略，甚至成为毒害生命的源头。女性呼吁河流应得到保护，为国民生活和健康服务，并敦促各级政府颁布保护河流使其免受污染的法律，要求个人和团体都必须遵守和执行。③ 在全国资源保护大会上，她们不仅表达出保护河流湖泊的决心，还呼吁男性重视水资源问题。④ 成立之初，航道委员会主要从事水利保护的宣传和教育工作，在全国范围内传播有关水资源问题的信息，这激起了各州女性的活动。俱乐部妇女走向学校，通过演讲、会议、报纸和小册子宣传等向学校引进资源保护教育，将内陆河道保护知识传授给教师和学生，与学校师生和媒体通力合作。同时，航道委员会还非常注重立法对于河流保护的重要性，其成员通过影响立法的方式敦促相关法律的通过。委员会也认识到河流灌溉在实现所有目标过程中的关键作用，因此对各州河流管理问题予以

---

① "Upholding the Government." *Forestry and Irrigation*, Vol. XIV, No. 5 (May, 1908), pp. 270～273.

② Priscilla Massmann, "A Neglected Partnership: The General Federation of Women's Clubs and the Conservation Movement, 1890～1920", p. 104.

③ Mrs. J. D. Wilkinson, "The Pollution of Our Waterways", pp. 464～465.

④ Mrs. G. B. Sneath, *Addresses and Proceedings of the First National Conservation Congress*, 1910, pp. 166～167.

特别关注和支持。很快，水利宣传和保护活动在39个州、619个俱乐部开展起来，包括建立图书馆、实施社区洁净水计划和滨水区卫生计划等。如在特拉华州，女性发起了宣传保护洁净水及滨水区的重要性的公共教育运动，为学校孩子们举办最佳航道文章竞赛并提供奖励，同时支持国家对湖泊和河流的发展规划，以进一步降低运输成本。①

随着全国资源保护运动的开展，总联盟的自然资源保护范围也随之扩大。1910年的总联盟第十届年会上通过了一项决议，将林业委员会和航道委员会合并为资源保护部(The Conservation Department)，由克罗克夫人担任领导职务，并增加了一位鸟类保护的代表——来自马萨诸塞州的弗朗西斯·B. 霍恩布鲁克夫人(Mrs. Francis B. Hornbrooke)。总联盟内部资源保护机构的整合表明它对自然的兴趣从重点强调森林、水资源扩大为对自然环境和所有自然资源的保护，包括森林、水资源、土壤、矿藏、道路和野生物保护等。总联盟还反对在高速路旁竖立广告牌，并承担起监督植树、庆祝植树节、支持奥杜邦协会和协助保护美国特定林地的任务。在1910年辛辛那提年会上，克罗克夫人还发表了题为《肆意浪费造成资源严重匮乏》(Wilful Waste Makes Woeful Want)的演讲，批评美国人对土壤、肥料、矿藏及鱼类、肉类等的浪费。几年后，克罗克夫人还自费出版并分发了大量有关她谈到的主题的材料，特别是将1912年和1914年年会上资源保护部提交的一份长达24页的报告分发给各州，目的是让公众清晰地了解女性在保护森林、航道、土壤、鸟类和建立州立、国家公园方面所付出的努力。②

资源保护部成立后出版了大量引人注目的宣传册，包括羽毛佩戴及对金属、矿物资源、水力和风力的利用等内容。为了更好地落实资源保护部的计划，专门负责具体事务的小组委员会成立，如林业工作由怀特夫人负责，航道问题由威尔金森夫人负责，而鸟类保护工作则由霍恩布鲁克夫人负责。第十届年会后，资源保护部受邀参加了两次大会，一次是1910年在明尼苏达州圣保罗举行的第二届全国资源保护大会，另一个是在科罗拉多州举行的全国水利大会(The National Irrigation Congress)，③这足以体现

---

① Carolyn Merchant, "Women of the Progressive Conservation Movement, 1900～1916." *Environmental Review*: ER, Vol. 8, No. 1, Special Issue: Women and Environmental History (Spring, 1984), p. 63.

② Lydia Adams Williams, "Mrs. Emmons Crocker." *American Forestry*, Vol. 21 (Mar., 1915), pp. 205～206.

③ Mary Wood, *The History of the General Federation of Women's Clubs: for the First Twenty-Two Years of Its Organization*, pp. 281～282.

出总联盟在全国范围内产生的影响力及男性对女性工作的肯定和重视。

在资源保护工作中，总联盟资源保护部对土壤保护的兴趣非常浓厚，这与其对森林和水资源的保护工作密不可分。总联盟资源保护部主席克罗克夫人指出，该部最主要的工作是保护森林，其次是水资源和鸟类，紧接着便是土壤。因为国民的食物供给依赖土壤的肥力，而土壤的肥力则依靠资源保护。① 1910 年后，土壤耗竭成为总联盟关注的问题之一。1910～1911 年，克罗克夫人试图使总联盟成员了解导致土壤耗竭的原因及解决问题的办法，“土壤耗竭来自对同一片土地的持续使用及不给它施肥，补救办法就是庄稼的轮作和肥料的使用”②。克罗克夫人力图敦促人们用最科学的方法和最现代的宣传手段保护并修复自然资源，使其为人们提供美学价值和实用价值，确保当代人以及后代人的利益，从而达到保护健康、生命力及文明的目的。从 1911 年 11 月到 1912 年 2 月，总联盟的官方杂志《总联盟公告》(*General Federation Bulletin*)③连续四期刊登了资源保护部关于土壤保护的内容，详细说明了土壤的构成、工作原理、土壤和植物的关系、如何保持土壤肥力等，其目的是让人们了解土壤对于植物生长的重要性，激发人们对土壤保护的兴趣。④

与此同时，总联盟还呼吁其成员俱乐部加入科学管理农业、提高单位面积产量和保护食物供应的行列。1911 年 6 月，全国土壤肥力联盟(National Soil Fertility League)成立，其目的是保护并提高土壤的肥力。达成此目标的主要方法是向每个乡村派遣一位土壤专家，负责用最先进的知识开垦一片土地，以身传教，教授农民进行科学耕种。⑤ 1912 年，总联盟加入

---

① Mrs. Emmons Crocker, "Conservation Department: Soil." *General Federation Bulletin*, Vol. IX, No. 2(Nov., 1911), p. 58.

② Priscilla Massmann, "A Neglected Partnership: The General Federation of Women's Clubs and the Conservation Movement, 1890～1920", p. 105.

③ 1910 年在俄亥俄州的辛辛那提市举行的总联盟第十届年会上，其官方杂志《联盟公告》(*Federation Bulletin*: 1903～1910)更名为《总联盟公告》(*General Federation Bulletin*)，从 1910 年 6 月刊起，杂志开始采用新名称。1913 年 1 月后又更名为《总联盟杂志》[*General Federation* (*of Women's Clubs*) *Magazine*]。

④ Mrs. Emmons Crocker, "Conservation Department: Soil." *General Federation Bulletin*, Vol. IX, No. 2(Nov., 1911), pp. 58～59; "Conservation Department: Conservation of Soil." *General Federation Bulletin*, Vol. IX, No. 3(Dec., 1911), pp. 126～127; "Conservation Department: Conservation of Soil." *General Federation Bulletin*, Vol. IX, No. 4(Jan., 1912), pp. 192～194; "Conservation Department: Conservation of Soil." *General Federation Bulletin*, Vol. IX, No. 5(Feb., 1912), pp. 268～269.

⑤ Mrs. Emmons Crocker, "Conservation Department: Conservation of Soil." *General Federation Bulletin*, Vol. IX, No. 5(Feb., 1912), p. 268.

了新成立的全国土壤肥力联盟，希望在土壤保护方面做出贡献。全国土壤肥力联盟还提出了《利弗—史密斯法案》(Lever-Smith Bill)，要求国会调配资金，使每个社区的示范者获得本州农业学院的资助。在总联盟的大力倡导和支持下，国会反对声微弱，该法案于1914年7月1日签署生效。①

资源保护运动的发展使资源保护的内涵得到了进一步的深化。1909年在西雅图举行的第一届全国资源保护大会上，总联盟代表奥弗顿·埃利斯夫人(Mrs. Overton Ellis)向大会汇报了总联盟各个常务委员会的工作情况，并称：

> 资源保护的内涵不断扩大，它成为提升人类生活品质的最重要的活动。资源保护这一原则被广泛应用于物质和道德方面，它对人类的价值无须质疑，也无法估量。女性大量琐碎的工作证明，只有资源保护才是她们取得成功最可靠的武器。它赋予各种微不足道的日常工作以“资源保护”的内涵，譬如将昨日的烤肉重新进行烹制；修改去年的衣服供来年穿着；确保孩子们的工作、学习和娱乐活动向更良好的状态发展；合理管理家庭，保证家庭成员的体力和脑力不被浪费等。这便是我们所说的“为了绝大多数人最大的利益保护资源”。保护物质资源，提升道德品质是女性生活的基本原则，是她们所有工作最重要的特点之一……保护每一项活动中所有有益的因素是总联盟的任务。②

从这段话可以看出，埃利斯夫人认为资源保护不仅包括物质形态的自然资源，还包括人文内涵，即保护人类的“生命力”，包括提高公共卫生、降低死亡率、食品安全、废止使用童工、保护孩子、关注工人的健康等，这些都与美国的家庭息息相关。作为家庭的管理者，女性们更倾向于将一切威胁家庭健康和稳定的因素视作资源保护的内容，这既符合女性的“城市管家”理念，又符合进步主义时期女性进行社会改革的背景。埃利斯夫人试图将总联盟的资源保护工作置于女性的社会改革背景之下，将资源保护同自身性别紧密联系在一起。资源保护部的工作也开始同总联盟其他几个最强大的部门如公共卫生部、家政学部及市政服务部相互交叉、重合，共同促进

---

① Priscilla Massmann, “A Neglected Partnership: The General Federation of Women's Clubs and the Conservation Movement, 1890～1920”, pp. 106～107.

② Mrs. Overton Ellis, “The General Federation of Women's Clubs in Conservation Work.” *Addresses and Proceedings of the First National Conservation Congress*, 1909, p. 150.

对自然资源和人类生命的保护。①

三、总联盟与国家公园建设及自然资源保护活动的式微(1908～1920)

1908～1913年发生的“赫奇赫奇争论”以自然保留主义者的失败告终,这场争论无论对于资源保护运动还是总联盟的资源保护工作都是一个转折。从此,总联盟的关注重点不仅仅局限于森林与水资源,还包括对州立公园和国家公园的支持。

“赫奇赫奇争论”前,总联盟倾向于实用性资源保护理念(practical conservation)②,对平肖的资源管理理念给予支持。在加利福尼亚州和新罕布什尔州妇女成功保护本州森林后,总联盟对林业的兴趣开始从树木种植转向科学林业(scientific forestry)。1907年,林业委员会主任玛丽·皮特森夫人敦促各个俱乐部研究各地自身需求及林业问题,她还提醒这些俱乐部“除了强调树木的美学价值外,还要关注它的经济和效用”,“推动森林的保留、保护和科学管理及确保森林土地的公共所有权和管理”。③当平肖在第一届全国资源保护大会上提出“资源保护是为大多数人谋求最长久的最大福祉”时,参加这次会议的埃利斯夫人对此表示赞同。平肖对总联盟的资源保护活动不仅予以肯定,而且还提供了各种帮助。1908年后,虽然女性的资源保护活动范围扩大,但森林保护依然是她们的首要任务。她们支持森林保留地及森林保护立法的建立,并同危害国家森林的立法和行为做斗争;她们同全国资源保护协会和美国林业协会紧密合作,向基层公众发放宣传册,给国会议员写信进行劝导等;她们还向国会代表提出抗议,反对州政府对森林的控制和管理,建议将管理权交给联邦政府,因为她们担心各州会将森林所有权移交给私人所有者,导致森林保护运动取得的成就被践踏。

同时,对于国家河流的发展和水力利用问题,总联盟也表示支持政府对河流和水资源管理的干预。“资源保护的目的是提升国家效率……所有

---

① Mrs. Moore, *Addresses and Proceedings of the Fourth National Conservation Congress*, 1912, p. 241.

② “practical conservation”和下文中提到的“poetical conservation”这两个概念来源于Mrs. Samuel Sneath, “Practical and Poetical Conservation.” Proceedings, Thirteenth Biennial Meeting of the GFWC, 1916, p. 570, cited in Priscilla Massmann, “A Neglected Partnership: The General Federation of Women's Clubs and the Conservation Movement, 1890～1920.” Ph. D. diss., the University of Connecticut, 1997, p. 132.

③ Mary Peterson, “Forestry Committee: Suggestions to the Club Women of the United States.” *The Federation Bulletin*, Vol. V, No. 2 (Nov., 1907), pp. 58～59.

的河流应该用来满足公众的需求”。[①] 当河流上建造大坝和发电站时，艾丽斯·贝内特(Alice Bennett)曾提出所有权问题，“这些河流应移交给几个可以影响1亿人生活、将工人工资降到最低水平的公司，还是交给联邦政府，让其在公平的前提下交给利益团体，并迫使他们遵守合同条款，保障人民的利益不受损害”[②]。答案当然是第二个。这种观点体现了总联盟支持资源有效管理和利用的实用性原则。

但在“赫奇赫奇争论”中，总联盟反对大坝修建则使女性逐渐转向理想化的资源保护理念(poetical conservation)。早在1902年，旧金山市政府便向美国内政部提出在赫奇赫奇山谷修建大坝的请求，但未获得批准。之后，于1905年再次提出，又遭到拒绝。1906年，担任美国森林服务处处长的平肖受理修建大坝的计划，并得到内政部新任部长、他的好友，同时也是资源保护主义者的詹姆斯·加菲尔德(James Garfield)的支持。1907年旧金山市政府又一次向内政部提出修建大坝的请求，该提案提交至国会时遭到自然保留主义者的强烈反对。他们认为，修建大坝将破坏峡谷的完整性和美丽。一旦在赫奇赫奇峡谷修建大坝，那么所有的国家公园都将面临被商业利用的命运，国家公园将毁于一旦。“赫奇赫奇争论”开始之初，总联盟并未加入自然保留主义者的行列。它对于在赫奇赫奇峡谷修建大坝并没有提出反对意见，因此1907年修建大坝的提案提交至国会时，总联盟并没有表达出明确的立场，而是“将该问题搁置，直到国会任命的委员会进行调查并得出相关结论”[③]。该委员会于1912年冬发布调查结果，认为联邦政府应将此地保留为国家公园，旧金山可以重新选址修建大坝。这一结果使总联盟毅然改变对平肖的一贯支持，正式加入以缪尔为首的自然保留主义者的行列，明确表示反对在赫奇赫奇山谷修建大坝，这场运动也证明了总联盟妇女对国家公园建设日益增长的兴趣。

事实上，在总联盟明确表明其支持自然保留主义者的立场之前，一些妇女俱乐部和组织已经表现出对建立国家公园、维护自然之美的热情。1908年，全国就赫奇赫奇大坝的修建问题展开了激烈的辩论。1月，缪尔在《塞拉俱乐部公告》(*The Sierra Club Bulletin*)上发表了一篇关于赫奇

---

① Mrs. J. D. Wilkinson, “The Pollution of Our Waterways.” *General Federation Bulletin*, Vol. VIII, No. 9(Jun., 1911), p. 464.

② Alice Bennett, “Water Power Development.” *General Federation Bulletin*, Vol. VIII, No. 4(Jan., 1911), p. 200.

③ Mrs. Emmons Crocker, “Conservation.” *General Federation (of Women's Clubs) Magazine*, Vol. XI, No. 15(Dec., 1913), p. 11.

赫奇峡谷的文章，这标志着自然保留主义者激发公众热情的运动的开始。[①] 该运动持续了六年之久，缪尔所代表的为了休闲和精神提升等内在价值保护自然景观的自然保留主义观点表达出20世纪初大部分美国人的理念，因此赢得了全国上下的关注和认同。缪尔通过演说、信件、报纸杂志及国会游说等形式强烈反对大坝的建立，对峡谷所处的危险境况深表痛心，并强烈谴责将峡谷商业化的行为。[②] 缪尔的发言使俱乐部妇女们热血沸腾。她们支持缪尔的提议，认为大坝的修建完全出于经济考虑，因此站在反对立场。她们向众议院公共土地委员会（The U. S. Committee on Public Lands）送去几百封信件和电报，对这次争论产生了重要影响。在1909年1月公共土地委员会的一次听证会上，超过50名女性明确表示反对大坝的修建。在这些女性中，塞拉俱乐部最早的女性领袖玛丽昂·兰德尔·帕森斯（Marion Randall Parsons）和奥里莉亚·哈伍德（Aurelia Harwood）指出，旧金山不需要水库，工程技术人员已经确认至少存在14个其他的水源。帕森斯要求进行国内调查，其他女性也多次利用这个观点开展保留自然完整性的斗争。费城的弗洛伦丝·基恩（Florence Keen）认为，“旧金山无权剥夺后代拥有这个国家最优秀的自然资源的权利”，洛杉矶的玛莎·沃克（Martha Walker）也称，这一事件充分证明美国以商业利益为导向的理念。[③]

1909年4月，国会议员尼达姆（Needham）收到来自圣华金峡谷妇女俱乐部联盟（San Joaquin Valley Federation of Women's Clubs）的一封抗议书。该俱乐部联盟明确表示反对在赫奇赫奇峡谷修建大坝，认为这里的水源应该服务于圣华金峡谷更长远的发展。[④] 时任总联盟林业委员会主任的杰茜·B. 杰勒德（Jessie B. Gerard）向所有的俱乐部妇女发出呼吁，“要保护赫奇赫奇峡谷，并建立‘伟大的国家公园是为了全国所有人利益’的原则，最有效的工作就是将国会中代表各州的众议员和参议员的名单发给每一个俱乐部，敦促各俱乐部领袖向她们的成员发出呼吁，要求她们在12月之前或通过写信，或通过与国会议员面谈的方式向他们施压，迫使他们反对在赫奇赫奇峡谷修建大坝的法案，并支持修建国家公园的所有法

---

① James W. Shores, “A Win-Lose Situation: Historical Context, Ethoss, and Rhetorical Choices in John Miuir's 1908 ‘Hetch Hetchy Valley’ Article.” *The Journal of American Culture*, Vol. 29, No. 2(Jun., 2006), pp. 192～193.

② John Muir, *The Yosemite*. New York: The Century Co., 1912, pp. 255～257.

③ Polly Welts Kaufman, *National Parks and the Woman's Voice: A History*. Albuquerque: University of New Mexico Press, 1997, p. 31.

④ “Washington Briefs: Women on Hetch-Hetchy.” *Los Angeles Times*, Apr. 17, 1909, p. 14.

案”。[①] 她还为俱乐部妇女们提供了 1909 年参议院公共土地委员会的名单及内政部长的名字。1910 年 1 月，妇女改进俱乐部（The Woman's Improvement Club）召开会议，决定效仿其他妇女俱乐部反对大坝的修建。C. A. 霍洛韦夫人（Mrs. C. A. Holloway）和刘易斯小姐（Miss Lewis）负责起草决议，之后，18 份决议复印件被递交给国会议员和各部部长。[②]

为了赢得更多女性的支持，缪尔专门号召总联盟妇女反对大坝的修建：“赫奇赫奇峡谷是一个宏伟的景观花园，是自然界中最为珍贵的山川景观之一……它应该受到认真的保护。”[③]“它无与伦比，它属于美国人民。约塞米蒂国家公园创建于 1890 年，目的就是为了所有国民的利益而在辽阔的荒野中保护这片自然仙境。但尽管如此，旧金山的个别人却试图为了解决城市的供水问题而牺牲国家的利益……当修建大坝的提案提交给国会时，遭到了全国上下的极力反对。但现在，同样的提案即将再次被提交到 12 月举行的国会会议！让那些坚信我们伟大的财富应该得到保护的人们发出抗议，要求国会拒绝这个毁灭性的提案，要求国会修订现存的公园法律，停止一切有损于国家公园体系的行为！”[④]

在缪尔的号召下，总联盟、加利福尼亚州妇女俱乐部联盟及其他各州的妇女俱乐部联盟通过了反对大坝建造的决议。[⑤] 之后，总联盟官方杂志《联盟公告》（*The Federation Bulletin*）刊登了资源保护部主席杰茜·B. 杰勒德对缪尔的回应及总联盟的决议：“赫奇赫奇峡谷是伟大的约塞米蒂国家公园中最宏伟、最重要的特色之一，它属于美国 9000 万民众；这个峡谷正在遭受破坏，这将严重限制公众对公园的使用。我们发自内心反对这一财产的不必要开发，请求总统和内政部长取消目前的许可，敦促所有的参议员和众议员，特别是公共土地委员会的委员阻止任何允许侵入国家公园的法案的通过。”[⑥]随后，这份决议的复印件被提交给总统、内政部长和代表总联盟妇女的国会议员，以及公共土地委员会的成员们。1913 年 11

---

① Jessie Byrant Gerard, “Save the Hetch-Hetchy Valley.” *Federation Bulletin*, Vol. VII, No. 2(Nov., 1909), p. 54.

② “Women Join in the Protest: Oppose San Francisco Plan to Get More.” *Los Angeles Times*, Jan. 21, 1910, p. II9.

③ John Muir, “The Beauties of the Hetch-Hetchy Valley.” *The Federation Bulletin*, Vol. VII, No. 5(Feb., 1910), p. 150.

④ John Muir, “A Brief Statement of the Hetch-Hetchy Question.” *The Federation Bulletin*, Vol. VII, No. 4(Jan., 1910), pp. 110～111.

⑤ John Muir, “A Brief Statement of the Hetch-Hetchy Question”, p. 111.

⑥ Jessie B. Gerard, “A Word on Forestry: To the Club Women of the General Federation.” *The Federation Bulletin*, Vol. VII, No. 5(Feb., 1910), p. 160.

月18日，反对破坏赫奇赫奇峡谷景观计划的决议在马萨诸塞州妇女俱乐部联盟的秋季会议上通过。这次会议由来自全州的1200名代表参加，她们一致反对在赫奇赫奇峡谷修建大坝。①

尽管以总联盟为代表的女性和其他自然保留主义者极力反对大坝的修建，但他们仍无法改变政府官员和专家们以科学管理和有效利用资源为主导的理念的统治地位。1913年9月，允许在赫奇赫奇峡谷建造大坝的《雷克法案》(The Raker Bill)在众议院获得通过，总联盟女性奔走疾呼，呼吁公众积极反对该法案于12月6日在参议院通过。1913年12月，总联盟官方杂志《总联盟杂志》刊登了一篇由克罗克夫人撰写的文章，表明总联盟对《雷克法案》明确的反对立场。她称，总联盟将持续密切关注赫奇赫奇问题，并反对任何破坏国家森林的提案，希望今年和去年一样，全国各地的民众继续反对类似提案的通过。她还指出，这期杂志在《雷克法案》进入参议院投票之前会送达每位订阅者手中，因此，她特意详细介绍了赫奇赫奇事件的情况，并希望每一位读者给他们的参议员发电报，迫使他们反对《雷克法案》。她相信强烈的反对声将会对参议院的投票产生重要影响。接着，克罗克夫人就建造大坝的11个问题做出反驳，认为不应该为了满足旧金山的需要而毁掉平肖口中的“世界上伟大奇迹之一”的景观。最后，她还就如何保护赫奇赫奇峡谷和约塞米蒂公园提出了建议：给威尔逊总统致电，请求他反对《赫奇赫奇法案》；向本州的参议员致电，获得尽可能多的支持，要求他们积极反对《赫奇赫奇法案》；发动更多的朋友同时致电，因为他们的每一次抗议都会对《赫奇赫奇法案》产生影响。克罗克夫人还附上了一份国会参议员的名单，以供公众参考。②

女性反对大坝的声音被反映到国会，招致许多议员的指责。来自加利福尼亚州的国会议员威廉·肯特致电平肖称，水库计划陷入危险之中，这是一场被错误信息误导的自然热爱者和以妇女俱乐部为代表的利益团体发动的阴谋。大坝支持者试图诋毁自然保留主义者，斥责他们的行为不科学、过于女性化和感情用事。③ 就连之前称赞女性的美国林业协会也指责女性思想不成熟、缺乏对森林的充分了解，批评她们的活动削弱了资源保

---

① “Women Oppose Reservoir Plan of Heth Hetchy: Autumn Meeting of Federation Protests Disturbing Beauty of the California Valley as Contemplated.” *The Christian Science Monitor*, Nov. 18, 1913, p. 5.

② Mrs. Emmons Crocker, “Conservation.” *General Federation (of Women's Clubs) Magazine*, Vol. XI, No. 15 (Dec., 1913), pp. 11～12.

③ Polly Welts Kaufman, *National Parks and the Woman's Voice: A History*. Albuquerque: University of New Mexico Press, 1997, p. 32.

护事业，并停止在其官方期刊上刊登有关妇女俱乐部工作的文章。① 虽然女性的声音非常强烈，但由于缺乏选举权，她们无法直接影响立法过程，因而被轻而易举地忽视。最终，《赫奇赫奇法案》于 1913 年 12 月 19 日在国会获得通过，并由威尔逊总统签署生效，自然保留主义者的活动以失败告终。第二年，缪尔去世，"赫奇赫奇争论"结束。

尽管自然保留主义者保护赫奇赫奇峡谷的目标未实现，但他们却进一步促进了公众环境意识的觉醒，也推动了女性继续保护自然的步伐。她们更加积极地在国家公园运动中发挥作用，推动了更多州立及国家公园的建立，其中最突出的例子就是加利福尼亚州红杉林州立公园的建立和佛罗里达州妇女俱乐部联盟（The Florida Federation of Women's Clubs）保护"天堂钥匙"（Paradise Key）的活动。

19 世纪末，加利福尼亚州宏堡县（Humboldt County）的红杉林面临被砍伐，变成篱笆和板材直至消失的命运。加利福尼亚州妇女俱乐部联盟（California Federation of Women's Clubs，以下简称 CFWC）的创立者、第一任主席克拉拉·布拉德利·伯德特（Clara Bradley Burdette）谴责男性为了利益不顾当代人和后代子孙利益的行为，并指出红杉的重要性：它们是水资源的天然储藏室，它们滋养的泉水带来丰收并给予人们生命，使家庭、健康和财富成为可能。② 因此保护红杉成为 CFWC 义不容辞的责任。它领导俱乐部妇女开展保护红杉林的工作，既反映了女性在森林保护和公园建设中的影响力，又体现两性之间的合作。

最早有组织地拯救宏堡县红杉林的活动开始于 1905 年。这一年，宏堡商务处负责人、太平洋红杉公司的乔治·A. 凯洛格（George A. Kellogg）向州立法机构提交了一份决议，希望建立一个红杉公园以保护原始的红杉林，但遗憾的是，凯洛格并没有采取进一步行动。③ 当时已成立的宏堡县妇女俱乐部联盟（Humboldt County Federation of Women's Clubs，以下简称 HCFWC）并没有就此放弃，而是延续了凯洛格的工作并将其发扬光大。1908 年，尤里卡公立学校的孩子们学习了森林知识后，超过 1400 名孩子为一份拯救红杉林、建立红杉林国家公园的请愿签名。请愿表达了

---

① Thomas Raymond Wellock, *Preserving the Nation: The Conservation and Environmental Movements, 1870～2000*. Wheeling, Illinois: Harlan Davidson, Inc., 2007, p. 65.

② Cameron Binkley, "No Better Heritage Than Living Trees: Women's Clubs and Early Conservation in Humboldt County." *Western Historical Quarterly*, Vol. 33, No. 2 (Summer, 2002), p. 181.

③ Cameron Binkley, "No Better Heritage Than Living Trees: Women's Clubs and Early Conservation in Humboldt County", p. 181.

孩子们的心声:“我们,尤里卡学校的学生,已经学习了这片红杉林的知识。和我们国家的其他人一样,我们认为应为了我们及后代保护这片红杉林,我们怀着敬意向美国政府请愿,希望能为红杉林国家公园的建立采取行动。”[①]这份请愿引起了社会和政府的关注,被认为是美国历史上最独特的请愿之一,因为“为了孩子们”是建立国家公园的最佳理由。[②] 俱乐部妇女利用这次机会将请愿书递交给美国农业部的美国森林服务处,服务处表示将竭尽所能提供所有的信息和帮助;该活动还获得了西奥多·罗斯福总统的支持,他立即表示将协助保护这片红杉林;同时它也得到了宏堡县商务处的支持。此时,商务处正准备建立一个红杉公园以吸引更多的投资者资助从尤里卡到旧金山的铁路建设,俱乐部妇女保护红杉林的计划与它不谋而合。1909 年 11 月 8 日,HCFWC 女性召开会议讨论建立红杉公园的事宜,并邀请她们的儿子和丈夫参加。这些男性向俱乐部妇女介绍了在宏堡县建立红杉公园的想法,获得了俱乐部妇女的一致支持。[③]

宏堡俱乐部妇女的参与让男性备受鼓舞,而吸引旅游者和修建铁路的提议也增强了建立红杉公园的说服力。1912 年,公园支持者提出一项建立一个委员会的提案,该委员会的目的是调查在宏堡县建立国家红杉公园的可能性,该提议获得了 CFWC 的大力支持。[④] 同时,支持者说服他们的国会议员约翰·雷克(John Raker)支持这项法案。1913 年 9 月 27 日,HCFWC 的成员相聚于名为卡森树林的红杉林,讨论建立红杉国家公园的路径。当她们得知雷克已将建立委员会的提议提交给农业委员会时,她们马上向该委员会提交决议,并恳请国会保护这片红杉林。接着,HCFWC 成立了一个红杉公园委员会,旨在吸引每个妇女俱乐部的成员加入。虽然 HCFWC 做了大量努力,但该法案却在国会毫无进展。1915 年 5 月,俱乐部不得已终止了保护活动,以等待更好的时机。最终,卡森树林被无情砍伐。[⑤]

即便如此,宏堡县的资源保护主义者并未气馁。1917 年,三名男性成立了全国拯救红杉联盟(Save the Redwoods League),以阻止对红杉林的

---

① "School Children Petition Preservation of California Redwoods." *The Journal of Education*, Vol. 67, No. 10(Mar. 5, 1908), p. 278.

② "School Children Petition Preservation of California Redwoods", p. 278.

③ Cameron Binkley, "No Better Heritage Than Living Trees: Women's Clubs and Early Conservation in Humboldt County", p. 189.

④ Cameron Binkley, "No Better Heritage Than Living Trees: Women's Clubs and Early Conservation in Humboldt County", p. 189.

⑤ Cameron Binkley, "No Better Heritage Than Living Trees: Women's Clubs and Early Conservation in Humboldt County", p. 192.

滥伐，这大大鼓舞了HCFWC成员的士气。她们于1919年8月9日召开了一次会议，邀请宏堡县所有对红杉保护感兴趣的女性参加，并成立了专门拯救红杉林的妇女俱乐部——宏堡县拯救红杉妇女联盟（The Save the Redwoods League as Organized by the Women of Humboldt County）。该联盟以女性为主，其核心团队由35名女性组成。她们持续进行宣传，在当地学校举办艺术设计竞赛，并通过写信的方式，说服邮局在寄出的信件上粘贴拯救红杉林的邮票。她们还拍摄有关红杉林的纪录片，以引起公众和立法者的重视。[①] 她们的努力获得了州级及全国妇女俱乐部女性领袖的热情支持，并争取到CFWC在宏堡县召开年会的机会，以更好地使俱乐部妇女们感受并了解红杉林的宏伟与壮观，从而赢得更多的同情和帮助。这次机会的获得也表明宏堡县妇女俱乐部资源保护活动的成功。

在全国拯救红杉联盟、宏堡县拯救红杉妇女联盟和宏堡商务处的共同努力下，拯救宏堡县红杉林的计划取得了成功。CFWC的年会于1923年在宏堡县成功举行后，CFWC成员对这里美丽的自然留下了深刻的印象，她们开始筹措资金购买这片红杉林。最终，女性在全州范围内共筹集到9万美元，购买到103英亩的树林，宏堡县红杉林州立公园（Humboldt Redwoods State Parks）由此建立。可以说，红杉公园的建立是妇女俱乐部积极开展资源保护工作的重要成果，其中，拯救红杉妇女联盟、加利福尼亚州妇女俱乐部联盟及大量将红杉保护看作本州乃至全国的事业并为之奋斗的女性做出了重要贡献。[②]

加利福尼亚州的女性拯救红杉林的时候，一场保护"天堂钥匙"的公园运动正在佛罗里达州发酵。"天堂钥匙"位于佛罗里达半岛东南部的大沼泽地深处，由一位白人作家柯克·门罗（Kirk Monroe）于1881年发现。那里植物生长茂密，树木种类超过50种。其中，最突出的是棕榈树，有些高达30米，像打开天堂之门的钥匙，因而被称作"天堂钥匙"。早在1905年，佛罗里达州妇女俱乐部联盟就在迈阿密召开的第十届年会上提出了一项决议，"联盟支持建立大沼泽地'天堂钥匙'联邦森林保留地的提议，目的是保护这里的皇家棕榈，因为这是美国唯一一处自然生长的棕榈地"[③]。但是该决议当时并没有得到州立法机构的重视。1909年，时任佛罗里达州

---

① Cameron Binkley,"No Better Heritage Than Living Trees: Women's Clubs and Early Conservation in Humboldt County",pp. 193～195.

② Myra Nye,"Redwood Fight Success Told: Three-quarters of Million Available for…"*Los Angeles Times*,Feb. 18,1925,p. A1.

③ Lucy Worthington Blackman, *The Florida Federation of Women's Clubs, 1895～1939*. Jacksonville,Fla. :Jacksonville Southern Historical Publishing Associates,1939,p. 5.

妇女俱乐部联盟林业委员会主任的玛丽·B. 门罗(Mary B. Munroe)建议将这片土地赠送给佛罗里达州妇女俱乐部联盟用作公园用地。但由于所有权不明确,这场运动无疾而终。①

1914 年,"天堂钥匙"开始遭到铁路建设和经济发展的威胁。同年,梅·曼·詹宁斯(1872～1963)担任佛罗里达州妇女俱乐部联盟的主席,承担起保护"天堂钥匙"的重任。② 詹宁斯是佛罗里达州著名的女性活动家,也是最活跃的俱乐部妇女领袖之一,主要致力于俱乐部和社区工作。她的丈夫曾担任佛罗里达州州长,这使得詹宁斯具有很大的影响力,工作也更容易开展。詹宁斯、J. O. 赖特夫人以及佛罗里达州东海岸铁路公司的主席等几人发起了一场购买 960 英亩公园用地的运动。这场运动的结果是,州立法机构于 1915 年同意给佛罗里达州妇女俱乐部联盟要求的土地,条件是联盟需要先获得同等面积的土地。之后,英格拉哈姆代表铁路公司所有者亨利·M. 弗拉格勒的夫人将同等面积的土地赠送给联盟用作公园建设。③

1914 年 12 月 3 日,詹宁斯向俱乐部联盟的领袖们讲述了"天堂钥匙"的状况,并提出建立公园的计划,希望获得她们的赞同。如果可能,詹宁斯希望她们可以同她一道去佛罗里达州的首府塔拉哈西,说服州长和其他官员同意她的公园计划。詹宁斯的计划受到几位女性的质疑,但所幸大部分人对此表示赞成。随后,詹宁斯只身一人前往塔拉哈西,向州长帕克·特拉梅尔(Park Trammell)和其他领导人推销关于公园的理念,试图说服州立法机构捐赠剩余的土地,并每年拨款 1000 美元用于公园维护,而佛罗里达州妇女俱乐部联盟则承担公园维护和运作的职责。詹宁斯通过妇女组织同州长夫人取得了联系,并与她促膝长谈。12 月 23 日,詹宁斯获得了对公园的广泛支持。在詹宁斯的推动下,她的丈夫起草了一份建立皇家棕榈公园(Royal Palms Park)的草案。詹宁斯则负责动员全州的俱乐部妇女,开始了漫长的巡回演讲。④

1915 年 6 月 4 日,公园立法在两院获得通过,女性拥有了这片土地的

---

① Mary K. Sherman,"Florida's Royal Palm:The Story of the Park Established by the Club Women of Florida."*General Federation of Women's Clubs Magazine*, Vol. XVI, No. 1 (Jan., 1917), p. 19.

② Priscilla Massmann,"A Neglected Partnership:The General Federation of Women's Clubs and the Conservation Movement,1890～1920", p. 150.

③ Mary K. Sherman,"Florida's Royal Palm:The Story of the Park Established by the Club Women of Florida", p. 19.

④ Leslie Kemp Poole,"Let Florida be Green:Women,Activism,and the Environmental Century,1900～2000."Ph. D. diss.,University of Florida,2012, p. 89.

所有权，开始筹备皇家棕榈州立公园的修建。但不幸的是，法案的反对者阻挠州立法机构拨款用于公园运营，俱乐部妇女只好自行筹措资金。[1] 俱乐部联盟的募捐活动赢得了公众的大力支持，不断收到捐款。1916 年 11 月，佛罗里达州妇女俱乐部联盟第 22 届年会在迈阿密举行，会议的主要议题就是关于公园的建立。年会上，玛丽·K. 舍曼做了主题发言，对佛罗里达州妇女俱乐部联盟的事业表示大力支持。同年，佛罗里达州的第一个公园，占地约 4000 英亩的皇家棕榈州立公园（Royal Palms State Park）建立，由佛罗里达州妇女俱乐部联盟所有，成为美国最著名的鸟类、花卉和野生物保护区。詹宁斯称："作为佛罗里达州妇女俱乐部联盟的主席，我利用公众赋予我的权力使佛罗里达公众和他们的孩子永久享受皇家棕榈公园。"[2]舍曼也称赞，这个州立公园是"一片令人愉悦、充满乐趣的土地"，俱乐部妇女为之付出了巨大的努力。[3] 到 1921 年，佛罗里达州立法机构最终通过了每年拨款 2500 美元的决定。1947 年，俱乐部联盟将这片土地捐赠给内政部，使它成为大沼泽地国家公园（Everglades National Park）的一部分。

加利福尼亚州和佛罗里达州妇女俱乐部联盟建立州立公园的努力反映了"赫奇赫奇争论"之后总联盟及各级妇女俱乐部在横扫全国的公园运动中做出的贡献。在两州公园运动的推动下，其他各州也开始了建立州立公园的计划。各州俱乐部妇女都在为国家公园的发展而努力，总联盟的 250 万名妇女团结起来，在国家公园中找到了为美国的男性、女性和孩子们谋求福祉的机会。在这些女性看来，自然景观是大自然最丰富的礼物之一，是一个国家最伟大的财富，为疲惫的人们提供休息之地和希望，使孩子们成为未来优秀的公民。[4] 通过总联盟的资源保护部，这些女性促使美国更多的自然景观得到了保护，并推动国会为国家公园调拨更多的资金，保障国家公园管理局的工作顺利开展。

在总联盟的国家公园运动中，一位女性的贡献不可磨灭，她就是被称作国家公园女士（National Park Lady）的玛丽·K. 舍曼。舍曼在总联盟中先后担任多个领导职务，包括萨拉·普拉特·德克尔担任主席期间的记

---

① 参考 Linda D. Vance，"May Mann Jennings and Royal Palm State Park. "*Florida Historical Quarterly*，Vol. 55（Jul. ，1976），pp. 1～17.

② Mary K. Sherman，"Florida's Royal Palm：The Story of the Park Established by the Club Women of Florida"，p. 19.

③ Mary Sherman，"Women's Part in National Parks Development. "*Proceedings of the National Parks Conference*. Washington，D. C. ，1917，p. 47.

④ Mary Sherman，"Women's Part in National Parks Development"，p. 45.

录员、资源保护部主席及1924～1928年总联盟的主席，资源保护是舍曼早期工作中最重要的内容之一。事实上，在开始国家公园的相关工作之前，舍曼称自己只是一个普通的家庭主妇和俱乐部妇女，主要忙于俱乐部日常事务，从事法律研究工作。而1913年的一场严重事故迫使她不得不暂别俱乐部，前往科罗拉多州的一座山里进行修养，而正是在这里的三年时间让她体会到大自然的魅力，获得了身体、精神和智识上的巨大提升，使她的人生发生了巨大转变，使其比美国任何一个人都更加努力地投身于公园的建立和保护工作中。①

舍曼从最初推行资源保护之时就提倡捍卫公园理念，希望在所有美丽的、具有历史和科学价值的地方建立国家、州立及城市公园。为了使这种理念得到广泛传播，她不遗余力地呼吁所有州级妇女俱乐部联盟的妇女们积极保护本州的自然景观，通过总联盟及国家公园协会同损害国家公园体系的利益团体做斗争。她因此被称作"国家公园最可靠、最勇敢及最具影响力的卫士之一"，国家公园协会也授予她终身名誉会员的称号。她还坚持倡导将自然科学和系统的自然研究列为基础教育阶段的必修课程，并获得了成功。② 同时，她鼓励学生走进国家公园，这有利于促进他们对树木、鸟类、野生动植物和花卉等的认知，提高他们的观察力和逻辑能力，拓展想象力，加强心理发展，大大提高在校学习的效率。③

1914年，总联盟年会在芝加哥举行，当时的主席安娜·潘尼贝克提前几日抵达，并拜访了舍曼。二人就总联盟事宜促膝长谈之时，舍曼提出，资源保护部应成立一个致力于保护自然景观的委员会。潘尼贝克立即表示赞同，并任命舍曼为资源保护部主席。④ 舍曼解释称："事实上，我的目的并非是担任资源保护部主席，但最终我接受了，因为这样我才能更好地放手去干我决意要做的事情。那时，没有一个人相信自然景观和资源保护之间存在任何关系，它并不被看作自然资源。我建议理事会建立一个自然景观委员会，她们感到很惊奇，因为她们从未听说过，但作为私人朋友，她们同意了。"⑤

在舍曼的领导下，总联盟开始承担自然景观的宣传和保护工作。资源

① Frances Drewry McMullen, "The National Park Lady." *The Woman's Journal*, Vol. VIII, No. 26(May 17, 1924), p. 10.

② Frances Drewry McMullen, "The National Park Lady", p. 11.

③ Mary Sherman, "Women's Part in National Parks Development", p. 48.

④ Priscilla Massmann, "A Neglected Partnership: The General Federation of Women's Clubs and the Conservation Movement, 1890～1920", p. 153.

⑤ Frances Drewry McMullen, "The National Park Lady", p. 11.

保护部下设自然景观与国家公园处(A Division of Natural Scenery and National Parks),向公众宣传有关本处工作的信息。这些信息大部分由舍曼本人撰写,围绕两个主题:公园的经济价值和休闲娱乐价值,①目的是推动国家公园理念的传播和实际工作的开展。舍曼担任资源保护部主席期间最重要的一项工作就是推动落基山国家公园提案的通过,并于 1915 年获得了成功。到 1917 年,总联盟同时支持 9 个国家公园项目。她还领导总联盟支持国家公园管理局的成立,并经过 33 年的努力促成了大峡谷国家公园的建立。同时,各州妇女俱乐部也为国家公园的建立而斗争。例如,爱达荷州俱乐部妇女正在积极行动,说服州立法机构向国会提议建立索图斯国家公园(Sawtooth National Park);加利福尼亚妇女俱乐部联盟大力支持扩大红杉国家公园(Sequoia National Park)的计划;亚利桑那俱乐部妇女正热切高效地推动大峡谷国家公园的创建。每个州的俱乐部妇女都深谙当地的自然景观,在俱乐部会议上热烈讨论国家公园计划,希望满足民众对休闲娱乐生活的追求。②

舍曼关于国家公园的论点符合当时的时代背景。19 世纪末 20 世纪初,随着工业化和城市化的发展,越来越多的美国人渴望回归自然,在自然中寻找轻松和愉悦。据统计,美国人每周拥有的闲暇时间总量已达到 30 亿小时,如何消磨这些时光已经成为和基本生存同样重要的问题。很多美国人利用闲暇到欧洲旅行,而不选择本国。舍曼认为,只有建立大量的国家公园,才能使美国人的金钱和时间留在本国,并实现国家公园的双重价值。正如舍曼向总联盟成员解释的那样,"美国人每年在国外消费 5 亿美元,其中最大的一项支出即用于风景欣赏。当我们的国家公园建成时,花在国外的钱自然会流回美国"③。舍曼于 1915 年提出,"不仅拥挤的城市居民需要公园,所有地方的人们都需要自然为他们提供健康、力量和灵感,自然是人类最好的朋友"④。同年,她在全国范围内发起了一项"自然风景区调查",要求各州资源保护的负责人对本州范围内的公园进行命名,以达到保护的目的。她将调查结果提交给在加利福尼亚州伯克利举行的国家

---

① Priscilla Massmann,"A Neglected Partnership:The General Federation of Women's Clubs and the Conservation Movement,1890～1920",p. 156.

② Mary Sherman,"Women's Part in National Parks Development",p. 46.

③ Mary Sherman,"National Scenery and National Parks. "Circular Letters on Conservation to State Chairmen of Conservation. 1916,p. 4,cited in Priscilla Massmann,"A Neglected Partnership:The General Federation of Women's Clubs and the Conservation Movement,1890～1920",p. 157.

④ Mary Sherman,"Women's Part in National Parks Development",p. 47.

公园会议(The National Park Conference),并请求总联盟成员支持对自然景观的保护和国家公园的发展。① 从舍曼的努力不难看出,作为总联盟资源保护部的领袖,她带领俱乐部妇女在国家公园、州公园和地方公园的建立过程中发挥了重要的宣传和推动作用,使公园立法和管理得到了完善,自然景观得到了有效保护,为美国民众提供了身体上和精神上的双重享受。

1917年,美国加入第一次世界大战,资源保护运动受到极大影响,总联盟资源保护部所承担的自然资源保护工作也主要服务于战争的需要,与其他部门一道,为保护物质资源和人类生命力而努力。这期间,食物生产、鸟类保护、国家、州和地方公园建设及自然研究等四个方面的问题是总联盟的工作重点。它呼吁美国民众深入了解森林、土壤、水力及航道的用处和实用性;了解土壤和空气的组成及动植物的习性;了解土地的自然美。这些自然要素与国民的生活紧密相关,对它们的正确认知是恰当的生活方式的重要基础。②

由于食物生产与土壤紧密联系,从1916年4月开始,食物生产成为资源保护部的一个新部门,主要关注食物生产的全部过程及所有的食品,包括农作物、肉类、奶类、家禽及鱼类,并对土壤、水供应、水利、森林保护等进行有效管理。它号召每个社区开辟农园和粮仓,保证食物的供应。食物运输道路的保护也是资源保护部的工作之一,没有充足的交通运输设施,食物运输将会消耗大量不必要的时间和精力。因此,它呼吁每个社区承担起养护高速公路和各社区道路的责任。③ 这一时期的鸟类保护不再出于道德考虑,而是为了保证充足的食物生产,以满足参战士兵的需求。鸟类是害虫的天敌,是维持粮食生产的重要保障。只有确保鸟类保护法律的执行,才能提高粮食的产量,实现鸟类的"爱国义务"。

总联盟女性深刻意识到公园建设带来的不可估量的价值,因而继续在这方面不懈努力。资源保护部主席舍曼认为,一个国家的国力不仅取决于人口、军事实力和财富,更来自国民健康的体魄和精神状态。而这些都可以从自然景观和户外活动中获得。各级公园的建设是实现这一目标的重要途径,它能使一个国家更具竞争力和影响力。在战争时期,恰当的户外娱乐活动更加重要。与荒野的长期接触使西进运动中的男性和女性获得

---

① Polly Welts Kaufman, *National Parks and the Woman's Voice: A History*. Albuquerque: University of New Mexico Press, 1997, p. 33.

② Mrs. John Dickinson Sherman, "Conservation Department." *General Federation Magazine*, Vol. XVI, No. 8 (Nov., 1917), p. 22.

③ Mrs. John Dickinson Sherman, "Conservation Department." *General Federation Magazine*, Vol. XVI, No. 8 (Nov., 1917), p. 22.

了强大的耐力和坚强的品格。同样地，公园可以给战争结束后回国的士兵提供一个更美丽、更丰富、更适合生存的环境。① 她指出，在战争期间，英国人忽视了娱乐休闲的必要性，因此之后为此付出了代价。为了重塑健康的体魄和强大的精神力量，他们不得不在战后大力发展户外娱乐活动。舍曼呼吁美国人避免犯同样的错误，应加大公园建设的力度，为美国人提供更多的可以与自然接触的空间，从而舒缓战争带来的各种压力，培养良好的国民性格。②

从教育方面看，战争削弱了现行的教育体制和内容，因此对青年一代的自然教育显得尤为重要。自然研究作为总联盟的工作内容之一，通过教授实用的、全面的自然知识，不仅维护了教育的效用，而且进一步培养了学生的个性和思辨能力，加强了性格的力量和人道主义精神。总联盟提倡，不仅要在公立学校设立全面的自然教育科目，而且要让孩子们深入大自然，获得更具综合性、更为实际的知识。总联盟动员美国学校农园大军(The United States School Garden Army)中的孩子们，号召每个俱乐部成立美国学校农园大军委员会。③

1920～1922年间，总联盟内部几个委员会重组，资源保护部被取消，应用教育部(The Department of Applied Education)成立，由大众教育、乡村教育、文盲教育、家政学、家庭拓展服务和自然资源保护等6个分处和21个委员会组成。自然资源处下属的几个分处分别致力于林业、水资源和航道、鸟类和花卉、土壤和矿物、道路、自然景观、自然研究等工作。④ 资源保护成为总联盟工作的一小部分。20世纪20年代自然资源处的工作主要体现了7个全国性需求，包括控制森林火灾；建立州立公园体系；支持保护动植物的立法的通过；进一步美化林肯公路；拓展花园俱乐部的工作；出于资源保护的必要，支持五大湖加入海洋航道工程；支持在科罗拉多河修建

---

① Mrs. John Dickinson Sherman, "Conservation Department." *General Federation Magazine*, Vol. XVII, No. 11 (Nov., 1918), p. 23.

② Mrs. John Dickinson Sherman, "Conservation Department." *General Federation Magazine*, Vol. XVI, No. 8 (Nov., 1917), p. 23.

③ Mrs. John Dickinson Sherman, "Conservation Department." *General Federation Magazine*, Vol. XVI, No. 8 (Nov., 1917), p. 22; Mrs. John Dickinson Sherman, "Conservation Department." *General Federation Magazine*, Vol. XVII, No. 11 (Nov., 1918), p. 23.

④ Priscilla Massmann, "A Neglected Partnership: The General Federation of Women's Clubs and the Conservation Movement, 1890～1920", pp. 170～171.

顽石大坝的法案。[①] 该处的几个分处处长还就林业与野生物保护地、自然景观、水资源和航道、鸟类、猎物、野花、植树和花园等制定了具体的工作计划。作为应用教育部主席，舍曼继续开展自然资源的保护工作。除此之外，她还在改进乡村学校、减少文盲数量、提升美国人的演讲技能、家庭预算、保险等与应用教育相关的方面做出了努力。从这些工作可以看出，自然资源保护在总联盟工作中的比重开始下降。到 20 世纪 20 年代，总联盟的工作重点也转向国会立法，资源保护处之前的许多工作开始交由立法部接管。导致这一现象的重要原因在于女性于 1920 年获得了选举权，她们可以更直接地影响立法的通过。[②]

随着美国加入一战，资源保护运动及进步主义改革走向衰落。虽然它们对美国社会的影响在持续，但是到了 20 世纪 20 年代，这些活动日渐式微。此时的总联盟依然在为社会的全面提升而努力，但其内部机构的重组削弱了 20 世纪 20 年代的资源保护活动。女性们将更多的努力放在和其他组织进行合作、组建联盟之上，而这些组织对资源保护并无兴趣，与它们的合作使得其他主题占据了总联盟的议程，资源保护被边缘化。直到 30 年代新政时期的自然资源保护兴起时，总联盟才再次建立了一个独立的资源保护部。[③]

从 1890 年成立到 21 世纪，总联盟经历了机构重组、成员数量跌宕起伏、目标扩展和工作内容变更等变化。进步主义时期，几乎所有的州级妇女俱乐部联盟都加入了总联盟。1908 年，总联盟的成员俱乐部数量为 5000 个，女性成员数为 80 万；到 1917 年，这两个数字分别达到 9000 个和 250 万。从建立之初以教育为目的到进步主义时期投身于各项社会服务，总联盟对这一时期及之后的政治立法和公众教育都产生了不可估量的影响。女性的自然资源保护活动不仅推动了大量州立及国家森林保护区和公园的建立，而且塑造了资源保护运动的发展轨迹。她们使这场运动不仅仅局限于是一场由男性领导的、效率与保护并重的政治运动，而且还赋予

---

① Pamphlet, Applied Education Department, Conservation Division, General Federation of Women's Clubs(1925～1926), President's Papers(Record Group 2), Papers of Mary Sherman, General Federation of Women's Clubs Archives, Washington, D. C., pp. 1～6, in Kimberly A. Jarvis, ed., *How did the General Federation of Women's Clubs Shape Women's Involvement in the Conservation Movement, 1900～1930*. Binghamton, NY: State University of New York at Binghamton, 2005.

② Priscilla Massmann, "A Neglected Partnership: The General Federation of Women's Clubs and the Conservation Movement, 1890～1920", pp. 175, 179.

③ Priscilla Massmann, "A Neglected Partnership: The General Federation of Women's Clubs and the Conservation Movement, 1890～1920", pp. 182, 184.

其更加丰富的人文内涵，使其成为一场为人类福祉奋斗的广泛的社会运动。

作为政治领袖和公众的纽带，以总联盟为代表的进步主义女性丰富了进步主义运动的内涵，扩大了它的影响。总联盟角色的转变也体现了19世纪美国女性突破传统，由家庭领域走向公共领域的渴望和实践。1900年后，女性对自然的注意力从各州转向联邦层面，她们获得了许多向国会请愿、同联邦政府官员接触的机会，为1920年政治权利的获得奠定了基础。许多私人组织和男性政治家开始重视女性的力量，并充分利用女性的优势，为她们提供支持并同她们紧密合作。进步主义女性在地方、各州和国家层面的保护活动以及她们对自然资源保护做出的贡献已经获得了历史学家的认可。

第四节　羽毛时尚与鸟类保护：女性与奥杜邦运动

19世纪80年代在美国兴起的鸟类保护运动是进步主义时期自然资源保护中除森林资源、水资源、土地资源、矿产资源保护及国家公园建设之外的另一项内容，是美国人对景观改变和环境破坏的一个重要关注点。这场鸟类保护运动亦称奥杜邦运动，诞生于19世纪后半期羽毛时尚流行、鸟类被大量捕杀的背景之下。该运动由资源保护主义者乔治·伯德·格林内尔发起，以其创建的奥杜邦协会为标志，唤起了大量女性的鸟类保护热情。虽然格林内尔领导的奥杜邦运动于1889年不幸终结，但它却引发了19世纪90年代新一轮奥杜邦运动的兴起。这场新的奥杜邦运动以中上层白人女性为主体，规模和影响力更大，女性在这场运动中既担任领导职务，又是中坚力量。它主要源于羽毛时尚再度升温、女性对自然的兴趣和研究及女性参与公共事务的渴望。女性们不仅推动了鸟类保护运动的社会化，而且促进了鸟类保护立法的建立。

一、羽毛时尚引发的鸟类捕杀及女性鸟类保护意识的形成

使用鸟儿的羽毛或身体装饰女帽和女装是导致鸟类逐渐消失的主要原因。正如查尔斯·C. 巴布科克说的那样，“用鸟儿进行装饰充分证实了人类的凶残，这种行为比任何语言更能说明人类对鸟儿生命的亵渎”①。

---

① Charles Babcock, *Bird Day: How to Prepare for It*. New York: Silver, Burdett and Company, 1901, p. 18.

事实上,羽毛时尚传统历史悠久,可上溯到15、16世纪的欧洲,这也注定鸟类保护是一场艰难的斗争。当时,贵族们经常猎杀鹭、孔雀、鸵鸟以获取羽毛,奢华的鸟类羽毛被看作地位和权力的象征。到18世纪,羽毛成为法国贵族追求的时尚,法国王后玛丽·安托瓦妮特(Marie Antoinette)更将这种时尚发展到极致,引发了另一场使用羽毛的热潮。这种时尚招致许多人的不满,有人讽刺这是纨绔子弟的愚蠢行为,而羽毛的价格之昂贵足以让人破产,色彩、种类、材料的不断更换产生高额费用,甚至毁掉一个家庭。[①]尽管如此,羽毛饰品(以下简称"羽饰")却从未从法国服饰中彻底消失,反而被欧洲其他国家和美国吸收并大力发展。为了抵制这种时尚,英国还出现了鸟类保护协会(The Society for the Protection of Birds),专门让女性了解鸟类被用于时尚行业的现状,激励各个阶层和年龄段的妇女联合起来阻止捕杀鸟儿的行为。[②]

早在殖民地时期的美洲,弗吉尼亚高级官员便炫耀饰有鸵鸟羽毛的华丽帽子。尽管1634年的马萨诸塞州禁止使用海狸帽子、鸟类羽毛、兽皮、丝绸等,但在新英格兰早期史上,依然有一些妇女佩戴羽饰。普利茅斯殖民地的牧师威廉·莫雷尔(William Morrell)是第一位提到女性佩戴羽饰的人,"女士们用丰富的羽毛装饰头顶"[③]。独立战争后,年轻的美国更崇尚法国的时尚风格,上流社会几乎所有女性都用羽毛来装饰自己,就连本杰明·富兰克林也无法说服自己的女儿放弃使用羽毛。到了19世纪,物质生活的改善使羽毛时尚拓展到中产阶级女性,她们开始模仿上流社会的女性,追求华丽的衣服和时髦的饰品,色彩斑斓、形状迷人的羽饰成为舞会、剧院、集市等活动中女士们装饰自己的首选。

内战后,"自然的外观"(natural look)和"美丽源于自然"的观点席卷时尚界,羽饰作为女性气质的标志兴盛起来。[④] 羽毛时尚的流行离不开时尚杂志的推动,如《格林厄姆淑女与绅士杂志》(*Graham's Lady's and Gentleman's Magazine*)、《戈德淑女书籍和杂志》(*Godey's Lady's Book and Magazine*)、《彼得森杂志》(*Peterson's Magazine*)、《制图者》(*the Delinea-*

---

① Robin W. Doughty, *Feather Fashions and Bird Preservation: A Study in Nature Protection*. Berkeley: University of California Press, 1975, p. 2.

② Robin W. Doughty, "Concern for Fashionable Feathers." *Forest History*, Vol. 16, No. 2 (Jul. 1972), p. 4.

③ "'New England' in 'New England's Plantation'." *Collections of the Massachusetts Historical History*, Vol. I(1792), p. 129.

④ Jennifer Jaye Price, "Flight Maps: Encounters with Nature in Modern American Culture." Ph. D. diss., Yale University, 1998, p. 96.

tor)及《时尚芭莎》(*Harper's Bazaar*)等常对最新时尚进行报道,并预测每个季度服饰的潮流趋势,①激发了女性对服装和饰品的兴趣。19 世纪 80 年代《时尚芭莎》的时尚专栏以鸟类装饰的帽子为特色,而《戈德淑女书籍和杂志》1886 年 5 月期整版的时尚专栏全部用来介绍用鸟类装饰的帽子。② 特别是 19 世纪后期出现了许多新兴的女性刊物,如《淑女家庭杂志》(*The Ladies' Home Journal*)、《好管家》(*Good Housekeeping*)及被誉为"时尚圣经"的《时尚》(*Vogue*)等,争相报道时尚中心伦敦、纽约、巴黎服饰的潮流。19 世纪 80 年代,羽饰成为这些流行杂志上女帽的主流风格,③进一步激发了女性对羽毛时尚的追求。

到了 19 世纪最后 15 年,物质生活的进一步丰裕更将羽毛时尚推向高潮,街上随处可见高高的"墨丘利羽毛"④矗立于帽子的两侧。女士们的帽冠和帽檐上装饰着各种各样的羽饰,有的甚至将整只鸟置于帽顶,例如有瞪着双眼的鹰头,呈孵化形状的小鸟及栖息在鲜花、网纱和丝绸上的蜂鸟、海鸥或燕鸥等。随着季节的变化,女帽上的羽饰种类也在更新。如 1878 年冬,女帽上的白色燕鸥被雉鸡、金黄鹂、唐纳雀的羽毛所代替,到了 1881 年秋,鹮和蜂鸟等的羽毛开始流行。⑤ 1886 年,美国自然历史博物馆(The American Museum of Natural History)的成员、《鸟类学》杂志的创建者、鸟类学家弗兰克·查普曼(Frank Chapman)花两个下午的时间在纽约富人区观察之后,根据女帽上的羽饰辨别被捕杀的鸟类,列出一份清单,并指出:"女帽贸易引发的鸟类捕杀已引起公众的关注……很明显,较我们看到的帽子的数量,这份清单列出的鸟的数量很小,大多数情况下,残缺的羽饰很难让人辨别出种类。其中一个下午共统计了 700 顶帽子,只能辨别出 20 只鸟。"⑥(见表 3-1)

---

① Robin W. Doughty, *Feather Fashions and Bird Preservation: A Study in Nature Protection*, p. 14.

② Kathy S. Mason, "Out of Fashion: Harriet Hemenway and the Audubon Society, 1896～1905." *Historian*, Vol. 65, No. 1(2002), p. 3.

③ Robin W. Doughty, *Feather Fashions and Bird Preservation: A Study in Nature Preservation*, pp. 14～15.

④ 墨丘利是罗马神话中的神,是众神的信使,是商业、交通、盗窃、畜牧、旅游和体育之神,相当于希腊神话中的赫尔墨斯神。

⑤ Robin W. Doughty, "Concern for Fashionable Feathers" pp. 6～7.

⑥ Frank M. Chapman, Letter 5, "Birds and Bonnets." *Forest and Stream*, Vol. 26, No. 5 (Feb. 25, 1886), p. 84.

表 3-1 查普曼观察到的女帽上使用的鸟儿种类和数量

种类	数量(只)	种类	数量(只)
旅鸫	4	燕尾鹟	1
棕鸫	1	食蜂鹟	1
蓝鸟	3	翠鸟	1
刺嘴莺	1	红冠黑啄木鸟	1
黑颈白颊林莺	3	红头啄木鸟	2
小威氏黑冠鹟	3	金翅啄木鸟	21
猩红比蓝雀	3	棕榈鬼鸮	1
白顶玄燕鸥	1	卡罗来纳鸽	1
太平鸟	1	松鸡	1
朱缘蜡翅鸟	23	披肩鸡	2
伯劳鸟	1	鹌鹑	16
松雀	1	头盔鹌鹑	2
雪鹀	15	三趾滨鹬	5
树雀	2	大黄脚鹬	1
白喉带鹀	1	小绿鹭	1
长刺歌雀	1	弗吉尼亚秧鸡	1
草地鹨	2	笑鸥	1
巴尔的摩黄鹂	9	普通燕鸥	21
紫鹩哥	5	黑燕鸥	1
有冠蓝背樫鸟	5	鹏鹏	7

[该表内容引用自 Frank M. Chapman, Letter 5, "Birds and Bonnets." *Forest and Stream*, Vol. 26, No. 5(Feb. 25, 1886), p. 84。]

表 3-2 19 世纪末鸟类及其羽毛用于纽约女帽业的情况

年份	季节	纽约的女帽业	鸟的种类
1884	冬	年轻女子使用的羽扇、羽毛;装饰有鸟儿羽毛、翅膀、头和胸的海豹皮帽子	孔雀、野鸡和蜂鸟
	春	小款帽子上的白鹭羽毛	白鹭、秃鹳和蜂鸟
	秋	柔软平滑的羽毛和用鸟的头镶边的衣服;所有的进口帽子都装饰有羽毛,以产生随风摇摆的效果,而白鹭羽毛效果更佳	鸵鸟、山鹑、珍珠鸡和普通鸟类

续表

年份	季节	纽约的女帽业	鸟的种类
1887	春	丝带上鸟类的胸、翅膀；白鹭羽毛	鸵鸟和白鹭
	秋	头巾式帽子和圆形帽子上的羽毛；尾巴和翮羽	家禽、野鸡和鹦鹉
1890	冬	用公鸡羽毛装饰的帽子；鸟类羽毛用作流苏	家禽
	春	羽毛装饰大而圆的帽子，配以短的白鹭羽毛	鸵鸟和白鹭
	秋	饰满羽毛的帽子；威尔士亲王羽纹饰	鸵鸟、燕子、乌鸫和猫头鹰
1893	春	墨丘利羽毛的广泛流行及更为夸张的使用	
	秋	墨丘利羽毛使用至极致；黑色绸缎的晚餐长袍以张开翅膀的小燕子镶边	鹦鹉，黄色、绿色、蓝色的鸭
1896	冬	用鹈鹕皮、兽皮、羽毛装饰的头巾式女帽，翅膀，尾巴和翮羽	鹦鹉、鸵鸟
	春	饰有羽毛和鲜花的女帽；白鹭羽毛	鹈鹕、白鹭及其他
	夏	奢华的羽毛、翅膀及羽饰	孔雀、乌鸫、风鸟

（该表部分转引自 Robin W. Doughty，*Feather Fashions and Bird Preservation：A Study in Nature Protection*. Berkeley：University of California Press，1975，pp. 20～22。）

从表 3－2 可以看出，美国的时尚业对于鸟类及其羽毛的需求量之大可谓触目惊心。

羽毛时尚导致美国乃至全世界的鸟儿遭到大量捕杀，旅鸽、爱斯基摩杓鹬、金斑鸻、猫头鹰、麻雀、蜂鸟、鹭、鸥鸟等都难逃厄运。除运动狩猎、鸟卵收集（egg collection）、满足基本生计的狩猎（subsistence hunting）、日常装饰、科学研究等之外，以羽毛时尚为目的的羽毛贸易是导致鸟类数量锐减的一个主要原因，它甚至比其他所有用途导致的鸟类捕杀更为严重，于1870～1920 年达到高峰。据统计，19 世纪的美国每年不少于 500 万只鸟、全世界每年约 2 亿只鸟用于女帽装饰。① 佛罗里达州的一名狩猎者自称在一个狩猎期内捕杀了大概 13 万只鸟；一个动物标本剥制师（taxidermists）一年剥制 3 万张鸟皮；一个鸟类收集者一次能带回 1.1 万张鸟皮；

① Joel Asaph Allen，"The Present Wholesale Destruction of Bird-Life in the United States." *Science*-supplement，Vol. 7，No. 160（Feb. 26，1886），p. 194；Robin W. Doughty，"Concern for Fashionable Feathers"，p. 6.

1886年2月1日，纽约某公司手头的鸟皮数量达20万张。在1884年12月到1885年4月之间，仅仅在伦敦的一个拍卖会上，就有6228只天堂鸟，404464只来自西印度和巴西的鸟，356389只来自东印度的鸟，还有翠鸟、鹦鹉等被出售。[①] 即便如此，鸟的羽毛依然供不应求，羽毛销售商经常要求捕猎者增加供给以满足女帽商的需求。查普曼曾写道："在我面前摆着一份纽约羽毛交易商的公告，他要求提供更多的海鸥、威尔逊燕鸥、笑鸥等，这只是成百上千个例子中的一个。实际上，羽毛商人就明确表示对燕鸥和海鸥的需求远远超过了供给。"[②]为了满足庞大的市场需求并支撑日渐繁荣的羽毛贸易，许多鸟类收集者(他们自称动物标本剥制师)到鸟类栖息地驻扎，无情地捕杀成年鸟。在获取羽毛后，他们遗弃鸟的尸体，留下嗷嗷待哺的幼鸟或被活活饿死，或成为其他动物的食物。[③]

在所有被捕杀的鸟中，损失最惨重的是鹭(白鹭和苍鹭)和燕鸥。装饰女性的帽子、头发、衣服及扇子的所有饰品中，以白鹭羽毛最为高贵。为了获取20到30支优质鹭羽，通常要捕杀一大群白鹭。1880年，大概有8个不同种类的鹭聚居于佛罗里达州东海岸。到1886年，一群动物剥制师到达此地后，这些鹭被捕杀殆尽。在伦敦的一场拍卖会上，超过100万张白鹭皮和苍鹭皮被出售。[④] 同样的情形发生在1896年的哈特拉斯角(Cape Hatteras)，羽毛捕猎者杀死了几乎全部的燕鸥。纽约的一个交易商一次储藏的燕鸥数量就达3万只，一个捕猎者一年内向市场提供了3000只燕鸥。[⑤]

除此之外，其他普通的鸟类也成为被猎杀的对象。曾经数量庞大的野鸡现今只能在荒野中或保护地看到，曾被孩子们熟悉并喜欢的蓝鸟也再难觅踪迹。[⑥] 结果简直就是悲剧。在《一个天堂》(*Some Kind of Paradise*)中，作家马克·德尔(Mark Derr)描述了佛罗里达西海岸鸟类栖息地被洗劫后的状况：

---

① Joseph Kastner,"Long before Furs:It was Feathers that Stirred Reformist Ire."*Smithsonian*,Vol. 25,No. 4(Jul. ,1994).(由于该文是网页格式，该处引用具体页码不详)

② Frank Chapman,"The Passing of the Tern."*Bird Lore*,Vol. 1,No. 6(Dec. ,1899),p. 206.

③ Mrs. Margaret T. Olmstead,"Bird Study:The Preservation of Birds."*The Club Woman*,Vol. 8(Aug. ,1901),p. 156.

④ "Hunting and Collecting",in *The Feather Trade and the American Conservation Movement*:An online exhibition from the National Museum of American History,Smithsonian Institution. http://americanhistory.si.edu/feather/fthc.htm(Accessed Oct. ,26,2015)

⑤ "Disappearance of Our Native Birds:Many Causes Uniting to Bring About Their Practical Extermination."*New York Times*,Mar. 18,1896,p. 8.

⑥ "Disappearance of Our Native Birds:Many Causes Uniting to Bring About Their Practical Extermination",p. 8.

> 白鹮、玫瑰琵嘴鹭、鹈鹕、苍鹭和各种颜色的鹭已消失殆尽。许多捕猎者认为幸存的鸟儿已飞往内陆栖息地或遥远的南方，他们从不认为这些鸟儿不会回来了。同样的情形也发生在莱克沃思(Lake Worth)的东海岸。鸟类被疯狂杀戮，以致在之后几代人的脑海中，鸟类栖息地和鸟类都已成历史。①

被捕获的鸟儿和羽毛被运往北方的女帽市场进行加工，装饰有羽毛或鸟儿的女帽被生产出来。女帽业每年的利润高达 1700 万美元，1900 年雇用的工人数量约为 8.3 万名，它很快便发展为一项国际贸易。② 19 世纪 90 年代，伦敦的一家公司称每年有 1.5 吨白鹭羽毛进入它的展销厅，相当于 20 万只鸟，因此，19 世纪被称为鸟类“灭绝的时代”(Age of Extermination)。③

图 3.1　描绘女士佩戴羽饰帽子的样子(*Godey's Lady's Book and Magazine*, Apr. 1884)

舆论总是运动的先导，鸟类的悲惨状况引起了美国的资源保护主义者、自然热爱者及人道主义组织的关注。19世纪80年代后，描述鸟类的

---

① Mark Derr, *Some Kind of Paradise: A Chronicle of Man and the Land in Florida*. New York: William Morrow and Company, Inc., 1989, p. 136～137, cited in Leslie Kemp Poole, “The Women of the Early Florida Audubon Society: Agents of History in the Fight to Save State Birds.” *The Florida Historical Quarterly*, Vol. 85, No. 3(Winter, 2007), p. 301.

② Leslie Kemp Poole, “The Women of the Early Florida Audubon Society: Agents of History in the Fight to Save State Birds.” *The Florida Historical Quarterly*, Vol. 85, No. 3 (Winter, 2007), p. 300.

③ Leslie KempPoole, *Saving Florida: Women's Fight for the Environment in the Twentieth Century*. Gainesville: University Press of Florida, 2015, p. 23.

图 3.2　时尚的残暴(The Cruelties of Fashion)①

作品大量涌现,各大报纸、杂志、协会和组织开始抨击羽毛时尚,呼吁对鸟类的保护,由此引发了广大女性对羽毛时尚的反思。很多女性逐渐形成鸟类保护意识,开始探讨保护鸟类的必要性。

首先,女性从美学角度探讨鸟类保护的必要性。在自然赐给人类的礼物中,无论是外观,还是飞行姿态,鸟儿都是最为优雅端庄、充满魅力的生物之一。② 19 世纪末,一众杂志都在讨论鸟类创作的"音乐",很多文章还为其谱下了音符。一些作者称,鸟儿激发了交响乐和歌剧创作的旋律。就连西奥多·罗斯福都认为,鸣禽的消失与破坏古文学或历史巨作造成的文化损失一样大。③ 1901 年,玛格丽特·奥姆斯特德夫人在《鸟类的保护》(The Preservation of Birds)一文中称鸟类对美丽世界做出的贡献是巨大

① Frank Leslie's Illustrated Newspaper, Nov. , 10, 1883, p. 184, cited in Nancy Unger, *Beyond Nature's Housekeepers: American Women in Environmental History*. Oxford: Oxford University Press, 2012, p. 96.

② Joel Asaph Allen, "The Present Wholesale Destruction of Bird-Life in the United States", p. 195.

③ Adam Rome, "Nature Wars, Culture Wars: Immigration and Environmental Reform in the Progressive Era. "*Environmental History*, Vol. 13, No. 3(Jul. , 2008), p. 436.

的，“鸟类展现出如此灿烂而美丽的生命形态！它们的身姿多么优雅！它们飞翔的声音多么美妙！它们的颜色多么绚烂！它们的歌声多么动听！你是否欣赏过清晨鸟儿们动听的音乐会？每一个歌唱的灵魂都如此壮丽！这是上帝的唱诗班在歌颂他的仁慈，歌唱新的一天诞生的喜悦”①。她认为，女性的神圣使命就是要成为这份美丽的守护者，而非破坏者。“想象一下，如果没有了鸟类的色彩和歌声，地球将变得多么单调乏味。”②没有任何一种生命形式能像鸟类一样赋予人类如此多、如此丰富的内涵。③

其次，女性从道德角度看待鸟类捕杀问题，批评它违背了人道主义原则。一些女性将鸟类看作人类学习的典范，雌性鸟的羞涩和雄性鸟对她的倾慕、织巢鸟的管家责任及母亲对后代表现出的耐心、无私、勇敢、慷慨等与人类异曲同工。这种“鸟类即我们”的观点根植于世纪之交自然故事的兴起及 19 世纪女性情感小说的写作传统④，成为母亲教育孩子的手段，推动了鸟类研究和鸟类保护；还有一些女性认为从鸟儿身上拔取羽毛过于残忍，这种行为近乎泯灭人性。她们利用女性天生是道德卫士的观点反对羽毛时尚，认为用羽毛或鸟儿装饰女帽的女性统统违背了女性品德。出于人道主义和女性品德，女性们应立即停止佩戴羽毛。

1896 年，米勒悲痛地指责：“一个有责任教育孩子的女性竟如此残忍地佩戴被杀死的鸟！既然她了解鸟类贸易之野蛮凶残，她何苦如此？”⑤ 1906 年，许多俱乐部妇女也认为：“鸟类保护是通向人文教育的途径。”⑥俱乐部妇女、科学家、素食主义者、资源保护主义者等都就此达成了共识。⑦ 1896 年，《时尚芭莎》开始对鸟类保护表现出特别的关注，建议发起一场运动以抵制羽毛的使用。“如果对羽毛的狂热持续，一些稀有的和珍贵的鸟类将很快灭绝。”⑧到了 20 世纪初，这有一些杂志警告读者远离羽毛时尚。

---

① Mrs. Margaret T. Olmstead,“Bird Study: The Preservation of Birds.” *The Club Woman*, Vol. 8(Aug. ,1901), p. 156.

② “Bird Day Exercise.” *Werner's Magazine*, Vol. 28, (Feb. ,1902), p. 917.

③ “The Educational Value of Bird-study.” *Educational Review*, Vol. 17 (Mar. , 1899), p. 243.

④ Jennifer Jaye Price, “Flight Maps: Encounters with Nature in Modern American Culture.” Ph. D. diss. , Yale University, 1998, p. 99.

⑤ “A Bird Day for School.” *New York Times*, Sep. , 20, 1896, p. SM15.

⑥ Alice L. Park, “Birds and Men.” *The Advocate of Peace*, Vol. 68, No. 3 (Mar. 1906), p. 63.

⑦ Jennifer Jaye Price, “Flight Maps: Encounters with Nature in Modern American Culture”, p. 106.

⑧ “New York Fashions: Hats for Midsummer.” *Harper's Bazaar*, Vol. 29, No. 32(Aug. 8, 1896), p. 663.

《纽约时报》刊登了几封敦促女性放弃佩戴羽毛的信件，如 1897 年 3 月 1 日的一封信这样写道："我常常劝导女士们放弃佩戴鸟儿羽毛，但却无济于事……当仁慈的上帝看到他创造的幼小生物被大量猎杀用来装饰女帽之时，他会开心吗？"①

最后，一些女性还突出鸟类的经济价值。自然科学领域没有任何一项内容比鸟类更重要②，捕杀害虫的鸟类是自然界中不可或缺的平衡力。如果鸟类被无限制捕杀，那么害虫将不断繁殖，人类将遭受严重的疫情。据研究，一只昆虫每年能繁殖 60 亿只后代。而伊利诺伊州立大学的福布斯教授根据科学观察得出这样的结论，伊利诺伊州的鸟每天能消灭约 2500 亿只昆虫，而其余未被消灭的昆虫每年给本州造成的损失达 1000 万美元。研究表明，由于人类对鸟类的捕杀，19 世纪末 20 世纪初，昆虫给美国和加拿大每年造成的损失预计在 4 亿美元左右。③

基于鸟类的实用价值，从 1883 年开始，美国鸟类学家联合会开始出版其系列研究，证明鸟类对于有效控制农业害虫的重要性，试图制止农民捕杀鸟类的行为。④ 很多科学家撰写了大量有影响力的著作，以推广鸟类的价值，让更多的公众了解并爱惜鸟类。其中著名的有西尔维斯特·D. 贾德（Sylvester D. Judd）的《麻雀与农业的关系》（*The Relation of Sparrows to Agriculture*）、范妮·H. 埃克斯特龙夫人（Mrs. Fannie H. Eckstorm）为教师及大众读者撰写的《鸟类读物》（*The Bird Book*）和《啄木鸟》（*The Woodpeckers*）、奥利夫·索恩·米勒的《第二部有关鸟类的著作》（*Second Book of Birds*）、布拉德福德·托里（Bradford Torrey）的《每日鸟类》（*Everyday Birds*）等。⑤

经济观点深刻影响了那些试图保护鸟类的女性。贝利通过推行鸟类捕杀害虫的观点宣传鸟类保护，"果园、桉树林、麦田、苜蓿地在过去六年中生长茂密，对山谷未来的植物都产生了重要的影响。如果鸟类的经济价值未及时得到说明和了解，那么农民们可能会杀死那些他们认为有害于水果

---

① Louisa Jay Bruen, "Spare the Birds: A Woman's Appeal against the Wearing of Feathers." *New York Times*, Mar. 1, 1897, p. 7.

② Edward H. Forbush, *Useful Birds and Their Protection*. Boston: Wright & Potter, 1907, p. 1.

③ Mrs. Margaret T. Olmstead, "Bird Study: The Preservation of Birds." *The Club Woman*, Vol. 8(Aug., 1901), p. 156.

④ Jennifer Jaye Price, "Flight Maps: Encounters with Nature in Modern American Culture", p. 97.

⑤ "1901." *Bird Lore*, Vol. 3, No. 6(Dec., 1901), p. 215.

的鸟类”①。1896年,贝利的系列文章《鸟类如何影响农业和花园》被刊登于《森林与河流》(*Forest and Stream*)②杂志上,她还同美国鸟类学家联合会合作,共同抵制日益增长的鸟类贸易。经济论点听起来更科学且更理性,成为女性保护鸟类的重要武器。无论角度如何,这三种观点都体现了女性开始反对羽毛时尚、保护鸟类的决心。它们也促使美国公众形成对鸟类的同情,为鸟类保护事业赢得了舆论支持。

二、奥杜邦运动的第一阶段:乔治·伯德·格林内尔对女性的动员

19世纪80年代后鸟类保护思想在美国的传播引起人们关于鸟类保护问题的辩论,女性佩戴羽饰的行为遭到了质疑甚至谴责,奥杜邦运动应运而生,女性在该运动中发挥了重要作用。奥杜邦运动经历了两个发展阶段,第一阶段由格林内尔(1849～1938)发起。格林内尔是一位探险家、博物学家、作家及资源保护主义者。1886～1889年,他成立了第一个奥杜邦协会,创办了《奥杜邦杂志》,发起了奥杜邦运动。在此过程中,格林内尔认识到女性在反对羽毛时尚中的重要性,他号召广大女性加入鸟类保护的洪流。

尽管格林内尔具有多重身份,但对其最恰当的定位是资源保护主义者。约翰·詹姆斯·奥杜邦的遗孀露西·奥杜邦(Lucy Audubon)对格林内尔的资源保护生涯产生了重要的影响。1857年,格林内尔全家移居到奥杜邦公园。在那里格林内尔开始上学读书,而露西正是他的老师。格林内尔经常徜徉于此,观察研究奥杜邦的收藏品如鸟类标本及其他哺乳动物标本等,并获得了露西在鸟类研究方面的特别辅导。③ 随着年岁的增长,格林内尔开始阅读约翰·詹姆斯·奥杜邦撰写的荒野旅行游记,其中提到不计其数的野牛被屠杀的场面,④这让格林内尔震撼不已。之后,格林内尔效仿奥杜邦,开启了西部旅行,前往奥杜邦描述中的广袤土地,亲历其书中描述的场景,资源保护意识由此逐渐产生。

格林内尔一生探索美国西部,捍卫国家公园的建立,将森林、水资源、

---

① Florence Merriam Bailey,“Notes on Some of the Birds of Southern California.”*Auk*, Vol. 13(Apr.,1896),pp. 115～124,cited in Nancy J. Warner,“Taking to the Field:Women Naturalists in the Nineteenth-Century West.”M. S. thesis,Utah State University,1995,p. 108.

② 《森林与河流》(1873～1930)杂志创立于1873年8月14日,是致力于旅行、自然研究、射击、垂钓等户外活动及培养学习兴趣的周刊。

③ Carolyn Merchant,“George Bird Grinnell's Audubon Society:Bridging the Gender Divide in Conservation.”*Environmental History*,Vol. 15,No. 1(Jan.,2010),p. 7.

④ Francis Hobart Herrick,*Audubon the Naturalist:A History of His Life and Time*. New York:D. Appleton and Company,1917,p. 255.

野生物和土著居民的生活带入美国公众的视线。[①] 他对美国的自然产生了特殊的情愫,对工业化进程中的野生物及其栖息地的破坏深感担忧。他的资源保护理念深深影响了西奥多·罗斯福,被罗斯福欣赏并采纳。格林内尔西部旅行之际,正是美国羽毛时尚流行、鸟类被肆意捕杀之时。1876年,格林内尔开始担任《森林与河流》杂志自然历史专栏的主编;1879年之后,格林内尔任整个杂志的主编,一直到1911年卸任。作为一名资源保护主义者,格林内尔称羽毛时尚为一种"可耻的时尚"[②]。他在该杂志工作期间大力抨击捕杀鸟类的行为,号召人们保护鸟类,并成立了奥杜邦协会,推动了鸟类保护运动的开展。

在格林内尔的推动下,1883年,《森林与河流》杂志刊登了大量有关鸟类被捕杀的信息,激起了全社会的愤怒。6月14日,杂志刊登的一封信件表达了每一位正直的人对鸟类保护的看法:"应立即停止射杀鸟类的行为,禁止每一位拥有枪支的人除科学用途之外对鸟类进行杀戮……它们经常落入那些既无科学观念又无视美丽的鸟类的人手中……保护鸟类是当务之急。"《森林与河流》杂志对这一来信这样评价:"我们很高兴看到,鸟类保护的主题每年都吸引许多公众的注意。"[③]9月13日,格林内尔发出"拯救麻雀"(Spare the Sparrows)的呼吁,指出鸟类对害虫控制的价值,并呼吁建立立法,禁止捕杀鸟类。[④] 9月20日,一篇题为《拯救燕子》(Spare the Swallow)的文章抨击羽毛时尚引发的鸟类捕杀,同时还附上一首保护鸟类的诗。[⑤] 到1884年,这种保护鸟类的警示更加明显,许多报纸上刊登了有关鸟类的文章,如《保护小鸟》(Protecting the Small Birds)、《保护鸣禽》(Protecting Song Birds)、《鸣禽的保护》(Preservation of Song Birds)、《鸣禽的减少》(Decrease of Song Birds)等。这些文章都指出近年来鸟类锐减,同时提倡建立禁止捕杀鸟类的法律。[⑥]

---

① Carolyn Merchant,"George Bird Grinnell's Audubon Society:Bridging the Gender Divide in Conservation",p. 3.

② George Bird Grinnell,"A Shameful Fashion." *Forest and Stream*, Vol. XXV, No. 24 (Jan. 7,1886),p. 465.

③ "The Slaughter of the Innocents." *Forest and Stream*, Vol. XX, No. 20(Jun. 14,1883), p. 387.

④ George Bird Grinnell,"Spare the Sparrows." *Forest and Stream*, Vol. XXI, No. 7(Sep. 13, 1883),p. 121.

⑤ Isaac McLellan,"Spare the Swallow." *Forest and Stream*, Vol. XXI, No. 8 (Sep. 20, 1883),p. 143.

⑥ William Dutcher,"History of the Audubon Movement." *Bird Lore*, Vol. 7, No. 1(Jan. — Feb. ,1905),pp. 45～46.

鸟类的大量消失引起了许多专家和公众的关注。包括格林内尔在内的一群致力于鸟类研究和保护的专家于1883年成立了美国鸟类学家联合会,这是最早试图阻止羽毛贸易的努力。在威廉·布鲁斯特(William Brewster)①的敦促下,美国鸟类学家联合会于1884年9月在其第二届年会上成立了一个"北美鸟类及鸟卵保护委员会",格林内尔是该委员会的成员之一。委员会的目的是通过教育的方式激发公众热情,反对出于装饰性目的捕杀鸟类,对所有本土鸟类进行保护。北美鸟类及鸟卵保护委员会同《科学》杂志的主编和出版商、美国人道主义协会的主席进行合作,共同推进鸟类保护工作,顺利地被公众了解和接受。1886年,该委员会出版了《美国鸟类学家联合会鸟类保护委员会1号公告》,包含了关于鸟类问题的数篇文章。② 这份公告还附上一份"美国鸟类学家联合会示范法律"(The A. O. U. Model Law)的完整草稿《鸟类、鸟巢及鸟卵保护法》(An Act for the Protection of Birds and Their Nests and Eggs),主要对除鹰之外的陆地鸟类进行保护,期望激励各州立法机构颁布保护非猎鸟及其鸟卵、鸟巢的法律。到1905年,该示范法律已经在28个州推行,这是鸟类保护工作取得的一大成果。

就在全美鸟类数量锐减、鸟类保护意识形成之时,格林内尔对美国鸟类学家联合会的鸟类保护工作并不是很满意,他认为该协会作为一个科学研究机构无法发动一场大众运动。而正是这种专业科学和公众热情之间的差距为格林内尔的工作提供了机会③,他决定建立一个专门保护鸟类的机构。格林内尔在1886年2月11日的《森林与河流》杂志上发表了一篇名为《奥杜邦协会》的社论,宣布了一个新的协会的成立,奥杜邦运动由此诞生。

逐渐地,公众开始警醒并认识到佩戴羽毛是多么令人厌恶。

---

① 威廉·布鲁斯特是美国著名的鸟类学家、博物学家和资源保护主义者,是美国鸟类学家联合会的创始人之一,他于1895～1898年担任该联合会主席一职。

② William Dutcher,"History of the Audubon Movement",p. 50. 这些文章包括:J. A. 艾伦的《美国鸟类被大规模捕杀的现状》(J. A. Allen,"The Present Wholesale Destruction of Bird-Life in the United States")、威廉·达彻的《纽约附近鸟类的捕杀》(William Dutcher,"Destruction of Bird-Life in the Vicinity of New York")、乔治·森尼特的《以食物为目的破坏鸟卵》(George B. Sennett,"Destruction of the Eggs of Birds for Food")、弗兰克·查普曼的《鸟类和女帽》(Frank M. Chapman,"Birds and Bonnets")及社论《鸟类和农业的关系》("The Relation of Birds to Agriculture")、《鸟类法律》("Bird-Laws")和《呼吁全国妇女关注鸟类》("An Appeal to the Women of the Country in the Birds")。

③ Carolyn Merchant,"George Bird Grinnell's Audubon Society:Bridging the Gender Divide in Conservation."*Environmental History*,Vol. 15,No. 1(Jan.,2010),p. 10.

> 毫无疑问，当关于时尚的事实被知晓时，它将被鄙视、被制止。现存立法对这种野蛮行为无能为力，但如果公众能被激发起来反对它，它将快速消失。《森林与河流》杂志多年来致力于这一问题，它使公众的情感逐渐发生了变化。时间证明，这种时尚令人愤怒……我们计划成立一个协会来保护野生鸟类和鸟卵，并将其命名为“奥杜邦协会”，这个协会将对任何愿意向鸟类保护提供帮助的人免费开放。它的目标是尽可能地阻止出于非食物目的捕杀任何野生鸟类的行为；破坏野生鸟类巢穴或鸟卵的行为；用羽毛装饰服装的行为。①

格林内尔指出，只有每个人都发挥饱满的热情，鸟类保护运动才会突飞猛进。他还解释了选择“奥杜邦”这个名字的缘由既是为了感激露西·奥杜邦对自己的帮助和影响，又是为了纪念约翰·詹姆斯·奥杜邦的鸟类绘画带给美国人无人可比的教育意义：“本世纪上半期有一个人，向美国人传授了大量有关鸟类的知识。迄今为止，在这方面，他比任何一个人做出的贡献都要大。他的绘画美妙而富有激情，他对所喜爱的鸟类做出令人着迷和心动的描述，这使他名垂青史。他还激励人们对鸟类表达出炽热的爱。”②为了实现鸟类保护的目标，奥杜邦协会将“发布鸟类用于女帽、装饰及其他目的的信息；曝光无限制掠夺鸟类生命的残暴行为；指出杀死食虫鸟类给农业带来的损害；从道德、人道主义、经济价值等角度呈现鸟类保护主题”③，赢得广大成员的同情和积极合作。同时，格林内尔还建议在全国范围内成立奥杜邦协会的分支机构，以便将鸟类保护的信息传达到各个地区。这些工作将作为美国鸟类学家联合会的协作和补充。格林内尔称奥杜邦协会向所有人免费开放，日常费用完全依靠捐赠，他敦促那些愿意加入的人将他们的姓名发送至纽约市公园大道40号(Park Row 40)《森林与河流》杂志社。④

奥杜邦协会成立伊始便收到许多热情的回应。牧师亨利·W. 比彻

① George Bird Grinnell, “The Audubon Society.” *Forest and Stream*, Vol. XXVI, No. 3 (Feb. 11, 1886), p. 41.

② George Bird Grinnell, “The Audubon Society.” *Forest and Stream*, Vol. XXVI, No. 3 (Feb. 11, 1886), p. 41.

③ George Bird Grinnell, “The Audubon Society.” *Forest and Stream*, Vol. XXVI, No. 3 (Mar. 18, 1886), p. 141.

④ George Bird Grinnell, “The Audubon Society.” *Forest and Stream*, Vol. XXVI, No. 3 (Mar. 18, 1886), p. 141.

(Henry W. Beecher)表达了他对鸟类保护深深的同情和关注,并称他非常乐意为此贡献自己的力量,还号召美国女性了解羽毛时尚给无辜的鸟类带来的灾难。[1] 作家约翰·格林利夫·惠蒂尔(John Greenleaf Whittier)声明:“我发自内心地赞同建立奥杜邦协会。我们正面临森林和鸟类的消失,长久以来需要一个保护鸟类的协会……我真心希望鸟类捕杀者、鸟类标本剥制师和佩戴羽毛的女性受到像塞缪尔·泰勒·柯尔律治的《古舟子咏》中那个古代水手一样的惩罚。”[2]美国人文协会(The American Humane Society)主席G. E. 戈登(G. E. Gordon)从威斯康星的密尔沃基市来信称,他希望女性能了解她们都在干什么!他希望奥杜邦协会招募成千上万的女性作为鸟类保护者。[3] 还有来信对奥杜邦协会成员阻止捕杀鸟类的努力表示深深的同情。[4] 这些来信纷纷将鸟类数量减少的罪责归结于女帽贸易和那些与之沆瀣一气的女性。

收到这些热情洋溢的回复,格林内尔备受鼓舞。同时他也意识到这场运动中,美国女性作为羽饰佩戴者和道德卫士的特殊地位及女性在阻止鸟类交易中的关键作用,也感受到美国19世纪各类社会运动中中上层女性的社会影响力。他认为,改变野蛮时尚、保护鸟类使其免受屠杀的权力掌握在女性手中。只有女性们放弃佩戴羽毛,建立健康的公共情感,鸟类保护工作才能顺利推进。“美国的改革,就像其他地方的一样,必须有女性的参与……如果女性能真正发挥作用,那么她们将做出不可估量的贡献。”[5]格林内尔不仅通过《森林与河流》杂志宣传鸟类保护、抨击鸟类捕杀的行为,还发动女性爱鸟者劝导佩戴羽毛的女性停止这种行为,[6]在女性中引起了强烈的反响。许多女性对此做出了积极回应,她们通过撰写有关鸟类的著作、推广“鸟类保护日”、开展学校教育和公众教育、建立奥杜邦分会等方式加入奥杜邦运动,这些女性在传播鸟类知识的同时推动了鸟类保护项

---

① Henry Ward Beecher, Letter 3, *Forest and Stream*, Vol. XXVI, No. 5 (Feb. 25, 1886), p. 83.

② John Greenleaf Whittier, Letter 1, *Forest and Stream*, Vol. XXVI, No. 5 (Feb. 25, 1886), p. 83. 注:柯勒律治的名著《古舟子咏》是一首令人难忘的音乐叙事诗,这首诗是关于一位古代水手讲述他在一次航海中故意杀死一只信天翁的故事(水手们认为信天翁是象征好运的一种鸟)。这个水手经受了无数肉体和精神上的折磨后才逐渐明白“人、鸟和兽类”作为上帝的创造物存在着超自然的联系。

③ G. E. Gordon, Letter 1, *Forest and Stream*, Vol. XXVI, No. 6 (Mar. 4, 1886), p. 104.

④ O. W. Holmes, Letter 2, *Forest and Stream*, Vol. XXVI, No. 3 (Mar. 11, 1886), p. 124.

⑤ George Bird Grinnell, "The Audubon Society." *Forest and Stream*, Vol. XXVI, No. 3 (Feb. 11, 1886), p. 41.

⑥ Carolyn Merchant, "George Bird Grinnell's Audubon Society: Bridging the Gender Divide in Conservation", p. 8.

目在公立学校和各社区的开展。一些大型女子学院中的年轻女大学生对鸟类保护运动产生了浓厚的兴趣，她们成立了奥杜邦分会，成为鸟类保护事业中富有成效的工作者。① 其中，最著名的是史密斯学院的奥杜邦协会。②

1886年春，格林内尔热情地就过去六周的工作进展进行了汇报："鸟类保护工作正勇敢地推进。来自各阶层、各年龄段的人们所体现出的热情令人振奋。我们发放了成千上万的传单和保证书，并收到许多善良的人们的鼓励和同情。从缅因州到佛罗里达州，甚至远至西部的加利福尼亚都传来对我们工作的支持……25份保证书发放给马萨诸塞州新贝德福德(New Bedford)的一位男士，3天内25份全部签名并被如数返回……一些大型女子学院中的年轻女大学生对鸟类保护运动产生了浓厚的兴趣，她们成立了奥杜邦分会，成为鸟类保护事业中富有成效的工作者。"③媒体和公众对这场运动给予了极大的支持，一致认为鸟类必须得到保护。④

1886年5月7日，在纽约妇女基督教联盟(The Ladies' Christian Union)的一次会议上，主席汤普森·H. 霍利斯特(Mrs. Thompson H. Hollister)对鸟类保护主题进行了详细的阐释；接着，弗兰克·博顿夫人(Mrs. Frank Bottome)发表了一场慷慨激昂的演讲，号召全社会关注北美鸟类，并呼吁女性承担自己的责任，她的讲话引起了与会者的极大兴趣；随后，格林内尔的妻子格林内尔夫人(Mrs. G. B. Grinnnell)对奥杜邦协会的工作进展和工作方法进行了介绍，并列举了它取得的诸项成就，目的是让所有人了解奥杜邦运动，获得她们对鸟类保护事业的同情和支持。在女性爱鸟者的鼓励和宣传下，联盟副主席斯基德莫尔夫人(Mrs. Skidmore)旋即提出愿意加入奥杜邦协会，并对它的工作进行协助，此项决议得到一致通过。⑤

随着越来越多的女性加入奥杜邦运动，鸟类保护工作顺利推进，来自各阶层、各年龄段的人们体现出强烈的鸟类保护热情。奥杜邦协会发放的成千上万份鸟类保护传单和保证书得到了人们的鼓励和认可，媒体也对这

---

① George Bird Grinnell, "The Progress of the Work." *Forest and Stream*, Vol. XXVI, No. 9 (Mar. 25, 1886), p. 161.

② George Bird Grinnell, "The Audubon Society." *Forest and Stream*, Vol. XXVI, No. 18 (May 27, 1886), p. 347.

③ George Bird Grinnell, "The Progress of the Work." *Forest and Stream*, Vol. XXVI, No. 9 (Mar. 25, 1886), p. 161.

④ George Bird Grinnell, "The Audubon Society." *Forest and Stream*, Vol. XXVI, No. 11 (Apr. 8, 1886), p. 203.

⑤ "The Audubon Society." *Forest and Stream*, Vol. XXVI, No. 17 (May 20, 1886), p. 327.

场运动给予了极大的支持，一致认为鸟类必须得到保护。[①] 各州的每个城镇都指派了当地秘书，来自各州的信件接踵而至，奥杜邦协会的注册成员数达到几千名，女帽商开始改用鲜花和珠串装饰女帽。“尽管街上的女性头饰仍像鸟类标本的流动博物馆，但商店的橱窗里很少再展示羽毛了。这场尚处于萌芽状态的运动取得了可喜的成果。”[②]格林内尔深刻感受到媒体已经被动员起来，《森林与河流》杂志已经深入到那些边远地区的人们，美国公众的热情也被激发起来，一场全国性的运动正在爆发。在1886年6月24日的《森林与河流》杂志上，格林内尔自豪地宣称奥杜邦运动开始产生更大的影响，每周有1000名新会员加入，[③]到1886年底，会员人数达到1.6万名。逐渐地，几万甚至十几万人将加入鸟类保护的运动中。随着鸟类保护运动产生的影响越来越大，女性在反对羽毛时尚的活动中也将发挥更加重要的作用。来自史密斯学院的一位女性教授报告称，三分之二的学生已经放弃佩戴装饰有鸟儿羽毛的帽子。[④]

尽管奥杜邦协会在成立后取得了不小的进展，但不少女帽商店又重新开始出售用鸟儿羽毛装饰的女帽。同时，格林内尔也意识到“奥杜邦协会采用的个人信件的撰写、流通、传阅等方式已无法跟上奥杜邦运动的发展速度”，因此，他决定创办《奥杜邦杂志》，由《森林与河流》杂志出版公司发行，继续推动现有工作的进行。[⑤] 1887年2月，《奥杜邦杂志》正式创刊，专门致力于“推进现有工作的持续、稳定开展，传播有关鸟类的可靠的、实用的信息，以激发人们对这一主题的广泛兴趣，从而达到保护鸟类的目的”[⑥]。这标志着第一阶段的奥杜邦运动达到了高潮。格林内尔鼓励女性为他的两个杂志贡献力量，并共同劝导其他女性放弃佩戴羽饰。

在新杂志的第一期，格林内尔刊发了西莉亚·莱顿·撒克斯特（Celia Leighton Thaxter）撰写的文章《女性的无情》。撒克斯特是一位著名的作家，也是鸟类热爱者，并且是奥杜邦协会最早的成员之一。这篇文章号召对鸟类进行保护，批评很多女性虽然同情鸟类保护事业，但并未付诸行动。

---

① George Bird Grinnell, “The Audubon Society.” *Forest and Stream*, Vol. XXVI, No. 11 (Apr. 8, 1886), p. 203.

② George Bird Grinnell, “The Audubon Society.” *Forest and Stream*, Vol. XXVI, No. 13 (Apr. 22, 1886), p. 243.

③ George Bird Grinnell, “The First Ten Thousand Roll of Audubon Society Members.” *Forest and Stream*, Vol. XXVI, No. 22 (Jun. 24, 1886), p. 425.

④ Carolyn Merchant, “George Bird Grinnell's Audubon Society: Bridging the Gender Divide in Conservation.” *Environmental History*, Vol. 15, No. 1 (Jan., 2010), p. 14.

⑤ “An Audubon Magazine.” *Forest and Stream*, Vol. XXVII, No. 25 (Jan. 13, 1887), p. 481.

⑥ “The Audubon for 1888.” *The Audubon Magazine*, Vol. 1, No. 12 (Jan., 1888), p. 283.

对此，她倍感失望。① 萨克斯特认为人类不配拥有上帝赐予的礼物。同时，她肯定了奥杜邦协会的工作："尽管如此，我们依然期望有一个更好的未来，奥杜邦协会及其分会正全心全意为鸟类保护奋斗。我们相信，终有一天所有的女性都会将佩戴羽饰的行为看作是无情和耻辱的。"②

《奥杜邦杂志》对鸟类保护的呼吁引发了公众广泛的关注，奥杜邦协会的成员继续增加。到 1887 年 5 月，会员人数达到 3 万，8 月达到 3.84 万。鸟类保护得到更多女性的支持，格林内尔为此倍感振奋。到 1888 年，羽毛佩戴浪潮减弱，羽毛贸易得到遏制，鸟类保护事业呈现出乐观的前景。但与此同时，鸟类保护的努力也逐渐松懈，③这个话题似乎不再受到媒体的关注。1888 年 11 月，《森林与河流》杂志报道纽约周围的大量鸣禽被捕杀，羽毛时尚卷土重来，这对于奥杜邦协会的领导人来说是个巨大的冲击。格林内尔绝望地称，尽管协会的会员不断增加，但在全国人口中的比例仍然很小。到 1889 年，鸟类保护主题已经从公共媒体上彻底消失。从 1889 年到 1895 年，美国鸟类学家联合会会议上也不再讨论奥杜邦运动的进展。1895 年年底，第一轮奥杜邦运动销声匿迹。

1889 年 1 月，也就是《奥杜邦杂志》发行两年后，格林内尔发布了一则通知，宣布《奥杜邦杂志》即将停刊。该杂志在两年内努力激发公众对鸟类保护的关注，但由于它没有足够数量的订阅者而无法抵消印刷成本，不得不在第二年后停止发行。④ 到 1895 年年底，奥杜邦协会不复存在，鸟类保护运动跌入低谷，第一阶段的奥杜邦运动结束。这场奥杜邦运动只持续了三年，其衰退的原因在于它仅由少数人发起并推动，数量庞大的成员、繁杂的事务和沉重的经济负担远远超出创建者的能力，而且羽毛时尚源远流长，从根本上改变这种时尚观念绝非易事。虽然格林内尔调动起女性的力量，但缺乏统一管理和系统整合，也未同其他机构广泛合作。同时，该运动缺少法律支持及协调行动的理事会，⑤因此它未能在立法层面取得成效。

这场奥杜邦运动虽然持续时间短暂，但它不仅推广了鸟类保护教育，

---

① Celia Leighton Thaxter, "Woman's Heartlessness." *The Audubon Magazine*, Vol. 1, No. 1 (1887), pp. 13～14.

② Celia Leighton Thaxter, "Woman's Heartlessness", pp. 13～14.

③ J. A. Allen, "An Ornithologist's Plea." *New York Times*, Nov. 25, 1897, p. 6.

④ *The Audubon Magazine*, Vol. 2 (Jan., 1889), p. 262, cited in Carolyn Merchant, "George Bird Grinnell's Audubon Society: Bridging the Gender Divide in Conservation." *Environmental History*, Vol. 15, No. 1 (Jan., 2010), p. 17.

⑤ Kathy S. Mason, "Out of Fashion: Harriet Hemenway and the Audubon Society, 1896～1905." *Historian*, Vol. 65, No. 1 (2002), p. 6.

在一定时期内抑制了对鸟类的捕杀,而且还促进了19世纪末新一轮奥杜邦运动的兴起。格林内尔认识到女性在鸟类保护工作中的重要性,期望通过发动女性的力量更广泛地传播鸟类保护思想。通过《森林与河流》及《奥杜邦杂志》的宣传,资源保护问题深深地影响了女性和男性的意识和良知,资源保护理念开始吸引19世纪末20世纪初全美乡村女性的心灵和思想,19世纪末第二阶段更广泛的由女性领导的奥杜邦运动的复兴便是这个转变推动的结果。① 如果将奥杜邦运动置于美国环境保护的历史中看,没有格林内尔奥杜邦运动的铺垫和贡献,就没有后来女性领导的更壮观的鸟类保护运动,这就是格林内尔的巨大影响所在。由此看来,格林内尔的工作终而未结。

三、奥杜邦运动的第二阶段:女性与鸟类保护

第二阶段的奥杜邦运动随着1896年马萨诸塞州奥杜邦协会(The Massachusetts Audubon Society)的成立而崛起,这既是对羽毛时尚死灰复燃的回应,又是女性鸟类保护意识深化、公共参与能力提升的表现。到1905年,奥杜邦协会已经在美国35个州、一个准州和哥伦比亚特区生根发芽,新的州级奥杜邦协会系统建立。这场奥杜邦运动脱胎于格林内尔的奥杜邦运动,但它持续时间更长、规模更大、影响力也更广泛,原因就在于它拥有更广泛的社会土壤,以各地、各州、全国性的奥杜邦协会为依托,形成了庞大的社会网络。它不仅继续鸟类保护的宣传和教育工作,而且将其提上政治议程。同时,它还建立了看护制度和法律保障,积极争取其他组织的支持,自下而上地推动鸟类保护事业的开展。尽管这场奥杜邦运动获得了众多男性的参与和支持,但它被看作进步主义时期置身于改革事业的女性组织网络的一部分。②

进步主义时期的女性具备进步主义动力,她们的改革活动同这一时期的其他改革交织在一起,通过各类女性组织推广建设美好家园和社区的想法。这些女性同社区有实力的精英有着紧密的关系,通过影响他们实现自身诉求。奥杜邦运动中的女性经常邀请知名的男性博物学家担任奥杜邦协会的主要领导职务,希望以此将女性的声音反映到政治领域,继而通过立法的方式施加她们的影响力。她们通过奥杜邦协会解决资源保护问题,

① Daniel J. Philippon, *Conserving Words: How American Nature Writers Shaped the Environmental Movement*. Athens and London: University of George Press, 2004, pp. 55～73.

② Jennifer Price, "Hats Off to Audubon." *Audubon*, Nov. —Dec., 2004. 页码不详 http://archive.audubonmagazine.org/features0412/hats.html(Accessed May 5, 2015)

奥杜邦协会也为她们提供了举行公共演讲、发挥领导才能、组织基层工作的机会。尽管州级奥杜邦协会成员的数量并不明确，但从全美奥杜邦协会(The National Audubon Society)成员的组成来看，其中40%是女性，到1915年，这一比例超过50%。[①]

(一)马萨诸塞州奥杜邦协会的成立与奥杜邦运动的复兴

19世纪末，羽毛时尚重新抬头，资源保护势在必行。在这种背景下，1896年，波士顿上流社会的一名女性哈丽雅特·L. 海明威成立了马萨诸塞州奥杜邦协会，发起了第二阶段的奥杜邦运动。[②] 海明威家境殷实，她的祖父拥有一个纺织厂；其父成立了几所大学，还曾是马萨诸塞州州长的候选人；而她的丈夫亦十分富有且热衷公益。作为进步女性的代表，海明威个性开朗，极具正义感和责任心，在波士顿拥有广泛的社会影响力。马萨诸塞州奥杜邦协会成立前，海明威也曾多年佩戴羽毛饰品，并从未为此感到愧疚。直到1896年1月读到白鹭栖息地惨遭袭击的消息时，海明威的想法才彻底改变。这则消息这样描述："泥土中躺着8只已经没有了生命的鸟……长着羽毛的皮肤从背部被剥去，无数的苍蝇在上面飞来飞去，不断发出令人作呕的嗡嗡声……被遗弃的幼鸟嗷嗷待哺，发出凄凉的叫声。死去的父母再也无法为它们觅食。其中一只小鸟的头和颈部挂在窝边。"这种场景令海明威震惊，她确定自己应有所行动。于是，她带着波士顿学会的"蓝皮书"(Blue Book)，找到她的堂妹明娜·霍尔(Minna Hall)，共同商讨鸟类保护事宜。那本蓝皮书上记录着用鹭羽装饰帽子的女性的名字，也记录着可能加入鸟类保护协会的女性的名字。[③]

海明威和明娜仔细阅读"蓝皮书"后，同可能放弃羽饰的女性取得了联系，并劝导她们加入致力于保护鸟类的协会。[④] 在成功地将众多中上层女性纳入鸟类保护事业后，两人意识到这项事业必须获得更多人的支持。于是，她们邀请新英格兰地区一些著名的鸟类学家和上流社会的领袖在海明威家中召开了一次会议，共同探讨有关鸟类捕杀的问题。经过商议，他们

---

① Leslie Kemp Poole, "The Women of the Early Florida Audubon Society: Agents of History in the Fight to Save State Birds." *The Florida Historical Quarterly*, Vol. 85, No. 3 (Winter, 2007), p. 317.

② Joseph Kastner, "Long before Furs: It was Feathers that Stirred Reformist Ire." *Smithsonian*, Vol. 25, No. 4 (Jul., 1994), pp. 96～104.(由于该文是网页格式，该处引用具体页码不详)。

③ Joseph Kastner, "Long before Furs: It was Feathers that Stirred Reformist Ire", pp. 96～104.

④ Mary Joy Breton, *Women Pioneers for the Environment*. Boston: Northeastern University Press, 1998, p. 255.

一致决定效仿格林内尔，成立马萨诸塞州奥杜邦协会，阻止以装饰为目的购买和佩戴野生鸟类羽毛的行为，促进对本土鸟类的保护。① 协会由 40 名干事组成，其中 18 位是女性，美国鸟类学家联合会领袖威廉·布鲁斯特受邀担任协会主席。

马萨诸塞州奥杜邦协会成立后，海明威主要利用个人影响力获得支持。格林内尔的奥杜邦协会虽然鼓励女性的参与，但成员几乎都是男性。海明威改弦易辙，通过招募女性来反对羽毛时尚，她认为这样更容易引起共鸣，更有说服力。马萨诸塞州奥杜邦协会的会议记录显示，海明威经常举办茶会，邀请众多波士顿女士参加，并通过教育的方式敦促她们放弃羽毛时尚。茶会赢得了众多追随者，它的影响力超出了参加茶会的人的数量。到第一年年底，协会已经约有 900 人登记在册，其中大部分是女性。②

在布鲁斯特和海明威的领导下，协会的众多女性成员推动了鸟类保护的进程。这些女性包括担任领导职务的女性、拒绝佩戴羽毛的女性成员、撰写短文和小册子以宣传协会信息的教育家和作者、向州政府和联邦政府请愿并要求建立保护性立法的游说者以及支持鸟类保护的普通女性。③ 她们谴责羽毛佩戴者和女帽销售商，并劝导女帽商设计并出售无羽毛配饰的帽子；她们通过年度报告、报刊文章宣传鸟类保护思想以引起公众的关注；很多女教师和图书管理员分发各类免费的文学作品，教导孩子们学会尊敬并欣赏鸟类；许多分会的女性成员资助学校的“鸟类保护日”活动，目的是培养孩子们对鸟类观察和鸟类学的兴趣。协会的努力获得了公众的积极响应，很多年轻人加入鸟类保护活动。

马萨诸塞州奥杜邦协会还试图影响立法，取得对鸟类的保护。1897 年 6 月 11 日，在协会和参议员乔治·F. 霍尔（George F. Hoar）的共同努力下，马萨诸塞州通过了一项禁止野生鸟类羽毛贸易的法案即《霍尔法案》。④ 它规定以装饰为目的穿着、出售、占有鸟类器官或羽毛的行为违法。这项法案第一次给女帽贸易敲响了警钟，赢得了热情的支持。7 月 20 日一封认为女性不应该佩戴羽毛的信中写道：“当所有热爱鸟类的人听到

---

① Minna B. Hall, “Letter 5, A New Audubon Society.” *Forest and Stream*, Vol. XLVI, No. 16(Apr. 18, 1896), p. 314.

② Joseph Kastner. “Long before Furs: It was Feathers that Stirred Reformist Ire”, pp. 96～104.

③ Kathy S. Mason, “Out of Fashion: Harriet Hemenway and the Audubon Society, 1896～1905.” *Historian*, Vol. 65, No. 1(2002), pp. 1～2.

④ Kathy S. Mason, “Out of Fashion: Harriet Hemenway and the Audubon Society, 1896～1905”, pp. 10～11.

马萨诸塞立法机构通过了一项禁止在本州佩戴鸟类羽毛、翅膀的法律时，都倍感振奋。笔者多年来一直认为应该采取类似的措施。每年都有几十万只上帝创造的可爱生物被杀害来装饰女帽，这简直就是对女性品德的亵渎……如果女性树立了这样一个残酷的榜样，那么我们又能期望男性和男孩们做些什么？……奥杜邦协会一直呼吁女性放弃这种为了装饰而牺牲可爱的鸟类的行为，但是回应又是多么地缓慢！我们何不主动表示基督徒的仁慈和温柔？我们何不号召女士们，并把我们的想法反映给各州的立法机构，而非在听到立法者通过像马萨诸塞州那样的法律时感到羞耻。”①

1901 年夏，马萨诸塞州奥杜邦协会分发了大量的“马萨诸塞州鸟类名单”(List of Massachusetts Birds)，要求观察者们反馈这一年内看到的用于女帽的鸟类。同时，协会还筹备了关于鸟类保护的公共讲座及流动图书馆，向有需要的学校和图书馆提供服务。协会还向图书馆艺术俱乐部(Library Art Club)提供了两份奥杜邦鸟类图表(Audubon Bird Charts)和鸟类图册(Bird Plates)，且销售良好。同时，协会的规模也在不断扩大，成员数达到 4151 名。②

马萨诸塞州奥杜邦协会在全国范围内产生了重要的影响。它成立后不久便拥有了几十个分会，同时其他各州的女性也纷纷效仿，创建了数量众多的奥杜邦俱乐部和州级奥杜邦协会。1896 年 10 月，费城的一个团体成立了宾夕法尼亚州奥杜邦协会，仅仅在成立一年之内会员人数就达到 2000 名；1897 年贝利协助成立了哥伦比亚特区奥杜邦协会(The Audubon Society of the District of Columbia)；同年，纽约州、新罕布什尔州、伊利诺伊州、缅因州、威斯康星州、新泽西州、罗得岛州相继成立了奥杜邦协会；1898 年，13 名女性在康涅狄格州的费尔菲尔德(Fairfield)创建了康涅狄格州奥杜邦协会；俄亥俄州、印第安纳州、田纳西州、明尼苏达州、得克萨斯州和加利福尼亚州随后都成立了奥杜邦协会。到 1900 年，美国共有 20 个州成立了奥杜邦协会，会员总数达到 4 万名，奥杜邦运动再一次兴起。③

为了加强对众多奥杜邦协会的管理和推动统一的鸟类立法的建立，马萨诸塞州奥杜邦协会于 1900 年向所有的奥杜邦协会发出邀请，召开一次共同会议，探讨成立一个所有奥杜邦协会联盟的提议。1901 年 11 月，全

---

① Annie H. Nutty, “Cruelty to Birds: The Writer thinks that Women Should Not Wear Their Feathers.” *New York Times*, Jul. 20, 1897, p. 6.

② “Reports of Societies.” *Bird Lore*, Vol. 3, No. 6 (Dec., 1901), p. 219.

③ Mary Joy Breton, *Women Pioneers for the Environment*. Boston: Northeastern University Press, 1998, p. 257.

美奥杜邦协会委员会(The National Committee of Audubon Societies)成立;1903 年,35 个州成立了奥杜邦协会;1905 年,所有的奥杜邦协会联合建立了全美奥杜邦协会联合会(The National Association of Audubon Societies),后更名为全美奥杜邦协会,致力于鸟类保护事业,促进全美范围内奥杜邦协会工作的沟通和交流。该协会同美国鸟类学家联合会鸟类保护委员会通力合作,活跃于各州和全国鸟类保护的立法工作中。

随着鸟类保护呼声的日益强烈及全国范围内奥杜邦协会数量的增加,美国鸟类学家联合会北美鸟类及鸟卵保护委员会的主席威特默·斯通(Witmer Stone)在 1898 年的一份报告中指出:"(需要创办一份)杂志致力于大众鸟类学,作为各个协会和成员之间进行工作交流的媒介。"①奥杜邦协会的官方杂志《鸟类学》(1899～1931)在这种需求下诞生了。《鸟类学》于 1899 年正式创立,由查普曼担任总编,赖特担任《奥杜邦》专栏的主编。该杂志致力于对鸟类和哺乳动物的研究和保护,它的格言是"二鸟在手,不如一鸟在林"(A Bird in the Bush is Worth Two in the Hand)。作为格林内尔《奥杜邦杂志》的延续,《鸟类学》推动了各州奥杜邦协会之间工作思想、工作方法和信息的交流,在鸟类保护的宣传、教育及动员等方面发挥了关键作用。杂志设有《协会报告》(reports of societies)专栏,专门通报各州奥杜邦协会的工作部署、工作进展及取得的成果等,同时每年的最后一期还部署该杂志下一年的工作。赖特要求最初建立的 19 个州级协会的秘书(除一个之外全部是女性)向《鸟类学》提供新闻和会议记录,以扩大和加强奥杜邦运动。② 该杂志还获得了米勒、贝利、撒克斯特等女性作家的支持。

在第二阶段的奥杜邦运动中,女性成员占 80%。作为运动的主体,她们通过多种形式推行鸟类保护。首先,女性领袖主要承担宣传动员、工作部署、沟通组织等职责,而女性成员负责基层组织和教育工作。各协会广泛分发鸟类资料、推行鸟类教育计划及协助鸟类保护项目的实施,并推行"做有社会意识的消费者"的观念。③ 奥杜邦协会很注重对年轻人进行鸟类教育,为学生提供有关鸟类的资料,为教师提供相关的教育材料。如哥伦比亚特区奥杜邦协会于 1898 年组织了首个鸟类课堂,其目的是为师范学校从事鸟类研究的教师们提供基本指导,贝利亲自授课并指导该项目的

① *Bird Lore*, Vol. 1, No. 1(Feb., 1899), p. 28.

② Carolyn Merchant, "Women of the Progressive Conservation Movement, 1900～1916." *Environmental Review*: ER, Vol. 8, No. 1, Special Issue: Women and Environmental History (Spring, 1984), p. 70.

③ Frederick E. Webster, Jr., "Determining the Characteristics of the Socially Conscious Consumer." *Journal of Consumer Research*, Vol. 2, No. 3(Dec., 1975), p. 188.

开展。[①] 奥杜邦协会的女性还在学校进行公开演讲，并成立了大量的儿童奥杜邦俱乐部(Children's Audubon Clubs)，以保证所有的孩子受到启发和教育。

其次，奥杜邦协会的女性还注重同其他组织和妇女俱乐部的合作。如康涅狄格州奥杜邦协会的一大举措就是与本州教育委员会(The State Board of Education)及渔业和狩猎委员会(The Fish and Game Commission)进行通力合作[②]；佛罗里达州奥杜邦协会邀请佛罗里达州妇女俱乐部联盟加入，这是该奥杜邦协会取得的战略性胜利，提升了奥杜邦协会在全州的地位；奥杜邦协会的女性还向拥有80万女性成员的总联盟发出请求，希望获得帮助。为了配合奥杜邦协会的工作，总联盟在1910年举行的年会上呼吁："我们应该为奥杜邦协会做出更多的贡献。尽管很多人仍在追随羽毛时尚、鼓励对鸟类的捕杀，但我们应积极推行资源保护。"[③]

再次，奥杜邦协会的女性还邀请有威望的男性加入，以获得更多的支持并加强对立法的影响力。格林内尔、查普曼、威廉·达彻、T. 吉尔伯特·皮尔逊(T. Gilbert Pearson)等都在奥杜邦协会中担任领导职务。从全国范围内的奥杜邦协会来看，主要领导职务中有一半由男性承担，女性则担任组织日常工作的各地协会秘书。[④] 男性称，女性的工作更为重要，他们不仅予以大力支持，还通过自身的影响力推动鸟类保护的开展，譬如同羽毛贸易商交涉、追踪非法鸟类贸易、和立法者私下会面、给报纸杂志投稿、同女帽商保护联盟(The Millinery Merchants' Protective Association)谈判等。如果说女性利用道德语言塑造了奥杜邦运动，那么男性则通过科学、理性、法律的手段实施了鸟类保护行动。[⑤]

尽管奥杜邦协会的女性获得了社会各界的支持，但她们也面临诸多非议和诟病。一些收藏家认为那些出于"科学目的"收集鸟卵的人应该被赦免；捕猎者称那些有害的鸟如老鹰、兀鹰、猫头鹰、乌鸦、松鸦等不应成为被保护的对象；有人称女帽业对美洲的30亿只鸟并没有太大的影响，因为大

---

① Edward T. James, Janet Wilson James, and Paul S. Boyer. *Notable American Women, 1607～1950, Volume I: A-F*. Cambridge, MA: Harvard University Press, 1971, p. 389.

② Mable Osgood Wright, "State Audubon Reports-Connecticut." *Bird Lore*, Vol. 13, No. 6 (Dec. 1911), p. 364.

③ Carolyn Merchant, "Women of the Progressive Conservation Movement, 1900～1916", pp. 72～73.

④ Jennifer Jaye Price, "Flight Maps: Encounters with Nature in Modern American Culture." Ph. D. diss., Yale University, 1998, p. 75.

⑤ Jennifer Price, "Flight Maps: Encounters with Nature in Modern American Culture", p. 117.

部分羽毛来自南美和其他国家；①还有人辩称大部分羽毛来自脱落的羽毛或圈养的鸟儿②。羽毛商人则抨击女性才是捕杀鸟类的罪魁祸首，是女性的需求导致市场膨胀和鸟类被捕杀。他们批评奥杜邦协会的一些女性佩戴的人造羽毛与真羽毛高度相似，这无异于鼓励捕杀鸟类的行为；还有一些女性也宣称已经收集的羽毛应该被排除。虽然这些不同的声音使奥杜邦协会的女性犹豫和沮丧，但却无法阻止她们保护鸟类的努力和资源保护的必然趋势。

（二）梅布尔·奥斯古德·赖特的贡献

梅布尔·奥斯古德·赖特是奥杜邦协会女性成员的重要代表人物。她不仅是一名鸟类学家、作家和教育家，也是《鸟类学》杂志《奥杜邦》专栏的主编。她创立了康涅狄格州奥杜邦协会并担任主席，在全美奥杜邦协会联合会中承担领导职务，同时被推选为美国鸟类学家联合会成员。不管是从质还是量的方面讲，赖特的工作成绩都更为显著，奥杜邦协会的其他女性几乎无出其右。赖特的理念是：所有的生命都拥有自然权利，这种权利应得到尊重，③并强调对当地环境的欣赏与保护④。

在着手创立康涅狄格州奥杜邦协会之时，赖特已是一位知名的鸟类学家和作家。她撰写了几部有关自然的著作，包括《自然的友谊：新英格兰的鸟类与花卉史》（*The Friendship of Nature：A New England Chronicle of Birds and Flowers*，1894）、《鸟类艺术：200 种鸣禽、猎鸟和水鸟的田野手册》（*Birdcraft：A Field Book of Two Hundred Song，Game，and Water Birds*，1895）、《作为公民的鸟类》（*Citizen Bird*，1897）、《乡村和田野中的鸟类》（*Birds of Village and Field*，1898）等，这些作品从多个角度呈现了关于鸟类的基本知识。同时，作为 1899～1906 年《鸟类学》杂志《奥杜邦》专栏的主编，赖特撰写了一系列宣传鸟类保护的文章，还鼓励其他女性投稿。赖特在《鸟类学》1902 年 10 月刊的文章《回到最初的原则》（Back to First Principles）中，详细分析了奥杜邦成员及关心鸟类生活的资源保护主

① Carolyn Merchant，"George Bird Grinnell's Audubon Society：Bridging the Gender Divide in Conservation."*Environmental History*，Vol. 15，No. 1（Jan. 2010），p. 14.

② Robin W. Doughty，"Concern for Fashionable Feathers."*Forest History*，Vol. 16，No. 2（Jul. 1972），p. 9.

③ P. Brooks，"Birds and Women."*Audubon Magazine*，Vol. 82，No. 5（1980），pp. 88～97，cited in Linda C. Forbes，and John M. Jermier，"The Institutionalization of Bird Protection：Mabel Osgood Wright and the Early Audubon Movement."*Organization & Environment*，Vol. 15，No. 4（Dec. 2002），p. 459.

④ Linda C. Forbes，and John M. Jermier，"The Institutionalization of Bird Protection：Mabel Osgood Wright and the Early Audubon Movement"，p. 459.

义者同女帽商、羽毛商、捕猎者之间激烈的矛盾。她认为鸟类捕杀的责任在于公众,而非谋取商业利益之人。同时,她还曝光了商业和工业组织为了获取利益所使用的手段。① 赖特的作品既被公众广泛阅读,又被同行赞美,成为鸟类教育领域被推介的经典。她的作品也被称为"唤起了爱国主义热情、发掘出乡村女性的力量",使资源保护理念向更多的受众扩展。②

赖特是奥杜邦运动中公认的最具影响力的活动家之一,她的影响力远远超出康涅狄格州。首先,赖特推动了学校鸟类教育的开展。她认为,学校教育作为鸟类保护的第一步,是培养公民欣赏、热爱鸟类的重要途径,应成为教育委员会和农业委员会常规工作的一部分。③ 在赖特的引导下,《鸟类学》杂志为学校出版并分发教育宣传册,资助儿童诗集的出版和鸟舍设计比赛,同时开展有关鸟类主题的系列讲座、为有需要的学校和图书馆制作鸟类图表。赖特还积极支持"鸟类保护日"和其他教育项目的开展,并鼓励教师们组织各类奥杜邦活动等。其次,赖特承担奥杜邦协会的大量组织工作。1901 年,赖特同各州奥杜邦协会和美国鸟类学家联合会共同商讨并成立了全美奥杜邦协会委员会。1905 年,赖特担任全美奥杜邦协会联合会的理事,一直到 1928 年卸任。赖特的日常工作包括组织会议、记录协会动态、协调各州奥杜邦协会工作等。再次,赖特强调立法的重要性,认为获得立法权力、颁布鸟类法律是鸟类保护的支柱。赖特通过提出各种政治诉求、向当地立法机构和州立法机构请愿、游说立法者等方式引起立法者的重视,并领导奥杜邦协会支持鸟类保护立法的通过。④

赖特最具影响力的一项工作是成功地推动了鸟类博物馆和保护区(Birdcraft Museum and Sanctuary)的建立。⑤ 这所博物馆于 1914 年在康涅狄格州的费尔菲尔德建成,10 月 16 日正式对外开放。它占地 10 英亩,是隶属于康狄涅格州奥杜邦协会的鸣禽保护区,以赖特的经典著作《鸟类艺术:200 种鸣禽、猎鸟和水鸟的田野手册》命名。早在 1910 年,赖特就呼吁建立一个"鸣禽保护区",指出"仅仅通过制止鸟类捕杀达到鸟类保护的

---

① Mabel Osgood Wright,"Back to First Principles. "*Bird Lore*, Vol. 4, No. 5(Oct. ,1902), pp. 168~171.

② Daniel J. Philippon, *Conserving Words: How American Nature Writers Shaped the Environmental Movement*. Athens and London: University of George Press, 2004, pp. 73~95.

③ Edward H. Forbush, *Useful Birds and Their Protection*. Boston: Wright & Potter, 1907, p. 413.

④ Daniel J. Philippon, *Conserving Words: How American Nature Writers Shaped the Environmental Movement*, pp. 94~95.

⑤ Linda C. Forbes, and John M. Jermier,"The Institutionalization of Bird Protection: Mabel Osgood Wright and the Early Audubon Movement", pp. 463~464.

愿望是不够的。每一天，城市和工业城镇人口都在不断增加，灌木丛和树林或被用作燃料，或被用于其他用途，是时候在文明的荒野中建立一块绿洲了”。在当时，保护区的概念还非常新颖。在赖特看来，这样的保护区能使鸟类得到更好的保护，使它们充分享受应有的生活。[①] 赖特不断向费尔菲尔德的一名富人安妮·B. 詹宁斯(Annie Burr Jennings)呼吁，最终获得了购买土地以建立保护区的资金，后来土地转让给康涅狄格州奥杜邦协会。1914 年 6 月，建立保护区的一切细节准备就绪，[②]在赖特的认真规划之下，保护区落成。

保护区具有资源保护和教育的双重使命，它特别强调对当地景观和鸟类生活的欣赏。在这里，大量当地的树木包括灌木被种植以吸引鸟类。据估计，1914 年保护区建立时共有 52 个鸟巢。到 1930 年，鸟巢数量达到 146 个，鸟类种类达到 100 种。保护区逐渐发展成为一个每年接待 1.7 万名参观者的封闭圈地，成为全美野生动物和栖息地保护活动的典范。[③] 查普曼对此这样评价：“参观这片保护区给我们留下了深刻的印象，我们抑制不住冲动要对赖特的事业评价一番。这个保护区非常宝贵，它是资源保护和博物馆学习的典范。作为博物馆人，在过去的 25 年中，我们一直面临欲通过标本展示的方式向公众传达鸟类知识的问题。通过这个例子，我们毫不犹豫地说，在鸟类学领域，这块鸟类保护区无疑产生了比我国任何一家博物馆更巨大、更有成效的回报……不到 10 英亩的土地也许无法容纳很多鸟儿，也未必能接待大量参观者，但它所反映的想法却影响了整个地球。”[④]该保护区于 1982 年被美国国家史迹名录(The National Register of Historical Places)收录，并在 1993 年被认定为“国家历史地标”(National Historic Landmark)。保护区成为赖特资源保护理念和鸟类工作中的一个里程碑。

作为美国进步主义时期鸟类保护运动的女性代表，赖特被誉为奥杜邦运动复兴的关键人物。1928 年她从全美奥杜邦协会联合会的理事会辞职时，其他董事表达了对她的认可和敬意：“在过去的 30 年中，你对联合会、整个鸟类学领域及野生物保护事业都做出了重要贡献，我们对此表示最诚

---

① Daniel J. Philippon, *Conserving Words: How American Nature Writers Shaped the Environmental Movement*, p. 99.

② Mabel Osgood Wright, “The Making of Birdcraft Sanctuary.” *Bird Lore*, Vol. 17, No. 4 (1915), p. 265.

③ Linda C. Forbes, and John M. Jermier, “The Institutionalization of Bird Protection: Mabel Osgood Wright and the Early Audubon Movement”, pp. 463～464.

④ Frank Chapman, Editorial. *Bird Lore*, Vol. 17, No. 4(Aug., 1915), p. 297.

挚的感谢!”[①]赖特因此被称为“奥杜邦运动中最具影响力的女性之一”。

(三)佛罗里达州奥杜邦协会的鸟类保护工作

在第二阶段创建的众多奥杜邦协会中,以佛罗里达州奥杜邦协会(Florida Audubon Society,以下简称 FAS)最为典型,因为佛罗里达州聚居着种类丰富的鸟,像红鹤、白鹭、鹮、玫瑰琵嘴鹭等 42 种鸟栖息于海岸边、湿地和常绿植物中。位于州南部的埃弗格莱兹沼泽地(Everglades lands)每年都会迎来 300 余种鸟类,尤其以涉水禽鸟为主,并居住着大量的秃鼻乌鸦群。这些鸟儿却因为人类为了满足时尚的需要而遭受着惨烈的杀戮。因此,在佛罗里达州,女性保护鸟类的斗争更为激烈。FAS 成立的目的即是传播有关鸟类经济价值的信息及它们对人类福祉的重要性,从而抑制对野生鸟类和鸟卵的无限制破坏;阻止出于装饰目的购买或使用除鸵鸟和家禽之外其他鸟类羽毛的行为;在学校推广“鸟类保护日”活动。

和其他奥杜邦协会类似,FAS 早期的几位主席虽然由受过良好教育、有威望的男性担任,但其成功却是建立在具有进步主义思想、精力充沛的女性的努力之上。她们既关注鸟类捕杀和保护问题,又关注佛罗里达州的其他社会问题。作为鸟类保护事业的中坚力量,这些女性热情高涨,同鸟类捕杀做斗争,将奥杜邦协会的工作开拓为具有广泛社会基础的全国性运动。她们长期担任领导职务,积极了解奥杜邦协会的资金状况和工作进展,并通过组织会议、撰写文章和宣传册等形式开展工作;她们还同当地居民共同协作,支持看护员制度,赢得了公众对奥杜邦协会的支持,最终促进了广泛的学校教育项目的运行、鸟类保护区的建立以及鸟类保护法律的通过。[②]

早在 FAS 成立之前,佛罗里达州鸟类惨遭屠杀的状况便引起了克拉拉·多米里奇(Clara Dommerich)的同情和警觉。她的丈夫路易斯·多米里奇(Louis Dommerich)是纽约一位非常富有的丝绸进口商和纺织品生产商,夫妇二人每年都会携家人一道前往坐落于佛罗里达州梅特兰市明尼哈哈湖畔(Lake Minnehaha)的海华沙树林(Hiawatha Grove)过冬。随着鸟类捕杀的死灰复燃和奥杜邦协会在多个州的成立,多米里奇夫妇开始研究其他州的奥杜邦协会,并为本州奥杜邦协会的成立筹集资金。克拉拉目睹了鸟类成为女帽业的牺牲品,决心要为保护佛罗里达州的鸟类做出贡献。

① Linda C. Forbes, and John M. Jermier, “The Institutionalization of Bird Protection: Mabel Osgood Wright and the Early Audubon Movement”, p. 460.

② Leslie Kemp Poole, “The Women of the Early Florida Audubon Society: Agents of History in the Fight to Save State Birds.” *The Florida Historical Quarterly*, Vol. 85, No. 3 (Winter, 2007), p. 297.

而事实证明，她的经历和坚持势不可当。她首先召集爱鸟的人士，成立了佛罗里达州奥杜邦协会。①

1900年3月2日下午，克拉拉夫妇邀请13名地位显赫、雄心勃勃、受过良好教育的人士，包括8名女性和5名男性相聚于家中，共同商讨佛罗里达州鸟类逐渐减少的状况及相应的对策。聚会上，佛罗里达州奥杜邦协会正式成立，克拉拉当选为秘书，还宣读了对佛罗里达州成立奥杜邦协会表示大力支持的团体的来信。为了让协会走上正轨，路易斯·多米里奇提出一项决议，即成立一个由5人组成的执行委员会，专门负责协会章程和相关规章制度的制定以及管理人员的任命。② 克拉拉提议，将这次会议的通讯报告转发给缺席该次会议的协会副主席和执行委员会成员及本州的各报编辑。会议还将每年3月的第一个周二定为召开年会的日子。新成立的FAS的28名副主席中，有6名为女性。在接下来的28年里，FAS的执行委员会中，一半为女性。

FAS的创立者对鸟类有着特殊的感情，他们将传播鸟类价值的信息、宣传本州鸟类捕杀情况及阻止使用和购买鸟类羽毛等作为自己的使命，③开展了一系列活动，撰写、分发有关鸟类的文章和信息，在公立学校开设课程，鼓励成立各地奥杜邦分会并为鸟类保护法律的建立而奋斗。遗憾的是，1900年11月9日，克拉拉在纽约市因病逝世。FAS失去了一位强大的支持者，急需一名新的领袖继续完成克拉拉开启的事业；12月，哈丽雅特·范德普尔(Harriet Vanderpool)被任命为FAS秘书，接管了克拉拉的工作，带领协会继续保护鸟类的工作。

尽管FAS成立的前20年，其主席均由男性担任，但是FAS的成功却主要依赖于女性成员的努力及她们同社会各阶层的沟通。女性服务于行政委员会，并管理各级分会。她们主要承担大量的组织工作，并同当地居民联系紧密，获得他们对FAS工作的全力支持。为了争取更多女性的支持，FAS于1908年发起了一场抵制佩戴羽毛的运动，向全州妇女，特别是妇女组织分发了一份保证书，倡议她们拒绝用鸟类产品装饰衣服。这项活动唤起了许多女性的怜悯之心，获得了大多数女性的同情和支持。另外，FAS还与佛罗里达妇女俱乐部联盟(Florida Federation of Women's

① Leslie KempPoole, *Saving Florida: Women's Fight for the Environment in the Twentieth Century*. Gainesville: University Press of Florida, 2015, p. 21.

② Leslie Kemp Poole, "The Women of the Early Florida Audubon Society: Agents of History in the Fight to Save State Birds", p. 305

③ Leslie KempPoole, *Saving Florida: Women's Fight for the Environment in the Twentieth Century*, p. 22.

Clubs,以下简称 FFWC)协作,开展鸟类保护工作。从 1895 年成立以来,该联盟一直致力于植树、鸟类保护、濒临灭绝物种及湿地保护等活动。联盟下设一个鸟类保护小组委员会。在 FFWC1905 年年会上,该委员会主席敦促各成员俱乐部为鸟类放置食物和水,为紫崖燕、蓝色鸣鸟和鹪鹩搭建鸟舍,还宣读了来自 FAS 寻求支持的信件,并对此表示积极关注和支持。① FFWC 决定加入佛罗里达州奥杜邦协会,并成为其终身会员。这是奥杜邦协会取得的一个战略性胜利,它使得奥杜邦协会在全州的地位得到了极大提升,其影响力也迅速扩大。②

FAS 成员还向全国妇女俱乐部总联盟发出呼吁,希望其加大对鸟类的保护力度。1900 年总联盟年会上,一位与会者提出,"每一个妇女联盟代表一种尊严……佩戴鸟饰的帽子与这种尊严完全相悖"。为了配合奥杜邦协会的工作,总联盟呼吁其成员对鸟类保护做出更多的贡献,并为其提出更多的意见和建议。在 1910 年总联盟举办的年会上,总联盟通过了一项决议,表示大力支持奥杜邦协会的鸟类保护工作。③ 从 1913 年开始,鸟类保护成为总联盟宣传的重要内容之一。

FAS 中涌现出众多贡献突出的女性领袖,正因为她们的努力,FAS 才可能取得辉煌的成就。除了创立者之一克拉拉·多米里奇之外,还有像哈丽雅特·范德普尔、琳达·布朗森(Linda Bronson)、劳拉·马尔斯(Laura Marrs)和凯瑟琳·贝尔·蒂皮特(Katherine Bell Tippetts)等具有进步思想的女性。

凯瑟琳·贝尔·蒂皮特是佛罗里达州资源保护运动中一位重要的女性领袖,她的思想和行动对佛罗里达州和全国野生动物保护产生了重要的影响。像进步主义时期的其他女性一样,蒂皮特接受过良好的教育,同时兼具多种身份,商界女性、俱乐部妇女、社区领导人、政治候选人、作家等。她领导了多场运动,推动了公园的建立和对濒临灭绝的植物的保护,因对鸟类保护工作的贡献而被铭记,被称赞为"佛罗里达州鸟类保护杰出女性"。在她的领导下,鸟类保护区在佛罗里达州广泛建立,保护本州的鸟类及候鸟的法律得以通过,并使知更鸟成为佛罗里达州的州鸟;她还发起了全国性运动,鼓励各州命名自己的州鸟。可以说,蒂皮特为 20 世纪后期的

---

① Leslie KempPoole, *Saving Florida: Women's Fight for the Environment in the Twentieth Century*, p. 32.

② Leslie Kemp Poole, "The Women of the Early Florida Audubon Society: Agents of History in the Fight to Save State Birds", p. 315.

③ Leslie Kemp Poole, "The Women of the Early Florida Audubon Society: Agents of History in the Fight to Save State Birds", pp. 315～316.

环境保护播下了种子。

1909年,在鸟类保护热情的驱动下,为了更有效地推动鸟类保护的展开,蒂皮特在佛罗里达州的圣彼得斯堡市成立了圣彼得斯堡奥杜邦协会(St. Petersburg Audubon Society,以下简称SPAS),成为鸟类保护运动中的重要组织。在担任SPAS领袖的33年中,她不仅领导了SPAS的各项保护活动,而且作为FAS执行委员会的成员及1920年后FAS的副主席,同FAS一道推动了鸟类保护工作的开展,其工作和领导能力得到了充分的肯定。

成立的第一年,SPAS不仅拯救本地的鸟类,还向市民宣传鸟类保护法律的内容,警告人们"不要捕杀鸣禽或猎鸟",并将惩罚措施明确公布出来,以阻止猎杀鸟类的行为;它还鼓励其成员搭建鸟舍,劝导农民意识到鸟类对于农作物的重要性,消除鸟类保护可能同农业利益产生的冲突,呼吁他们参与到鸟类保护事业中,使鸟类保护常态化。蒂皮特十分注重发动公众的力量,在当地报纸和妇女俱乐部出版物上刊登了大量文章,将奥杜邦协会的相关消息展现给公众,以获得支持;她还时常强调鸟类的美学和实用价值,以引起女性和男性的共鸣。在蒂皮特的领导下,SPAS为草地鹨、旅鸫、美洲鹫、鹈鹕、花嘴鸊鷉等鸟类的保护做出了积极的贡献,促进了佛罗里达州鸟类保护区的成立,并协助、推动了保护候鸟的联邦法律的通过。①

FAS代表了第二阶段奥杜邦运动中以女性为主体的奥杜邦协会的成长与贡献。它从成立时只有15名成员,逐渐发展为一个成熟的、成员人数增长了100倍的组织,促进了立法的通过和公众意识的觉醒。女性在FAS中发挥着非常关键的作用。她们利用自身的能力进行宣传教育、组织会议、同其他组织协作,取得了宝贵的经验,获得了来自各地、各州及全国层面的支持,扩大了FAS的影响力,也为女性提供了密切联系基层组织和公民领袖的机会。②

四、奥杜邦运动的成果

随着奥杜邦运动的开展,公众对鸟类保护做出了积极回应,保护成为不可逆转的趋势。奥杜邦协会女性成员的最大贡献在于坚持不懈地对鸟类保护进行宣传,并对羽饰佩戴、鸟类捕杀行为进行抨击,推动了鸟类保护

---

① Leslie KempPoole, *Saving Florida*: *Women's Fight for the Environment in the Twentieth Century*, pp. 34～35.

② Leslie Kemp Poole, "The Women of the Early Florida Audubon Society: Agents of History in the Fight to Save State Birds", p. 323.

工作的开展,使鸟类问题比其他野生物保护问题拥有更广泛的社会土壤。到 1910 年,奥杜邦协会的鸟类保护活动受到全国范围内 250 多个妇女俱乐部的热烈支持。同年,总联盟的资源保护部正式增加了一位鸟类保护代表,这标志着拥有众多成员俱乐部和百万女性成员的总联盟对鸟类保护的正式关注和支持。资源保护部成立后出版了大量关于鸟类羽毛佩戴的宣传册,总联盟领袖克罗克夫人还发起了保护鸟类的运动,劝导妇女们放弃佩戴羽毛。

1897 年,参议员乔治 · F. 霍尔提出的《霍尔法案》在马萨诸塞州顺利通过之后,他于 1898 年 3 月 14 日又向国会提出了一个鸟类保护法案,禁止美国进口羽毛及各州之间以使用或销售为目的运输羽毛或鸟的器官,该法案将极大地打击羽毛贸易。霍尔将鸟类问题提升到联邦立法层面,得到各奥杜邦协会的支持。在经历了各利益集团的层层博弈之后,该法案最终未获得国会通过。霍尔于 1899 年 12 月再次提出同样的法案,引起了以女帽商保护联盟为代表的商人们的公开反对,因为这项法案将大大损害羽毛贸易商的利益,他们试图提出妥协,即目前储存的羽毛销售完后,女帽商将停止使用北美鸟类羽毛,并接受罚款。相应地,鸟类保护者需要给出一定回报,即反对州或联邦立法机构通过关于禁止使用鸟类羽毛的提案,[①]这些妥协要求奥杜邦协会及其他鸟类保护组织减少对鸟类贸易的干涉。对于这些妥协,个别男性领袖如查普曼和乔尔 · A. 艾伦(Joel A. Allen)倾向于接受,但奥杜邦协会的女性和鸟类学家联合会则严词拒绝。赖特在《鸟类学》杂志上义正词严地提出批评,公开拒绝了女帽商的提议。她指出,妥协将使奥杜邦协会取得的成就付诸东流,她坚决反对任何有损道德的妥协,进一步展现了自然热爱者和人道主义者的力量。虽然霍尔的提案被迫流产,但令人欣慰的是,1900 年,另一个类似于《霍尔法案》的《哈洛克法案》(Hallock Bill)在纽约获得通过。

在全国博物学家、奥杜邦协会及其他自然热爱者和广大公众的压力下,1900 年 5 月,美国国会通过了《雷斯法案》(Lacey Act),规定各州之间不得运输法律禁止捕杀的野生物种。这是美国最早的环境保护法律之一,也是野生物保护取得的一项重大胜利。赖特在《鸟类学》中肯定了女性的贡献,“让我们将胜利归功于法律和女性,希望二者紧密联合,正如他们……

① Theodore Whaley Cart,“The Struggle for Wildlife Protection in the United States,1870～1900:Attitudes and Events Leading to the Lacey Act.”Ph. D. diss. ,University of North Carolina,1971,pp. 140～142.

在20世纪的鸟类保护事业中结成的同盟那样"①。

《雷斯法案》通过后，各州奥杜邦协会加快了鸟类保护的步伐。1901年11月，奥杜邦协会在英国剑桥举行了一次会议，其目的是进一步加强鸟类保护运动，并将其作为一项长期的事业固定下来。会议上，全国委员会成立，专门负责新的奥杜邦协会联合会的成立事宜，加强看护员制度及立法、教育工作的开展。② 1905年1月5日，全美奥杜邦协会在纽约市成立，将全国各州的奥杜邦协会联合起来。联合会的目标在于举办有关野生鸟类和动物保护的会议、讲座和展览，并利用一切法律手段对它们进行保护；出版、分发有关这些内容或其他主题的文件和印刷品并建立一个图书馆；与联邦政府和州政府合作，定期举办自然历史交流会，以交流有关野生鸟类和动物的相关知识；组织、促进并加强各地、各州奥杜邦协会的工作和相互交流；扩大鸟类看护员的数量；加强乡村地区自然书籍图书馆的流动。③到1905年，28个州通过了美国鸟类学家联合会的示范法律，到1911年，美国几乎所有州都通过了该法律。

由于《雷斯法案》在执行过程中步履维艰，美国国会于1913年通过了《威克斯-麦克莱恩法律》(Weeks-McLean Law)，禁止以羽毛时尚为目的捕杀、运输候鸟及进口野生鸟类羽毛，但是该法案的执行不力导致其被1918年通过的联邦法律《候鸟条约法案》(Migratory Bird Treaty Act)取代。《候鸟条约法案》规定，追逐、捕杀法律规定的候鸟及销售其鸟巢、鸟卵、羽毛等行为违法，超过800种鸟类在列。

除立法方面的成效外，在佛罗里达州妇女俱乐部联盟的敦促下，1903年3月14日，西奥多·罗斯福总统发布了一项行政命令，在佛罗里达州东海岸建立保护鸟类栖息地的鹈鹕岛国家野生物保护区(The Pelican Island National Wildlife Refuge)。这是一个里程碑式的事件，是罗斯福总统创建的53个联邦保护区中的第一个。罗斯福总统创建的国家野生物保护区体系体现了奥杜邦协会的工作成果，表明联邦政府对于鸟类所处困境的认识，也标志着美国资源保护运动的发展。到19世纪末，美国民众清晰地认识到，他们热爱的自然资源已经遭到了大量破坏，并接受为了人类福祉而

---

① Mabel Osgood Wright, "Hats!" *Bird Lore*, Vol. 3, No. 1 (Feb., 1901), p. 41.

② William Dutcher, "History of the Audubon Movement." *Bird Lore*, Vol. 7, No. 1 (Jan.—Feb., 1905), p. 57.

③ "The National Associations—its Needs and Aims." *Bird Lore*, Vol. 7, No. 1 (Jan.—Feb., 1905), pp. 39～40.

“合理利用”自然资源的理念。① 到 20 世纪初，虽然鸟类羽毛仍然用来装饰女帽，但较之前数量已明显减少。往往是年老的妇女才在公共场合佩戴羽毛来显示她的财富和时尚。梅布尔·奥斯古德·赖特在写给《鸟类学》杂志的一封信中讲述了她在剧院观察到的景象：

在一部戏剧的首映日，观众的头饰令人鼓舞。那些没戴帽子的女士们头上仅戴着一枝花、一条丝带或一些柔软的金属或蕾丝。我看到仅仅六七个人带着鹭羽，而这些人是不能确定年龄和样貌的妇女。她们也许可以被原谅，因为对于她们来说，放弃一个年代久远的习俗并不是一件容易的事。②

到 20 世纪 20 年代，女帽时尚不再使用鸟类羽毛，羽饰退出历史舞台（见表 3-3）。尽管这时全国性的资源保护运动日渐式微，但女性对自然，特别是对公园创建和鸟类保护方面的兴趣却持续不减。

表 3-3　1886～1923 年女帽上所用饰品占女帽总量的比率变化

年份	用羽毛装饰的女帽	用鸟类标本和羽毛装饰的女帽
1886～1890	30%	8%
1891～1895	43%	5%
1896～1900	48%	8%
1901～1905	38%	4%
1906～1910	41%	10%
1911～1915	43%	4%
1916～1920	21%	1%
1921～1923	24%	2%

数据来源：《19 世纪末 20 世纪初时尚媒体在美国女帽和鸟类保护辩论中的作用》一文（Amy D. Scarborough, “Fashion Media's Role in the Debate on Millinery and Bird Protection in the United States in the Late Nineteenth and Early Twentieth Centuries.” Ph. D. diss., Oregon State University, 2010, p. 50.）。

小结：欧洲殖民者从 17 世纪开始踏上北美大陆起，便将改造荒野作为

① Leslie Kemp Poole, “The Women of the Early Florida Audubon Society: Agents of History in the Fight to Save State Birds.” *The Florida Historical Quarterly*, Vol. 85, No. 3 (Winter, 2007), pp. 311～312.

② William Dutcher, “History of the Audubon Movement”, p. 41.

其生存方式之一。事实证明，欧洲殖民者和后来的美国人都在通过不同的方式利用、挥霍着自然资源。在他们眼中，这些资源是取之不尽，用之不竭的。特别是工业时代登陆美国之后，自然资源的浪费和自然环境的破坏更是到了无以复加的地步。森林被批量砍伐、土壤随之遭到破坏、鸟类被无情射杀、许多物种濒临灭绝，一些有识之士开始警觉，呼吁对自然的关注。直到 1890 年边疆消失，美国人才真正感受到了前所未有的危机。一场以明智利用和科学管理自然资源为目的的资源保护运动（以及之后由此分化出来的自然保留运动）兴起，中上层白人女性成为自然资源保护的重要践行者。她们以个人与组织的形式参与到森林保护、水资源和土壤保护、鸟类保护和国家公园建设的活动中，在全国范围内成立了保护协会和各级分会，为进步主义时期的自然资源保护运动贡献力量。然而，由于女性没有政治选举权，她们无法通过直接影响立法的形式实现诉求，更多的是采用女性的独特方式，如学校教育和社会教育、撰写保护文献、设立民间保护项目、游说男性等。即便困难重重，她们仍迎难而上，为了美国公民的福祉和子孙的长远利益奔走疾呼，真正践行着作为道德卫士的责任。而正是这些社会互动，使得女性的影响力前所未有地渗透到政治领域和社会层面，为同时代的妇女权利运动提供了深厚的社会土壤。

第四章　城市环境改革中的美国女性

19世纪的工业化使美国人的生活方式发生了翻天覆地的变化，工业城市作为这一时期美国重要的城市形态正积极接纳大量的迁移人口。城市人口的激增加重了新兴城市的负担，由于缺乏相应的基础设施和卫生措施，市民深陷严重的环境危机，这引起许多社会活动家的担忧。作为进步主义时期重要的改革者，女性试图承担“城市管家”的职责，参与到对抗空气污染、噪声污染、水污染、城市垃圾、不健康食品、工厂环境污染等问题及改造城市空间的努力中，期望消除社会不公正，重建健康的城市环境和和谐的社会秩序。

第一节　19世纪美国城市的环境问题

从19世纪70年代到20世纪20年代，美国的工业在规模和内容上都经历了前所未有的变化。1890年，其工业产出总量超过了英国，一跃成为世界工业之首。[①] 工业的迅猛发展推动了旧的商业城市的改变和新兴工业城市的壮大和繁荣。19世纪后半期，美国全面卷入农村社会向现代城市社会迅猛转变的全过程，经济飞速发展，工业城市迅速增多，吸引着大量移民和农村人口涌入城市，城市逐渐成为人类生产与生活的中心。1844年，美国接收的移民数量是84764名，10年后的1854年，移民数量达460474人，其中来自德国(200000人)和爱尔兰(100000人)的移民数量最多。[②] 19世纪，共约1500万外国移民到美国定居。1850年之后进入美国的移民占四分之三，1880年之后进入美国的移民数量为524.8万。1800

---

① Martin V. Melosi, *Effluent America: Cities, Industry, Energy, and the Environment*. Pittsburgh: University of Pittsburgh Press, 2001, p. 25.

② David A. Loving, "The Development of American Public Health, 1850～1925." Ph. d. diss., University of Oklahoma, 2008, p. 33.

年，美国只有6个城市的人口数量超过8000；到1880年，人口数量超过8000的城市数量达到286个，1890年达到448个。1800年，只有32万人居住于城市地区，占美国总人口的6%；60年后，城市地区的人口数量达到600万，占总人口的20%；到1890年，该比例上升为30%。① 城市人口的增长一定程度上是大规模加工业发展壮大的结果，许多生产钢铁、石油、啤酒等产品的城市经历了快速的发展和巨大的经济繁荣，②也促进了人口的转移。在美国人看来，移民的到来不仅带来大量犯罪，而且还严重侵蚀着美国人的道德。③

城市化和城市的环境问题如一对孪生子伴随着快速的工业化进程而发展。19世纪上半期，康涅狄格州的城镇与乡村，无论从人口数量，还是居民的生存环境方面看，都差异甚微；而当康涅狄格州经历了工业化和城市化后，城市人口的死亡率远远超过乡村，这已经成为一个不争的事实。④特别到了19世纪70年代之后，出于资源和经济效益的考虑，同一类型的工业生产逐渐集中于某一城市地区，出现工业专门化（industrial specialization）的现象。这导致工厂的功能和选址更为集中，从而给该地的周围环境带来了更大的灾难。如1904年，匹兹堡生产的生铁占全国总量的63.8%，生产的钢铁占53.5%。钢铁生产造成严重的空气污染，它因此成为全国有名的"煤烟之城"（the smoky city）。另外，屠宰业和肉类加工作为另外一个臭名昭著的污染产业，基本集中于芝加哥、圣路易斯和堪萨斯等城市，这也导致这几个城市环境的严重污染。⑤

人口的高度集中是导致工业城市产生环境问题的重要因素之一。城市化吸引了国外和农村人口向城市的大量流动，给城市基础设施带来了沉重的压力，使美国城市陷入前所未有的环境危机。大量移民涌入美国城市

---

① Carolyn Merchant, *American Environmental History: An Introduction*. New York: Columbia University Press, 2007, p. 112; Edmund J. James, *The Growth of Great Cities in Area and Population. A Study in Municipal Statistics*. A Paper Submitted to the American Academy of Political and Social Science. Philadelphia: American Academy of Political and Social Science, Jan. 24, 1899, p. 2.

② Martin V. Melosi, "Environmental Crisis in the City: The Relationship between Industrialization and Urban Pollution," in Martin V. Melosi, ed., *Pollution and Reform in American Cities, 1880～1917*. Austin: University of Texas Press, 1990, p. 3.

③ Josiah Strong, *Our Country, Its Possible Future and Its Present Crisis*. New York: The Baker & Taylor Co., 1896, pp. 45, 58.

④ John T. Cumbler, *Reasonable Use: The People, the Environment, and the State, New England 1790～1930*. New York: Oxford University Press, 2001, p. 131.

⑤ Martin V. Melosi, *Effluent America: Cities, Industry, Energy, and the Environment*, p. 29.

后，拥挤的空间带来了激烈的社会矛盾和文化冲突。随着城市交通的日渐便利，富裕的市民开始移居郊区，远离环境恶劣的城市中心区，这就导致大量以工人阶级为代表的贫民聚集于此，成为处境悲惨的群体。大多数工人居住于工作场所附近的贫民窟中，这里人口拥挤、空间狭窄、空气污浊，严重威胁着居民的健康。著名的社会改革家雅各布·A. 里斯（Jacob A. Riis）曾撰写了一部名为《另一半人怎样生活》①的著作，揭露了美国贫民窟的恶劣状况，引起了美国人的关注。在这本书中，里斯写道："生活在社会上层的一半人并不了解生活的挣扎，不知道那些生活在下层的人的命运……今天，纽约市四分之三的人口挤在廉价公寓中，这是19世纪人口向城市迁移的结果。这种卫生条件恶劣的公寓数量庞大，从过去的1.5万个增长至如今的3.7万个，成为超过120万人口的'家'。"②

畸形昂贵的地价、拥挤肮脏的贫民窟、恶劣的居住条件、混乱的城市结构、阻塞的城市交通、严重不足的公共卫生设施、持续恶化的生态环境和不断退化的城市景观等是市民不得不面对的事实，③也成为各类环境问题的温床。街道上，满载的四轮马车随意穿梭；熙熙攘攘的人群讲着奇怪的方言，掺杂着车轮发出的吱吱声；家畜大摇大摆地穿行于人流与车流，时不时留下令人作呕的粪便；垃圾被随意丢弃，像一座座小山堆满了人行道；浓重的黑烟从林林总总的工厂烟囱中排放到空气中；污浊的工业污水和生活废水流入河流和湖泊，水源遭到严重污染；这些都导致各种流行疾病肆虐，严重威胁着市民的健康和美国的文明。④ 美国的一名黑人新移民抵达芝加哥时，"他之前对美国所有的幻想都被第一眼看到的黑色景象所扑灭。芝加哥似乎是一个不真实的城市，神秘的房屋被黑煤覆盖，被厚厚的灰色煤烟包裹，房子的地基正在缓缓陷入潮湿的草地中"⑤。连《瓦尔登湖》的作者亨利·D. 梭罗也对城市环境问题提出了批评。1839年，梭罗和他的兄弟在新罕布什尔州的康科德（Concord）和梅里马克（Merrimack）进行了为期两周的旅行。在这次旅行中，梭罗把康科德鱼类的消失和农田的洪灾归

---

① Jacob A. Riis, *How the Other Half Lives: Studies Among the Tenements of New York*. New York, NY: Charles Scribner's Sons, 1902.

② Jacob A. Riis, *How the Other Half Lives*, pp. 1～2.

③ 张京祥编著：《西方城市规划思想史纲》，南京：东南大学出版社，2005年版，第79页。

④ Carolyn Merchant, *Major Problems in American Environmental History: Documents and Essays*, 2nd ed. Boston: Houghton Mifflin Company, 2005, p. 390.

⑤ "A Black Migrant Experiences the Urban Environment, 1927," in Carolyn Merchant, *Major Problems in American Environmental History: Documents and Essays*, 2nd ed. Boston: Houghton Mifflin Company, 2005, p. 401.

因于大坝的修建。对于当时很多人来说，大坝、工厂的建立是进步的标志，但是这却使梭罗很烦恼。他认为“文明改善了我们的住房，但是却没有提升住在房子里的人们的思想；它创造了宫殿，但却不易创造贵族和国王”①。他希望能回归农业时代简单的生活。

在所有威胁城市环境的因素中，垃圾无疑是最令市民头疼的问题。19世纪美国城市垃圾的主要来源包括生活垃圾、街道清扫物、尘土、动物尸体、马和驴等牲畜的粪便及工业垃圾等。这些垃圾得不到及时清理，困扰着城市居民的生活。首先，谁负责垃圾收集工作，采用何种方式、何种技术及何种工具收集垃圾等问题长久以来得不到解决，大大降低了城市清洁的效率。② 其次，由于缺乏合理有效的垃圾处理手段，垃圾产生的速度远远高于处理的速度。垃圾清洁工经常随意丢弃垃圾，或将垃圾倒入大海中，这成为19世纪到20世纪初最常用的垃圾处理方式。有时许多来不及处理的垃圾被长期堆放于街道上，市民和市政官员对此熟视无睹。城市里的动物随意在街上闲逛，动物粪便、尸体随处可见。马作为当时主要的交通工具，每天产生大量尿液和粪便，如罗切斯特市的1.5万匹马，每年产生的粪便足以在一块一英亩大的地面上堆起一座高达175英尺的小山，可以滋生160亿只苍蝇。③ 工业废弃物随意排放，严重影响了空气和水的质量。坐落于马萨诸塞州康涅狄格河边(Connecticut River)的奇科皮市(Chicopee)在1876年拥有18家纺织厂、33个铸造厂、26个毛纺织厂和印染厂、3个造纸厂、6个煤气厂、1个制帽厂、3个制革厂、34个锯木厂和磨坊，共雇用8984名工人。这些工厂将垃圾全部倒入河渠中，垃圾中产生的有害物质如硫酸、苏打灰、盐酸、石灰、燃料、木浆等最后流入康涅狄格河，污染了居民的饮水，对奇科皮市的环境造成了严重的破坏。④ 在污水处理和排水系统建成之前，如何保证卫生、干净的水源成为市政府和公众面对的一个重要问题。

空气污染是困扰市民的另一个问题。工业城市中出现的煤烟(smoke)是19世纪末20世纪初煤作为一种丰富、廉价、高效的能源被广泛应用于工业生产和城市居民生活的产物。不同群体对煤烟存在迥然不同

---

① Henry D. Thoreau, *Walden*. New York: Grosset & Dunlap, 1930, p. 43.

② Martin V. Melosi, "'Out of Sight, Out of Mind': The Environment and Disposal of Municipal Refuse, 1860～1920." *Historican*, Vol. 35, No. 4(Aug. 1973), p. 622.

③ 徐再荣等著：《20世纪美国环保运动与环境政策研究》，北京：中国社会科学出版社，2013年版，第36页。

④ John T. Cumbler, *Reasonable Use: The People, the Environment, and the State, New England 1790～1930*, p. 52.

的看法，一些人将煤烟看作富裕、繁荣和工业文明的象征。辛辛那提市市长曾向妇女俱乐部提出："抵制煤烟就是停止生产。"很明显，他认为没有煤烟就没有商业，更没有工作和生活；另一些人则将煤烟看作是对自然资源的浪费，这种观点认为煤炭的有效燃烧不应产生大量排放物，如烟灰、灰烬、碳物质、硫磺等；还有一些人认为煤烟是危害健康、影响人们生活的杀手，[①]他们常常用"害虫"(pest)、"灾害"(bane)、"令人讨厌的事物"(nuisance)、"怪物"(monster)等指代煤烟。

美国的许多工业城市也像雾都伦敦那样饱受煤烟之苦，如芝加哥、克利夫兰、圣路易斯、匹兹堡、路易斯维尔、明尼阿波利斯、圣保罗等。从早上七点一直到傍晚，煤烟从工厂烟囱中排出。整个城市被黑烟笼罩，办公室、商店、住房等被煤垢污染，家庭主妇们不得不花费更多的时间刷洗和擦拭。街道上，车辆只能缓慢行驶以避让行人，即便如此，交通事故仍频频发生，美国公众为此付出了惨重的代价。美国著名小说家、剧作家布思·塔金顿(Booth Tarkington)在小说《动乱》(*The Turmoil*，1915)中提到，城市是一个肮脏、灰暗、龌龊的地方，"在这个国家的中心有一座内陆城市，它矗立于煤烟之中。初来乍到者在感受它的奇妙之前定先领略它的污浊，因为首先他要呼吸，这种污浊便侵入他的身体……一股风吹来，风中掺杂的灰尘让他透不过气来"[②]。这位初来乍到者还会发现，这里的人"热爱财富胜过热爱清洁"。早在1804年，煤烟就成为一个令人讨厌的事物。匹兹堡议员普雷斯利·内维尔(Presley Neville)向市议会的议长乔治·史蒂文森(George Stevenson)抱怨："从铁匠铺及其他许多建筑物中排出的煤烟引起市民的诸多不满和抱怨，这使我不得不向您说明，本地的价值和居民的安宁、和谐取决于市政府对煤烟的治理。"[③]

工业扩张使城市成为重要的居住形态的同时，也使它成为不宜居住的地方。[④] 特别对于女性和家庭生活而言，它都无法提供令人愉悦的社会、

---

① Robert Dale Grinder, "The Anti Smoke Crusades: Early Attempts to Reform the Urban Environment, 1893～1918." Ph. D., diss., University of Missouri, 1973, pp. 31～40.

② Booth Tarkington, *The Turmoil: A Novel*. New York: Grosset & Dunlap Publishers, 1915, p. 1.

③ John J. O'Connor, "The History of the Smoke Nuisance and of Smoke Abatement in Pittsburgh." *Industrial World* (Mar. 24, 1913), p. 352, cited in Angela Gugliotta, "How, When, and for Whom was Smoke a Problem in Pittsburgh?" in Joel A. Tarr, ed., *Devastation and Renewal: An Environmental History of Pittsburgh and its Region*. Pittsburg: University of Pittsburgh Press, 2003, p. 112.

④ Martin V. Melosi, *Effluent America: Cities, Industry, Energy, and the Environment*. Pittsburgh: University of Pittsburgh Press, 2001, p. 39.

生存和道德环境。[1] 恶劣的环境严重威胁着市民的健康，美国的城市几乎无一幸免。在这样的环境下，各种流行疾病频繁爆发，如天花、疟疾、黄热病、霍乱、伤寒、肺结核、白喉、猩红热、麻疹等，这些疾病威胁着人们的生命与健康。仅1832年，纽约市爆发的霍乱就夺去了至少5000人的生命。[2] 1878年，一场可怕的黄热病席卷了新奥尔良、孟菲斯和密西西比河下游的其他城市。9月1日，新奥尔良市有6000人感染黄热病，死亡人数达1000人；到9月底，死亡人数已超过3000人，感染病例超过1万，这一数字仍继续攀升。孟菲斯的情况也如出一辙。这场黄热病的爆发夺取了近万人的生命，引起了巨大的恐慌，也使这一地区的商业活动一度停滞。[3] 同时，工厂排出的黑烟加剧了空气污染，对市民的呼吸系统产生了严重危害，人们的鼻子、口腔、喉咙、肺部等都受到刺激，许多人开始感染普通感冒、哮喘、支气管炎、肺炎、黑肺病、结核病、白喉、伤寒等疾病。[4] 19世纪80年代之前，近四分之一的人口死于尘肺病。同时，还有很多市民遭受神经系统方面的疾病，如失眠、头痛、抑郁、精神崩溃等。疾病导致市民的寿命缩短，1900年，白人男性的平均寿命为47岁，白人女性为49岁；黑人寿命更短，男性平均32岁，女性34岁。[5]

环境污染在城市初现之时，市政府并未提供相应的卫生措施和设施。城市里普遍流行"眼不见，心不烦"(out of sight，out of mind)的理念，认为只要将垃圾清除出视线，问题就能得到解决，而当时的市政府甚至不具备将垃圾清除出视线的能力。许多市政官员和市民对污染物并没有清晰的认识，他们只关注那些看得见的事情，却并未触及问题的根源。最初，市民们用"令人讨厌的事物"(nuisance)来描述严重的环境问题，如"令人讨厌的噪音""令人讨厌的鸣笛""令人讨厌的垃圾""令人讨厌的煤烟"等。[6] 对于这个词还有专门的法律界定，其中一种定义是"任何威胁人类生命或健康，任何使土壤、空气、水源、食物变得不纯净、不健康的东西都被归类为讨厌

---

① Marlene Stain Wortman，"Domesticating the Nineteenth-Century American City."*Prospects*，Vol. 3(Oct.，1978)，p. 533.

② 徐再荣等著：《20世纪美国环保运动与环境政策研究》，北京：中国社会科学出版社，2013年版，第35页。

③ David A. Loving，"The Development of American Public Health，1850～1925"，p. 108.

④ Carolyn Merchant，*American Environmental History*：*An Introduction*，p. 120.

⑤ Daphne Spain，*How Women Saved the City*. Minneapolis：University of Minnesota Press，2001，p. 31.

⑥ Martin V. Melosi，*Effluent America*：*Cities*，*Industry*，*Energy*，*and the Environment*，p. 39.

的东西"[①]。很多情况下,环境问题常被视作影响美观的问题,它与健康的关系常常被忽视。虽然市民们已经意识到感染天花、黑死病等的病人会散发出某种可能致病的物质,也了解病人的呼吸、皮肤、排泄物和衣物都可能是疾病的来源,但他们并不清楚人类和大量的微生物共享空间、空气和食物等的事实,也无人知晓这种具有感染性的物质的本质。就是这种知识的匮乏和对工业无限发展的接受使他们对各类污染的反应非常温和。许多医生最初怀疑瘴气(miasmas)是造成流行性疾病的根源[②],但即便如此,除非在流行病肆虐时期,很多人并不会刻意回避同病人的接触,这也导致了疾病的大规模流行及大量人口的死亡。"瘴气"理念并未揭露疾病的真正根源,但是错误的思想却产生了正确的行动,它引起了政府及公众对城市卫生的关注。

受英国卫生理念(sanitary idea)的影响,1830～1880 年,美国城市经历了第一次重要的卫生意识的觉醒。1842 年,英国人埃德温·查德威克(Edwin Chadwick)对人类废弃物、垃圾与城市流行疾病的关系进行了研究,出版了有关英国劳工群体卫生状况的报告。[③] 这项研究将秽物和疾病联系在一起,描述了恶劣的生存环境给贫困的工人阶级带来的健康威胁。它提供了一种更加清晰和新颖的提高卫生服务的方法,使"卫生理念"成为改善英国城市环境的主导思想;[④]同时也推动了 1848 年《公共卫生法案》(The Public Health Act)的颁布和英国卫生总局(The General Board of Health for Great Britain)的成立。[⑤] 在大洋彼岸的美国,由移民急剧增加和城市恶劣的卫生状况所引发的公共卫生与市民健康问题也引发了美国许多专家,特别是医生的重视。欧洲的研究和实践对美国公共卫生的进步产生了重要的影响。

马萨诸塞州一位书商、统计学家莱缪尔·沙特克(Lemuel Shattuck)率先通过数据调查与分析的方式,对波士顿的人口进行了分析,反映出该

---

① Charles V. Chapin, *Municipal Sanitation in the United States*. Providence, R. I.: Snow & Farnham, 1901, p. 108.

② Nancy Tomes, *The Gospel of Germs: Men, Women and the Microbe in American life*. Massachusetts: Harvard University Press, 1998, pp. 2～3.

③ Edwin Chadwick, *Report on the Sanitary Conditions of the Labouring Population of Great Britain*. London: W. Clowes and Sons for H. M. Statioinery Office, 1843.

④ Thomas Raymond Wellock, *Preserving the Nation: The Conservation and Environmental Movements, 1870～2000*. Wheeling, Illinois: Harlan Davidson, Inc., 2007, p. 30.

⑤ Warren Winkelstein, Jr., "The Development of American Public Health, a Commentary: Three Documents That Made an Impact." *Journal of Public Health Policy*, Vol. 30, No. 1 (Apr., 2009), p. 41.

市所面临的公共卫生问题。沙特克于1793年出生于马萨诸塞州的阿什比市，他的父母和两位妹妹均死于肺结核，这也促使他立志对疾病预防和公共卫生问题进行学习与研究。在沙特克和美国统计学会(The American Statistical Association)的敦促和努力下，马萨诸塞州在欧洲登记法的模板基础上，于1842年通过了一项要求在全州范围内登记出生、婚姻与死亡状况的法律，受到了公共卫生领域医生们的大力支持，这也为该州公共卫生状况的改善打下了重要的基础，并被纽约、新泽西和康涅狄格州纷纷效仿。①

沙特克对波士顿人口数据的调查也引起了他对城市工人阶级卫生状况的关注。1847年，沙特克将查德威克关于英国工人阶级卫生状况的报告引进美国，并敦促马萨诸塞州于同年成立了州卫生委员会(The Massachusetts Sanitary Commission)，由沙特克亲自担任领导职务，其目的是调查本州的公共卫生状况，尤其关注工人阶级的卫生状况。1850年，沙特克撰写了一份《改善公共及个人卫生整体规划的报告》(Report of a General Plan for the Promotion of Public and Personal Health)②，该报告成为美国公共卫生历史上最具意义的文件之一③，赢得了医生和卫生官员的普遍认可。报告对公共卫生进行了定义，即创建与个人清洁程度一样的公共卫生环境的各项活动。沙特克认为，公共卫生不仅意味着建立健康的环境，而且指培养健康的人。④ 报告首先回顾了希腊、罗马、法国、德国、英国等的卫生运动，并对美国本土的卫生立法、卫生状况及疾病治疗进行了详细阐释，接着从年龄和社会阶层角度对马萨诸塞州的存活率(rate of survival)进行了分析，得出这样的结论：人的健康状况是变化的，因此，各州与各地应大力加强公共卫生组织的建立，以保护人们的健康。在报告中，沙特克还提出了50项建议，涵盖了广泛的主题，包括对州政府、市政府及公众的建议，其中大部分成为美国现代公共卫生实践的重要内容。该报告被马萨诸塞州1869年颁布的一项法律所吸收，而该法作为美国第一项州公共卫生法律，成为之后美国公共卫生立法参考的范本。⑤

沙特克的努力和取得的成就影响了一众人，纽约市的医生约翰·H.

---

① David A. Loving, "The Development of American Public Health, 1850～1925", p. 38.

② Lemuel Shattuck, *Report of a General Plan for the Promotion of Public and Personal Health*. Boston: Dutton & Wentworth, State Printers, 1850.

③ Warren Winkelstein, Jr., "The Development of American Public Health, a Commentary: Three Documents That Made an Impact", p. 42.

④ David A. Loving, "The Development of American Public Health, 1850～1925", p. 41.

⑤ Warren Winkelstein, Jf., "The Development of American Public Health, a Commentary: Three Documents That Made an Impact", p. 43.

格林斯科姆(John H. Griscom)便是其中一位。格林斯科姆作为纽约市的一名城市医生，撰写了一份《纽约市劳动人口的卫生状况及改善建议》[①]的报告，意在改善城市的公共卫生状况。该报告记录了城市贫困人口中出现的大量疾病、残疾和死亡案例，并指出市民蜗居于狭窄的住房中，城市严重缺乏开放空间的事实。1847 年，他成为美国医学协会(The American Medical Association)的会员，并号召州政府建立管理出生、结婚和死亡记录的机构，而他的提议推动美国医学协会成立了两个委员会，一个负责建立统一的数据收集标准，为不同地区的工作者进行比较提供依据；另一个则旨在为疾病进行统一命名。[②] 在秽物理论(filth theory)[③]和卫生理念的推动下，卫生科学(sanitary science)作为一门新的科学趋于成熟，美国公众开始意识到外在环境对于人类生存和生活的重要性，即要保证市民的健康，必须创造良好的环境。公众敦促政府有效处理废弃物、治理污染、修建医院和孤儿院、保证纯净的饮水等；立法机构为各州级卫生委员会调拨资金以支持其工作；甚至一些小的社区也将大量的税收用于公共卫生方面。[④] 城市的快速发展和对污染、疾病模糊的认识推动了城市范围内几项卫生技术改革的诞生。[⑤]

19 世纪 80 年代后随着生物革命的兴起，细菌理论(germ theory)成为一种流行的科学理念，它通过改变个人行为和公共行为有效地预防疾病，现代卫生服务在美国出现。19 世纪 70 年代，法国微生物学家路易斯·巴斯德(Louis Pasteur)和德国细菌学家罗伯特·科赫(Robert Koch)第一次提出了微生物是某种特定疾病的病源。19 世纪 80 年代，二人便明确了具体的微生物，并试图从结果中寻找治疗方法。虽然细菌理论被大众接受经历了一个长期的过程，在很长一段时间内与秽物理论并存，但在美国，很多

① John H. Griscom, *The Sanitary Condition of the Laboring Population of New York with Suggestions of its Improvement* (delivered on the 30th December, 1844, at the repository of the American Institute). New York: Harper & Brothers, 1845.

② David A. Loving, "The Development of American Public Health, 1850～1925", pp. 43～44.

③ 秽物理论是美国公共卫生中的一项重要内容。当 19 世纪美国城市人口增加、环境恶化、流行病在各大新兴城市爆发的时候，公共卫生工作者开始探究产生疾病的根源。一些人认为“秽物”如尘土、污物等是致病源，清除秽物能有效地破坏疾病滋生的温床，从而遏制疾病的产生与传播。秽物理论虽然对疾病的理解并不彻底，但它推动了 19 世纪后半期修建排污管道、净化水源及收集与处理垃圾等城市环境清洁行动的诞生，是美国公共卫生史上的重要进步。

④ Ellen H. Swallow Richards, "Sanitary Science in the Home." A Lecture Delivered before the Franklin Institute, Jan. 16, 1888. *Journal of the Franklin Institute*, Vol. 96, No. 3 (Aug., 1888), p. 97.

⑤ Martin V. Melosi, *The Sanitary City: Environmental Services in Urban America from Colonial Times to the Present*. Pittsburgh: University of Pittsburgh Press, 2008, p. 40.

医生和公众开始接受秽物并不是疾病的根源，相信危险的微生物存在于肮脏的环境中。19世纪末20世纪初，罗德岛一位著名的公共卫生官员查尔斯·V. 蔡平（Charles V. Chapin）对秽物是致病源的理论及由其衍生的公共卫生实践提出了质疑，同时指出，仅依靠清洁环境来改善公共卫生是不够的，应将更多的精力放在传染性疾病的预防及科学调查方面。蔡平推断出，所有的疾病源于某些微生物，而这些微生物有待进一步明确。① 此时的细菌学（bacteriology）开始引导医生和其他公共卫生人士对受感染的人体进行积极诊断和治疗，强调寻找疾病的根源和解决方法。它不仅旨在明晰致病的具体原因，而且还在于明确它们致使健康人感染疾病的途径。细菌流行路径的逐渐细化和精确化使公共卫生活动能更加有效地抑制微生物的传播。② 细菌学逐渐成为指导人们对抗流行性疾病的主要手段，公众对"令人讨厌的事物"的关注逐渐转变为对"健康问题"的思考。

从理论上讲，细菌学明确了细菌与疾病之间的关系，使人们充分了解到威胁公共卫生的根本因素，也提升了人们对疾病的科学认知，它是对秽物理论的极大提升；从实践角度看，细菌学并非是对以前卫生实践的完全否定，而是通过新的理论探究疾病产生的根源，引导政府、专家和公众重新审视其政策及行动，促进新一阶段的公共卫生活动的开展。虽然该理论否定了秽物理论，但它所传达的微生物能产生危险毒素的信息与秽物理论所探讨的腐败的秽物能致病的概念却殊途同归。③ 这时的细菌学同旧时的秽物理论结合在一起，均提倡通过构建卫生洁净的环境包括个人与公共卫生、垃圾处理、洁净的食物、饮水、牛奶等，防止疾病的传播，提升公共卫生。因此，虽然倚赖的理念不同，但这两种理论通过相同的行动达成了各自的诉求，再加上许多城市环境改革者缺乏专业的科学知识，细菌学虽然普遍流行，但它并没有被真正地接受和吸收。在城市环境污染加重、细菌理论指导下先进的公共卫生理论和措施尚未形成的情况下，许多公共卫生官员、卫生学家、城市规划者及市民仍通过大力提倡和推行城市治理和环境改造活动，为精英阶层和工薪阶层建立安全、健康的生存空间。起初，改善环境的努力未形成统一的运动，而是大都集中于解决具体的污染问题，因

---

① James H. Cassedy, *Charles V. Chapin and the Public Health Movement*. Cambrige, Massachusetts: Harvard University Press, 1962, pp. 59～61.

② Nancy Tomes, *The Gospel of Germs: Men, Women and the Microbe in American life*, 1998, p. 6.

③ Nancy Tomes, "The Private Side of Public Health: Sanitary Science, Domestic Hygiene, and the Germ Theory, 1870～1900." *Bulletin of the History of Medicine*, Vol. 63, No. 4 (Winter, 1990), p. 529.

而进展较为缓慢，但进入20世纪后开始迅速发展，特别是一战前，发展更为显著。①

到了进步主义时期，城市环境改革逐渐与进步主义相交融，进而获得了更为广泛的关注。二者之所以能够殊途同归，首先在于他们都扎根于城市中，且拥有共同的目标，那就是改变农业社会向工业社会转变过程中所产生的无序状态，建立井然有序的社会秩序，通过消除邪恶和不公正以推动社会的发展。② 这一时期的城市规模迅速扩大，环境问题也不断蔓延与恶化，它不再是影响某一个人或某一社区的问题，而是成为威胁整个城市发展与市民健康的重要问题，此时市政府对环境问题态度的转变以及前人对城市环境改善做出的努力也激励着改革者们的热情。进步主义改革者们利用专业知识和技术手段，通过有组织的活动力图消除威胁城市环境的一切因素。

城市环境改革者们主要在两个层面进行改革：一类是以减少市政腐败和取缔城市老板为目标的制度改革，另一类是旨在推动、执行具体立法的社会改革，希望在法律、工业运作、市政服务和公众行为等方面取得成效。③ 进步主义改革者认为只有改革才能祛除城市病，他们同资源保护主义者有着共同的特性，都将环境看作公众共有的财富，是公众利益高于私人利益的表现。④ 1870年，马萨诸塞州卫生委员会(Massachusetts Board of Health)声明"享有干净、无污染的空气、水、土壤是每个公民固有的权利，这项权利属于全体市民，不应因漠视和贪婪而受到任何人的践踏"⑤。城市环境污染不仅威胁着市民的健康，而且还侵蚀着美国的文明。芝加哥妇女俱乐部的一名领袖曾这样说："黑烟笼罩着芝加哥，它挡住了阳光，使整个城市陷于黑暗和沉闷之中，它是低俗、谋杀和其他犯罪的根源。一个肮脏的城市是一个不道德的城市，因为肮脏滋生堕落。"⑥也有环境决定论

---

① Robert Gottlieb, *Forcing the Spring: The Transformation of the American Environmental Movement*. Washington: Island Press, 2005, p. 92.

② Martin V. Melosi, *Effluent America: Cities, Industry, Energy, and the Environment*, pp. 41～42.

③ Martin V. Melosi, *Effluent America: Cities, Industry, Energy, and the Environment*, p. 40.

④ Thomas Raymond Wellock, *Preserving the Nation: The Conservation and Environmental Movements, 1870～2000*, p. 29.

⑤ John T. Cumbler, *Reasonable Use: The People, the Environment, and the State, New England 1790～1930*. New York: Oxford University Press, 2001, p. 3.

⑥ David Stradling, *Smokestacks and Progressives: Environmentalists, Engineers and Air Quality in America, 1881～1951*. Baltimore: The Johns Hopkins University Press, 1999, p. 45.

者认为环境造就人的性格和德行，整洁的城市就是良好的城市，它可以提升道德环境，激发人性中所有优秀的品质。①

进步主义时期的城市环境改革者和资源保护主义者一样，着眼于资源的有效管理，他们并不反对城市化，他们欣然接受城市的发展与扩张，相信城市环境可以通过专业的管理和改革得到有效的改善。② 在改革者的努力下，一场通过卫生实践和公园建设，重建健康的生存空间的运动蓬勃兴起，致力于对人口拥挤、疾病流行和公共空间缺失等问题的解决。这场运动比早期的卫生改革涵盖更广的内容，包括市政排污系统修建、纯净水供应、垃圾收集、食物监管、反煤烟和噪声、城市公共空间开辟等。中产阶级市民开始要求通过高效的立法解决煤烟问题，到 1900 年，许多大城市通过了新的反煤烟法令（antismoke ordinances），获得了全国的关注；同样重要的是，一场以改善公共卫生、保护市民健康为名的城市卫生运动推动了街道清理、垃圾收集和处理的改革。到 20 世纪 20 年代，美国许多城市拥有了充足的洁净水和有效的垃圾处理手段。

进步主义时期的城市环境改革者主要来源于两类组织：第一类由具备专业知识、服务于市政部门的专家组成，包括医生、工程技术人员、卫生工程师、公共卫生专员等。他们建立了处置污染物、对抗健康问题的机制，并编辑数据、监控各种污染源。这些专业人士将他们的想法传达给政策制定者，转化为可行的立法，但他们却无法有效地将环境关怀传达给公众。第二类组织是政府部门之外支持上述专家的市民组织，包括志愿者组织、改革型俱乐部、市民团体、环境压力团体等。他们具有强烈的市民意识和审美价值，通过抗议、教育、游说和志愿者项目营销政策。③ 由于这些市民组织缺乏专业知识和权力，他们只能通过向市政府施压或支持政府中与其利益一致的官员来实现自身的目标。他们大都来自中上层阶级，具备进步主义运动的道德准则，相信专家能有效地解决城市问题，④也认为城市作为一个有机的整体，需要全体市民的共同参与。到 19 世纪末，几乎每个大、

---

① Frederick C. Wilkes, "Cleanliness and Economy: How Pittsburgh Might be Cleaned." *Bulletin of the League of American Municipalities*, Vol. 4 (Nov. 1905), p. 154.

② Martin V. Melosi, *Effluent America: Cities, Industry, Energy, and the Environment*, p. 112.

③ Martin V. Melosi, *Effluent America: Cities, Industry, Energy, and the Environment*, pp. 58～59, 215; Thomas Raymond Wellock, *Preserving the Nation: The Conservation and Environmental Movements, 1870～2000*, p. 67.

④ Thomas Raymond Wellock, *Preserving the Nation: The Conservation and Environmental Movements, 1870～2000*, p. 67.

小城市都存在致力于解决城市问题的改革团体，市民组织形成了全国性网络，如全国市政联盟（The National Municipal League）和美国城市联盟（The League of American Municipalities）等都代表了全国范围内市民组织的利益。① 这类组织的核心是女性环境改革者，她们通过妇女俱乐部或致力于解决某类问题的组织为城市环境的改善做出贡献。相对于其他群体来说，妇女组织更能代表公众的利益，更加明确消除污染、构建一个美好的城市环境所带来的益处。

第二节　女性参与城市环境改革

19 世纪初，人们认为城市是一个不受家庭道德和社会规范约束的地方。19 世纪 50 年代，城市在流行文学中的形象是男性积累财富的地方，是男性获得商业机会的中心，是一个不适合女性和家庭生活的场所。在城市中，女性是环境危机最直接的受害者。城市污染破坏了她们的劳动成果，危害着家庭成员的健康，威胁着中产阶级的生活方式和美国的文明。因此，女性认为自己有义务将家庭责任拓展到城市事务管理之中。在环境危机和环境意识的推动下，女性参与到进步主义时期的城市环境改革中。

一、女性参与城市环境改革的原因

为了改善城市环境，市政府试图扩大政府功能，提供相应的对策，对疾病、火灾、犯罪和暴力威胁进行回应，在全市范围内安装水供应和排污系统、进行公共教育、建造公园和各类专业机构，并由男性专家负责。男性改革者们还发起了城市美化运动（The City Beautiful）②和城市功能运动

---

① Martin V. Melosi, *Effluent America: Cities, Industry, Energy, and the Environment*, p. 215.

② 城市美化运动兴起于 19 世纪 90 年代的美国，到 1910 年代衰落。它是对城市化下移民人数剧增、市民居住环境恶化、城市空间混乱等的回应，开启了美国早期的城市规划，代表人物有弗雷德里克·劳·奥姆斯特德（Frederick Law Olmsted, Jr.）、丹尼尔·伯纳姆（Daniel Burnham）、卡斯·吉尔伯特（Cass Gilbert）等。它的提倡者试图通过景观改造达到美化城市、塑造市民道德、建立和谐社会秩序的目标。城市美化理念最早在 1893 年芝加哥世界博览会上得到体现，之后由 1901 年的“华盛顿规划”（the plan for Washigngton D. C.）和 1902 年的“麦克米兰规划”（McMillan Plan）发扬光大。

(The City Practical)①,虽然这些活动顺应了城市改革的潮流,但它们常被看作是对商业部门而非家庭领域的回应。他们的目的仅是希望通过改革为商业活动提供更加安全的环境,而从未从家庭、文化和健康的角度考虑,②而女性的改革则实现了这一目标。

在城市美化运动和城市功能运动之外,还存在一个以女性为主导的城市社会运动(The City Social),即一场主要关注隐藏于城市问题之下的、关乎社会和经济不公正的运动。③ 这场社会运动的主要提倡者包括玛丽·K. 西姆柯维奇(Mary K. Simkhovitch)、弗洛伦丝·凯利(Florence Kelly)、莉莲·沃尔德(Lillian Wald)和社区改良运动中的进步主义改革者们。城市环境的恶劣状况带给女性的不仅是污秽和肮脏,还有随之而来的不道德和颓废。对于这个时代的女性来说,城市管理不仅意味着构建一个清洁的物质环境,而且要构建一个纯洁的精神环境。物质环境塑造公民性格,清洁和神性毗邻。④ 如果说男性负责建立高楼大厦、对城市空间进行规划,那么女性则拯救了城市。⑤

城市社会运动的领袖之一西姆柯维奇认为,虽然城市美化运动和城市功能运动对城市空间进行了有效规划,但二者并未试图解决有关社会公正和社会道德的问题。她提倡一种解决这种偏见的规划手段,即城市社会。对她来说,这种新理念的核心是将居民自决、社区组织和社会服务同以设计、政策为基础的规划相融合。⑥ 致力于城市社会运动的女性和城市美化、城市功能运动中的男性在提高城市生活质量的过程中发挥了同等重要的作用,男性专业人士规划宏伟的大道和市政纪念碑以塑造美丽的城市,

---

① 20世纪前十年,城市美化运动的批评者称该运动过于注重城市的外观,而忽视了实际的社会问题,如卫生、交通、居住环境等。城市美化运动开始衰落,美国的城市规划进入功能化时代。城市功能运动的提倡者倡导更实际的规划理念,希望用科学、高效的方法实现城市的规划,这推动了许多综合性城市规划报告的诞生。

② Marlene Stain Wortman,"Domesticating the Nineteenth-Century American City." *Prospects*, Vol. 3(Oct. ,1978), p. 542.

③ Susan Marie Wirka,"The City Social Movement: Progressive Women Reformers and Early Social Planning," in Mary Corbin Sies, and Christopher Silver, eds. , *Planning the Twentieth-Century American City*. Baltimore: Johns Hopkins University Press, 1996, p. 55.

④ Wendy Keefover-Ring,"Municipal Housekeeping, Domestic Science, Animal Protection, and Conservation: Women's Political and Environmental Activism in Denver, Colorado, 1894～1912." M. A. thesis, the University of Colorado, 1986, p. 62.

⑤ Daphne Spain, *How Women Saved the City*. Minneapolis: University of Minnesota Press, 2001, p. 204.

⑥ Susan Marie Wirka,"The City Social Movement: Progressive Women Reformers and Early Social Planning", p. 66.

而女性志愿者则建设服务于日常生活的基础设施。她们成立了自己的俱乐部和组织，通过这些组织支持城市的每一项行动，包括与公共卫生和市民健康相关的卫生活动、食品安全、薪酬待遇、工作环境等，努力将城市打造成宜居的环境。可以说，男性强调经济发展和进步，而女性则追求家庭生活和城市内涵，二者共同推动了城市环境的改善。

进步主义女性进行城市环境改革的原因主要有三点。首先，这些女性生于农业世界，经历了美国快速的城市化和工业化时期，面临由此带来的诸多问题。她们的实践来源于早期的经验，1851 年著名的景观建造师奥姆斯特德设计了纽约市的中央公园，目的是缓解城市居民面临的环境压力。在男性景观建造师和第一代城市规划专家们的领导下，进步主义女性相信公园、景观林荫道、布杂艺术(Beaux-Arts)建筑的宏伟及开放的绿色空间将美化城市环境、重塑社会秩序；①同时，她们也拓宽了奥姆斯特德的视野，认为城市环境的改善不应仅仅局限于大型公园体系、林荫道等的修建，还应关注微观的社区和居民，通过环境改善以消除贫困、提升贫民的道德水平，从而将与市民生活相关的各类环境问题纳入其改革范畴。

其次，女性拯救城市的改革来源于社会福音运动的影响。19 世纪末美国兴起的社会福音运动来自第二次大觉醒及 19 世纪中期的慈善和宗教团体。它是一场建立在宗教信仰基础上、由教职人员发起的基层运动，是对内战后的混乱、工业化、城市化及前所未有的移民潮的回应。社会福音提倡者谢勒·马修斯(Shailer Mathews)认为，社会福音就在于将基督教教义和基督教救赎的全部信条应用于社会、经济生活和社会机构中，其目标是救赎和改变个人生活和社会秩序。② 社会福音工作者们充分利用讲坛和媒体的力量，将基督教教义用于国内和国外的社会改良中。他们还将个人救赎和社会救赎联系在一起，关注工人权利、种族问题、移民和住房问题。许多由女性组成的志愿者组织秉承社会福音思想，批评资本主义制度及其带来的社会不公正，③将贫困的原因归结为社会、经济、政治状况，而非个人的失败。因此，她们试图对多个城市进行改造，重建社会秩序。例如简·亚当斯的“赫尔之家”建立在社会福音的基础之上，她认为“社区改

---

① “Progressive Women and ‘Municipal Housekeeping’: Caroline Bartlett Crane's Fight for Improved Meat Inspection,” in Chris J. Magoc, ed., *Environmental Issues in American History: A Reference Guide with Primary Documents*. Westport, Conn.: Greenwood Press, 2006, p. 146.

② Wendy J. Deichmann Edwards, and Carolyn De Swarte Gifford, eds., *Gender and the Social Gospel*. Urbana: University of Illinois Press, 2003, pp. 2～3.

③ Wendy J. Deichmann, “The Social Gospel as a Grassroots Movement.” *Church History*, Vol. 84, No. 1(Mar., 2015), p. 203.

良代表着对基督教教义和路径的接受”[①]。虽然亚当斯本人在一战后极力切断与宗教的联系，但她却不能否认社会福音对她的影响。

最后，“城市管家理念”（municipal housekeeping）是女性进行城市环境改革的重要动力。“城市管家理念”出现于19世纪六七十年代，是女性参与公共领域活动的指导思想。19世纪中期，美国的第一批女性大学毕业。当她们满怀热情地投入社会改革大潮之时，却陷入了前所未有的困境，一方面，女性的传统角色要求她们专注于家庭管理和子女教育；而另一方面，她们不甘居于家庭，渴望学以致用，寻求社会变革和自身角色的拓展。社会传统和个人需求产生尖锐矛盾，许多女性陷入彷徨与困惑。在妇女运动和社会变革的召唤下，一些女性试图寻求平衡，将职业生涯同传统角色相结合，创造出符合职业女性的社会角色以及适合自身的工作类型，“城市管家理念”由此形成。

最初，社会福音思想和“城市管家理念”共同推动了女性的城市改革活动，二者都提倡建立一个良好的城市秩序，都将中产阶级女性的志愿者活动合理化。女性利用宗教和家庭理念塑造的志愿者组织形成了一个庞大的社会网络，用来满足大小城市新移民的需要，包括提供寄宿场所、旅馆、职业学校、安置所、公共浴室和游乐场等。通过这些努力，中产阶级女性也建立了自己在城市中的地位。随着社会世俗化的加深，“城市管家理念”最终取代了社会福音，试图挑战进步主义时期将政府当作商业机构的理念。正如商人和专家们利用商业效率维护他们的事业那样，女性将城市看作市民共同的家。[②] 女性的传统领域在家庭，她们的全部职责在于家庭管理和家庭建设，包括照顾家人的身体健康及培养他们的精神和道德，正是这些传统的工作使女性的道德责任拓展到外部世界。女性认为，城市环境同公众的身体健康和道德文明紧密联系，因此她们的环境理念是洁净、健康同发展并重，通过建立美丽的城市环境实现更高的文明目标，同时实现个人发展和社会变革的诉求，这个理念成为女性进行城市环境改革的思想基础。与此同时，女性们也认为，要建立洁净的市民生活，女性的母性情怀远远比政治经济和卫生科学知识更为有价值。虽然医学知识和技能教给年轻的母亲们很多如何照顾孩子的理念，但数以千计的例子证明，母性本能

① Allen Davis, *American Heroine: The Life and Legend of Jane Addams*. New York: Oxford University Press, 1973, pp. 73～74.

② Maureen A. Flanagan, “The City Profitable, The City Livable: Environmental Policy, Gender, and Power in Chicago in the 1910s.” *Journal of Urban History*, Vol. 22, No. 2 (Jan., 1996), p. 165.

占主导地位。① 这就是女性利用自身的优势管理家庭与城市的最好体现。

亚当斯认为,女性和城市紧密相连,强调了女性在城市事务中的作用:

> 城市在很多方面就是一个大的商业团体,而另一方面它就是扩大了的家庭……我们的城市管理可以说是失败的,城市的男性常常粗心地忽视了许多市政管理工作,因为他们常对家庭细节漠不关心;他们也完全忽视了候选人应该负有保持街道干净的责任(街道清洁、公园和图书馆的维护、垃圾的合理处置、孩童的教育设施、家庭的卫生环境等),这些事情传统上都属于女性的责任;②如果将城市事务的管理全部交给男性,这可能意味着美国的城市将继续在商业和工业方面取得发展,却尽失其健康和美丽……随着社会的复杂化,女性如若继续保护家庭的完整,她们有必要将责任感拓展到家庭外的许多事务中。③

"城市管家理念"的提倡者强调家庭和城市的相似性,特别是二者均建立在整洁有序的基础之上,以此作为市政改革的凭据。克兰是世界上第一个公认的公共市政管家,其理念是:一个大的城市政府就是放大的家庭。城市之所以混乱,是因为男性不知道如何管理家庭。④ 记者里塔·蔡尔德·多尔(Rheta Childe Dorr)将社区看作"家庭",将城市居民看作"家人",将公立学校看作"托儿所",并且"家庭、家人和托儿所都需要母亲的照料"。女性天生就是家庭管理者,她们应参加城市管理。⑤ 著名的卫生工程师(sanitary engineer)乔治·E. 韦林(George E. Waring)也认为,城市清洁与其说是男性的职业,倒不如说是好的家庭管家的工作。⑥ 1909 年,《美国城市》(*American City*)第一期刊发了总联盟主席伊娃·佩里·穆尔(Eva

① Mrs. John Hays Hammond,"Woman's Share in Civic Life."*Good Housekeeping*, Vol. 54 (May,1912), p. 593.

② Jane Addams, *Women and Public Housekeeping*. New York: National Woman Suffrage Publishing Co., Inc., 1910, p. 1.

③ Jane Addams, *Why Women Should* Vote. Reprinted from *The Ladies Home Journal*. New York: National American Woman Suffrage Association, 1912, pp. 1, 19.

④ "Cleans Cities Like Home: Rev. Caroline Crane Successful as World's First Public Housekeeper."*The Sun*, Dec. 20, 1910, p. 6.

⑤ Rheta Childe Burdette, *What Eight Million Women Want*. Boston: Small, Maynard and Co., 1910, p. 327.

⑥ George E. Waring,"Village Improvement Association."*Scribner's Monthly*, Vol. 14, No. 1 (Jun., 1877), pp. 97～98.

Perry Moore)撰写的题为《女性对公民福利的兴趣》(Woman's Interest in Civic Welfare)的文章。穆尔将城市看作干净、美丽的家庭。在这里,公民应该享受锻炼身体、培养精神和道德的机会。① 1913 年,妇女城市俱乐部(The Woman's City Club)的负责人安娜·尼古拉斯(Anna Nicholes)呼吁所有的女性将她们的家庭管理经验转变为广泛的市政管理,发挥城市改革的优先权。②

社区工作是将私人领域和公共领域相联系的领域,它试图解决与家庭相关的疾病、住房、事业等公共问题。家庭、社区和付报酬的工作之间存在界限,当女性志愿者组织将私人问题变成公共问题时,她们便突破了这些界限。③ 在所有市民组织和志愿者协会中,没有任何一个团体比女性在环境改革中更加积极、更具影响力。《美国城市》作为一个拥有 8000 名读者的月刊,从 1902 年到 1920 年刊登了超过 100 篇有关女性市政工作的文章。纽约的妇女健康保护协会(The Ladies' Health Protective Association of New York)、纽约的妇女市政联盟(The Woman's Municipal League of New York)和其他类似的组织都是市政清洁的重要参与者和推动者。几乎在每个地区,女性都参与到清扫街道,视察市场,控制烟雾,净化水源和收集、处理垃圾,解决住房问题,维护食品药品安全,控制噪音的活动中。拥有专业理想的女性也通过女性的传统角色使她们作为环境专家的生涯合理化。④

在以上三个因素的推动下,进步主义时期的女性承担起拯救堕落的工业城市环境的责任,加入解决城市垃圾、排污、煤烟、污染的水源、噪音、城市公园、游戏场、食品药品安全、校舍环境卫生、恶劣的工厂环境等问题的活动中。正如一位妇女所说:“女性几乎对每项城市事务都兴趣十足。长期以来,妇女负责整理家庭内务,这充分证明她们也是合格的城镇‘清洁工’。”⑤在改革过程中,女性通常首先发现问题,之后进行调查研究,提出

---

① Eva Perry Moore,“Woman's Interest in Civic Welfare.”*The American City*, Vol. 1(Sep., 1909), p. 44.

② Anna E. Nicholes,“How Women Can Help in the Administration of a City.”*The Woman's Citizen Library*, Vol. 9, New York, 1913, pp. 2150～2151.

③ Daphne Spain, *How Women Saved the City*. Minneapolis: University of Minnesota Press, 2001, p. 7.

④ Martin V. Melosi, *Effluent America: Cities, Industry, Energy, and the Environment*. Pittsburgh: University of Pittsburgh Press, 2001, p. 216.

⑤ May Alden Ward,“The Influence of Women's Clubs in New England and in the Middle-Eastern States.”*Annals of the American Academy of Political and Social Science*, Vol. 28(Sep., 1906), p. 15.

应对措施,而后发起试验性工作,在工作实施过程中教育市民、游说政府使其予以认可和接受,并推动相关法律的通过。例如,费城市政俱乐部最主要的功能就是教育市民了解自身的需求。它首先建立了一个夏季游戏场,在其影响下,市民意识到游戏场的重要性。他们转而向政府施压,将游戏场纳入学校系统。到1906年,费城的游戏场数量已达到24个。这一过程充分说明女性在城市环境改革中所发挥的重要推动作用。

二、社区改良运动与城市环境改革

在社会福音和"城市管家理念"的推动下,进步主义时期的女性通过俱乐部和其他组织积极领导并参与城市改革。在这些改革中,影响力最大的是社区改良运动(the social settlement movement)。美国的社区改良运动兴起于19世纪末的城市贫民窟,由一群中上层男性和女性发起。它以安置所为媒介,为工业社会的疾病寻求解决途径,在地方和联邦层面都产生了深刻的影响。作为进步主义时期社会正义运动的前沿力量,社区改良工作者主要由社会福音牧师、慈善专家、经济学家、社会学家、示范住房的推动者、禁酒运动的参与者等组成,女性是这场运动的核心力量。社区改良的女性向社会中上层市民提供工人阶层的信息,并试图通过改善工人的生活以建立公正的社会秩序。

社区改良思想源于1884年英国的汤因比馆(Toynbee Hall),目的是在物质主义和城市工业主义的大潮中保留人道主义和精神价值,填平工业主义引起的贫富差距,减少互相猜疑和无视,完成比慈善更伟大的事业。[①]为了实现这些目标,社区改良工作者与大城市的贫民们居住在一起,了解这些人的状况和需要,以寻求恰当的解决办法。社区改良思想影响并激励着美国人,使他们向英国学习,从那里获得社会觉醒的经验。美国第一个安置所由柏林大学的毕业生斯坦顿·科伊特(Stanton Coit)建立。科伊特在汤因比馆居住三个月后返回美国,于1886年8月在纽约建立了安置所,其目的是提升人们的智识和道德生活,建立邻里协会体系。科伊特成为第一个借鉴社区改良思想的美国人,催生了进步主义时期影响力巨大的社区改良运动。科伊特的安置所激励几十个受过大学教育的男性和女性本着牺牲和冒险精神进入城市贫民窟和经济公寓,先后成立了大学睦邻组织会社(university settlements)、芝加哥"赫尔之家"和平民组织(Chicago Com-

---

① Allen F. Davis, *Spearheads for Reform: The Social Settlements and the Progressive Movement, 1890～1914*. New York: Oxford University Press, 1967, p. 3.

mons)、纽约的"护理之家"(Nurses' Settlement)等。很快,社区改良工作者突破了地区界限,开始在州、联邦层面寻求立法改革。以社区改良为基础,亚当斯、朱莉娅·莱斯罗普(Julia Lathrop)、弗洛伦丝·凯利、艾丽斯·汉密尔顿等女性社区改良工作者融入进步主义改革的潮流中。①

社区改良运动中最具影响力的人物当属简·亚当斯。亚当斯出生于一个传统的中产阶级家庭。受父亲的影响,她从小酷爱读书,相信民主、公平和机会均等,并具有清教徒传统的使命感和责任感。作为第一批进入大学的女性之一,亚当斯还在学校里培养了团队精神、公共演讲和领导能力,产生了成就一番事业的渴望。1887 年 12 月,亚当斯踏上了她的第二次欧洲之旅。在英国,她参观了汤因比馆,被那里的社区工作所感化。汤因比馆为亚当斯提供了一种发挥自身艺术和文化才能的方式,解决了当时接受过大学教育的女性在家庭和社会之间做选择的困顿,也激发了亚当斯建立类似场所的愿望。②

1889 年 9 月,亚当斯和好友埃伦·斯特尔(Ellen Starr)在芝加哥一个聚居着意大利人、波兰犹太人、希腊人、波希米亚人等众多移民的贫民区成立了社区改良的中心"赫尔之家"。"赫尔之家"从建立伊始便具有双重目标:首先为接受过大学教育的年轻人提供发挥才能的机会;同时希望缩小上层社会和下层群体之间的差距,真诚地为那些陷入贫困的人提供帮助,体现一种冒险精神、使命感及改善社会、实现公正的渴望。③ 通过亲身体验贫民区的生活状态,亚当斯希望加强不同阶层之间的交流和往来,为穷人提供教育和社会交往的机会,并使他们的身份和习俗得到尊重。《妇女杂志》(*The Woman's Journal*)的一位作者曾说:"'赫尔之家'的一个主要目标就是使它成为需要休息、渴望远离复杂社会、寻求安全的年轻女性的避难所。它让人们了解到生活的另一面,了解另一半人的贫困和斗争,以获得更广泛的慈善和更多的同情。"④到 1893 年,"赫尔之家"成为约有 40 个俱乐部的中心,为贫民提供各种服务,包括一个日间托儿所、一个体育馆、一个医务室、一个游戏场和一个寄宿处,并开设了烹饪和缝纫课程,每

---

① Ruth Hutchinson Crocker, *Social Work and Social Order: The Settlement Movement in Two Industrial Cities, 1889～1930*. Urbana: University of Illinois Press, 1992, p. 2.

② Allen F. Davis, *American Heroine: The Life and Legend of Jane Addams*. New York: Oxford University Press, 1973, p. 49.

③ Allen F. Davis, *American Heroine: The Life and Legend of Jane Addams*, p. 57.

④ Leila G. Bedell, "A Chicago Toynbee Hall." *The Woman's Journal*, Vol. XX, No. 21 (May 25, 1889), p. 162.

周约有 2000 人造访。①

“赫尔之家”推动了社区改良运动的快速发展。1891 年,全国有 6 个安置所;1900 年,这个数字已经超过了 100 个;1910 年,安置所的数量达到 400 个。安置所中四分之三的工作者是女性,其中一半女性接受过大学教育。② 亚当斯不仅作为社区改良的楷模激励着同时代的男性和女性为社会服务献身,而且还将大量具有聪明才智和专业技能的女性吸纳到“赫尔之家”,训练她们的调查能力和政治技能,使她们成长为高效的社会改革者,为城市贫民提供必要的服务和救助。这些女性包括探寻工业毒物的专家艾丽斯·汉密尔顿、全国消费者联盟运动领袖弗洛伦丝·凯利、儿童局的两位领导人朱莉娅·莱斯罗普和格雷丝·阿博特(Grace Abbott)及著名的社会工作教育家伊迪丝·阿博特(Edith Abbott)和索芙妮斯芭·布雷肯里奇(Sophonisba Breckinridge)等。这样的女性不胜枚举,成为社区改良运动的重要领袖。

“赫尔之家”成立几年后,亚当斯对社区改良运动兴起的原因进行了阐释。社区改良运动兴起的主观原因包含三点:第一是实现整个社会的民主化,将民主的范围扩展到政治领域之外;第二是了解不同种族的生活,广泛传播社会能量和社会文明;第三是基于对基督教人道主义一定程度的复兴。③ 社区改良运动的女性领袖们大都接受过大学教育,她们具有将责任感和理论付诸实践的渴望,“女性长期以来接受并渴望坚持一种高贵的传统责任感。行动的渴望、改正错误和减轻痛苦的期望一直萦绕着她们”④。这是该运动能迅速扩大的重要原因。关于社区改良运动兴起的客观原因,亚当斯写道,“赫尔之家”位于移民聚集区,该地区人口总数达到 1.5 万。政府当局的政策对于一个地区来说至关重要,但它从不主动采取措施,往往被督促才承担义务。街道肮脏混乱,学校数量不足,法律在工厂得不到执行,道路破损不堪,成百上千的房屋缺少排污系统。这个地区有 7 个教

---

① Edward T. James, Janet Wilson James, and Paul S. Boyer, "*Jane Addams*" *in Notable American Women, 1607～1950*. Cambridge, MA: Harvard University Press, 1971, p. 18.

② Marilyn Gittell and Teresa Shtob, "Changing Women's Roles in Political Volunteerism and Reform of the City." *Signs*, Vol. 5, No. 3(Spring, 1980), p. S70.

③ Jane Addams, "The Subjective Necessity for Social Settlements," in Henry C. Adams, ed., *Philanthropy and Social Progress*; seven essays, by Jane Addams and others delivered before the School of Applied Ethics at Plymouth Mass. During the session of 1892. New York: Arno Press, 1893, pp. 1～26.

④ Ruth Hutchinson Crocker, *Social Work and Social Order: The Settlement Movement in Two Industrial Cities, 1889～1930*. Urbana: University of Illinois Press, 1992, p. 19.

堂、2 个布道所，但它们都非常狭小且拥挤。[①] 社区改良运动就是在这样的环境下诞生的，它力图解决城市问题，为城市贫民提供多种活动，满足附近居民的生活需求。“赫尔之家”的活动分为四种：社会的、教育的、人道主义的和市民的。[②] 这些活动并非来自社区改良预先设定的目标，而是建立在居民的需求之上。

安置所所在的贫民区居住着大量的移民，亚当斯和“赫尔之家”对移民及其文化持同情的态度。她们不仅将移民看作平等的人，而且还尊重并鼓励其保留他们的文化，力图成为种族多样性和移民文化的保护者。[③] 亚当斯试图通过推动不同阶层之间的交流、开展社会改革工作及培养共同的价值观和行为规范来重建社区观念。她认为所有的阶层应为了社会政治秩序的稳定而团结起来，摒弃阶级意识和狭隘的群体利益。[④] 安置所的主要工作之一就是教育，它为附近居民提供文学、艺术、美国历史、缝纫、烹饪和音乐等方面的指导；为人们提供乡村短途旅行、湖边派对等；让年轻人远离毒害他们的剧院、酒吧、街道，在进入自然世界、锻炼身体的同时提升自身的道德修养。社区改良工作者拒绝接受道德堕落和人类缺陷是导致贫困的根源理论，认为城市贫困与环境不公关系紧密，因此发起了改善住房、改善生存环境、提高儿童福利、保护女性及提升公共卫生等系列活动，为附近居民提供日常服务和各种娱乐活动，还设立了幼儿园、假期学校、诊所、浴室等，开办了关于厨艺、清洁和儿童护理等的课程及免费的图书馆和成人教育课堂，使社区成为提倡建立家庭秩序的城市社区的典范。

社区改良运动为进步主义时期的城市环境改革提供了基础。和 19 世纪的其他女性一样，社区改良工作者们也在乡村中成长，认为乡村和自然是健康和安宁的来源。她们并不提倡完全回到乡村，而是努力为穷人和移民营造良好的城市环境。亚当斯作为社区改良运动的先锋，将很多城市环境问题纳入“赫尔之家”的议程。在美国很多大城市中，贫民区的状况令人担忧，而这些地区的居民大都是移民。1882 年，芝加哥的一位卫生官员曾

---

① Jane Addams, “The Objective Value of a Social Settlement,” in Henry C. Adams, ed., *Philanthropy and Social Progress*; seven essays, by Jane Addams and others delivered before the School of Applied Ethics at Plymouth Mass. During the session of 1892. New York: Arno Press, 1893, pp. 27～56.

② Jane Addams, “The Objective Value of a Social Settlement”, p. 33.

③ Rivka Shpak Lissak, *Pluralism & Progressives: Hull House and the New Immigrants, 1890～1919*. Chicago: University of Chicago Press, 1989, p. 6.

④ Rivka Shpak Lissak, *Pluralism & Progressives: Hull House and the New Immigrants, 1890～1919*, p. 13.

经抱怨,南欧和东欧的移民保留着旧世界的习惯,他们甚至和家畜生活于一处。几十年后,当芝加哥发展为拥有170万人口的大都市时,同样的情况依然存在于意大利、波兰和波希米亚移民聚居区。垃圾随处堆放,一些街道两边摆放着鸡笼,空气中飘着鸡毛;有些后院里养着羊、牛、猪;有些移民在地窖里宰杀牛羊;有些妇女捡来垃圾后随地进行分类。对于这些情况,很多人表示无法接受。但是,还有一些人强烈要求给移民一个改善的机会,而这些人大多来自社区改良工作者。他们希望通过教育的方式,使移民改变陋习,融入美国的城市生活中。①

简·亚当斯及其领导下的"赫尔之家"首先对公共卫生问题做出了回应。"赫尔之家"所在地南霍尔斯特德街(South Halstead Street)的卫生状况让亚当斯十分担忧,她认为这里的新移民对市政漠不关心,也拒绝采取任何措施。② 她回忆道:"20年前,我们附近地区最令人难以容忍的景象就是置于人行道上的木质垃圾桶及外溢的垃圾。整个城市的垃圾收集体系极不完善……孩子们围绕这些垃圾桶玩耍,它们成为孩子们第一个攀爬的对象,有些孩子甚至在垃圾桶中寻找食物。"③恶劣的环境迫使脆弱的孩子们或背井离乡,或感染疾病死亡。"赫尔之家"的女性工作者们对此痛心疾首,决定对全市的垃圾收集体系进行一次系统的调查,调查它与死亡率之间可能存在的联系。

1910年夏,"赫尔之家"的妇女俱乐部成员聚集一堂,对所在地区死亡率居高不下的问题进行讨论。会议决定,由12名成员负责同居民们建立联系,仔细调查街巷中的卫生问题。在这些女性的努力下,8月和9月,"赫尔之家"将证据确凿的违法行为提交给健康部门,相关报告的数量达到1037份。④ 她们还多次同移民对话,通过教育的方式让附近的女性移民们明白恰当地处理垃圾的重要性,并告诫她们自家的卫生和周围环境同等重要,同时警告她们乱丢垃圾会导致孩子染病,甚至死亡,"你们不仅应保持自身干净,也应协助政府把城市变干净"⑤。亚当斯本人曾参加芝加哥市垃圾收集的竞标,虽然被否决,但她被任命为本地区的垃圾督察员,监督垃圾的收集和处理工作。她每日六点起床,不仅监督装满垃圾的四轮马车,

① Adam Rome,"Nature Wars,Culture Wars:Immigration and Environmental Reform in the Progressive Era."*Environmental History*,Vol. 13,No. 3(Jul,2008),pp. 440~441.

② Jane Addams,*Twenty Years at Hull-House with Autobiographical Notes*. New York:The Macmillan Company,1910,pp. 98~100.

③ Jane Addams,*Twenty Years at Hull-House with Autobiographical Notes*,pp. 281,283.

④ Jane Addams,*Twenty Years at Hull-House with Autobiographical Notes*,p. 284.

⑤ Jane Addams,*Twenty Years at Hull-House with Autobiographical Notes*,pp. 281,283.

还和垃圾承包商协商，说服他们增加垃圾车的数量；同时还对那些随意处置垃圾的人提出控诉。① 与此同时，在亚当斯的领导下，"赫尔之家"安置了6个小型焚化炉，专门用来焚烧垃圾，并多次向市政厅汇报本地区面临的环境问题及其对市民健康和生活产生的影响，得到了市长的大力支持。

公共卫生只是社区改良工作者关注的环境问题之一，以公共空间为导向进行空间重建是她们的另外一个目标。亚当斯认为娱乐能提升人的精神和行动力，她将这种娱乐理论付诸实践，推动芝加哥市民建立了美国最好的公园之一。在这一点上，女性和男性体现出极大的不同。男性改革者以城市规划为目标，致力于建立宏大的城市公园体系，一定程度上存在阶级和种族不平等；而女性则认为，恰当的娱乐方式能改善健康和道德内涵，因此她们侧重于将贫困家庭的儿童作为服务对象，修建小型的游戏场和公园，提供积极的娱乐模式，改善卫生状况和保障市民健康。②

事实上，这种公园理念的诞生源于18世纪美国妇女的园艺活动。她们将园艺设计和风景画相结合，跨越了阶级、种族和性别，为更多人创造适宜的活动空间。自"赫尔之家"建立后，亚当斯就开启了建立城市游戏场、夏令营、幼儿园、少年俱乐部等的计划。1892年，"赫尔之家"建立了一个小型游戏场，面积是四分之三英亩，向所有的孩子和年轻人开放。孩子们可以在这里荡秋千、玩沙堆、搭房子和玩滑梯等，稍大的男孩可以玩手球和室内棒球。1893年，"赫尔之家"建立了一个体育馆，来代替室内游戏场，受到附近居民的欢迎，为以后更加宏伟的公共娱乐设施的修建提供了范本，也为城市公园体系的建立提供了灵感和经验。社区改良工作者还协助成立了美国游戏场协会（The Playground Association of America），以便在全国范围内传播她们关于娱乐的思想和芝加哥的公园体系。③

紧随"赫尔之家"，其他安置所也参与到城市环境改革中。如纽约市亨利街（Henry Street）的领袖莉莲·沃尔德和亚当斯一样，她深切体会到穷人的困境——疾病、贫困以及缺乏教育和娱乐方式。在协助成立联邦儿童局的过程中，沃尔德认识到，"联邦政府对物质财富、矿藏、森林及食物的保护给予了极大的关注，并在很早之前就成立了专门解决这些问题的部门，

---

① Jane Addams, *Twenty Years at Hull-House with Autobiographical Notes*, p. 286.

② Dorceta Taylor, "Race, Class, Gender and American Environmentalism." General Technical Report, PNW－GTR－534. Portland, OR: U. S. Department of Agriculture, Forest Service, Pacific Northwest Research Station, 2002, p. 16.

③ John C. Farrell, *Beloved Lady: A History of Jane Addams' Ideas on Reform and Peace*. The John Hopkins University Studies in Historical and Political Science. Series LXXXV, No. 2. Baltimore: The Johns Hopkins Press, 1967, pp. 109, 111.

而那些期望为儿童保护提供指导的公民却未得到任何国家机构的帮助"①。沃尔德还在其安置所后院修建了游戏场，上午用作幼儿园，下午供稍大的孩子们玩耍，晚上为年轻人提供跳舞和聚会的场地。西北大学安置所在芝加哥建立了一个大型游戏场；费城的学院安置所（College Settlement），即当时的斯塔尔中心也在监督游戏场的修建。②

19世纪末受环境决定论的影响，许多女性也相信物质环境对个人提升及社会改善的影响，这催生了以解决城市扩张、移民等带来的城市问题为目的的城市规划活动。从1890年到1920年间，女性团体成为城市规划中的重要力量。女性最早在城市规划中崭露头角是在1893年的芝加哥世界博览会上。虽然这次博览会的规划工作由男性组成的委员会完成，但女性说服国会成立了一个由115名成员组成的女士管理者委员会（The Board of Lady Managers），负责展览会上女性中心场地的选址及其拨款问题。在芝加哥一名富有的饭店经营者的妻子伯莎·H.帕尔默（Bertha H. Palmer）的领导下，该委员会长期参与城市工作，并赞助了世博会妇女建筑的规划竞标工作。同时，世博会上妇女建筑中所有的工作都由女性完成。委员会的女性成员之所以取得成功，很大程度上取决于她们作为领导的个人影响力、强大的组织能力和运作手段。③

除了芝加哥世博会上的女性，还有一群女性致力于城市改进活动，她们是改进协会、花园俱乐部和市政联盟等的成员。她们通过组织花园竞赛和展览、在社区内种植花圃、移除丑陋的标志和广告牌、在街道边植树、修建小型公园、净化水源等活动推动花园规划、景观设计、园艺活动的发展；④她们还进行媒体推广、公共教育，以获得社区居民的支持，从而改善居住环境的外观、实用功能和卫生状况，⑤成为城市景观规划最重要的补充力量。还有一些女性不仅承担家庭花园的设计，而且参与到大学校园、城市公园、

---

① Lillian D. Wald, *The House on Henry Street*. New York: Henry Holt and Company, 1915, p. 165.

② Allen F. Davis, *Spearheads for Reform: The Social Settlements and the Progressive Movement, 1890～1914*. New York: Oxford University Press, 1967, p. 62.

③ Eugenie Ladner Birch, "From Civic Worker to City Planner: Women and Planning, 1890～1980," in Donald A. Krueckeberg, ed., *The American Planner: Biographies and Recollections*. New York: Methuen, In., 1983, pp. 398～405.

④ Laura J. Lawson, "Women and the Civic Garden Campaigns of the Progressive Era: 'A Woman Has a Feeling about Dirt Which Men Only Pretend to Live…'," in Louise A. Mozingo, and Linda Jewell, eds., *Women in Landscape Architecture: Essays on History and Practice*. North Carolina: McFarland & Company, Inc., Publishers, 2012, pp. 55～68.

⑤ Bonj Szczygiel, "'City Beautiful' Revisited: An Analysis of Nineteenth-Century Civic Improvement Efforts." *Journal of Urban History*, Vol. 29, No. 2 (Dec., 2003), p. 116.

城市住房和高速路等的设计工作中，例如玛丽安·C. 科芬（Marian C. Coffin）设计了特拉华大学校园；伊丽莎白·洛德（Elizabeth Lord）和伊迪丝·斯卡莱伯（Edith Schryber）设计了公园和公共空间；艾丽斯·阿什沃尔（Iris Ashwell）供职于联邦公共住房管理局（The Federal Public Housing Authority）；玛乔丽斯·S. 考特利（Marjories S. Cautley）设计、监督并建造了新罕布什尔州的 10 座公园等。[①]

除上述环境问题外，进步主义时期的童工和女工的工作环境也堪忧，"赫尔之家"的一位女性工作者弗洛伦丝·凯利对该问题给予了高度重视。凯利来自上层阶级家庭，毕业于康奈尔大学，1891 年冬加入"赫尔之家"。1892 年，她被任命为州劳工统计局（The State Bureau of Labor Statistics）的特派员，专门负责调查芝加哥的"血汗工厂"（sweating trade）。在凯利的领导下，"赫尔之家"的成员们敦促州立法机构成立了一个专门调查芝加哥"血汗工厂"的委员会；她迫使州长向立法机构持续施压，使伊利诺伊州的第一个工厂法案顺利通过，凯利也因此于 1895 年 7 月 1 日被任命为工厂主管调查员。[②] 在调查工作的推动下，凯利于 1899 年成立了全国消费者联盟（The National Consumers League）。该组织建立在环境和消费者利益的基础之上，致力于解决工作环境问题，特别是那些影响女性和儿童健康的环境问题。

作为美国进步主义时期一股重要的社会改革力量，社区改良运动推动了城市改革的进行，成为当时试图建立城市秩序和工业秩序的主要标志。[③] 同时，社区改良工作者还突出拯救城市的目标，希望通过改善环境拯救堕落的灵魂，实现社会公正。芝加哥的"赫尔之家"作为女性城市改革的核心，为社区改良运动建立了道德基调和活动议程，成为社会改革的孵化器。社区改良也象征着这一时代女性的精神，成为培养进步主义时期女权主义的中心，推动了一批优秀的女性社会科学家、改革者和知识分子的诞生，并使女性问题上升到联邦层面。[④] 一战后，女性获得了选举权，参加志愿者活动的频率开始减少，社区改良运动基本结束。可以说，社区改良

① Thaisa Way, *Unbounded Practice: Women and Landscape Architecture in the Early Twentieth Century*. Charlottesville: University of Virginia Press, 2009, pp. 3～5.

② James Weber Linn, *Jane Addams: A Biography*. University of Illinois Press, 2000, p. 137.

③ Robert Gottlieb, *Forcing the Spring: The Transformation of the American Environmental Movement*. Washington: Island Press, 2005, p. 98.

④ Ruth Hutchinson Crocker, *Social Work and Social Order: The Settlement Movement in Two Industrial Cities, 1889～1930*. Urbana: University of Illinois Press, 1992, p. 4.

为两代女性——来自宗教和志愿者组织的女性以及拥有公共政治权利的女性搭建了历史的桥梁。①

第三节 埃伦·H. 斯沃洛:致力于生态学研究的第一位美国女性

埃伦·H. 斯沃洛是致力于美国生态学研究的第一位女性,她具有探险精神,对社会充满关怀,并期望利用所学超越当时的知识和经验。虽然19世纪的美国社会要求女性为家庭做出牺牲、排斥女性进入社会,但各种交流方式和教育机会又向女性开放。在这种背景下,斯沃洛选择了她认为对社会有益、服务于人类的新模式作为自己毕生的事业。她将科学研究与社会现实相结合,充分利用自己卫生化学(sanitary chemistry)和营养学(nutrition)的知识背景,首次将家庭同周围环境联系起来,将科学知识引入家庭;将生态学(oekology)概念带给美国公众,并将它运用于食物营养及卫生的科学研究中;她注重家庭环境(环境卫生、废弃物、家庭经济和食物化学),提出工业卫生、空气和水质量、交通等对家庭的影响,发起了家政学运动(the home economics movement),在家政科学和卫生工程的实验性研究方面取得了丰硕的成果;她还关心空气和水污染问题,撰写了大量有关污染来源的著述,推动了环境教育、家政学运动及公共卫生改革。

一、斯沃洛对环境问题的初探

1842年12月3日,斯沃洛出生在马萨诸塞州邓斯特布尔(Dunstable)附近的一个农场,她是家里唯一的孩子。她的父母彼得·斯沃洛和范妮·T. 斯沃洛都接受过良好教育,在斯沃洛出生之前二人都是教师。斯沃洛天生体质孱弱,其父母决定让她接受家庭教育。她涉猎了阅读、数学、历史、逻辑学、文学等科目,其进步之快让父母惊讶。19世纪的传统促使斯沃洛的母亲想将她培养成一位仪态端庄、心灵手巧的淑女,因此在母亲的耐心指导下,斯沃洛13岁时便掌握了所有的家务技能:洗衣、熨衣、糊纸、缝纫、清扫房间、铺地毯、烹饪、烘焙、刺绣等,这些经历给她之后的学习生涯和研究工作带来很大裨益。同时,斯沃洛在家庭教师的建议下,走向大

① Kathryn Kish Sklar, "Hull House in the 1890's: A Community of Women Reformers." *Signs: Journal of Women in Culture and Society*, Vol. 10, No. 4(Summer, 1985), p. 663.

自然，进行户外运动，以增强体质。斯沃洛的大部分业余时间都在农场度过。在这里，她能呼吸到新鲜空气、沐浴阳光、骑马、赶牛、收集干草等。[①]大量的户外运动不仅极大地改善了斯沃洛的身体状况，而且培养了她坚韧的性格、敏锐的洞察力和对自然的特殊情愫，这无疑对她以后从事环境研究产生了重要影响。

1859 年，斯沃洛一家搬到马萨诸塞州东北部的韦斯特福德镇（Westford）。斯沃洛开始在韦斯特福德学院（Westford Academy）接受正规教育，学会了拉丁语、法语和德语，还通读了希腊、罗马文学作品，最重要的是她表现出对数学的天赋。[②] 课余时间，她还帮助父亲打理商店，掌握了商业经营的基本原则，也正是在商店的工作让斯沃洛对食物成分产生了兴趣。她发现，人们对日常食物的成分一无所知，这使斯沃洛渴望更深入地了解食物的性质和构成，产生了对科学研究的向往，[③]她坚信人们从食物中汲取的养分与人类的身体和思想一定存在某种必然关系。斯沃洛还认识到环境对健康的影响，例如她会阻止顾客在商店里吸烟。虽然斯沃洛尚未意识到，但她正向 19 世纪末 20 世纪初的环保运动迈进。

1863 年，斯沃洛从韦斯特福德学院毕业，举家搬到稍大的城镇利特尔顿（Littleton）。1868 年 9 月，斯沃洛被刚刚成立的瓦萨女子学院录取。这所学校并非一个通过传授恰当的礼仪、文化价值和艺术指导让年轻女性成为合格的妻子的地方，而是一所和男子学院一样教给女性同等程度的知识、同样科目的学院。更重要的是，它还教授科学知识。根据瓦萨女子学院的记录，它甚至比耶鲁和哈佛提供的学科还要丰富，还聘请知名学者进行授课。[④] 虽然当时一些人对年轻女性的高等教育充满疑虑，认为女性的智力不适合接受高等教育，抑或高等教育会削弱女子的传统特性，还有人将瓦萨学院叫作“马修·瓦萨（Matthew Vassar）的一次大试验”，但这些都不能阻止斯沃洛的决定。她被马修·瓦萨的话深深打动：“对于我来说，女性从上帝那里获得了和男性一样的智力，她们和男性一样具有追求智识和

---

① Caroline Louisa Hunt, *The Life of Ellen H. Richards*. Boston: Whitcomb & Barrows, 1912, p. 11.

② Robert Clarke, *Ellen Swallow: The Woman Who Founded Ecology*. Chicago: Follett Publishing Company, 1973, pp. 8～9.

③ Caroline Louisa Hunt, *The Life of Ellen H. Richards*. Boston: Whitcomb & Barrows, 1912, p. 22.

④ Pamela Curtis Swallow, *The Remarkable Life and Career of Ellen Swallow Richards: Pioneer in Science and Technology*. Hoboken, New Jersey: Wiley, 2014, p. 21.

文化发展的权利。”①

在瓦萨学院，斯沃洛开始了为期两年的学习生涯。她非常珍惜这个学习机会，也深知自身的需要，希望自己成为扩大女性领域的先锋。她了解女性在高等教育中的不易，她要克服一切困难和偏见努力学习，认真调查，促使学校不再将女性教育当作一个试验。她同情当时的妇女运动，也期望通过教育提高学识修养和理性思考能力，为男性和女性的合作扫除障碍。斯沃洛性格成熟、自我约束力很强，在学习和工作中表现出的天赋和勤奋给老师和同学们留下了深刻的印象。两位老师对斯沃洛产生了重要影响，一位是天文学教师玛丽娅·米切尔小姐（Maria Mitchell），另一位是自然科学、数学和物理学教授查尔斯·A. 法勒（Charles A. Farrar）。米切尔小姐引导斯沃洛探索宇宙，而法勒教授则帮助斯沃洛对化学的各种元素进行了深入了解。②

斯沃洛对天文学和化学都充满兴趣。在瓦萨天文台（Vassar Observatory），她常常连续观察几个小时，尽情探索宇宙的奥秘。米切尔小姐说她在斯沃洛身上看到了独特的闪光点，希望她能进入天文学领域；另一位吸引斯沃洛的老师是法勒教授，一位“深刻的思想者、知名的演讲家和具有强大魅力的人”③。作为法勒教授开设的分析化学课的三名学生之一，斯沃洛最为刻苦。在法勒教授的指导下，斯沃洛在校园内寻找一切可以用来分析和研究的物质。通过化学分析，她深谙科学知识的实用性，也洞悉科学事实和现实生活之间清晰的联系，污染的空气、水、食物、街道垃圾等都可以用来分析病原体，未来某天她可能会为污浊的城市清洁做出贡献。科学知识能使环境更健康，使生命被拯救，这就是斯沃洛心中实用的科学。④在天文学和化学之间，斯沃洛最终选择了后者，并希望在该领域有所建树。这个选择正是得益于斯沃洛强烈的社会服务意识，它也促成了美国历史上第一位真正的女性科学家的诞生。

由于良好的素养和出色的表现，1870 年毕业之际，斯沃洛获得了一份去阿根廷教授科学和高等数学的工作。但不幸的是，启程之际，阿根廷爆发战争，斯沃洛旋即终止行程。此时的斯沃洛对未来毫无计划，她渴望从

① Pamela Curtis Swallow, *The Remarkable Life and Career of Ellen Swallow Richards: Pioneer in Science and Technology*, p. 21.

② Robert Clarke, *Ellen Swallow: The Woman Who Founded Ecology*, p. 17.

③ Pamela Curtis Swallow, *The Remarkable Life and Career of Ellen Swallow Richards: Pioneer in Science and Technology*, pp. 25, 29.

④ Pamela Curtis Swallow, *The Remarkable Life and Career of Ellen Swallow Richards: Pioneer in Science and Technology*, p. 29.

事自己热爱的科学事业，但科学向来是属于男性的领域。作为一名女性，斯沃洛并无把握能否进入这个排斥她的世界。她向几个化学公司提出申请，但都被无情拒绝，原因是他们不招聘女性，波士顿的一家化工公司梅里克 & 格雷(Merrick & Gray)公司建议斯沃洛尝试向新成立的麻省理工学院(Massachusettes Institute of Technology，以下简称 MIT)申请学位。

对化学的热爱促使斯沃洛决定向 MIT 提出申请，申请中还提到米切尔小姐和法勒教授的推荐。在几周煎熬的等待后，斯沃洛于 1870 年 12 月 3 日收到了 MIT 的回复。其校长 J. D. 郎克尔博士(J. D. Runkle)在回信中这样说："亲爱的斯沃洛小姐，MIT 教师委员会秘书尼兰博士(Dr. Kneeland)将通知你有关情况。祝贺你被录取了，你将免费享受学院所有的待遇，希望很快见到你。J. D. 郎克尔，MIT 校长。"[①]斯沃洛收到通知之时并不知晓，对她的招收是经历了何等激烈的争论，并非所有教师都达成了共识，对她的招收只是被当作对女性的检验。

1871 年 1 月，斯沃洛开启了在 MIT 的学习生涯，成为该校接收的第一位女学生。斯沃洛深知在男性的世界获得认可绝非易事，她在 MIT 的第一学期便遭到了孤立，因此不得不穿着低调、谦恭礼让、小心行事，尽量符合女性的恰当角色。在课堂上，她不得不压抑对学习的渴望或刻意掩饰自己的聪慧或好胜心；在生活中，斯沃洛无时无刻不在表现女性特征，例如她常备好各种生活必需品，如针线、剪刀、别针等，以供他人不时之需。[②] 数月后，情况有所好转，斯沃洛被允许同男教师和男同学进行有限的交流，她的学习也有了很大的进步，并获得了早期的工业化学家之一约翰·奥德韦(John Ordway)教授的帮助，许多机会开始悄悄接近她。

波士顿是斯沃洛当时去过的最大的城市，她喜欢这里宏伟的博物馆和学校，但这里丑陋的环境却让人触目惊心。垃圾遍地，火灾时时发生，波士顿的纺织厂、啤酒厂、铸造厂、烟厂、鞋厂等排放的有毒废弃物，含有重金属的燃料，带有病菌的有机物污染了公共饮水，各种疾病通过水污染快速传播，疾病、痛苦随处可见。而儿童是环境污染最大的受害者，波士顿一半的孩子夭折，还有很多则身体残疾或智力发育迟缓。[③] 鉴于这种情况，1869 年，当斯沃洛还在瓦萨学院读书之时，马萨诸塞州就成立了美国第一个州级卫生委员会(The State Board of Health)。该委员会提出"一个称职的卫生委员会应该把人的身体健康同道德、智力联系在一起……这三个特性

① Caroline Louisa Hunt, *The Life of Ellen H. Richards*, p. 88.

② Robert Clarke, *Ellen Swallow: The Woman Who Founded Ecology*, pp. 32—33.

③ Robert Clarke, *Ellen Swallow: The Woman Who Founded Ecology*, p. 33.

不能分割，相互影响，因为物质世界的各种力量是交错的，人的各种力量和特性亦如此”[①]。1872年4月6日，州立法机构委托卫生委员会“收集有关城镇河流和水源污染的信息，到下次会议时提交报告”[②]，委员会将这项工作交给了MIT的威廉·R.尼科尔斯教授(William R. Nichols)。由于此项检测史无前例，且非常庞杂，涉及大量的实验室分析，尼科尔斯教授选择了MIT的大二学生斯沃洛作为助手。斯沃洛非常乐意参与这个项目，因为它能使所学知识转化为现实关怀。斯沃洛深知这次水质检测的重要性和严峻性，她需要检测一切被污染的水源：河流、池塘、井水等，通过数据分析解决水污染带来的疾病问题，并寻找新的纯净水源以提高城市水供给。[③]

对于当时的美国而言，水研究还是一个新课题。因此，斯沃洛面临的任务繁重而枯燥。同时，就在调查刚刚启动之际，尼科尔斯教授要前往欧洲对国外的研究情况进行调研，通信成为他指导斯沃洛的唯一有效方式。所幸，斯沃洛在瓦萨学院接受的严格的化学训练及在MIT学到的专业知识为她攻克这一挑战提供了保障。这个项目持续了两年之久。在这段时期内，斯沃洛带着滤纸、冷凝器、各种容器，奔走于马萨诸塞州的各个地区进行水样采集，通过显微镜和试管研究本州的水质问题。她先后共检测了几千份水样，观察其中是否存在致病的有机物和毒素。除了这次水质检测，作为学生的斯沃洛还需要完成课堂作业，繁重的任务并没有击垮她，坚韧的性格和不懈的努力使她成功地完成了这项任务。

这次水质检测取得了巨大成功，也使尚未毕业的斯沃洛走在了环境科学的最前沿，成为世界上知名的研究水的科学家之一，也让一向排斥女性的尼科尔斯教授对斯沃洛刮目相看。在1874年提交给卫生委员会的报告中，尼科尔斯表现出对受教育女性态度的转变：“这个项目的大部分分析工作由埃伦·斯沃洛小姐完成……我对她所做的协助工作表示欣慰，并对获得的准确结果充满信心。”[④]对于斯沃洛而言，尼科尔斯的肯定让她信心倍增，也为她以后的专业研究指明了方向。这项检测也为美国之后的水研究奠定了基础，后来至少有六个类似的研究以斯沃洛的检测为范本，它也推动了15年后世界上第一个水纯净度图表(Water Purity Tables)的诞生，[⑤]该检测也产生了重大的现实意义，其调查结果被马萨诸塞州接受。到

① Robert Clarke, *Ellen Swallow: The Woman Who Founded Ecology*, p. 36.

② Ellen H. Swallow Richards, *Conservation by Sanitation*. New York: Wiley, 1911, p. 50.

③ Pamela Curtis Swallow, *The Remarkable Life and Career of Ellen Swallow Richards: Pioneer in Science and Technology*, pp. 47～48.

④ Robert Clarke, *Ellen Swallow: The Woman Who Founded Ecology*, p. 39.

⑤ Robert Clarke, *Ellen Swallow: The Woman Who Founded Ecology*, p. 39.

1880 年，波士顿的水质得到了改善，死亡率有所下降。斯沃洛也因此赢得了男性的尊重，同时它向人们证明女性的高等教育对于社会的重要性。

斯沃洛在研究水的同时，还对空气、土壤、矿石等进行了研究。1872 年，波士顿自然历史学会（Boston Society of Natural History）主席 T. T. 布弗博士（Dr. T. T. Bouve）拜访 MIT 的矿物学教授罗伯特·理查兹（Robert Richards），并带来一块萨马尔斯基矿石（samarskite）①。斯沃洛有幸获得了检测这块稀有矿石的机会。之前一些著名的男性科学家检测过萨马尔斯基矿石，并在其中发现了稀有金属，这些形成了对该矿石的最终解释。但斯沃洛第一次检测便得出了不同的结论，经过反复检测，结果仍然如此。在提交给自然历史学会的一份报告中，她大胆提出萨马尔斯基矿石中含有未经解释的不溶于水的残渣。一些人怀疑斯沃洛的结论，但肯塔基的一位科学家通过新的方法分析后证实了斯沃洛的结论。理查兹教授深感震惊："埃伦·斯沃洛几乎成为那些发现地壳中新元素的不朽的人物之一。"而此时斯沃洛还只是个学生。斯沃洛给理查兹教授留下了深刻的印象。理查兹教授之前虽不反对女性接受高等教育，但他反对男女同校，斯沃洛的天赋和她在德语文献方面给他提供的帮助使他开始改变想法。② 同时，共同的专业爱好和对科学追求的兴趣使性格迥异的二人最终走在了一起，于 1875 年 6 月 7 日结婚。③

1873 年 6 月 6 日，斯沃洛从 MIT 毕业，并获得化学理学学士学位，成为从这里毕业的第一位女学生及美国第一个获得学位的女性科学家。斯沃洛从 MIT 毕业之时，尼科尔斯教授的水质检测尚未结束，因此她需要继续完成这项工作。同时斯沃洛同意协助奥德韦教授，作为"特聘毕业生"（resident graduate）继续留在 MIT。1888 年，斯沃洛正式成为一名化学教师（instructor），获得了一定薪酬。之后，她再未获得任何晋升，薪酬也未增加。斯沃洛一生追求博士学位，但碍于性别问题，MIT 拒绝授予她化学博士学位，而另外一所学院史密斯学院最终将科学荣誉博士学位授予斯沃洛。

二、空气、水和食物：斯沃洛对环境的深入研究

婚后，理查兹夫妇二人定居于距麻省理工学院 4 英里远的杰梅卡平原

---

① 萨马尔斯基矿石是以俄国矿山工程师萨马尔斯基命名的稀土、铀、铁等钽铌酸盐类矿物。由于该矿物化学组成复杂、成分变化大，且常呈非晶变态，因此该矿物便成了矿物学研究的难题。

② Robert Clarke, *Ellen Swallow: The Woman Who Founded Ecology*, p. 41.

③ Mary Joy Breton, *Women Pioneers for the Environment*. Boston: Northeastern University Press, 1998, p. 56. 婚后，斯沃洛更名为埃伦·H. 斯沃洛·理查兹（Ellen H. Swallow Richards），为了便于讨论，本文仍选择使用埃伦·斯沃洛一名。

艾略特街32号。斯沃洛认为环境的改善应始于家庭内部，于是她首先利用科学知识对住房进行了改造，将其打造成一座安全、高效、符合现代健康标准的居所，为其他家庭提供了范本。在斯沃洛看来，干净的空气和水源是优质环境的重要因素，"空气和水是人们最为关注的两个元素……但世界上已不存在真正纯净的水源，雨水、湖泊、河流、井水等均受到污染，人类不计后果地破坏自然法则使自己陷入痛苦的深渊"①。

在对住房进行检查和改造后，斯沃洛不仅获得了纯净的水源、安装了排水系统，还在厨房火炉上方设计了一个贮水器，既减少热量的流失，又能保证热水的供应；同时，斯沃洛还安装了一个机械系统，加强室内空气的流通；为了减少灰尘和细菌的侵入，她还撤掉厚重的窗帘，用蔓藤、郁金香、玫瑰、天竺葵、雏菊等装饰窗户区域，并在屋外种植各种蔬菜、花卉等；理查兹夫妇还是最早用燃气代替煤炭的人。斯沃洛反复告诫人们要重视室内环境，正是人们的无知导致水源和空气被污染。夫妇二人对水、空气、卫生状况的改造原则为后来斯沃洛改造学校、工厂、医院等公共建筑提供了借鉴。②

食物是斯沃洛关注的另一大问题。她认为食物的标准是营养、美味及简便，并能提供身体和思想所需的养分，例如自制面包、新鲜的蔬菜、少量肉类和水果。到1877年，斯沃洛已将她的住所打造成全国第一个消费者产品检验实验室(the consumer products testing laboratory)，其检验范围从食物扩展到其他家庭用品，包括纸张、家具、棉花、羊毛、丝绸、皮革等，成为后来成千上万类似实验室的先驱。她将该实验室命名为"正确生活的中心"(The Center of Right Living)，并邀请学生进行参观，教授他们关于卫生、营养等的相关知识，斯沃洛称之为家庭化学(home chemistry)。③

斯沃洛不仅改造家庭环境，还试图将科学知识拓展到社区和社会。她认为，在这个应用化学流行的时代，人们应充分利用每一个有益于家庭和社会的机会。④ 1882年，斯沃洛的著作《烹饪和清洁的化学》(*The Chemistry of Cooking and Cleaning*)出版，书中通过阐释食物营养和清洁与化学的内在联系向人们展示了化学知识的重要性。整洁的城市空间和健康的家庭环境之间有着紧密的联系，家庭常常被看作女性的王国，她们将家庭的内涵拓展到整个城市，包括城市的灵魂和空间。而此时的美国人对食物

---

① Ellen H. Swallow Richards, *Conservation by Sanitation*. New York: Wiley, 1911, pp. 86, 87.

② Pamela Curtis Swallow, *The Remarkable Life and Career of Ellen Swallow Richards: Pioneer in Science and Technology*, p. 59.

③ Robert Clarke, *Ellen Swallow: The Woman Who Founded Ecology*, p. 69.

④ Ellen H. Swallow Richards, *The Chemistry of Cooking and Cleaning: A Manual for Housekeepers*. Boston: Estes & Lauriat, 1882, p. vii.

成分、清洁及其与人体健康之间的关系却知之甚少，斯沃洛认为她有义务将这些科学知识传播给公众。[①] 斯沃洛从进入 MIT 开始便从未间断对环境的实验室研究，主要致力于研究空气、水和食物，因为这是人体健康的三大基本要素，人体需要清新的空气、安全的水源和优质的食物。

空气是这三个要素中最重要的。每个成年人平均每分钟要进行 18 次自主呼吸，新鲜空气对于人体健康至关重要，但在 19 世纪的工业城市中，拥挤的人口、工厂排放的煤烟、密集的建筑物、街道上飞扬的尘土导致空气污浊。由于缺乏空气流通系统，许多建筑物通风不畅，二氧化碳的增加对人体健康造成威胁。斯沃洛提议未来每个城市配备一名经过严格训练的卫生专家，专门负责监测公共建筑的空气流通状况。他需要了解已有的通风设备，检查它们是否运作良好，如果无法正常工作，他应知道如何进行改进。[②] 1892 年，在水分析和卫生化学课之外，斯沃洛还开设了一门新课"空气分析"，对空气进行专门研究。她递交给世界化学家大会（The World Congress of Chemists）的研究报告《二氧化碳作为通风效能的检验标准》（*Carbon Dioxide as a Measure of the Efficiency of Ventilation*）提出优质空气的重要性，并敦促市政府重视空气问题。在斯沃洛的监督指导下，MIT 的卫生化学实验室（The Laboratory of Sanitary Chemistry）一直致力于空气研究，200 名学生先后完成了 5000 次对空气中二氧化碳含量的检测。[③]

水向来是斯沃洛研究的重点之一，水既是人体新陈代谢的重要来源，又是所有动植物生命的源泉。水中含有很多有利于人体的微生物，但是也存在很多有害的病菌，水污染是细菌传染的主要途径，这种现象在城市中屡见不鲜。[④] 因此，研究水源，并让公众了解水研究至关重要。斯沃洛研究各种形式的水源，包括洁净的和被污染的水源，以及河流湖泊、井水、家用水、工厂用水等。斯沃洛将通过水质检测确定其是否适合家用的过程称作卫生分析（sanitary analysis），通过卫生分析确定四点：其一，水中是否存在有机物，如果存在，它的数量及状态如何；其二，分解的有机物的数量和特性及它们之间的比例；其三，未分解的有机物的稳定性；其四，溶解的矿物质的数量。检测数据并非绝对准确，但它至少能让检测者确定被污染的

① Ellen H. Swallow Richards, *The Chemistry of Cooking and Cleaning: A Manual for Housekeepers*, pp. vii-ix.

② Ellen H. Swallow Richards, *Conservation by Sanitation, Air and Water Supply: Disposal of Waste*. New York: John Wiley & Sons, 1911, p. 11.

③ Robert Clarke, *Ellen Swallow: The Woman Who Founded Ecology*, p. 150.

④ Ellen H. Swallow Richards, *Air, Water and Food from a Sanitary Standpoint*. New York: John Wiley & Sons, 1900, pp. 43, 63.

水源。[①] 1887年，马萨诸塞州立法机构决定调配资金对全州范围内的水源和污水进行再次调查，被称作“卫生大调查”(The Great Sanitary Survey)，这是美国历史上首次对水资源进行的最彻底的分析之一。这项工作无论在构想，还是在调查结果方面都意义重大，被视作该领域的经典。该项目由斯沃洛全面负责，并由她亲自培训、挑选和监督工作团队。

这项调查工作持续了两年之久，对马萨诸塞州82%的人口饮水问题进行了研究。研究团队每月在各个地区采集两次水样，并将这些样品送至由斯沃洛管理的MIT卫生化学实验室进行检测。这项工作的辛苦程度绝不亚于几年前尼科尔斯教授的水样检测，斯沃洛在1888年3月写给一位朋友的信中说：“我从去年6月1日开始研究水问题，每月对所有的公共水源进行一次检测，目前已完成了对2500份水样的检测。我要从早上八点一直工作到下午五点半或六点，周六亦如此。”[②]两年后这项工作结束之时，斯沃洛检测的水样总量达4万余份，获得了10万多份结果。随着调查的进行，实验方法得到不断完善，新的检测仪器被设计出来，进一步提高了实验的准确度和效率。[③]

在实验过程中，为了使检测结果形象化，斯沃洛将这些结果制成表格，并在马萨诸塞州地图上做出标记，将所有未受污染的、含等量氯气的水域连起来，斯沃洛将这些线命名为等含氯量线(isochlors)。实验结束后，斯沃洛意外地发现等含氯量线和海岸线的走向基本平行。斯沃洛知道水中的氯气含量受两个因素影响：一是离海洋的距离，因为海洋是氯气的天然储藏室；二是来自污染。根据斯沃洛所画的地图，人们就能较容易地判断出水域中的氯气哪些来自海洋，而哪些是污染所致，离海洋同等距离、未被污染的水域所含氯气量基本一致，如果一片水域比距海洋同等距离的其他水域所含的氯气高，就可以判断该水域受到了污染。[④] 这项卫生大调查帮助马萨诸塞州建立了美国第一个州级水质量标准，为其他各州的水质检测提供了范本。它也推动了早期内陆水污染预警系统的建立，促进了环境改善的新历程和公共卫生运动的诞生。

1870年，食品科学问题引起斯沃洛的重视，她首先通过食物分析披露食物掺假及污染问题。1878年，在获得州卫生委员会的许可后，在妇女教

---

① Ellen H. Swallow Richards, *Air, Water and Food from a Sanitary Standpoint*, p. 66.

② Robert Clarke, *Ellen Swallow: The Woman Who Founded Ecology*, p. 145.

③ Robert Clarke, *Ellen Swallow: The Woman Who Founded Ecology*, p. 145.

④ Caroline Louisa Hunt, *The Life of Ellen H. Richards.* Boston: Whitcomb & Barrows, 1912, p. 103.

育协会(Women's Education Association)的支持下,斯沃洛的团队开始调查马萨诸塞州的食物供应问题。她们对全州40个城市的各大商店进行了调研,购买食物样本进行实验室检测,并于1879年形成一份报告。该报告不但向消费者列出日常食品的成分,还披露了食品供应链条中的问题及最容易掺假的环节。斯沃洛指出,消费者的无知是导致食品掺假的重要因素。[①] 1879年,马萨诸塞州卫生委员会公开了斯沃洛团队的报告,各大专业杂志、大众杂志竞相报道,这直接推动了纯净食品运动(the pure food movement)的爆发。基于斯沃洛的研究,马萨诸塞州分别于1882年和1884年通过了第一个纯净食品和药品法案。[②] 斯沃洛于1886年出版的著作《食材和食物掺假》(*Food Materials and Their Adulterations*)明确提出了饮食原则并进一步揭露了食品问题。斯沃洛呼吁必须建立健康标准并进行诚实的食品生产和宣传,提议城市应该为洁净的空气、干净的水源、安全的食品和整洁的街道负责。

除食物掺假外,食物营养也是斯沃洛关注的问题。对于食物,斯沃洛认为首先应通过分析多种样本了解特定食物原料的构成;其次通过对比样本的检测结果和标准了解样本是否正常;如果正常,那么有价值的成分是什么及它用于日常饮食的比例如何,[③]这些能帮助人们合理搭配食材,提供人体所需的营养。斯沃洛撰写的小册子《食物和饮食的第一课》(*First Lessons in Food and Diet*)[④]不仅指出食物对于人类健康的重要性,还为人们提供了食物原理及饮食建议等。

为了推广食品知识,斯沃洛还建立了一个实验室厨房,向人们展示食物与人类健康之间的关系。1890年1月1日,在爱德华·阿特金森(Edward Atkinson)和斯沃洛的学生玛丽·欣曼·埃布尔(Mary Hinman Abel)的支持及妇女教育与工业联盟(Women's Educational and Industrial Union)的赞助下,新英格兰厨房(The New England Kitchen)在波士顿成立,由埃布尔管理。斯沃洛建立新英格兰厨房的初衷是营养问题,然后是成分和味道。她认为只要合理搭配、科学准备,食物就能成为影响人类健康的关键因素。新英格兰厨房对公众完全开放,是美国第一个以健康和营

---

① Robert Clarke, *Ellen Swallow: The Woman Who Founded Ecology*, p. 102.

② Mary Joy Breton, *Women Pioneers for the Environment*. Boston: Northeastern University Press, 1998, p. 59.

③ Ellen H. Swallow Richards, *Air, Water and Food from a Sanitary Standpoint*, p. 7.

④ Ellen H. Swallow Richards, *First Lessons in Food and Diet*. Boston: Whitcomb & Barrows, 1904.

养为主题、为穷人提供食物的厨房和实验室。[①] 斯沃洛的原则是用廉价的食材做出最有营养的食物，向人们证明食物不仅仅用于充饥，还可以利用科学知识充分发挥它的营养功能。斯沃洛及她的学生们除了每日在新英格兰厨房进行大量的实验外，还在 MIT 实验室进行食物研究和分析。[②] 她们根据化学原理合理搭配营养餐，并提供多种食谱，向人们展示蔬菜汤、豌豆汤、西红柿汤、土豆汤、炖牛肉、牛肉汁、肉干、鱼杂烩、玉米糊、燕麦糊、印第安布丁、脱脂牛奶、碎小麦、大米布丁和燕麦蛋糕等的制作方法。[③] 最关键的是，新英格兰厨房所突出的营养概念开始被人们接受，并在世界范围内得到推广。一年之内，第二家类似的厨房在波士顿成立，第三家在罗德岛成立，这些试验厨房在全国范围内受到关注。

新英格兰厨房试验之时正是 1893 年芝加哥世界博览会筹备期间，它引起了筹备委员会的兴趣。马萨诸塞州政府邀请斯沃洛在世博会上建立一个关于厨房的展览，正是这个邀请和人们的认可坚定了斯沃洛于 1892 年 12 月将生态学概念带给公众的决心。[④] 1893 年夏，由斯沃洛规划、筹备的拉姆福德厨房(Rumford Kitchen)在芝加哥世界博览会南部的一个建筑中创立，“向人们展示食材的组成、营养食物的制作方法及用量等，并利用马萨诸塞州本杰明·汤姆森(Benjamin Thompson)发明的‘营养的科学’(science of nutrition)一词研究人类食物，第一次将科学应用于食材的准备”[⑤]。走进厨房，参观者们可以看到一份标明食物营养价值和价格的菜单。隔着玻璃，厨房的工作人员展示了科学的食物制作过程，这种展示方式开创了各大餐馆竞相向公众开放、接受公众监督的先例。[⑥] 芝加哥博览会后，拉姆福德厨房大获成功，它使完全不了解食物构成的人们受到了启发，食物营养也因此发展为一场全国性运动，成为公共教育的一部分。

斯沃洛的实验性厨房更重要的影响是推动了午餐计划在波士顿公立学校的实行。1894～1912 年，新英格兰厨房每天给波士顿的 5000 名高中生提供午餐。午餐推广计划使斯沃洛获得了更高的威望，全国各地的校长和其他对教育感兴趣的人都向斯沃洛咨询。从公立学校到马萨诸塞州的工厂，斯沃洛将营养厨房的理念推广到美国的许多机构中。基于公众对食

---

① Robert Clarke, *Ellen Swallow: The Woman Who Founded Ecology*, p. 128.

② Robert Clarke, *Ellen Swallow: The Woman Who Founded Ecology*, p. 129.

③ Pamela Curtis Swallow, *The Remarkable Life and Career of Ellen Swallow Richards: Pioneer in Science and Technology*, p. 101.

④ Robert Clarke, *Ellen Swallow: The Woman Who Founded Ecology*, pp. 130～131.

⑤ Caroline Louisa Hunt, *The Life of Ellen H. Richards*, pp. 221～222.

⑥ Robert Clarke, *Ellen Swallow: The Woman Who Founded Ecology*, p. 131.

物构成及营养的兴趣，1894年，斯沃洛和阿特金森合著了一本手册《关于食物烹饪的建议》(*Suggestions Regarding the Cooking of Food*)。在序言中，阿特金森称改善食物营养的努力迫在眉睫。虽然人们享有丰富的、价格低廉的优质食材，但却普遍缺乏合理的烹饪技术，这导致了能量的浪费。[①] 因此，在此书中，二人就食材的营养价值、烹饪的方法提供了建议。其中，斯沃洛的"普通食材的营养价值"(Nutritive Value of Common Food Materials)还成为农业部最早推出的公告之一。

无论是空气和水源污染，还是食物掺假和营养问题，都让斯沃洛忧心忡忡，环境危机似乎已成为19世纪美国城市的常态，毒害着身处其中的市民。在那个科学与工业、效率与利益紧密联系的时代，公共利益往往退让于私人利益。相关卫生法律尚未出台，而公众对卫生问题及其影响也一无所知，正是这种无知使卫生官员的工作雪上加霜。[②] 斯沃洛认为解决环境问题的关键在于对公众的教育，而这种大众教育是一个循序渐进的过程，既需要专家通过报纸、书籍、宣传册等媒介进行宣传，也需要普通学校普及卫生科学教育，将公共卫生知识引入阅读、写作、语法、地理、数学和国家历史教育中。而事实是，许多公立学校、高等教育机构都忽视了卫生科学教育。[③] 斯沃洛请求美国公共卫生协会敦促公立学校承担卫生教育工作，并设立一个委员会专门制定关于预防医学的基本原则。[④] 在公共教育的目标群体中，斯沃洛认为女性作为家庭和社区卫生的主要承担者，是卫生知识教育的核心，让女性掌握科学知识并了解科学与日常生活之间的关系是当务之急。

虽然19世纪的美国女性接受教育的机会增多，但大学科学教育的机会却只向少数女性开放。对于那些无法进入大学的女性，斯沃洛鼓励她们在家中自学。1873年，哈佛大学一名教授的女儿成立了鼓励家庭学习学会(The Society to Encourage Study at Home)，呼吁接受过教育的女性为

---

① Ellen H. Swallow Richards, and Edward Atkinson, *Suggestions Regarding the Cooking of Food*. Washington, D. C. : GPO, 1894, p. 2.

② Ellen H. Swallow Richards, *The Urgent Need of Sanitary Education in the Public Schools*. Public Health Reports of American Public Health Association, 1898, Vol. 24, p. 100.

③ Ellen H. Swallow Richards, "Sanitary Science in the Home." A Lecture Delivered before the Franklin Institute, Jan. 16, 1888. *Journal of the Franklin Institute*, Vol. 96, No. 3 (Aug., 1888), p. 102.

④ Ellen H. Swallow Richards, *The Urgent Need of Sanitary Education in the Public Schools*, p. 101.

17岁以上无法接受教育的女性提供帮助,[①]斯沃洛加入其中并鼓励女性培养每天进行系统学习的习惯。学会为女性开设了各类课程,除了传统的历史、美术、文学等外,斯沃洛还引进地理学、自然地理学、动物学、植物学、矿物学、数学、考古学、化学等学科,同时设立了一门关于卫生科学的课程。[②] 斯沃洛还通过通信的方式向有需要的女性传授知识,受到了她们的热情回应。

斯沃洛还于1876年11月在MIT成立了妇女实验室(Woman's Laboratory),专门向女性传授科学知识。该实验室由接待室、化学实验室、称量室,以及配备有显微镜、分学镜和其他各类仪器的光学实验室及配备有熔炉和蒸汽锅的工业实验室组成。尽管实验室并不豪华,但它的仪器足以满足有关矿物学、工业化学等科学分析的需要。[③] 妇女实验室的第一批学生由23名渴望学习科学知识的女性组成,其中大部分是教师。斯沃洛除了承担导师、顾问等角色外,还兼管实验室,并教授化学分析、矿物学、工业化学、环境科学和应用生物学等方面的课程。

1881年11月28日,斯沃洛还和她的一名学生马里恩·塔尔博特(Marion Talbot)创建了大学女毕业生协会(The Association of Collegiate Alumnae),即现在的美国女大学生协会(The American Association of University Women)。协会的目标是为女性提供奖学金,给她们更多接受高等教育的机会。[④] 斯沃洛不仅领导这个协会反对广泛流行的"教育损害女性"的谬论,还对女性进行工业培训,让她们接受教育并适应复杂多变的环境。同时,斯沃洛通过协会向女性传授卫生知识,包括身体卫生、社会卫生和思想卫生。为此,斯沃洛还在协会内部专门创立了一个卫生科学俱乐部(Sanitary Science Club)。1887年,斯沃洛和塔尔博特编辑出版了一本小册子《家庭卫生》(*Home Sanitation*)[⑤],就排水、通风、取暖、照明、装饰、清洁等问题为家庭主妇们提供建议,在各个社区引起了强烈反响。协会的工作获得了女性的热烈支持,各地分会大量成立,并同公立学校合作,展开对卫生问题的大调查。

---

① Pamela Curtis Swallow, *The Remarkable Life and Career of Ellen Swallow Richards: Pioneer in Science and Technology*, p. 73.

② Robert Clarke, *Ellen Swallow: The Woman Who Founded Ecology*, p. 92.

③ Pamela Curtis Swallow, *The Remarkable Life and Career of Ellen Swallow Richards: Pioneer in Science and Technology*, p. 67.

④ Pamela Curtis Swallow, *The Remarkable Life and Career of Ellen Swallow Richards: Pioneer in Science and Technology*, p. 71.

⑤ Ellen H. Swallow Richards, and Marion Talbot, *Home Sanitation: A Manual for Housekeeper*. Boston: Ticknor and Company, 1887.

在妇女实验室运行的七年中，一共接收了500多名女性。这些女性和斯沃洛一道进入男性统治的科学领域，将她们对科学的热情传递给下一代。斯沃洛再一次向人们证明，科学教育并没有使女性的身体和精神受到伤害，她们依然有能力承担正常的家务劳动。1883年，妇女实验室被关闭。次年，MIT新的卫生化学实验室（Laboratory of Sanitary Chemistry）建立，斯沃洛被聘任为MIT第一位付报酬的女性导师，她开始教授男性学生。尼科尔斯去世后，斯沃洛全面接管实验室，承担化学、卫生工程学、空气、水、食品分析等方面的教学工作，在细菌学、微生物学、有机化学、无机化学、矿物学、水源、污水处理、空气污染与净化、食品化学和污染及工业废弃物排放和处理体系等方面给学生提供指导，鼓励学生将科学知识应用于社会。① 在斯沃洛的领导下，美国迅速建立了卫生标准，为世界上其他实验室的建立提供了模板。

斯沃洛对女性环境科学教育的推广可以说无人可及，她向女性传授地理学、化学、动植物学、矿物学、海洋学等环境科学知识的同时，还鼓励她们将科学知识转化为对家庭、社区乃至整个社会环境的人文关怀。斯沃洛的努力甚至深入到小学，她认为，对生活环境的控制始于孩童时代。因此，她将科学指导引进波士顿的公立小学中，开设了一门矿物学课程，撰写了《矿物质的第一课》（*First Lessons in Minerals*）②一书，激发孩子们对环境的兴趣。这本书对矿物质王国进行了简明扼要的介绍，将空气、水、土壤的成分同人类身体所需的食物、矿物质和能量等联系在一起。斯沃洛还教育并动员城市和乡村中的受教育女性、家庭主妇、妇女俱乐部及各个教育组织关心环境问题，她相信只要正确引导，环境状况必然会得到改善。

三、生态学概念的提出及家政学运动的兴起

尽管在工业时代之前就存在与自然相关的生态模式，但是生态学作为一门科学却是工业时代的产物。早在1873年斯沃洛研究美国水质问题的同时，德国的一位生物学家厄恩斯特·海克尔（Ernst Haeckel）也在研究环境科学。他创立了一门名叫“Oekologie”的学科，专门研究生物及其生存环境之间的关系。这个词来源于希腊语，“Oek”指的是每个人的房子即环境，“logie”表示研究。从这个词的拼写和意义看，海克尔希望人类的居住环境未来成为一门科学学科，而化学家斯沃洛则对这门科学进行了深入研

---

① Pamela Curtis Swallow, *The Remarkable Life and Career of Ellen Swallow Richards: Pioneer in Science and Technology*, pp. 70, 79, 81.

② Mary Joy Breton, *Women Pioneers for the Environment*, p. 57.

究，"Oekology"(生态学)一词由此在美国诞生。

1892年11月的一个夜晚，斯沃洛在一个由300人参加的聚会上提出了生态学概念，用来描述她从事了19年的环境研究，后扩大为人类生态学(human ecology)。斯沃洛对与会者说，人们在创造一个新环境之前，了解如何与环境和谐相处是第一要务。然而，现在人们面临的这个环境却满目疮痍，归根结底，是因为环境知识的缺失。在斯沃洛看来，生态学就是对人类所处环境及环境对人类生活产生的影响的研究。这里的环境既包括自然因素，如天气、土壤、海洋等；也包括由人类行为产生的人为因素，如噪音、灰尘、有毒气体、污染的空气、污浊的水源和不干净的食物等。① 生态学是一门整体性科学，包括生态学知识、矿物学、海洋学、营养学和化学等，生态学研究试图通过在两个方面的推广实现对环境的改善，家务管理即通过建立积极的生活方式阻止污染的扩散，保证健康的家庭环境；市政管理即市民在清扫街道、抑制污染物、保证水供应、监督市场等方面的合作。② 这两方面相互联系，互相影响。

斯沃洛的讲话赢得了在场听众的广泛赞同，但由于生态学概念较为抽象，它并没有受到社会各界的充分认可，也未引起科学家们的合作意向。为了推广环境责任和改善生活的目标，斯沃洛改弦易辙，引进另一个术语"优境学"(Euthenics)，这是希腊语中用来描述人类和环境共生的科学。她还于1910年撰写了一部著作《优境学：可控环境的科学》(*Euthenics, the Science of Controllable Environment*)，对优境学做出这样的定义，即通过有意识的努力改善生存环境以培养高素质的人类，这就是优境学。③ 人类的精力源于两个条件——遗传和卫生，即出生前的环境和出生后的环境。斯沃洛认为人类的智力是遗传的结果，但是它的发展却是环境的产物。优境学即通过增加科学知识和有意识的努力创造恰当的生存环境，以培养更优秀的公民。优境学是改善物质和社会环境的多维科学，它不仅包含从幼儿园到大学，还包括家庭、工业、政府、社区和各类组织。

斯沃洛认为优境学是一个与现实结合更紧密的术语，它不仅局限于对家庭的有效管理，还包括家庭外的空间——城市，环境与生存于其中的生物是相互依赖、相互影响的关系。斯沃洛相信这一概念能吸引更多商界和

---

① Ellen H. Swallow Richards, *Sanitation in Daily Life*. Boston: Whitcomb & Barrows, 1907, p. v.

② Ellen H. Swallow Richards, *Sanitation in Daily Life*, p. v.

③ Ellen H. Swallow Richards, *Euthenics, the Science of Controllable Environment*. Boston: Whitcomb & Barrows, 1910, p. vii.

政界的人士。从经济学角度讲，优质的环境培养健康的人，健康之人才能创造出更大的商业价值；从伦理角度讲，改善环境是每个人的责任，应由公众、工业和政府共同承担。斯沃洛在《正确生活的艺术》(*The Art of Right Living*)一书中义正词严地批评了人类的自私："我们认为人类是地球的主宰，在人类设定的规则中，我们似乎不包含自己……但事实是，人类是自然的一部分，受自然法则的支配。只有当他学会合理利用自然法则之时，他才能控制自己，控制自然环境。"① 斯沃洛呼吁将科学知识用于实践中，并将环境改善、人类发展同公众利益联系在一起。她倡导通过推行环境教育传播优境学，② 促进环境伦理(environmental ethic)的建立，"生活品质的建立在于教育社会成员如何培养与环境和谐相处的能力，包括社区、全世界及其中的资源。"③ 人类既是环境问题的制造者，同时也应为环境问题负责。斯沃洛认为这是个伦理问题，这一问题应该在家庭和学校中加以说明。

和生态学概念一样，优境学概念并不被看好，但这并没有阻止斯沃洛前进的步伐，她像战士一样不断努力，推动优境学的推广。她不断劝说科学家、社会学家、教育家，力图让他们相信环境、健康和行为之间存在的关系。斯沃洛在各个领域的工作吸引了社会改革家们的关注，梅尔维尔·杜威(Melvil Dewey)便是其中一位。1895 年，杜威和他的妻子创建了普莱西德湖(Lake Placid)俱乐部，他们邀请斯沃洛就家庭服务问题给俱乐部成员演讲。演讲使俱乐部成员备受鼓舞，他们一致决定在普莱西德湖俱乐部召开一次有关家庭问题的年会。

1899 年，普莱西德湖会议召开。会议由斯沃洛主持，由杜威担任秘书。会议由 11 位女性和杜威组成，旨在消除人们对科学知识的无知。与会者首先就这个领域的命名问题展开了激烈的讨论，杜威认为"ecology"和"euthenics"均比较晦涩，不易理解，而"economics"则更容易同社会科学联系起来。经过几个小时的讨论和争辩后，与会者一致同意采用"家政学"(domestic science 或 home economics)这个名称。④ 斯沃洛也同意使用该词，它包含"家庭"字眼，将最贴近生活的家庭作为环境中的关键因素，更好

---

① Ellen H. Swallow Richards, *The Art of Right Living*. Boston: Whitcomb & Barrows, 1904, pp. 16～17, 19.

② Ellen H. Swallow Richards, *Euthenics: The Science of Controllable Environment*, p. 20.

③ Pamela Curtis Swallow, *The Remarkable Life and Career of Ellen Swallow Richards: Pioneer in Science and Technology*, p. 95.

④ Pamela Curtis Swallow, *The Remarkable Life and Career of Ellen Swallow Richards: Pioneer in Science and Technology*, p. 116.

地推动环境科学的传播，同时也符合她的优境学理念。① 家政学是关于家庭及其成员的艺术和科学，它关注的是人类的发展、人与人之间的关系及人类的食物、服装和居所的物质、经济、社会和艺术内涵。从广义上讲，家政学除了包括生理学、化学、物理学、细菌学、经济学、社会学、心理学和艺术等方面的知识外，还包括儿童培养、家庭关系、营养、住房、服装、家庭经济学、食物、家庭管理、家用设备及家庭结构等。② 家政学概念期望将科学原理应用于对家庭的保护及环境污染物的减少方面，从而实现环境改革。斯沃洛相信未来的生活质量掌握在父母和孩子们手中，而这些孩子将在应用科学教育中成长。

在接下来的十年，普莱西德湖会议先后共召开了十次。除了与会者的身份不断拓展外，会议还细化了家政学的内容，③家政学工作也日益被美国公众所熟悉。家政学工作的推进离不开斯沃洛的努力，1905 年年会上的一则声明肯定了斯沃洛对家政学的贡献：

> 普莱西德湖会议深受理查兹夫人(斯沃洛)的影响。……你(斯沃洛)作为会议的主席，是最具鼓舞力的天才和所有人的领袖，是你将来自不同地方的人聚集起来，并赋予他们敏捷的思维和合作的理念；是你从复杂的细节中捕捉到主要问题，并找到解决它们的思路和方法。作为爱你、尊敬你的我们没有什么比遵守你的意愿更能表达我们的感情，我们生命中缺少的正是一个能让我们做力所能及的事情的人。④

在普莱西德湖会议的推动下，1908 年 12 月 31 日，美国家政学协会(The American Home Economics Association，1904 年更名为美国家庭和消费者科学协会：The American Association of Family and Consumer Sciences)在华盛顿成立，斯沃洛被推选为第一任主席，一直到 1910 年 12 月卸任。这个协会囊括了许多学科和领域，譬如食物和营养、家庭经济学、服装业和纺织业、住房和环境、人类发展和行为等。个人、家庭、社区和环境之

---

① Pamela Curtis Swallow, *The Remarkable Life and Career of Ellen Swallow Richards: Pioneer in Science and Technology*, p. 116.

② "Home Economics." *The Encyclopedia Americana*. New York: Americana Corporation, 1963, pp. 332～334.

③ Caroline Louisa Hunt, *The Life of Ellen H. Richards*. Boston: Whitcomb & Barrows, 1912, p. 269.

④ Caroline Louisa Hunt, *The Life of Ellen H. Richards*, 1912, p. 271.

间的相互关系仍然是这一领域的中心，其目标是改善生活的质量及推动社会的改变。斯沃洛将全部热情投入协会的工作中，将来自不同领域的人集结起来。协会成立后迅速发展，许多州和地区成立了分会，成员数量快速增长。协会工作受到美国公共卫生协会和全国教育协会的大力支持，家政学很快被全国的小学、中学、大学所接受，并在世界范围内得到推广。同时，《家政学》（*The Journal of Home Economics*）创刊，从1909年开始发行，每年出版五期。一场以家庭为中心、为大众谋求福利的家政学运动轰轰烈烈地开展起来。

事实上，19世纪末20世纪初家政学的兴起是对细菌学理论的回应。家政学运动吸收了细菌学理论，将细菌同人类健康联系在一起，指出肉眼看不到的微生物是导致传染性疾病的动因，而洁净的环境能有效阻止疾病的传播。这一理论甚至使非常琐碎的家务劳动如洗碗、打扫房间都成为一种"良好的活动、一种宗教行为及同罪恶斗争的手段，因为肮脏是有罪的"①。家政学运动是训练家庭主妇有关家政学、家庭管理和城市管理的进步主义原理。家政学运动的范围既包括家庭，因为家庭环境是健康生活的首要来源，又包括城市环境，城市环境卫生是市民生活的重要保障。市民享受工业文明的同时不得不承担它所带来的环境问题，一个患肺结核、白喉、天花、猩红热或其他传染疾病的人如果随地吐痰、触摸他人或他人的铅笔、书本、食物等，他身上的病菌将会传染给健康人。② 家政学教育市民们要建立一种不损害他人的社会意识和公共卫生的自豪感，每个人应从小培养讲究卫生、合理处置垃圾的习惯，让清洁成为像呼吸、饮水、饮食、睡觉、锻炼一样不可缺少的第二本能，共同遏制一切可能污染环境的行为和事物。③ 斯沃洛在其著作《日常生活的卫生》（*Sanitation in Daily Life*）中强调了家庭环境和城市环境卫生的重要性，同时还提供了检测环境是否卫生的具体实验。

斯沃洛认为，女性应成为家政学推广的核心力量。早在1890年10月24日，斯沃洛就向大学女毕业生协会提交了一篇题为《大学女性与家政学发展之关系》的文章。她肯定了大学女性在家庭建设中的作用，鼓励她们

---

① Nancy Tomes, *The Gospel of Germs: Men, Women and the Microbe in American Life*. Massachusetts: Harvard University Press, 1998, p. 10.

② Ellen H. Swallow Richards, *Sanitation in Daily Life*. Boston: Whitcomb & Barrows, 1907, pp. 1～2.

③ Ellen H. Swallow Richards, *Sanitation in Daily Life*, pp. 10～11, 47～49.

将自己接受的教育应用于家庭管理中。① 斯沃洛认为，家庭乃至国家的环境问题首先应由女性负责，大学应培养女性对家庭事务的兴趣，并教授她们有关家庭管理的正确理念和实际操作方法，②因为家庭和人类生存环境的改善均需要健康生活和家政学知识。大学的家政学教育能改变女性毕业生的生活态度，加强她们同现实问题的接触，为环境的改善提供坚实的知识基础，同时保证全国各地、各领域的大学女性之间的合作，使她们更好地致力于社会改革。③

家政学运动要求女性了解细菌学理论，认识到环境对人的影响，将环境与人的身体健康，乃至精神健康联系在一起，也向她们证明家政学是治疗疾病、改善环境的有效途径。在这种理念的指导下，女性们不再仅仅将打扫卫生、清洗衣物、照顾病人等日常工作看作是烦琐的家务劳动，而是将这些活动作为她们誓与致病细菌和恶劣环境斗争、维护公共卫生的崇高理想的体现。正如斯沃洛所说的，“个人清洁被赋予新的内涵，所有的家庭、学校和城市劳动都上升为科学作业。打扫、清洁等工作都是创造卫生的过程，而并非像一些人想象的是强加在女性身上的单调乏味的工作”④。同时，如果作为消费者的家庭主妇在购买商品的过程中具备关于细菌的一些知识，那她们便会要求生产商及服务商提供更高卫生标准的商品。经过十年的观察和研究，斯沃洛发现十分之九的人类疾病由食物引发，食物是疾病传播的重要载体。它不仅是低级微生物的温床，而且从农田到餐桌要经多人之手，被污染的概率大大增加。⑤ 这就要求聪明的家庭主妇们关注所有场所的食材处理方式，包括市场、商店、运输车、厨房和餐桌，要提高家庭的卫生标准就必须相应地提高这些场所的卫生标准。因此，“对卫生原则的了解应该被认为是妇女教育的重要组成部分。对卫生法律的遵守，就像《摩西法典》⑥中说的那样，应该被列为一种宗教义务”⑦。

---

① Ellen H. Swallow Richards, *The Relation of College Women to Progress in Domestic Science*. A Paper Presented to the Association of Clegiate Alumnae, Oct. 24, 1890, p. 4.

② Ellen H. Swallow Richards, *The Relation of College Women to Progress in Domestic Science*, p. 7.

③ Ellen H. Swallow Richards, *The Relation of College Women to Progress in Domestic Science*, p. 10.

④ Ellen H. Swallow Richards, *Sanitation in Daily Life*, p. 3.

⑤ Ellen H. Swallow Richards, "*Sanitation in Daily Life*." *The Federation Bulletin*, Vol. VI, No. 2(Nov., 1908), p. 63.

⑥ 《摩西法典》(Mosaic Code)。它于公元前1200年前后编成，是古希伯来法律制度的精华所在。为了忠于上帝的信条，犹太人遵守特别的清洁规则，包括吃清洁的食物、清洁身体等。

⑦ Ellen H. Swallow Richards, and Marion Talbot, *Home Sanitation: A Manual for Housekeeper*. Boston: Boston: Ticknor and Company, 1887, p. 73.

在斯沃洛的号召下，许多女性紧随其后。她们自称“家政学家”，不仅将家庭看作疾病的温床和预防传染性疾病传播的主要战场，而且将家庭同复杂的工业社会联系起来，加强有关细菌理论和家政学思想的公共教育。这些女性常借助公共科学知识向公众展示她们的实验手段和结果，一方面供他们观察和模仿，另一方面曝光日常生活和工作中存在的卫生问题。例如，家政学家们通过实验，在牛奶中培育各种微生物，将牛奶变酸、变腐或变苦等，向乡村女性提供如何保存奶制品的建议。[①] 她们希望学校的教师们通过类似的实验鼓励、指导并教育孩子们：任何提高个人清洁、食物供应和家庭环境清洁标准的行为都将保障人类的健康。

在家政学家们的努力下，家政学得到了广泛的传播。在学校，家政学成为公立学校的一门重要课程。而对于成年女性来说，俱乐部运动成为家政学教育的主要渠道。除了文学和文化交流外，20世纪初的许多妇女俱乐部都开始提供有关家政学的项目，譬如在乡村建立推广服务（extension service），使广大女性和女孩熟悉家庭细菌学理念。[②] 家政学家们还利用受欢迎的大众女性杂志如《淑女家庭杂志》和《好管家》，将那些严肃的家庭细菌学文章以更吸引人眼球的形式呈现出来。杂志上经常刊登标题醒目的文章，如《家庭艺术和微生物》（Household Art and the Microbe）、《何时感到害怕：关于儿童疾病的常识之谈》（When to Be Afraid：A Common-Sense Talk about Children's Diseases）等。[③]

在斯沃洛的领导和激励下，家政学家们将家政学发扬光大。她们将家政学理念拓展到商业、政治等公共领域，试图打破精英阶层对先进理念的垄断，实现它的社会化，以全面提高公共卫生标准。在家政学运动的启发下，女性改革者们意识到环境对市民健康的影响，启动了城市环境改革运动。她们关注社区、关心市政服务、恶劣的住房条件及工作环境，不仅承担好母亲和好妻子的责任，还力图成为工业社会中更优秀的公民。

埃伦·H. 斯沃洛一生创作了多部著作，发表了几十篇科学报告和杂志文章并做了几百场演讲，她创造了新的科学概念、建立了新课程、发明了新的教学手段、引进了新的教学理念，将生态学和家政学这两个看似无关的概念有机地联系在一起。环境研究是斯沃洛一生追求的事业，她对环保

---

① S. Maria Eliott, *Household Bacteriology*. Chicago: American School of Home Economics, 1907, p. 124.

② Nancy Tomes, *The Gospel of Germs: Men, Women and the Microbe in American Life*. Massachusetts: Harvard University Press, 1998, p. 140.

③ Nancy Tomes, *The Gospel of Germs: Men, Women and the Microbe in American Life*, pp. 140～141.

运动最大的贡献是对空气、水、食品与人类健康之间的相互关系以及工业化的影响的研究。斯沃洛将环境看作一个人成长或退化的基础,为了推动人类的发展,她推行卫生科学,提倡洁净的空气、水供应和食物标准。[①] 她提出人类不应无视和环境的相互依赖关系,工业利益应建立在对自然资源合理利用和与环境和谐相处的基础之上。人类要继续生存,必须学会正确的生存方式。

斯沃洛一生追求的事业在她去世前几年开花结果。1904 年,马萨诸塞州建立了一个州立食品实验室(a state food laboratory),包括营养、饮食学和农业实验等的食品科学得以建立;1907 年,改善女性和儿童工作环境的法律通过,美国学校卫生协会(The American School Hygiene Association)建立。斯沃洛对此倍感欣慰,她对未来的城市环境充满希望;1909 年,美国市政工程师协会(The American Society for Municipal Engineers)、全国消费者联盟和美国市政改进协会(The American Society of Municipal Improvements)相继成立;1910 年,美国婴儿死亡率研究和预防协会(The American Association for the Study and Prevention of Infant Mortality)在纽约召开会议,其目标和斯沃洛的优境学如出一辙。尽管当时斯沃洛无法参会,但她的影响力却渗透于整个会议中。[②]

1914 年,也就是斯沃洛去世三年后,来自内布拉斯加大学和芝加哥大学的两名动物学家在美国科学促进会举办的会议上碰面,他们引用了海克尔的生命科学提议,认为生态学的时代已经来临。1916 年,罗伯特·沃尔科特(Robert Wollcott)、C. V. 施里夫(C. V. Shreve)和研究生命科学的其他几人成立了美国生态学协会(The Ecological Society of America),[③] 1919 年《生态学》(*Ecology*)杂志创办,1922 年斯蒂芬·福布斯(Stephen Forbes)提议加强生态学的跨学科研究,最终,生态学这个颠覆性科学正式得到认可。20 世纪 20 年代,学校卫生协会和美国婴儿死亡率研究和预防协会合并为儿童健康协会(The Child Health Association),斯沃洛的优境学在关注社区健康和儿童发展的各类组织中得到传播。1924 年,瓦萨学院成立了一个优境学部(Division of Euthenics),优境学正式成为本科生和

---

① Kristen R. Egan,"Conservation and Cleanliness:Racial and Environmental Purity in Ellen Richards and Charlott Perkins Gilman."*Women's Studies Quarterly*, Vol. 39, No. 3 & 4(2011), p. 78.

② Robert Clarke, *Ellen Swallow:The Woman Who Founded Ecology*, p. 241.

③ Mary Joy Breton, *Women Pioneers for the Environment*. Boston:Northeastern University Press, 1998, p. 61.

研究生的重要学习内容。①

第四节　城市公共卫生改革运动

英国前首相及作家本杰明·迪斯雷利(Benjamin Disraeli)曾说:"公共卫生是民众幸福与国家实力的基石。政客的首要任务就是关心公共卫生问题。"②这是本杰明的公共价值标准,也是美国许多女性卫生工作者的价值标准。在所有的城市环境问题中,最让女性无法容忍的就是那些与公共卫生和公众健康息息相关的问题,包括街道垃圾、水污染、空气污染、食品安全、工业环境安全等。她们不仅抱怨由此增加的家务负担,更担忧家人的健康。19 世纪 80 年代前,女性的公共卫生活动主要体现在对病患的护理及对医院工作的支持方面。这些活动大都属于疾病的救治,尚未考虑有关疾病的根源及预防问题。③ 随着 19 世纪 80 年代后家政学和细菌理论的诞生,女性更加深刻地意识到洁净安全的环境对于健康的重要性,试图通过改善环境质量以提升公共卫生状况,并通过改善公共卫生活动,将自己的价值和行动展现给公众,进而影响市政府的决策。

一、女性参与城市公共卫生改革的原因

进步主义时期是人们通过改善个人、家庭和社区的卫生状况以提升公共卫生的黄金时期,政府、企业以及来自各个阶层的改革者们通过各种方式参与其中。首先,市政府承担起城市卫生改革的职责。从 19 世纪中期起,市民希望政府可以承担起控制流行疾病、改善公共卫生的责任。由于此时的联邦政府和州政府还未关注公共健康问题,这个责任就落在市政府的肩上,修建大型的卫生工程,包括沟渠、排污管道等都体现出市政部门提升其市政能力的意愿。从 1880 年的人口普查来看,至少 94%的城市设立了一个卫生委员会或拥有一名公共卫生官员;在被调查的卫生部门中,有 46%直接控制垃圾的收集和处理。到 19 世纪 90 年代中期,垃圾问题才真

---

① Robert Clarke, *Ellen Swallow: The Woman Who Founded Ecology*, p. 242～243.

② Mary Ritter Beard, *Woman's Work in Municipalities*. New York: D. Appleton, 1915, p. 45.

③ Edith Parker Thomson, "What Women Have Done for the Public Health." The *Forum* (Sep., 1897), p. 46.

正上升到国家层面。[①] 其次，私人企业也开始承担垃圾清理、煤烟治理等公共卫生工作。如1887年福莱斯特垃圾焚烧公司与密尔沃基签订合同，负责城市垃圾的收集与焚化工作。[②] 再次，市民组织，特别是女性组织是城市公共卫生改革的主要力量。在公共卫生理念的推动下，女性建立了各类联盟、俱乐部、协会，发起了收集和处置垃圾、提升学校卫生、调查食品安全以及改善空气和水质量等的环境运动，并提出解决办法，希望被市政府采纳。这些女性意识到教育公众、培养公众卫生意识的重要性，她们不仅进入公立学校，教育儿童树立清洁和健康的意识，而且利用媒体传播卫生思想；同时积极游说市政府出台有效的法令并监督它的执行，还希望获得足够资金以保证卫生改进服务的开展；除此之外，女性还敦促公共卫生部和公共事务部采取有效的改革措施。女性组织既促进了城市环境的改善，也帮助女性在社区管理中享有公共话语权。

19世纪后半期，城市中越来越多的中上层女性关注并参与公共卫生领域，这主要源于几个因素的推动。第一，女性接受高等教育、获取专业医学知识的机会增多，对公共卫生与市民健康问题有了更加深切的认识和体会。从1849年美国第一位获得医学学位的女性伊丽莎白·布莱克维尔(Elizabeth Blackwell)开始，越来越多的女性进入医学行业，并获得了接受专业医学培训的机会。[③] 到19世纪末，大学里的医学课程和卫生科学课程大都向女性开放，许多女性学者开始研究此类问题，并出版了一系列成果，而遍布全国各地的妇女俱乐部也将公共卫生作为其事业之一，并为其成员提供更加有效的工作方式。医学知识的积累和女性组织的成熟不仅促使女性对公共卫生有了更加深入的了解，而且使她们受到男性改革者们的重视和依赖，从而赢得了更多参与公共事务、影响公共舆论的机会。[④] 另外，女性的公共卫生参与还来自她们长期以来对家庭、社区以及整个社会的责任感即“城市管家”职责。与公共卫生相关的各类环境问题影响到

---

① Martin V. Melosi, "'Out of Sight, Out of Mind': The Environment and Disposal of Municipal Refuse, 1860～1920." *Historican*, Vol. 35, No. 4(Aug. 1973), p. 621; Martin V. Melosi, "Refuse Pollution and Municipal Reform: The Waste Problem in America, 1880～1917", in Martin V. Melosi, ed., *Pollution and Reform in American Cities, 1870～1930*. Austin: University of Texas Press, 1980, pp. 110～111.

② 李晶：《城市化下的“卫生”困境与突破——论19世纪后半期美国城市公共卫生改革》，《安徽史学》，2015年第3期，第119页。

③ Amelia Bonea, "Women's Health Protective Associations in the United States." 来源于 http://www.unzcontest.org/2012/10/02/womens-health-protective-associations-in-the-united-states/(Accessed Oct. 21, 2016)

④ Edith Parker Thomson, "What Women Have Done for the Public Health", p. 47.

家人的健康，作为母亲和妻子，女性们便自觉履行改善公共卫生和建立社会秩序的义务。可以说，女性是城市改革中成功的改革者，她们再次证明良好的城市状况来自好的家庭管理。①

第二，19 世纪医学知识的传播、医学观念的转变，以及城镇卫生监管体系的发展和完善是女性参与公共卫生改革的重要推动因素。乔治·E. 韦林在一份报告中指出，每个乡村家庭中肮脏的卫生状况都归因于无知。如果房屋建造者了解洁净健康的环境需要何种设施，那么他将不遗余力地提供保障；如果医生能充分认识到居住环境同疾病之间的关系，那么他将坚持进行改革；如果一家之主清楚自己的能力和家人的健康和生活多大程度上取决于卫生条件，他就会强烈要求建造者和医生了解居民的需求，以便全力满足这些需求。② 1894 年的《展望》(*The Outlook*)杂志也曾总结："人们的病痛很大程度上来源于个人的粗心或无知。"③因此，相关卫生和医学知识的宣传成为公共卫生改革的重要前提。

随着家政学、细菌学等理论知识的传播，公众愈加意识到疾病的来源以及环境给公共卫生带来的挑战；同时，传统的医学观念受到了挑战，它开始从强调疾病治疗的医学实践向疾病预防转变。各类期刊、报纸以及卫生部门的刊物竞相刊登有关疾病与卫生的文章，指导家庭主妇们培养良好的卫生习惯、形成合理的卫生实践。女性们作为卫生督察员和践行者，通过学校教育和社会教育的方式传播卫生理念，改善公共卫生环境，预防疾病的传播。其中不乏做出突出贡献的女性，如芝加哥的 A. E. 保罗夫人和纽约市的金尼卡特夫人就因清理街道垃圾所尽的努力而获赞。保罗夫人被任命为街道清理调查员，在任职的三年中，她对街道清扫问题进行了全面研究，并迫使承包商承担起应尽的职责；同时还组织学者们成立了一个"洁净城市联盟"(Clean City League)，积极建设全市的卫生环境。在 19 世纪后半期，卫生委员会作为城市公共卫生的监管单位出现。1855 年，第一个州级卫生委员会在路易斯安那州成立。虽因政治腐败而导致资金不足、运作不良，但它的成立反映出公共卫生问题已上升到州层面；④迫于霍乱的威胁，纽约市于 1866 年成立了卫生委员会；1869 年，马萨诸塞州公共卫生

---

① "A Woman Inspector of Street-Cleaning." *The Outlook*, Oct. 9, 1897, pp. 351～352.

② George E. Waring, "The Sanitary Condition of Country Houses and Grounds." *Public Health Papers and Reports*, Vol. 3(1876), p. 130.

③ "Women's Health Protective Association." *The Outlook*, May 19, 1894, p. 870.

④ Wilson G. Smillie, *Public Health: Its Promise for the Future*. New York: Macmillan, 1955, p. 319, cited in David A. Loving, "The Development of American Public Health, 1850～1925", p. 144.

委员会成立,成为内战后成立的第一个州级卫生委员会;1872 年,美国公共卫生协会(The American Public Health Association)诞生,旨在赢得各州对公共卫生事业的支持,并说服联邦政府于 1879 年创建了一个全国性卫生机构,专门监管和协调各州的卫生项目。① 19 世纪 70 年代,很多州已经成立了州级卫生部门或委员会。到 1888 年,全国共 33 个州拥有独立的卫生委员会。② 这些官方机构的成立为女性推进公共卫生改革提供了保障。

第三,统计学的兴起对城市公共卫生事业的发展与成熟起到重要的推动作用,它所提供的由疾病导致的死亡率数据也激励女性努力提升公共卫生环境,为其改革提供了重要依据。内战前,美国城市每年接收的移民数量超出城市承载能力。由于公共卫生体系的缺失,疾病以惊人的速度蔓延,一场流行病常常夺走几百甚至几千人的性命,这引起了公共卫生工作者和市政府的担忧。而导致居高不下的死亡率的一个重要原因就是相关统计数据的不完善。事实上,早在 19 世纪四五十年代,公共卫生问题受到关注的同时,统计学也悄然出现。之后二者进行有效结合,通过对人口出生、婚姻和死亡等信息的统计与分析,使人们更好地理解环境卫生与市民健康的密切关系,从而推动了公共卫生的发展。

内战的爆发更加引起了公共卫生工作者对数据统计的重视,他们开始用统计学的方法分析流行病的根源和传播路径,并追溯病例的分布,从而发现对市民健康造成最大威胁的疾病,③甚至利用数据明确特定疾病的原因及病例数量,以阻断流行病的传播。公共卫生领域最初使用统计学分析病源的是医生,他们调查研究卫生环境、死亡率和致病原因,之后将这种方法及研究路径向卫生部门推广,并传达给政治家、商人及公众,为市政府提供了更加准确的医学信息,使医学领域和公共卫生领域均发生了革命性的变化,也推动了 70 年代大量州级卫生部门的诞生。例如约翰·比林兹(John Billings)医生曾说服人口统计局重视医学统计,并在美国第 10 次(1880)和 11 次(1890)全国人口普查中,承担起编辑医学和死亡数据的工作。他的最终研究报告长达 1000 页,包括大量的数据、表格、地图和定性分析,追踪到各种疾病如肺炎、心脏病、麻疹、白喉等的死亡数据,并明确了疾病的地区、性别和族群分布,成为当时对死亡数据最完善的比较性研究

① Howard D. Kramer,"Agitation for Public Health Reform in the 1870's."*Journal of the History of Medicina*(Winter,1949),p. 75.

② Mrs. R. H. Richards,"Sanitary Science in the Home."*Journal of the Franklin Institute*, Vol. 3(1888),p. 96.

③ David A. Loving,"The Development of American Public Health,1850～1925",p. 25.

之一，为公共卫生工作的推进提供了重要的参考。之后统计学的研究范围从出生率和死亡率扩大到可预防疾病的死亡率及传染性疾病的感染率，这些数据让美国人更好地通过公共卫生和市民健康的状态，评估公共卫生的效果，为卫生计划的出台提供了更有效的指导。因此，从统计学和公共卫生的发展路径看，前者对于公共卫生的推动和完善起到了关键的作用，使公共卫生工作的开展更具有针对性，更加高效。

二、城市环境卫生改革

城市环境卫生是公共卫生改革运动的首要内容，环境卫生状况的优劣直接影响市民的健康和生活质量。美国女性的城市环境卫生改革活动来源于乡村改进活动。早在1850年，新英格兰地区的妇女们就非常关心生活环境质量对居民健康的影响。1853年，来自马萨诸塞州斯托克布里奇(Stockbridge)的玛丽·霍普金斯(Mary Hopkins)成立了第一个乡村改进协会"劳雷尔希尔协会"(Laurel Hill Association)，主要了解旅游者对该地区恶劣的卫生状况和薄弱的生活设施的抱怨，得到了居民们的热情支持。该协会在成立后第一年就筹集到1000多美元，并种植了400多棵树木。经过几年的努力，斯托克布里奇一改之前混乱、破败、道路泥泞的旧貌，变成一个美观、秩序井然的小镇。[①] 之后，马萨诸塞州的其他小镇纷纷效仿，成立了多个乡村改进协会，致力于乡村面貌的改观。内战后，当秽物和瘴气成为困扰市民的噩梦时，乡村改进又推动了城市环境卫生改革的发展，二者共同推进环境的改善。

在城市环境卫生改革中，垃圾清理是最为重要的活动之一，它主要针对家庭废弃物、商业废弃物和公共废弃物等的收集和清除。[②] 垃圾是人类社会发展的产物，特别是随着城市人口密度的增加，产生的垃圾严重影响着城市的美观，而未及时得到处理的垃圾易滋生苍蝇，导致疾病肆虐，对市民的健康构成了威胁。《美国城市》杂志警告读者："苍蝇能吸收、繁殖无数细菌，最后将这些可怕的细菌传播到我们的牛奶和食物中。"[③]垃圾的危害逐渐被公众熟知，到19世纪80年代，美国的公共卫生专家和其他专业人士认为城市垃圾已成为迫切需要解决的问题，催生了收集和处理垃圾的各

---

① Mary Caroline Robbins, "Village Improvement Societies." *Atlantic Monthly*, Vol. 79 (Feb., 1897), p. 217.

② Samuel A. Greeley, "The Work of Women in City Cleansing." *The American City*, Vol. 6, No. 6 (Jun., 1912), p. 873.

③ Mary V. Fuller, ed., "Gleanings: The Unnecessary Fly." *The American City*, Vol. 1 (Nov., 1909), p. 139.

种尝试。如芝加哥市组建了42个由男性组成的团队专门拾捡家庭垃圾;纽约市用汽船将收集到的300桶动物内脏运往荒岛巴伦岛(Barren Island);波士顿卫生委员会(Boston's Board of Health)负责处理动物内脏、灰烬和尘土,以及宾馆、饭店、市场、公寓和私人住宅的厕所等;①克利夫兰市的生物学教授琼·道森(Jean Dawson)发起了"打造无苍蝇的克利夫兰市"的活动。她提出了一系列有关苍蝇的问题,教育学校的孩子们苍蝇能带来疾病,并说服马厩主人冬天清扫马厩以防止蝇卵的孵化。市长对于结果非常满意,他认为"反苍蝇运动"比其他任何一项公共卫生活动都更加重要。②

事实上,尽管市政府对垃圾问题已投入一定的努力,但很多男性组织对这一问题并未表现出太多热情,而作为家庭和社会道德卫士的女性则对城市垃圾和秽物深感不满。她们强烈指责堆积如山的垃圾、随手丢弃的废弃物和大量散落的废纸,并游说市政府购买、安装垃圾箱,同时还教育市民避免乱扔垃圾,并协助政府的工作。③ 就连纽约市街道清理专员也指出,街道要变得更加整洁,就应大力加强同女性的合作。④

美国城市中最早以公共卫生为目的而成立的妇女组织是"妇女健康保护协会"(Ladies' Health Protective Association),其意义就在于开创了美国女性投身城市环境卫生改革的先河。早在1884年,纽约市的15名女性就对城市中未得到及时清理的垃圾深感愤懑:"环境恶化日趋严重,街道上安装的垃圾桶日复一日、年复一年被遗忘,它们被顽皮的男孩们踢倒,被拾荒者翻腾,垃圾整日被堆放在街道上。这些场景被勤劳的家庭主妇看在眼里,即便她们仔细打扫自家庭院和街边,不到两小时,它们就会被四处吹来的枯枝、废纸和粪便覆盖。"⑤垃圾散发出的腐臭弥漫着整个居民区,人们不得不在最炎热的季节紧闭门窗。经过商议,这些女性决定成立一个专门

---

① Daphne Spain, *How Women Saved the City*. Minneapolis: University of Minnesota Press, 2001, pp. 31~32.

② Mary Ritter Beard, *Woman's Work in Municipalities*. New York: D. Appleton, 1915, p. 92.

③ Maureen A. Flanagan, "The City Profitable, The City Livable: Environmental Policy, Gender, and Power in Chicago in the 1910s." *Journal of Urban History*, Vol. 22, No. 2(Jan., 1996), p. 173.

④ William H. Edwards, "Four Kinds of Cooperation Needed by Street Cleaning Departments." *The American City*, Vol. 9(Jul. ~Dec., 1913), p. 65.

⑤ Ladies' Health Protective Association, *Memorial of the New York Ladies' Health Protective Association, to the Hon. Abram S. Hewitt, Mayor of the New York, on the Subject of Street-Cleaning*. New York, 1887, p. 4, cited in Suellen M. Hoy, "Municipal Housekeeping: The Role of Women in Improving Urban Sanitation Practices, 1880~1917," in Martin V. Melosi, ed., *Pollution and Reform in American Cities, 1870~1930*. Austin: University of Texas Press, 1980, p. 175.

致力于环境卫生改革的组织。由此，美国第一个女性环境组织“妇女健康保护协会”诞生，成为美国城市环境卫生改革的领导力量。该协会成立后便开展了一系列的活动，包括清扫街道垃圾、改善居民住房状况、清理屠宰场及改善学校卫生状况等。①

街道清理是协会最重要的工作之一。虽然这项工作常常面临资金匮乏、不受重视的困境，但协会女性们仍不懈努力。她们向市长发出呼吁，并提供了一些改善纽约市环境卫生状况的建议，如每年调配足够资金用于街道清扫；深夜使用街道清扫机器；禁止在居民区的人行道上堆放废土或垃圾；每户自行配备镀锌铁皮垃圾箱；建立焚化炉用于焚烧家庭垃圾和街道清扫物；将城市划分为几个不同的区域，由工头负责管理，工人负责清扫，按件计费；任命女性调查员，因为清洁是女性天生的功能之一。②

协会成立后的第一项任务就是处理一个已腐败发臭的大粪堆，足有2吨重、30英尺高、200英尺长，其散发出的恶臭影响了数英里内居民的生活。该粪堆的所有者名叫迈克尔·凯恩(Michael Kane)，此人政治背景深厚，倚仗作为纽约州首府奥尔巴尼参议员的姐夫藐视一切法律和权威。腐败的粪便具有巨大的经济价值，因此，凯恩将粪便堆积于一处，任其发酵以获取巨大的利润，而饱受其害的是整个社区的居民。面对这种情况，妇女健康保护协会的成员们提出严重抗议。她们首先借助法律手段，起诉凯恩危害公众利益的行为，并要求尽快清除粪堆。女性们的抗议遭到了重重阻挠，用协会主席玛丽·特劳特曼夫人(Mrs. Mary E. Trautmann)的话来说，“尽管他(凯恩)多次被控诉，但他总能通过其政治影响力化解”③，这足以证明这项工作的难度。但协会女性并没有因此而屈服，她们顶住政治压力，发动公众的力量，谴责凯恩的罪行。最终，经过四天的庭审，凯恩被宣判有罪，并被勒令三十天内清除这些动物粪便。④ 但不久后，凯恩再次获得州参议院的支持，试图另外选址重建粪堆，这引起女性的强烈不满。她们同市长和立法委员会交涉，迫使凯恩的计划最终流产，女性的努力获得了成功。粪堆的清除既是女性实施环境卫生改革的成果，又是其与腐败政治斗争的结果，体现出女性在社会领域话语权的提升，极大地鼓舞了她们

---

① Edith Parker Thomson,“What Women Have Done for the Public Health”, pp. 47～49.

② Suellen M. Hoy,“Municipal Housekeeping: The Role of Women in Improving Urban Sanitation Practices, 1880～1917”, p. 176.

③ Ladis' Health Protective Association, *First Convention of the Ladies' Health Protective Association of New York: Academy of Medicine*. New York: s. n., 1896, p. 8.

④ Mary E. Trautmann, “Women's Health Protective Association.” *Municipal Affairs*, Vol. 2(Sep., 1898), pp. 439～440.

推进城市环境卫生改革的决心，她们在斗争过程中所使用的动员公共舆论、诉诸法律的手段也为之后女性的进一步行动提供了借鉴。

随地吐痰是当时市民的一个恶习，公共建筑、交通工具中的这一行为具有极大的健康隐患。妇女健康保护协会不断呼吁相关部门推进改革，并将此事提交给卫生委员会。六周后，卫生委员会就该问题开展了一场全面的调查，调查结果使他们坚信应立即采取行动。委员会的第一个对策就是通过道德劝导的方式教育公众；同时于1896年通过了一项法令，禁止在车辆、船只、车站和公共建筑物中随地吐痰，并在这些场所竖立公告牌。这项法令通过之初并未引起市民的重视，经过八年的坚持和努力，在卫生委员会的协助下，协会成功地在所有公共场所和交通工具最显眼的区域放置了禁止随地吐痰的公告牌，这项法令也得到了所有铁路公司的严格执行。① 随着协会会员数量的增加，它关注的问题也逐渐增多。为了保证工作的顺利进行，协会建立了负责不同问题的常务委员会，并坚持同市政部门通力合作。令人欣慰的是，女性的建议得到了卫生委员会负责人、警察局局长及街道清理专员的认可和接受，并被迅速投入实践。②

纽约市妇女健康保护协会的成功，推动其他妇女健康保护协会在美国各大城市相继成立，对校舍卫生、廉租房、街道、车辆、屠宰场、城市空间等进行调查研究。成立于1890年4月的纽约市布鲁克林妇女健康保护协会(Women's Health Protective Association of Brooklyn)首先关注垃圾和尘土的收集及处理问题。当时人们通常把垃圾扔进纸盒中，盒子腐烂后，垃圾四处散落，清理工不得不重新进行清理。收集的垃圾通常被倒入大海，最终变成一个不堪入目、臭气熏天的垃圾场。经过协会的不懈斗争，这种情况得到了一定的改善，大量垃圾桶被安装，收集的垃圾也被就地焚烧。协会的另一项工作是要求家庭主妇们在各自庭院放置一个垃圾桶。与之前在人行道旁摆放一排装满旧瓶瓶罐罐、旧笤帚等物件的难看盒子和箱子相比，这是一大改进；协会还对随地吐痰的恶习、城市内的猪圈和一些公立学校的卫生状况进行了改革。虽然协会的有些措施并未取得立竿见影的成效，但女性们并没有放弃努力，而是一直坚持到所有状况有所改善为止。③

成立于1892年的费城妇女健康保护协会(Woman's Health Protective Association of Philadelphia)的目标就是通过研究城市的卫生状况及与市

① Mary E. Trautmann, "Women's Health Protective Association", p. 444.

② Edith Parker Thomson, "What Women Have Done for the Public Health", p. 49.

③ Mrs. C. G. Wagner, "What the Women Are Doing for Civic Cleanliness." *Municipal Journal and Engineer*, Vol. 11, No. 1 (Jul., 1901), p. 35.

政府的通力合作以提升公共卫生水平。协会建立之初便在政府官员的指导下对城市的卫生状况进行了调查研究。调查之后，协会先对每个问题进行全面彻底的分析，并将结果公之于众；之后提出改变现状的要求，同时利用一切手段实现其目标。在工作过程中，协会女性深切体会到向市政府不断呼吁以获取帮助的必要性。虽然她们常常受到指责和反对，但随着协会目标和工作性质逐渐被了解，协会得到越来越多的政府官员及市民的合作和协助。① 到第二年，协会建立了不同的委员会，专门致力于解决影响公共卫生和安全的各类问题，包括传染病、水供应、街道清理、垃圾和尘土收集、血汗制度等。该协会提供的卫生服务不仅有助于现有卫生部门工作的开展，而且有利于教育大众、制造公共舆论，从而推动相关卫生立法的制定。②

妇女健康保护协会的成功为其他致力于公共卫生的妇女组织提供了借鉴。在这些协会的影响下，波士顿大学女毕业生协会（The Associatioin of Collegiate Alumnae of Boston）便发起了对学校校舍卫生状况的调查。在该协会主席的倡导下，学校校舍卫生调查委员会于 1895 年 4 月成立。成立之初，该委员会印发了有关学校卫生状况系列问题的册子，并分发给各学校的校长和教师，从而获得了相关的支持。委员会的这项活动引起了波士顿市市长昆西的重视和认可，他下令成立了一个专家委员会，专门为学校卫生状况的改善提供指导和建议。1896 年春，学校校舍卫生调查委员会将其调查结果形成一份报告并提交给昆西市长，获得了高度评价："它（这份报告）无疑是对学校校舍卫生状况的全面调查，为我们提供了最新、最有价值的信息。"③在被调查的 186 个校舍中，只有 30 个能达到基本的空气质量标准，41％的校舍地板从未得到清理。调查表明，波士顿教师的死亡率远远高于其他城市；而由尘土、通风等问题引发的咽喉疾病在儿童中的比例也很高。这项调查还指出，至少 35 个校舍的卫生状况需要立即改善，至少需要投入 30 万美元用于这项工作。

波士顿大学女毕业生协会的这项调查引起了其他城市女性的关注。纽约市的女工协会（The Working Women's Association）、消费者联盟、其他大学女毕业生协会及妇女健康保护协会等共同发起了对商店及工厂卫生状况的调查，调查结果同样惊人：卫生状况极其恶劣，由卫生问题以及工

---

① Mrs. John H. Scribner, "The Relation between Woman's Health Protective Associations and the Public Health," in American Public Health Association, *Public Health: Papers and Reports*, Vol. XXIII. Concord: The Rumford Press, 1898, p. 414.

② Mrs. John H. Scribner, "The Relation between Woman's Health Protective Associations and the Public Health", p. 413.

③ Edith Parker Thomson, "What Women Have Done for the Public Health", p. 51.

时长、强度大引起的健康问题在工人,特别是女工中十分普遍。基于卫生及健康问题,女工协会起草了一份《商业监察法案》(The Mercantile Inspection Bill),并于1896年由纽约市立法机构通过。该法规定商店及工厂中21岁以下女工的工作时间每周不超过60小时;禁止雇用14岁以下的童工;规定在工作场所提供必要的卫生设施。① 这项法案的通过是女性共同协作的成果,它极大地激发了其他女性的改革热情,进一步推动了她们在公共卫生改革中的作用。

到19世纪末,致力于公共卫生改革的妇女组织遍布全国。费城市政俱乐部(The Civic Club of Philadelphia)、卫生保护联盟(The Sanitary Protective League)、街道清理协助协会(The Street Cleaning Aid Society)、城市秩序联盟(The Municipal Order League)、纽约市妇女市政联盟(The Woman's Municipal League of New York City)、波士顿妇女市政联盟(The Women's Municipal League of Boston)、芝加哥妇女城市俱乐部(The Women's City Club of Chicago)、妇女煤烟减排组织(The Women's Organization for Smoke Abatement)等都是进步时代活跃于美国环境卫生改革中的女性组织。这些女性组织建立后便致力于解决各项与环境卫生相关的问题,如街道垃圾清理、儿童健康、学校卫生、游乐场修建、食物监管、煤烟减排等,特别是为迎接1893年芝加哥世界博览会的举办,女性们发起了一系列高调的城市清理运动。她们利用调查、揭露、教育和游说进言等方式实现卫生改革目的,推动更加健康和舒适的城市环境的建立,这些女性也因此赢得了社会的尊敬。

宣传教育是女性进行环境卫生改革时利用的最重要的手段之一。例如,费城的街道清理督察员伊迪丝·皮尔斯夫人(Mrs. Edith Pearce)就将儿童作为重要的助手,通过在公立学校发表演讲和分发传单的方式,不仅教育他们杜绝乱扔垃圾,而且监督其他人的不当行为。同时,她还呼吁妇女俱乐部、附近的组织和社区同街道清扫工作者合作,共同维护街道的整洁。② 女性改革者及其组织在城市环境卫生改革中的努力有目共睹,但随着卫生改革逐渐变成一个技术性领域,女性们发现自己开始被边缘化,她们所采用的教育、劝导等方式已不能满足卫生改革发展的需要。为了保证工作的顺利进行,她们开始效仿男性专家,采用科学的处理方法,其中乔治·韦林对女性的环境卫生改革起到了重要的指导作用。

---

① Edith Parker Thomson,"What Women Have Done for the Public Health",p. 51.

② Mary Ritter Beard, *Woman's Work in Municipalities*. New York:D. Appleton,1915,p. 85~86.

纽约市的很多卫生改革活动在韦林抵达纽约市后才取得了实质性的成效。韦林作为卫生学家的生涯始于1857年被任命为纽约市中央公园的农业和排水系统工程师。① 他极其厌恶污垢、秽物和瘴气，充分应用专业知识和技术，监督修建了排污管道，创立了新的街道清理体系和排污系统，并将它变成一个全国竞相模仿的样板，他本人也因此被誉为市政卫生领域"伟大的清洁大师"。韦林将公众利益置于首位，他的工作标志着垃圾从简单的卫生问题上升为一个城市问题。他所创立的垃圾处理体系不仅使纽约市变得整洁干净，而且使美国的城市生活变得更加有序、美观；同时，他还使垃圾处理问题成为一项真正的城市事务。②

1894年，在街道清理协助协会(Street Cleaning Aid Society)的领袖埃莉诺拉·金尼卡特(Eleanora Kinnicutt)的推动下，韦林被任命为纽约市街道清洁专员。韦林就职后更加坚决地监管纽约市肮脏的街道，试图消除一切秽物，提升纽约市的整体环境。首先，他要求雇用大量经过良好培训的卫生工程师，并明令禁止卸下马具的车辆停在街道上，接下来韦林开始为街道清洁工作正名，使之成为一项受尊重的职业。他骑着马，带领3000名身着白色制服的街道清洁工接受纽约市民的检阅，很快获得了人们的认可："韦林带领队伍在第五大道游行……他们就像忠诚的市民那样前进，为他们身上闪亮的制服、他们的组织及他们的领袖自豪……它成功地体现了市政府的诚实，它是真正的改革……人们欢呼雀跃，赞美劳动带来的尊严，对自己的城市产生前所未有的自豪感。"③韦林还引进了将街道清洁物分类打包的方式，避免垃圾再次被风吹散，提升了街道垃圾清洁工作的效率；④他还通过激发公众兴趣和借助印刷品等方式开展对抗肮脏街道和腐败政治的斗争；韦林还将儿童纳入这场运动中，既加强了对儿童的卫生教育，又进一步扩大了卫生改革的影响力。⑤ 对于收集到的垃圾，韦林主要采用转化和利用的方式，从垃圾中提取有价值的副产品，以创造利润。⑥

---

① Suellen Hoy, *Chasing Dirt: The American Pursuit of Cleanliness*. New York: Oxford University Press, 1995, p. 67.

② Martin V. Melosi, "'Out of Sight, Out of Mind': The Environment and Disposal of Municipal Refuse, 1860～1920." *Historican*, Vol. 35, No. 4(Aug. 1973), p. 626.

③ William W. Ellsworth, "Colonel Waring's 'White Angels'." *Outlook*, Vol. 53, No. 26 (Jun. 27, 1896), p. 1191.

④ Charles A. Meade, "City Cleansing in New York: Some Advances and Retreats." *Municipal Affair*, Vol. 4(Dec., 1900), p. 724.

⑤ Suellen Hoy, *Chasing Dirt: The American Pursuit of Cleanliness*, p. 79.

⑥ Martin V. Melosi, "'Out of Sight, Out of Mind': The Environment and Disposal of Municipal Refuse, 1860～1920", p. 631.

在韦林的带领下,纽约市的街道卫生状况发生了很大的改观,韦林的追随者们也相信他能为政府的所有问题提供最终解决方案。虽然韦林不幸于1898年死于黄热病,但他却推动了城市居民卫生意识的崛起和卫生改革运动的蓬勃发展。早在1877年,韦林就意识到女性组织是激发公众情感的重要力量。[①] 在韦林的鼓励下,许多女性开始用科学的手段进行卫生改革,他的卫生经验被女性改革者们研究和借鉴,卡罗琳·B. 克兰(1858~1935)便是其中一位。

克兰是进步主义时期的一位市政改革者、教育家和女权主义者,在美国城市环境卫生改革中贡献突出。在克兰生活的时代,城市化和工业化改变了美国社会的景观和面貌,女性的社会地位也经历了重要的变化,像克兰这样接受过教育的女性面临着前所未有的机会和困境。克兰认为,女性被局限于家庭的时代已一去不复返。随着众多妇女俱乐部、妇女市政改进协会和类似组织的建立,女性的工作效率大大提高,她们的实践经验和组织能力得到了认可,[②]逐渐成为城市改革中一股不可或缺的力量。1889年,克兰加入了密歇根州卡拉马祖市第一位论派教会(The First Unitarian Church of Kalamazoo),10月19日,她被正式授予圣职,成为一名教士。在社会福音运动和社会学的影响下,克兰不仅从事传教活动,还试图满足公众的需求。她将先进的社会学理论引进教会中,将其作为帮助城市贫困者和失业者改善生活质量的重要媒介。随后,她将教会更名为"人民教会"(The People's Church),为当地社区提供更全面的社会服务。[③] 教会的许多活动后来还被公立学校所吸收,成为其课程设置的一部分。为了加强对社会问题的理解并获取更丰富的经验,克兰还到社会思想和运动更成熟的欧洲进行调研,寻找更有效的解决城市问题的办法。1896年回国后,克兰在芝加哥大学选修了社会学课程,接受了关于社会问题和社会改革的正式培训。[④]

在克兰的领导下,人民教会的工作顺利开展,克兰的注意力也开始转向更远大的事业。1896年,克兰与沃伦·A. 克兰医生(Dr. Warren A. Crane)结婚。婚后,克兰不仅践行作为家庭主妇的职责,参加教会组织

---

① Suellen Hoy, *Chasing Dirt: The American Pursuit of Cleanliness*, p. 80.

② Caroline Bartlett Crane, "The Work for Clean Streets." *Woman's Municipal League Bulletin*, Vol. V., No. 1(Aug., 1906), pp. 2~3.

③ Linda J. Rynbrandt, "Caroline Bartlett Crane and Progressive Era Reform: A Socio-Historical Analysis of Ideology in Action." Ph. D. diss., the Western Michigan University, 1997, p. 25.

④ Linda J. Rynbrandt, "My Life with Caroline Barlett Crane." *Michigan Sociological Review*, Vol. 14(Fall, 2000), p. 77.

的家庭科学课程，还对食品加工、洁净水、垃圾处理和公共卫生产生了更加浓厚的兴趣。[①] 肉类供应一直是克兰关心的问题，她调查肉类的来源、屠夫对肉类的处理方式、疑似感染疾病的动物是否处置恰当、当地屠宰场的卫生状况等。1902 年，克兰就公共卫生问题为密歇根州妇女俱乐部联盟组织了一系列会议，她亲自担任发言人。[②] 为了准备这次发言，克兰和几位著名的俱乐部妇女及男性参观了位于卡拉马祖市郊外、长年为市民提供肉类产品的一个屠宰场。该屠宰场位于一个被弃用的谷仓中，房屋年久失修，污秽不堪。地上堆放着各种杂物，墙壁上沾满血迹、污垢、油渍、动物毛发及其他不明秽物。克兰发现，最大的问题是健康的动物和生病的动物并未做出区分，一起被宰杀运往卡拉马祖市的市场。会议上，克兰将这些景象传达给所有听众；之后，她特意前往市议院，将同样的内容传达给议员们；当地报纸将这些问题披露后，整个卡拉马祖市的市民都被激怒了。城市官员承诺寻找解决办法，但是很无奈，他们对城外的屠宰场没有直接管辖权。克兰呼吁州卫生委员会采取措施，但结果差强人意。[③]

克兰深感食品安全对于市民健康的重要性和提高安全标准的紧迫性，为了敦促政府有所作为，1904 年 1 月，克兰为密歇根州卫生委员会组织了一场有关肉类检疫的专家系列讲座，推动了当地政府对肉类检疫强制措施的实施。她还阅读了关于屠宰场的大量信息，对其他州、其他国家的肉类检疫法律进行仔细研究，在此基础上起草了一个肉类示范法案，并请律师朋友提供参考意见。当这一法案被认定符合宪法时，她将其提交给密歇根州立法机构，并进行积极游说。一个深夜，当她获悉该法案将被搁置时，她立即乘火车赶往首府兰辛市。一路上，克兰认真构思如何推动该法案的通过。次日早晨，克兰将法案务必通过的理由以书面的形式递交到每一位立法者手中，并进行了一场慷慨激昂的辩论。最终，该法案以 61∶16 的结果获得通过。[④] 到 1906 年 5 月，一个全面的《肉类检疫法案》(The Meat Inspection Act)由西奥多·罗斯福总统签署生效。克兰对肉类问题的调查

---

① Suellen M. Hoy, "Municipal Housekeeping: The Role of Women in Improving Urban Sanitation Practices, 1880～1917," in Martin V. Melosi, ed., *Pollution and Reform in American Cities, 1870～1930*. Austin: University of Texas Press, 1980, p. 182.

② "Progressive Women and 'Municipal Housekeeping': Caroline Bartlett Crane's Fight for Improved Meat Inspection," in Chris J. Mogoc, ed., *Environmental Issues in American History: A Reference Guide with Primary Documents*. Westport, Connecticut: Greenwood Press, 2006, p. 149.

③ "A Municipal Cleaner Coming to Baltimore: Mrs. Caroline Crane to Address Citywide Congress." *The Sun*, Mar. 5, 1911, p. L6.

④ "A Municipal Cleaner Coming to Baltimore: Mrs. Caroline Crane to Address Citywide Congress." *The Sun*, Mar. 5, 1911, p. L6.

产生了广泛的影响力，也使她的名字家喻户晓。许多城市纷纷发出邀请，希望克兰帮助他们调查并解决肉类问题。

除肉类问题外，卡拉马祖的城市卫生也是克兰关注的问题。她注意到，城市商业区的街巷和居民区的后院十分肮脏。克兰指出，整洁的城市是市民健康的基础，是城市艺术、市民自豪感及自尊的基石，而市政管理是建立整洁的城市环境的重要途径。只要现存法令和规定得到有效执行，女性和市政官员便能打造干净、健康的城市道路。[①] 1904 年，克兰成立了卡拉马祖妇女市政改进联盟（The Women's Civic Improvement League of Kalamazoo），并担任联盟的街道清理委员会主席，目标是改善市政管理和市民生活，提升公共卫生和市民的整体福利。在联盟的第一次会议上，克兰通过图片展示和演讲的方式披露了卡拉马祖环境恶劣的地区。克兰很聪明，她并没有标出街道的名称、地址及庭院的所有者。当这些照片展现在市民们的眼前时，他们开始局促不安，决心改变这种状况。在接下来的 24 小时里，卡拉马祖立即进入大清扫阶段，市民们对幻灯片展出的景象进行了彻底的改变。同时，在克兰和市民们的共同推动下，市长发布了建立每年一度的清洁日的声明。[②]

在克兰的敦促下，卡拉马祖妇女市政改进联盟领导了一场改革城市街道清洁方式的运动。1904 年 4 月 25 日，联盟妇女们向市长和市议会请愿，要求从 5 月 2 日开始由其卫生部门承担卡拉马祖市主街道六个半街区为期三个月的街道清洁工作，并希望获得对这项工作及相关设备的拨款。她们的请求获得通过，取得每日 5 美元的拨款。[③] 联盟承担这项工作的目的首先是通过调查和试验获得相对卫生、经济的街道清洁方式，之后在特定时间、特定区域实行这种方式，并评估它的价值，从而向其他地区推广。[④] 在推进这项工作之前，克兰仔细研究了其他城市所使用的街道清洁方法，她发现大部分城市都采用了乔治·韦林创造的卫生体系。这个体系最突出的特点是：利用推扫式方法清扫人行道，并将垃圾整理成堆；随后立即用小扫帚和铲子将这些垃圾收入悬挂于两轮车上的垃圾袋中；垃圾袋装满后将其系紧并置于街巷的便利之处，以便四轮马车收集；每个人负责清扫街道的一个特定区域；清洁工身着白色制服，或至少穿白色上衣、戴白色帽

① Caroline Bartlett Crane, "The Work for Clean Streets." *Woman's Municipal League Bulletin*, Vol. V., No. 1 (Aug., 1906), pp. 1～2.

② Helen Christine Bennett, *American Women in Civic Work*. New York: Dodd, Mead and Company, 1915, p. 8.

③ Caroline Bartlett Crane, "The Work for Clean Streets", p. 3.

④ Caroline Bartlett Crane, "The Work for Clean Streets", p. 3.

子;定期冲洗街道,如果不下雨这个工作每周进行一次。[①] 和之前很多城市使用的清扫体系相比,韦林的方法能最大限度地清除街道上的尘土和垃圾,更有效地提高街道的整洁度。

妇女市政改进联盟决定采用韦林的方法,并于5月2日正式启动。在三个月的试验期间,联盟推行了一系列严格的措施:赏罚分明,解雇不配合者,奖励勤奋者;联盟敦促每个市民遵守禁止随地吐痰的法令,并要求各商户清扫各自门前,勿将店内垃圾扫到街道上;联盟女性还给肮脏的街巷拍照,迫使住户尽快清理;她们还在主要街角安置垃圾箱,供行人使用;对于废纸、果皮等,联盟委托其青少年市政改进联盟分发传单和宣传册,呼吁市民和游客不要随地乱扔垃圾,提高公众的卫生意识。[②] 克兰本人也投入这场清扫活动中,三个月来,她早出晚归,亲自视察这六个街区,监督清洁工的工作和公众的行为。在工作过程中,克兰发现,除了街道的卫生状况不容乐观外,道路的规划也存在问题,很多道路并不能满足实际需求。克兰认为,一项完善的城市规划应包含适合不同类型交通工具的道路。铺路之前首先要对当地的状况进行实地调研,并考虑居民的舒适和便利以及道路未来的清扫问题,和专家商讨之后再确定修建何种道路。[③]

三个月结束之时,韦林的卫生体系在卡拉马祖市收得了良好的效果,整个主街道的卫生状况较之前有了明显的改观。直接打包垃圾的方法能防止二次污染的产生,清洁工也不需要重复工作。双马马车被弃用,垃圾由两名清洁工收走后,放置于由一名男性驱赶的单马马车上,既节省时间,又节约成本。如此,城市卫生清扫的开支每日减少了3.39美元。[④] 联盟从高效、卫生和经济三个方面分析了韦林的卫生体系,并推荐给市政官员。[⑤] 三个月后,一个由男性组成的委员会对街道的清洁问题进行重新研究后,"韦林体系"在全市范围内得到了推广。

卡拉马祖清洁试验的成功使克兰名声大噪,她受到许多深陷卫生困境的城市政府、妇女俱乐部的邀约,为它们的街道清理、屠宰场卫生问题等提供建议。首先在密歇根州,然后扩展到全国各地。据估计,邀约克兰的城市达到59个。克兰成为城市卫生学家这一新兴职业的先锋,她也被称为

---

① Caroline Bartlett Crane,"The Work for Clean Streets",pp. 3～4.

② Caroline Bartlett Crane,"The Work for Clean Streets",pp. 4～5.

③ Caroline Bartlett Crane,"Roads and Pavements: Some Factors of the Street Cleaning Problem."*American City*,Vol. 6(Jun. ,1912),p. 895.

④ Suellen M. Hoy,"Municipal Housekeeping: The Role of Women in Improving Urban Sanitation Practices,1880～1917",p. 185.

⑤ Caroline Bartlett Crane,"The Work for Clean Streets",pp. 6～7.

"城镇清理界的卡丽·内申"(The Carrie Nation of Town Cleaning)[①],但是克兰并不像内申那样激进。[②] 通过对各个城市的研究和调查,克兰设计出适合不同规模城市的规划。到 1909 年,她已成功地建立了一个体系,克兰将其命名为"卫生调查"(the sanitary survey)。

克兰认为,一个成功的卫生调查首先依靠实际调查前的充分准备。[③] 首先,一份包含上百个问题的问卷调查是非常必要的,其目的是了解城市的实际情况,提高调查的效率。问卷包括人口数量、政府形式、财产评估、税率、市政会计体系、过去三年的公共改进债券问题、过去五年中通过和未通过的法令、水供应和水处理方法、道路和污水管道的长度、清理和修整人行道的市政拨款及垃圾的收集和处置情况,此外她还需要一张包含本市公园、学校和娱乐中心的地图。[④] 同时,克兰还要求通过报纸和其他媒体进行大力宣传,并获得市政官员、卫生委员会和各种市政组织、专家组织的全面支持,以保证调查和改革的顺利进行。[⑤] 例如 1908 年,宾夕法尼亚州的伊利妇女俱乐部请求克兰进行一次卫生状况大调查。1910 年,她收到了该俱乐部、商务处、贸易处、教师协会、青少年城市联盟和高中协会等机构的邀请。在田纳西州的纳什维尔,克兰在接受田纳西州妇女俱乐部联盟的邀请前,州、各市和各村镇的卫生委员会,以及市长、市议会、贸易委员会、百年俱乐部、反结核病联盟以及其他 15 个市政、文学协会都加入了对克兰的邀请中。[⑥]

其次,在确定获得被调查城市的全面支持后,克兰亲自前往该地,通过实地调研的方式对供水系统、排污系统、街道卫生、垃圾收集和处理、牛奶供应、肉类供应、市场、烘焙店、食品厂、校舍、经济公寓、济贫所、精神病院、医院、监狱等进行了解,并对城市的各类资源、公共卫生管理体系和其他突发事件进行调查。在调研过程中,克兰要求一个能随时回答问题的官方团

---

① 卡丽·阿梅莉亚·穆尔·内申(Carrie Amelia Moore Nation,1846～1911)是美国禁酒运动中激进的女性领袖。早在禁酒运动之前,卡丽就反对酒精,她尤其因严厉抨击提供酒精的机构特别是小酒馆而闻名。

② "A Municipal Cleaner Coming to Baltimore: Mrs. Caroline Crane to Address Citywide Congress." *The Sun*, Mar. 5, 1911, p. L6.

③ Alan Brown, "Caroline Bartlett Crane and Urban Reform." *Michigan History*, Vol. 56, No. 4(1972), p. 295.

④ Suellen M. Hoy, "Municipal Housekeeping: The Role of Women in Improving Urban Sanitation Practices, 1880～1917", p. 186.

⑤ AlanBrown, "Caroline Bartlett Crane and Urban Reform", p. 295.

⑥ Helen Christine Bennett, *American Women in Civic Work*. New York: Dodd, Mead and Company, 1915, p. 20.

体作为陪同，整个调查过程通常需要三天到一周的时间。之后，克兰将召开一次公众大会，向他们通报她所发现的情况，包括优点和缺点。①

最后，就各地实际情况，克兰将制订出关于排水系统、供水、街道卫生、垃圾收集、市场、牛奶和肉类供应、学校卫生、住房、公共空间建设及煤烟等方面的切实可行的建议和解决方案。通常，这些报告和建议会被印刷成册，作为未来几年该市的城市教科书。② 克兰的卫生调查要求调查者具备抗疲劳的体格、准确观察的能力、真实记录观察结果的责任及公共演讲的能力，最重要的是，避免夸大事实，同时有面对事实的勇气。③ 事实证明，在政府和市民的积极配合下，克兰的方案使许多城市的市政改进工作大获成功。如克兰对肯塔基州的 12 个城市进行了调查后，州立法机构通过了比过去更先进的卫生立法，包括每年为一个州级细菌实验室拨款 3 万美元，为乡村和城市卫生官员开办年度培训，并通过了一项禁止进口任何未经过结核菌素检验的牛类产品的法律。④

几乎每次演讲和每篇文章中，克兰都强调公众责任的重要性。她常指出“干净的街道是街道清理部、使用街道的所有人、各个市政部门，以及修建道路、安装供水和排污系统并致力于其他公共事业的公司共同协作的结果……所有人都应摒弃随意丢弃垃圾和废弃物的行为。而事实上，在大部分城市，人们似乎完全不关心街道是否干净”⑤。公众是政府政策执行的基础，城市卫生改革的成败取决于公众的配合度。克兰呼吁政府同市民组织合作，通过宣传教育、颁布法令、采取强制措施等方式加强市民的卫生意识。

随着越来越多的城市向克兰发出邀约，她的卫生调查体系收到了良好的成效。1912 年秋，克兰接受了对亚拉巴马州蒙哥马利市(Montgomery)进行调查的邀请。她收到邀请后很快回复，并提出两个要求：其一是立即回答自己提出的问题；其二是在她到来之前，一切关于她的消息必须保密。克兰提出的问题达 100 多条，包括面积、人口分布、税率和对税收的限制、最近十年内的债券发行状况及其用途、水源及数量、水的储藏和处理方式、土壤条件、街道、屠宰场、烘焙店及影响它们的城市管理条例、住房条例、牛奶和肉类检疫法令、煤烟状况、学校人数和资金调配状况、医院情况等。克

① Suellen M. Hoy, “Municipal Housekeeping: The Role of Women in Improving Urban Sanitation Practices, 1880～1917”, p. 187.

② Helen Christine Bennett, *American Women in Civic Work*, pp. 3～4.

③ Alan Brown, “Caroline Bartlett Crane and Urban Reform”, p. 295.

④ Helen Christine Bennett, *American Women in Civic Work*, pp. 41～42.

⑤ Caroline Bartlett Crane, “Roads and Pavements: Some Factors of the Street Cleaning Problem.” *American City*, Vol. 6(Jun., 1912), pp. 895, 897.

兰要求所有问题的答案要由一名了解事实的官员签名。[①] 克兰的问卷有两个目的:其一是要在到达蒙哥马利之前对其进行全面了解;其二是在于对蒙哥马利公众进行教育,让他们对自己生活的城市进行深入调查和了解。

蒙哥马利市的女性收到克兰的要求后即刻投入调查工作中,她们得到的结果令自己震惊,情况比想象的更加糟糕。她们惴惴不安地将所有问题的答案寄给克兰。之后,克兰开启了调查蒙哥马利的旅程。为了保证调查的客观性和有效性,克兰的此次旅程一直保密,直到抵达前三天,当地早报才公开了此次事宜。克兰于 1912 年 11 月 12 日抵达,受到一个由 10 人组成的代表团的接待,代表团的成员主要来自妇女俱乐部联盟、卫生部门及城市委员会等机构。克兰一行人对市供水站、街巷、垃圾处理体系、牛奶厂、学校、屠宰场、工厂、铁路公司、烘焙店、监狱、医院、肉类市场、饭店、火车站等进行了调查,同时采访了几个市政官员,并研究了卫生部门的管理工作,他们先后为不同的受众做了七场演讲。[②] 11 月 15 日晚,市民会议如期召开。蒙哥马利市民代表齐聚一堂,准备聆听调查结果。克兰侃侃而谈两个多小时,既赞扬了蒙哥马利的供水系统、排污系统、街道卫生、垃圾收集等,又提出了她所看到的环境问题,希望政府和市民们予以配合。[③]

克兰离开后,蒙哥马利市进行了各种改进活动。许多受到表扬的餐馆欢欣鼓舞,对自己进行大力宣传;一些支持克兰的报纸要求采访市政官员,希望他们立即做出相应的改变;市政委员会主任授权女性们加强对食物供应的调查,并敦促她们不要购买环境不合格的商店的食物。一场致力于改善蒙哥马利卫生状况的运动发酵,而这仅仅发生在克兰离开后一个月内。克兰离开几周后,她将一份调查报告寄给蒙哥马利市政府,该报告提供了许多细小的、有关技术方面的建议,受到了该市市民的广泛传阅。[④]

克兰是一名神职人员,她的市政理念反映了她所提倡的社会福音思想,而她践行的卫生调查是其宗教热情、社会学理论和实践经验相结合的表现;克兰声明自己是个家庭型女性,从不愿一年内离家时间超过两个月,强调自己作为女性的家庭责任;她还是一名卫生学家和城市专家,代表了一种社区责任感、新的社会服务意识和新女性的家庭概念。她相信任何问题都无法自行解决,而需要改革者的潜心研究和具体的行动计划。除了城市卫生改革外,克兰还加入到禁酒、住房改革、城市美化、家政学、纯净食

① Helen Christine Bennett, *American Women in Civic Work*, 1915, p. 23.

② Helen Christine Bennett, *American Women in Civic Work*, pp. 31～32.

③ Helen Christine Bennett, *American Women in Civic Work*, p. 37.

④ Helen Christine Bennett, *American Women in Civic Work*, pp. 38～39.

物、刑罚改革、妇女选举权等运动中。像同时代的很多女性改革者那样，克兰还秉承一个理念，即妇女选举权能使女性更好地实现其作为城市管家的职责，但这并不意味着要等到获得选举权之后才去改变社会。女性可以通过大量的市政组织和城市改进活动对政治产生影响，从而推动妇女政治权利的获得，二者是相辅相成的关系。很多热情的女性改革者同时也是妇女参政权者，她们的市政改革努力并未因不具备政治权利而受到打击。对于克兰来说，选举权是实现目标的手段，而非目标本身。①

在进步主义时期，还有另外一位女性像克兰那样致力于城市环境卫生改革，她就是来自芝加哥、被称为“垃圾女士”(Garbage Lady)的玛丽·麦克道尔(Mary McDowell)。麦克道尔于1854年出生于俄亥俄州的辛辛那提市，之后举家迁至芝加哥市，父亲经营着一座轧钢厂。作为家里最年长的孩子，麦克道尔从小帮助母亲分担家务。受妇女基督教禁酒联盟创始人弗朗西斯·威拉德(Frances Willard)的影响，麦克道尔加入该联盟，对城市事务产生了浓厚的兴趣，并将基督教教义应用到日常生活中。到1887年，麦克道尔已经成为一名重要的女性活动家。1890年，麦克道尔返回芝加哥并加入“赫尔之家”。1894年，芝加哥大学慈善委员会决定成立一个安置所，麦克道尔受邀担任领导职务，并承担起对芝加哥大学安置所的管理工作。② 9月，麦克道尔正式移居到该安置所所在地帕金顿(Packingtown)，和其他社区改良工作者们一道投入到社会环境的改善工作中。她不仅敦促安置所为居民开设音乐、艺术和技艺及英文等课程，还修建了一个公共浴室、一个社区公园和一个公共图书馆。麦克道尔最重要的贡献是推动了芝加哥的城市环境卫生改革运动，她认识到市民的健康和舒适需要良好的城市管理手段，因此她主张采用更科学的卫生和垃圾处理手段。③可以说，在芝加哥大学安置所的工作经历使麦克道尔积累了丰富的社会资源和政治资源，并唤起了市民的卫生意识，促使他们积极参与到城市环境的改革中。④

---

① Linda J. Rynbrandt, "Caroline Bartlett Crane and Progressive Era Reform: A Socio-Historical Analysis of Ideology in Action." Ph. D. diss., the Western Michigan University, 1997, p. 76.

② Louise C. Wade, "Mary Eliza McDowell." *American Magazine*, Vol. 71 (Jan., 1911), pp. 327～329.

③ Mary McDowell, "City Waste," in *Mary McDowell and Municipal Housekeeping: A Symposium*. Chicago, 1938, pp. 1～2.

④ KarenMason, "Mary McDowell and Municipal Housekeeping: Women's Political Activism in Chicago, 1890～1920," in Lucy Eldersveld Murphy, and Wendy Ham and Venet, eds., *Midwestern Women: Work, Community and Leadership at the Crossroads*. Bloomington: Indiana University Press, 1997, p. 63.

19世纪中期，芝加哥深受生活垃圾和肉类加工业的困扰，陷入严重的卫生困境。在城市的东面，是一块用来丢弃动物皮毛和其他废弃物的空地，南边是一片宽阔的大草地。这里没有铺砌的道路，没有树木、草皮和灌木丛，也没有污水管道和规律的垃圾收集工作，西边是城市垃圾的堆放点。这些垃圾不仅散发出恶臭，还招来大量苍蝇。垃圾被就地焚烧后产生了大量烟雾，困扰着当地居民的生活。北边是芝加哥臭名昭著的标志：芝加哥河南部支流的泡沫河(Bubbly Creek)，它是肉类加工业的排污地。① 1900～1921年，肉类加工厂每天倒入泡沫河的垃圾近60吨，这里的河床每年以半英尺的速度增高。河流中的物质经过发酵产生了大量气泡，因此得名"泡沫河"。产生的气泡漂浮在河流表面，形成2～3英尺宽的泡沫，河岸上铺满被宰杀的动物的毛发。厄普顿·辛克莱(Upton Sinclair)曾这样描述它："油脂和秽物凝结成块，河流看上去就像熔岩；鸡群在上面闲逛，寻找着食物。每时每刻，它都会着火，烈火熊熊燃烧……消防部门必须马上将它扑灭。"②帕金顿成为19世纪末美国城市环境灾难的缩影。

定居帕金顿后，麦克道尔听到了太多关于当地环境的抱怨，也意识到一个社区的垃圾收集和处理手段决定了居民的生活质量，女性必须承担起家庭管理者的责任，像对待家庭那样去管理社区和城市。1905年，麦克道尔和帕金顿的几位女性造访了市政厅，并有幸见到了公共事务专员。据麦克道尔后来回忆，这位公共事务专员是一位开明且接受过大学教育的年轻人。他曾调查过城市的卫生状况，也渴望解决垃圾问题。但由于公共事务部未获得这方面的拨款，对此他无能为力。他建议麦克道尔和她的同事们充分发动公共舆论，利用大众的力量给市议会施加压力，敦促它重视卫生问题。麦克道尔明晰任务后开始进行公众教育，利用一切场合传达改变城市环境的思想，引起市民对生活环境的关注。有一次，麦克道尔在海德公园长老会演讲后，一项禁止在帕金顿林肯大街上堆放垃圾的命令获得通过。③

在麦克道尔的教育下，芝加哥市民逐渐意识到城市垃圾带来的隐患。新成立的芝加哥妇女城市俱乐部组建了城市垃圾委员会(The City Waste Committee)，由麦克道尔担任委员会主任。它将垃圾问题作为工作重点，希望构建健康的城市环境。在妇女城市俱乐部的资助下，1913年，麦克道

① Robert Gottlieb, *Forcing the Spring: The Transformation of the American Environmental Movement*. Washington: Island Press, 2005, p. 103.

② Upton Sinclair, *The Jungle*. New York: Doubleday, Page & Company, 1906, p. 112.

③ Suellen M. Hoy, "Municipal Housekeeping: The Role of Women in Improving Urban Sanitation Practices, 1880～1917," in Martin V. Melosi, ed., *Pollution and Reform in American Cities, 1870～1930*. Austin: University of Texas Press, 1980, p. 191.

尔被派遣到欧洲学习先进的卫生经验。① 抵达德国的法兰克福后，麦克道尔惊奇地发现该市的焚化厂竟然位于一个精心规划的风景公园中，这里玫瑰花盛开，藤蔓植物缠绕着建筑，没有任何异味或混乱。在参观垃圾焚化厂的过程中，她亲眼看见了垃圾和废弃物被焚烧的过程，并了解了焚化厂如何将废弃物转化为可利用的物质。麦克道尔深受启发，带着获取的图片和数据返回芝加哥，向男性俱乐部和其他公众公布了她的调查结果。这次旅行使麦克道尔坚信，焚烧是垃圾处理更加有效和卫生的方式。她告诫城市俱乐部的男性，垃圾处理应以健康和卫生为前提，将它当作一种商业行为是错误的，②她建议芝加哥建立一个专门的垃圾处理厂。同时，在妇女城市俱乐部城市垃圾委员会的敦促下，1913 年，市议会成立了芝加哥市垃圾委员会（The Chicago City Waste Commission），目标是对芝加哥市的垃圾及其他废弃物的收集、运输和处理工作进行彻底、全面、系统和科学的调查。该委员会由麦克道尔及其他 10 人组成，并获得 1 万美元的拨款。③

调查结束后，该垃圾委员会提交了一份长达 69 页的报告，报告明确表示垃圾的收集和处理从根本上讲是一个城市的社会问题，必须予以严肃对待。报告总结了在美国使用的八个垃圾处理手段，事实证明，最令人满意的两个方法是焚烧和转化。在焚烧过程中，高温能被有效利用，产生的蒸气或电力可以用于市政或出售给欧洲的工厂；转化手段起源于维也纳，但直到被引进美国才获得了广泛认可。转化过程使水分减少并产生两种副产品，即干净的油脂和肥料，剩余的杂质还能用于建筑行业。报告建议，转化手段可以用于大城市，而对于人口在 20 万以下的城市，高温焚烧则更加方便、卫生。④ 报告中还提出垃圾的收集和处理工作应实现市政化，芝加哥市政府享有管理城市垃圾处理体系的设备和工程的权利，但这遭到极大反对。在市垃圾委员会的敦促下，1914 年 6 月 15 日，市议会做出了科学收集和处理废弃物的努力，在帕金顿建立了一个小型的垃圾转化工厂。垃圾问题被妥善解决，帕金顿的卫生状况得到了极大改善，人口死亡率也大幅

---

① Caroline Miles Hill, *Mary McDowell and Municipal Housekeeping: A Symposium*. Chicago: Millar Publishing Company, 1938, p. 4.

② Maureen A. Flanagan, "Gender and Urban Political Reform: The City Club and the Woman's City Club of Chicago in the Progressive Era." *American Historical Review*, Vol. 95, No. 4 (Oct., 1990), p. 1038.

③ Suellen M. Hoy, "Municipal Housekeeping: The Role of Women in Improving Urban Sanitation Practices, 1880～1917", p. 192.

④ Caroline Miles Hill, *Mary McDowell and Municipal Housekeeping: A Symposium*, p. 6; Suellen M. Hoy, "Municipal Housekeeping: The Role of Women in Improving Urban Sanitation Practices, 1880～1917", p. 192.

下降。

帕金顿街道的垃圾问题得到解决的同时，麦克道尔也在为清除“泡沫河”的垃圾而努力。亚当斯在其著作《在“赫尔之家”的第二个二十年》中表达出她清除“泡沫河”的决心和紧迫感，麦克道尔发动芝加哥大学安置所和“赫尔之家”的女性，共同致力于这一问题。虽然麦克道尔付出了诸多努力，但遗憾的是，这个问题一直悬而未决。而女性的工作也常常受到质疑。麦克道尔曾经回忆，一个认识她的男孩竟然问她“今天你们吃饭的时候谈论什么，垃圾还是社会罪恶”的问题。这样的问题对于麦克道尔来说，已经不是什么新鲜事，但却体现出市民对于城市环境问题的漠视。直到后来厄普顿·辛克莱的《丛林》(*The Jungle*)一书出版后才促使芝加哥人采取行动。为了完成《丛林》的创作，辛克莱伪装成工人，深入肉类加工厂，调查其加工过程和生产方式。两个月来，他同工人居住在一起，深入交谈，记录下所见所闻，遍地的秽物、卫生设施的缺失及工人痛苦的生活深深地刺痛了他。《丛林》于 1906 年 2 月出版，10 万本一售而空。尽管肉类加工者尽力削弱它的影响，但它仍激发起芝加哥人的愤怒。在市政府、市民组织和公众的努力下，“泡沫河”不再被用作垃圾场。

和克兰一样，麦克道尔一生都在孜孜不倦地为更好的生活和工作环境而努力。她常出现在各个俱乐部、委员会、协会和立法机构前，她强有力的话语产生了重要的影响，逐渐赢得了影响城市事务的机会。1923 年，芝加哥市市长威廉·E. 德弗(William E. Dever)任命麦克道尔担任公共福利部部长，领导这个部门为城市及市民服务。经过几十年的不懈努力，麦克道尔引领了城市垃圾焚烧和转化的潮流。直到 1936 年去世，麦克道尔依然为帕金顿和芝加哥的公共事务努力。作为城市荒野中疾呼保护生命和健康的声音，麦克道尔努力建立一种更加卫生和科学的生活方式，使市民的生活向更美好、更有活力的方向发展。① 以克兰和麦克道尔为代表的进步主义女性们为城市卫生的改善付出了巨大的努力，因而得到了男性和市民的肯定。大波特兰规划协会(Greater Portland Plans Association)的秘书马歇尔·N. 达纳(Marshall N. Dana)对波特兰女性的市场调研、食品调查、街道清洁等工作给予了高度赞扬，称她们的工作为这个进步主义城市提供了最大的灵感并提高了它的道德水准。②

① Caroline Miles Hill, *Mary McDowell and Municipal Housekeeping: A Symposium*, p. xi.

② Marshall N. Dana, “From a Man's Point of View.” *American City*, Vol. 6 (Jun., 1912), p. 881.

三、反煤烟运动

除城市垃圾问题之外，煤烟是19世纪威胁美国市民健康的另一大杀手，因而成为进步主义时期改善城市环境最重要的活动之一。19世纪末，煤炭取代木材成为工业生产、生活取暖和交通主要的能量来源。煤炭燃烧不充分不仅对资源造成了浪费，更重要的是导致大量烟垢和煤烟的产生。医生们一致认为煤烟问题会导致肮脏、痛苦、疾病甚至死亡。吸入煤烟容易引发肺结核，甚至更严重的肺部疾病。肺结核和肺炎是美国100年来排名前三位的致命疾病，因此，到了进步主义时期，煤烟成为政府、工业部门、专家和市民组织迫切想要解决的问题。

有组织的反煤烟斗争开始于19世纪90年代。和其他的城市卫生改革有所不同，早期的反煤烟运动有其特殊性。大多数煤烟改革者从工业秩序和经济增长中获利，煤烟作为工业发展的产物被看作经济繁荣的标志。煤烟改革者们极少彻底抨击煤烟问题的根源，即工业秩序。虽然一部分改革者组织了一些反对具体工业甚至具体公司的斗争，但大部分改革者的目标仍是保护工业体系，提高生产效率。因此，改革的关键在于界定文明的内涵。只有明晰文明的内涵，才能厘清美国城市改革的走向。到19世纪末，洁净、健康和有魅力的城市环境成为文明生活的重要目标之一，作为工业文明标志的煤烟已然和这种文明理念发生了冲突。那么，要塑造良好的城市形象，煤烟改革者们须在不威胁工业秩序和城市化发展的基础之上，消除煤烟作为文明标志的形象。① 事实上，包括反煤烟改革者们在内的城市环境改革者们，都具有一定的保守性。因为他们并不反对城市化，也欣然接受城市化带来的物质文明和环境问题，但他们相信只要提高煤炭燃烧的效率，那么煤烟问题便可以得到解决。从这一点看，反煤烟运动注定是一个在各方利益博弈、斗争中寻求妥协和平衡的过程。

一战前，反煤烟运动是一场各种力量交错、推动反煤烟法令通过和执行的运动。在煤烟污染严重的芝加哥、克利夫兰、圣路易斯、匹兹堡、辛辛那提、路易斯维尔等城市，许多市民组织开始讨论反煤烟问题，试图通过组织、研究、宣传、游说甚至控诉的方式改变现状。如在圣路易斯市，《密苏里共和党人》杂志（*The Missouri Republican*）于1888年大力提倡“新鲜空气活动”（the Fresh Air Mission）。它为贫困家庭提供沿河旅行活动，目的是

---

① David Stradling, *Smokestacks and Progressives: Environmentalists, Engineers and Air Quality in America, 1881～1951*. Baltimore: The Johns Hopkins University Press, 1999, pp. 2～3.

使穷人可以短暂地逃离圣路易斯的炙热和恶臭。这个项目的主要对象是儿童,因为他们是受污染毒害最严重的群体之一。① 这一活动引起了政府的重视,圣路易斯市长爱德华·努南(Edward Noonan)成立了一个由工程师组成的特别委员会,专门研究煤烟问题。同时,市民煤烟预防协会(The Citizens' Association for the Prevention of Smoke)成立,并争取其他机构如著名的女性组织周三俱乐部(The Wednesday Club)的支持。在反煤烟组织和市民们的努力下,圣路易斯的反煤烟讨论被转变为法令,于1893年2月获得了通过,2月17日由市长努南签署生效。在这个法令实施的四年中,圣路易斯四分之三的煤烟被消除,为未来美国洁净城市的建立播下希望的种子。②

煤烟法令通过后,执行问题至关重要。大多数情况下,法令的执行并不乐观,最重要的原因是政治腐败导致法律执行不力。针对这一问题,女性提出,成功的方法是将法令的执行权交给卫生部门,因为它比其他任何政府部门都远离政治的影响,这更利于法令的执行。关于法令如何得到执行主要有两种观点:其一是通过教育的方式,其二是通过控诉的方式。那些将煤烟看作资源浪费的人更倾向于使用教育方式,目的是让社区居民了解煤烟的性质,让生产商了解燃烧煤炭的恰当方法;而将煤烟看作一种道德或医学问题的人更倾向于使用控诉的方式。③

作为反煤烟运动的重要力量,妇女俱乐部多采用教育和控诉相结合的方式致力于反煤烟事业。早期的反煤烟斗争来源于"城市管家"运动,中上层女性是这场斗争的主要力量。④ 这些女性及其组织的煤烟改革比同时代的其他改革更加激进,她们强烈谴责煤烟给公众身体健康和道德文明带来的威胁,秉承这样的环境理念:美丽、健康和洁净同发展和安全并重,通过建立美丽、道德的环境实现更高文明的建设,⑤这成为早期女性反煤烟运动的思想基础。

在匹兹堡,女性很早就开启了反煤烟的斗争。19世纪80年代天然气

---

① Robert Dale Grinder,"The AntiSmoke Crusades:Early Attempts to Rreform the Urban Environment,1893~1918."Ph. D. ,diss. ,University of Missouri,1973,p. 50.

② Robert Dale Grinder,"The Anti Smoke Crusades:Early Attempts to Reform the Urban Environment,1893~1918",pp. 51,53.

③ Robert Dale Grinder,"The Anti Smoke Crusades:Early Attempts to Reform the Urban Environment,1893~1918",p. 90.

④ Angela Gugliotta,"'Hell with the Lid Taken off':A Cultural History of Air Pollution-Pittsburgh."Ph. D. diss. ,the University of Notre Dame,2004,p. 183.

⑤ David Stradling, *Smokestacks and Progressives: Environmentalists, Engineers and Air Quality in America, 1881~1951*, pp. 3~4.

的供应减少了市民对煤炭的依赖，人们可以短暂地享受清新的空气。但1890年之后，匹兹堡重返煤炭时代，这引起人们的强烈反感，他们深刻了解干净的空气对于健康和舒适生活的重要性。1891年，一群来自阿勒格尼县(Allegheny County)的中产阶级女性成立了妇女健康保护协会，承担起反煤烟的责任。这些女性大多数是匹兹堡有影响力的男性的妻子，协会秘书伊莫金·布拉希尔·奥克利夫人(Mrs. Imogen Brasher Oakley)就是匹兹堡一位显赫商人的妻子。她指责煤烟摧毁了家庭主妇的工作，并从工程技术角度研究煤烟问题，发现了先进、有效的减少煤烟的设备。据美国市政协会(American Civic Association)估计，煤烟每年造成的财产损失高达6亿美元。这不仅包括煤炭本身的浪费，还包括煤烟导致的财产损失及治理煤烟需要投入的财力、物力和人力。[①] 事实证明，这些毁坏是可以避免的。美国政府已经开始对各等级煤炭燃烧、煤烟排放等情况进行检测。只要使用正确的燃烧方式或利用有效的机械设备或使用无烟煤，煤烟问题就能得到解决。奥克利夫人提出使用一种无烟熔炉，该设备在芝加哥市民协会(Chicago's Citizen's Association)1889年的报告中也曾被提到过。

面对妇女健康保护协会的改革，匹兹堡的许多男性担心反煤烟运动将削弱城市工业的发展，因此他们与女性组织针锋相对，试图阻碍运动的开展。如西宾尼法尼亚工程师协会(Engineers' Society of Western Pennsylvania)的一名成员威廉·梅特卡夫(William Metcalf)指出，煤烟不会对健康造成危害，相反，它能缓解罪恶。甚至还有一位商人W. P. 伦德(W. P. Rend)认为，煤烟是工业圣坛上燃烧的香气，它是工业对城市建设做出的贡献……它不会伤害人类，反而可能促进良好的健康和抵抗力。[②] 尽管反煤烟运动遭到了一些男性的反对，但妇女健康保护协会仍成功地获得了西宾尼法尼亚工程师协会的支持和合作，共同进行反煤烟斗争。她们通过教育的方式宣传反煤烟运动，还提出了通过一项煤烟法令的要求，并推动了3000个无烟设备投入使用，工程师协会还成立了一个研究煤烟技术问题的委员会，公开声明支持妇女健康保护协会的工作。迫于二者的压力，市政府很快做出反应，于1892年初出台了一项禁止任何装有固定式锅炉的大烟囱排放煤烟的法令。虽然该法令仅限于特定地区的工业，但它一定程度上标志着女性斗争的成果，也凸显出反煤烟斗争中两性之间的合作。

---

① Imogen B. Oakley, "Women's Fight against the Smoke Nuisance." *New York Times*, Mar. 30, 1913, p. X9.

② Christine Meisner Rosen, "Businessmen against Pollution in Late Nineteenth Century Chicago." *The Business History Review*, Vol. 69, No. 3 (Autumn, 1995), pp. 385～386.

芝加哥是另外一个遭受严重煤烟问题的城市。1908 年，芝加哥的女性正式对煤烟宣战，在接下来七年的斗争中，对环境政策的争论引发了有关性别、医疗科学、公共卫生及专家权力等方面的问题。① 女性改革者们利用新型的细菌理论解释污染对市民健康造成的影响，希望通过建立更广泛的公共福利提升市民的生活；而作为商人和专家的男性则要求通过理智的技术性革新达到控制煤烟的目标，二者在反煤烟活动、环境政策制定等方面产生了重大分歧。虽然女性的改革最终未获得成功，但她们将环境质量和公共卫生相联系的理念深刻影响了政策的走向。②

芝加哥妇女俱乐部的领袖约翰·B. 舍伍德夫人(Mrs. John B. Sherwood)指出煤烟是芝加哥的"杀手"之一；另一位女性查尔斯·塞格尔夫人(Mrs. Charles Sergel)还成为芝加哥反煤烟联盟(The Chicago Anti-Smoke League)的主席。在塞格尔夫人的带领下，反煤烟运动由一场专家之间的技术辩论转变为一场大众政治运动。③ 塞格尔夫人带领 150 名联盟成员在芝加哥发起了一个反煤烟请愿的签名活动，几千名女性和儿童走上街头留下签名，并承诺通过罢工的形式予以支持。不到一个月的时间，反煤烟联盟为它的请愿收集到 4 万多个签名，并获得了来自大量妇女俱乐部、附近地区改进协会及专业组织的支持。她们将该请愿提交给芝加哥市议会，政府迫于压力认真考虑公共舆论，并聘请专家估算将各站点电气化的成本。幸运的是，芝加哥市长弗雷德·巴斯(Fred Busse)也是反煤烟运动的积极支持者。虽然巴斯之前是煤炭商，但他从 1907 年担任市长一职以来便领导芝加哥人进行反煤烟斗争。他同建筑商们进行合作，建立减少煤炭燃烧物的项目。同时，担任煤烟调查员的保罗·S. 伯德(Paul S. Bird)和卫生专员 W. A. 埃文斯博士(Dr. W. A. Evans)都大力支持反煤烟活动。④ 这些活动对芝加哥煤烟的主要制造者伊利诺伊州中央铁路公司(Illinois Central Railroad，简称 IC)造成了沉重打击。面对坚实的反煤烟联盟，芝加哥市内的所有蒸汽铁路实现了电气化，IC 总裁也同意用清洁的燃料取代煤炭。

---

① Harold L. Platt, "Invisible Gases: Smoke, Gender, and the Redefinition of Environmental Policy in Chicago, 1900～1920." *Planning Perspectives*, Vol. 10, No. 1(1995), p. 67.

② Harold L. Platt, "Invisible Gases: Smoke, Gender, and the Redefinition of Environmental Policy in Chicago, 1900～1920", p. 67.

③ Harold L. Platt, "Invisible Gases: Smoke, Gender, and the Redefinition of Environmental Policy in Chicago, 1900～1920", p. 67.

④ Harold L. Platt, "Invisible Gases: Smoke, Gender, and the Redefinition of Environmental Policy in Chicago, 1900～1920", pp. 68～69.

在其他饱受煤烟毒害的城市里，女性也加入到了轰轰烈烈的反煤烟斗争中。在圣路易斯市，1910 年 12 月，由 500 名女性组成的强大组织周三俱乐部即后来的妇女煤烟减排组织对煤烟问题进行调查，并通过支持市民煤烟减排协会（The Citizens' Abatement Association）、监督煤烟制造者、支持煤烟法令的通过等方式加入反煤烟运动中。在这之前，市政联盟的煤烟减排委员会已经开展了断断续续的反煤烟斗争，并促成了密苏里州法律（Missouri State Law）的通过，该法律在执行过程中遭到效率低下的城市煤烟减排部（City Smoke Abatement Department）和漠视的公众的阻碍。周三俱乐部决定推动该法律的有效执行，为此，俱乐部召集圣路易斯的女性召开了一次动员大会，从健康、洁净、家庭管理、城市规划等角度提出了一项解决煤烟问题的计划。在周三俱乐部的努力下，反煤烟法令受到妇女组织、市政联盟、商人联盟、公众等的大力支持。[①] 辛辛那提、克利夫兰、圣保罗、密尔沃基等地的女性都加入了反煤烟联盟。到 1912 年，女性成为反煤烟斗争的主要力量。

从 19 世纪末到 20 世纪初，女性在反煤烟运动中发挥着主导作用。在女性的领导下，市民组织向政府和工业部门持续施压，推动了各类反煤烟法令的出台，缓解了煤烟对城市环境的污染。相较于其他女性城市改革者而言，女性煤烟改革者更注重科学知识和研究，这帮助她们建立了领导地位并吸引了更广泛的利益集团的支持。总之，进步主义公共卫生运动中的女性践行作为妻子、母亲和家务劳动者的传统角色，对环境问题进行批判和修正。在推进公共卫生改革的过程中，这些中上层女性从精神和道德上教育公众，从政治上影响立法，推动了良好生活环境的建立。[②] 她们期望政府承担改善人们生活品质的责任，其思想、价值观和改革活动为政府的工作奠定了基础。尽管她们提出的计划并未全部得到执行，但无论作为个人还是组织，女性都在努力地为市政改革做出贡献。

第五节　艾丽斯·汉密尔顿对工业环境的调查与研究

工业环境和工人健康也是公共卫生的一个重要方面，但该问题长期以

---

① Mrs. Ernest Kroeger, "Smoke Abatement in St. Louis." *The American City*, Vol. 6, No. 6 (Jun., 1912), pp. 907, 909.

② Martha E. D. White, "The Work of the Woman's Club." *Atlantic Monthly*, Vol. 93 (May, 1904), p. 615.

来未受到重视。由于该问题涉及一个特殊的群体和领域，笔者将它作为单独一节加以论述。艾丽斯·汉密尔顿是美国著名的女性工业环保主义者(industrial environmentalist)和工业毒理学(industrial toxicology)①先锋。她关心工人的身体健康，一生探索工业环境和工业卫生(industrial hygiene)及工业疾病(industrial diseases)之间的关系，推动了工业医学(industrial medicine)②的研究和发展。

汉密尔顿认识到工业环境对工人健康造成的影响，致力于对该领域的研究与调查，期望引起政府的改革，提升工人工作环境的安全性。作为"赫尔之家"的一名成员，汉密尔顿的职业生涯始于亚当斯的社区改良运动。通过和移民的朝夕相处，她对移民工人充满了同情和尊重，这也成为她研究职业性疾病的重要动因。汉密尔顿先后在伊利诺伊州职业病委员会(The Illinois Commission on Occupational Diseases)和美国劳工局(U.S. Bureau of Labor)工作，对伊利诺伊州和其他地区的危险行业(the dangerous trades)进行了调查③，揭露了工业毒物对工人健康造成的威胁，赢得了管理层和工人的双重尊敬。她提倡通过保护性劳工立法的形式改善工厂的环境，通过劝导的方式促使管理层采取行动，并通过教育的方式使工人了解工作过程中可能存在的危险。这些有效的方法和手段为二战后包括蕾切尔·卡森在内的环保主义者留下了宝贵的遗产。

一、汉密尔顿的医学背景及早期的改革

1869年，汉密尔顿出生于纽约市，在印第安纳州韦恩堡(Fort Wayne)度过了快乐的童年时光。汉密尔顿家境优越，在五个兄弟姐妹中排行第二。她从小接受了宗教思想、圣经、语言、文学和历史等方面的教育，树立了独立探索、为社会服务的意识。汉密尔顿的母亲格特鲁德·P. 汉密尔顿(Gertrude P. Hamilton)对孩子们管教宽松，支持女儿们摆脱为了家庭牺牲自我理想的命运，鼓励她们追求自己的理想。正因为如此，汉密尔顿认识到个人自由是人一生中最为珍贵的品格之一，④同时培养了喜欢冒险

---

① 工业毒理学是公共卫生的一个分支，专门研究工业毒物与工人健康之间的关系。

② 工业医学是致力于工业环境下职业性健康和安全的医学领域的分支，包括疾病、伤害的预防与治疗及效率的提升。

③ 这两项调查被称作伊利诺伊州调查(Illinois Survey)和联邦调查(the Federal Survey)，揭露出在恶劣的工业环境下产生的职业病所导致的大量死亡案例和健康隐患，为政府相关政策的制定提供了重要参考，推动了工业环境的改善和工业卫生的发展。

④ Alice Hamilton, *Exploring the Dangerous Trades: The Autobiography of Alice Hamilton*. Boston, Mass.: Little, Brown and Company, 1943, p. 32.

和追求变化的性格。1886年10月，汉密尔顿年满17岁，前往康涅狄格州的法明顿(Farmington)求学，就读于萨拉·波特小姐(Miss Sara Porter)创办的年轻女子学校。从法明顿毕业后，汉密尔顿决心从医，一方面因为这一职业同社会服务相结合，符合她对理想职业的构想；另一方面，汉密尔顿认为“医生这一职业赋予人自由选择之权利，我可以去遥远的地方或城市贫民窟，实现自我价值。我将有幸结识各种人，经历各种状况。我无需束缚于某个学校或服务于某人”①。但汉密尔顿的理想遭到家人的强烈反对，他们认为这并不是一个高贵的、适合女性的职业。即便如此，汉密尔顿仍拒绝放弃理想。她离开法明顿，返回韦恩堡，在那里度过了接下来的三年半时间。这段时期，她不仅请家庭教师为她补习化学、物理、生物学等方面的缺陷，还在当地一所医学院学习解剖学知识，并说服父亲支持她的选择。②

1892年，汉密尔顿有幸被密歇根大学医学院录取。入学后，她系统地学习了妇科学、产科学、医学理论和实践、外科学、药物学、描述性解剖学和外科解剖学、生理学、胚胎学、化学、毒理学和尿液分析法，并在教师的指导下将理论知识同实践相结合。对于汉密尔顿而言，实验室工作比上课更具吸引力，因为通过显微镜，她能探索更加丰富多彩的世界。在密歇根大学的最后一年，汉密尔顿跟随乔治·多克医生(Dr. George Dock)学习。多克也是一位将实验室分析和病例诊断相结合的临床医生，他创办的小型医院和医学院合作，成为密歇根州的医学咨询中心。师从多克医生并协助他的工作使汉密尔顿获得了医学探索的机会，培养了她对细菌学的兴趣，③使她从外科手术中获得了大量的临床实践经验，还掌握了关于产科学和妇科学的知识。④

1895年汉密尔顿从密歇根大学毕业，同年秋，她和姐姐伊迪丝·汉密尔顿获得了去德国莱比锡大学和慕尼黑大学求学的机会。这段留学经历对于汉密尔顿来说并不愉快，因为她在那里遭受了公开的性别歧视。⑤ 同时，这段经历也增强了汉密尔顿的政治意识和社会意识，加强了她力图改

---

① Alice Hamilton, *Exploring the Dangerous Trades: The Autobiography of Alice Hamilton*, p. 38.

② Barbara Sicherman, *Alice Hamilton, A Life in Letters*. Cambridge, Mass.: Harvard University Press, 1984, p. 34.

③ Wilma Ruth Slaight, "Alice Hamilton: First Lady of Industrial Medicine." Ph. D. diss., Case Western Reserve University, 1974, p. 12.

④ Alice Hamilton, *Exploring the Dangerous Trades: The Autobiography of Alice Hamilton*, p. 40.

⑤ Barbara Sicherman, *Alice Hamilton, A Life in Letters*, p. 35.

变女性地位、提升社会服务的决心。1896 年 9 月，汉密尔顿黯然返回美国，同时遭遇了寻找工作的困境。她不得不和姐姐一同前往巴尔的摩，选择在约翰·霍普金斯医学院工作。在这里，汉密尔顿系统学习了病理学，并和东部医疗机构的成员们建立了联系。同时，汉密尔顿收到西北大学女子医学院抛来的橄榄枝，于 1897 年抵达芝加哥，开始了自己真正的第一份工作，在该医学院承担病理学的教学工作并担任组织学和病理学实验室主任，为她加入"赫尔之家"提供了机会。

进入密歇根大学医学院之前，汉密尔顿就对社区改良运动深感兴趣。1895 年聆听了简·亚当斯的法恩堡演讲后，汉密尔顿渴望加入该运动的热情更加高涨。经过亚当斯的亲自面试，1897 年，汉密尔顿正式入驻"赫尔之家"，开始了在这里长达 22 年的社会服务工作。① "赫尔之家"既加强了汉密尔顿对民主和实用主义的信仰，又满足了她对友谊、冒险、智识提升和社会参与的渴望。在汉密尔顿加入"赫尔之家"的当晚，她就听到了弗洛伦丝·凯利等人关于工厂监督体系、工人工作状况的讨论，为她未来研究工厂环境和工人健康奠定了基础。白天，汉密尔顿在西北大学女子医学院任教，晚上及周末在"赫尔之家"继续开展教学工作。她开设了生理学和卫生学课程，包括急救、疾病细菌理论和基本的卫生实践等。在"赫尔之家"等妇女俱乐部的邀请下，汉密尔顿还就成药开展了一系列讲座。除此之外，汉密尔顿还承担着预防医学的工作，为附近的女性提供基本护理知识和最新的专业指导，并向一些优秀女性学习抚养孩子的经验，也为自己赢得了同女性交流的机会。② 1902 年，西北大学的女子医学院关闭，汉密尔顿加入了新成立的传染病纪念研究所（Memorial Institute for Infectious Diseases），担任细菌学研究员一职。

1902 年 7～9 月，芝加哥爆发伤寒，死亡人数增至 402 名，和前一年同期相比增加了 300 名。听闻这一消息后，汉密尔顿立即返回芝加哥，开始将医学研究和社区改良工作相结合，这是汉密尔顿首次承担医学调查工作。在调查过程中，汉密尔顿对一事深感疑惑，"赫尔之家"所在的第 19 选区的人口数量占全市人口的 1/36，从人口知识水平、住房条件、卫生状况、拥挤程度看，它和其他区域并无明显差异，且该地的水源和奶源也和其他地区相同，但它却成为伤寒的重灾区，因感染伤寒而死亡的人口数量占 1/7 到 1/6 之间。汉密尔顿推测，除了饮用水被污染外，当地的某种特殊条

① Alice Hamilton, *Exploring the Dangerous Trades: The Autobiography of Alice Hamilton*, pp. 51～56.

② Wilma Ruth Slaight, "Alice Hamilton: First Lady of Industrial Medicine", p. 20.

件可能是导致高死亡率的主要原因。[①] 汉密尔顿提出了两个假设：一是这个地区不完善的污水处理手段，二是苍蝇携带的细菌。[②]

汉密尔顿和“赫尔之家”的另外两位工作者莫德·热农（Maude Gernon）和格特鲁德·豪（Gertrude Howe）对当地2002个住户的污水处理方式和每户确诊的病例进行了调查，发现只有48%的家庭拥有现代卫生管道，很多设施已十分陈旧，无法满足现有居民的需求。[③] 同时，她推断排污系统并不是导致伤寒的原因。由于这个地区还存在大量户外卫生间及未和排污管道连接的类似设施，汉密尔顿和她的同事捕捉了大量苍蝇进行检测。结果显示，苍蝇身上携带伤寒病毒，这也证实了汉密尔顿的假设。[④] 1903年1月，她将调查结果提交给芝加哥医学协会（Chicago Medical Society），阐释了贫民窟的伤寒病例多于富人区的原因，并呼吁公众的关注。[⑤] 2月，汉密尔顿撰写的报告被刊登于美国医学协会杂志（*The Journal of the American Medical Association*）上，引起了医学专业人士和普通公众的强烈反响。该报告激励“赫尔之家”的居民发起抗议，指责芝加哥卫生委员会对现存卫生条例执行不力。迫于公众的压力，市政服务委员会调查并证实了这一问题，最终导致芝加哥卫生委员会被迫重组，卫生委员会中11位玩忽职守的雇员被解雇。

除此之外，汉密尔顿还在芝加哥早期对抗结核病的运动中发挥了重要作用，这些努力为她将来的职业病研究奠定了基础。1903年，汉密尔顿协助成立了家访护士协会结核病预防委员会（The Committee on the Prevention of Tuberculosis of the Visiting Nurse Association），她担任秘书。同年年底，她辞去秘书一职，但继续担任该组织医学委员会、数据和文献委员会的成员。1905年，她撰写了《芝加哥的结核病研究》（*A Study of Tuberculosis in Chicago*）一书，该书中的部分信息来自对“赫尔之家”附近的犹太地区住户的调查。第二年，汉密尔顿撰写了一份报告，揭露出肮脏的环境、低薪酬、过度劳累及长时间不规律的生活削弱了工人的抵抗力，是导致结核病的原因。她还承担了一项利用疲劳记录计（ergograph）对年轻女

① Alice Hamilton, “The Fly as a Carrier of Typhoid.” *The Journal of the American Medical Association*, Feb. 28, 1903, p. 577.

② Wilma Ruth Slaight, “Alice Hamilton: First Lady of Industrial Medicine”, p. 26.

③ Barbara Sicherman, *Alice Hamilton, A Life in Letters*, p. 145.

④ Alice Hamilton, “The Fly as a Carrier of Typhoid”, pp. 582～583.

⑤ Alice Hamilton, *Exploring the Dangerous Trades: The Autobiography of Alice Hamilton*, p. 99.

工疲劳状况进行检测的调查，试图继续证明过度劳累是导致结核病的重要因素。①

二、伊利诺伊州调查及联邦调查(1910～1918)

工业化的迅猛发展产生了一个新的阶层即工人阶级，他们是生活在城市贫困区的一群人，其生活环境受到了社会改革者们的关注，但其工作环境对其健康所造成的危险和危害却未引起大多数人的重视。工业环境和工业卫生作为卫生部门的职责，经历了漫长而曲折的过程。最早将工人健康列为公共卫生的一项内容是在1875年，其标志性事件是密歇根州卫生委员会的查尔斯·H. 布里格姆神父(Reverend Chareles H. Brigham)在该委员会第三个年度报告中撰写了一篇名为《职业对于健康的影响》(The Influence of Occupations upon Health)的文章。1886年，俄亥俄州卫生委员会成立了一个"职业卫生和铁路"(Hygiene of Occupations and Railways)的常务委员会，关注有害职业及其对工人健康的影响。② 这标志着工业环境和工人健康问题正式进入官方机构的视野。1910～1915年是工业卫生迅速发展的时期，越来越多的人开始注意到特定职业对产业工人健康的影响。③

在此过程中，汉密尔顿作为一位职业的调查员和研究者，推动了美国工业卫生的进步。从1908年开始，汉密尔顿的研究重心集中在工业卫生与工业医学方面。作为医学领域的重要分支，直到1905～1910年时，工业医学才逐渐被美国医学界认可。美国重工业和其他危险行业中普遍存在职业性危害(industrial hazards)，但由于它们大量雇用移民，工人的健康被长期忽视，而这也正是汉密尔顿致力于工业医学研究的重要原因。④ 在"赫尔之家"的生活使汉密尔顿有机会接触工人群体，并使她了解了很少受人关注的工业疾病问题，目睹了无数有关工业中毒(industrial poisoning)的案例，如炼钢厂的一氧化碳中毒、畜牧场的肺炎和风湿性疾病、火柴厂使用白磷导致的磷毒性颌骨坏死(phossy jaw)等。⑤ 这些都使汉密尔顿对工人的工作环境和健康状况产生了担忧，甚至对科学还产生了怀疑：它给人

① Barbara Sicherman, *Alice Hamilton, A Life in Letters*, p. 147.

② Victoria M. Trasko, "Industrial Hygiene Milestone in Governmental Agencies." *American Journal of Public Health*, Vol. 45(Jan., 1955), p. 39.

③ Victoria M. Trasko, "Industrial Hygiene Milestone in Governmental Agencies", p. 40.

④ Wilma Ruth Slaight, "Alice Hamilton: First Lady of Industrial Medicine", p. 37.

⑤ Robert Gottlieb, *Forcing the Spring: The Transformation of the American Environmental Movement*. Washington: Island Press, 2005, p. 84.

类带来幸福还是灾难?[①] 汉密尔顿翻阅了英国研究工业疾病的权威托马斯·奥利弗撰写的著作《危险行业》(*Dangerous Trades*)[②]后,发现书中所描述的情况和"赫尔之家"所在地区的状况高度相似。

虽然美国的工业疾病已存在很久,但对这些疾病的系统研究却刚刚起步。汉密尔顿不得不依赖英国及欧洲其他国家获得相关信息,因为美国的工业战仍处于水深火热中。[③] 为了对这一问题进行深入了解,汉密尔顿查询了欧洲有关制陶工疾病、铅中毒、汞中毒及一些国家控制这些问题的文献。"美国没有一个学科像职业性疾病(occupational diseases)那样被社会学家和医生们完全忽视,它并非是一个新学科,它已存在几个世纪之久……在欧洲的医学和社会学领域存在大量有关这个学科的全面研究……我真的无法理解为何我们国家在这个领域的研究如此匮乏。"[④]汉密尔顿决定亲自进行调查,将其改革热情和追求科学的愿望结合起来。由于缺乏可靠的信息,她最初只能介绍一些困扰欧洲工人的疾病,并敦促美国人重视这一问题。

随着产业工人运动的发展,美国公众开始意识到职业性疾病的严重性。在芝加哥,西北安置所的威廉·哈德(William Hard)撰写的系列文章介绍了工伤事故问题,并将美国因公受伤的工人的待遇与欧洲工人对比,进而提出美国工业中存在的问题。[⑤] 成立于1906年的美国劳动立法协会(American Association of Labor Legislation,AALL)在推动工业卫生目标实现的过程中做出了重要贡献。1908～1912年,它成立了一个致力于工业卫生的委员会,资助了两次关于工业疾病的会议,并承办了一次展览;它还起草了一份备忘录,请求塔夫脱总统成立一个委员会,专门负责调查职业性疾病并寻找对策。[⑥] 其中,由该协会的行政秘书约翰·B. 安德鲁斯(John B. Andrews)发起的对火柴厂工人磷毒性颌骨坏死[⑦]的调查影响最大。虽然美国的医生了解这种疾病,但却认定美国火柴业的洁净环境不会

---

① Alice Hamilton,"Is Science for or against Human Welfare?" *The Survey*, Vol. XXXV (Feb. 5,1916),pp. 560～561.

② Thomas Oliver, *Dangerous Trades: The Historical, Social, and Legal Aspects of Industrial Occupations as Affecting Health*. London: J. Murray,1902.

③ Alice Hamilton,"Industrial Diseases with Special Reference to the Trades in Which Women Are Employed." *Charities and the Commons*, Vol. XX(Sep. 5,1908),p. 655.

④ Alice Hamilton,"Occupational Diseases." *Human Engineering*, Vol. 1(1911),p. 142.

⑤ Wilma Ruth Slaight,"Alice Hamilton: First Lady of Industrial Medicine",p. 41.

⑥ Barbara Sicherman, *Alice Hamilton, A Life in Letters*, p. 154.

⑦ 该疾病指的是白磷粉末或含有白磷的气体通过侵入坏掉的牙齿使颌骨发生脓肿,严重者只能通过外科手术移除部分颌骨。同时,该疾病也有可能导致眼窝发生病变或血液中毒。

产生这种疾病。经调查,安德鲁斯发现,15个火柴厂中有150例磷毒性颌骨坏死病,其中一些非常严重,必须移除颌骨或一只眼睛,还有一些将死于血液中毒,这一调查结果引起一片哗然。最终,安德鲁斯的调查推动了两年后《白磷火柴法案》(The White Phosphorus Match Act)的通过,建立了对白磷火柴的高额税收。汉密尔顿称赞该调查是一项伟大的改革,但同时也指出,其他行业并没有如此简单,因为这项调查牵涉的工业毒物仅用于一个行业,存在安全的替代品,且中毒症状易被辨识。① 尽管如此,安德鲁斯的调查在美国的工业环境领域产生了重要影响,也使汉密尔顿更加坚信职业性疾病会对工人的健康造成严重危害,为她以后的工业调查提供了启发。

1908年,汉密尔顿同安德鲁斯在"赫尔之家"碰面,二人就职业性疾病、工人健康、工业环境调查等问题进行了深入的交流,坚定了汉密尔顿致力于这一研究的决心。同年,《慈善与平民》杂志(*Charities and the Commons*)刊登了汉密尔顿撰写的文章《有关雇用女性行业中的工业疾病》(Industrial Diseases with Special Reference to the Trades in Which Women Are Employed)。文章中,汉密尔顿将危险行业分为两类:第一类是本身具有危险性的行业,这些行业中含有很多有毒物质;第二类本身不含有危险物质,其危险主要由特殊的工作环境造成。②

第一类危险行业涉及铅、砷、磷、苯胺、二氧化硫及其他有毒物质,如纺织业、燃料业、制陶业、火柴业等。在所有毒物中,汉密尔顿认为铅位列榜首,因为铅被广泛应用于工业生产中。据一位法国作家估计,铅被应用于111个不同的行业中。汉密尔顿认为女性不应从事与铅相关的行业,因为她们的神经系统更容易受到铅中毒的影响。另外,铅还可能导致女性流产、死胎及影响婴儿的健康等。在英国、法国、德国、荷兰等国家,铅行业被列为极危险行业,并受到严格控制。雇主们被要求尽量引进机器,并防止工人在生产过程中吸入铅。③ 汉密尔顿批评美国尚未重视这一问题,也未调查是否存在工人铅中毒问题。

第二类行业本身不具有危险性,但恶劣的工作环境会危害工人的健康。汉密尔顿指出服装业、烟草业、假花制造业、蛋糕制作业本身不含有害

① Alice Hamilton, "Nineteen Years in the Poisonous Trades." *Harper's Monthly Magazine*, Vol. 159, No. 953(Oct. 1, 1929), p. 581.

② Alice Hamilton, "Industrial Diseases with Special Reference to the Trades in Which Women Are Employed", p. 655.

③ Alice Hamilton, "Industrial Diseases with Special Reference to the Trades in Which Women Are Employed", p. 655.

物质，但这些行业的工作环境让人惊悚，这是导致女性健康遭到破坏的原因。[①] 还有一些行业由于环境极度潮湿或炎热而导致危险的产生，如洗衣业、果酱业、罐头食品业等。[②] 汉密尔顿明确表示这些行业必须改革："如果我谈到的这些问题是必然的，那么我们大可对它们视而不见。但既然每个文明国家都证明工业完全可以在不以生命和健康为代价的前提下得到发展，那就要关注这些问题……我们不应让无知、无助的人们遭遇他们意识不到的危险。对于危险行业，我们必须牢记，我们面对的是一群没有自由的人，他们很大程度上别无选择。"[③]对工人健康的担忧促使汉密尔顿立志要对危险行业进行必要的调查和改革。

1908 年 12 月，汉密尔顿接受了伊利诺伊州州长查尔斯 · S. 迪宁(Charles S. Deneen)的任命，在伊利诺伊州职业病委员会任职，成为九个委员中唯一一位女性，该委员会的任务是调查伊利诺伊州的职业性疾病问题。经过调查，委员会出台了一份报告，曝光了存在严重职业性危害的产业；它还呼吁更广泛、更详尽的研究，并提议立法机构开展一项为期两年的工业疾病调查，由具备细菌学、化学和病理学的医学专家负责。一年后，该提议被通过，并获得了九个月的资助，这项调查被称为"伊利诺伊州调查"。1910 年 3 月，汉密尔顿辞去委员一职，担任此次调查的医疗督察员。最初，汉密尔顿对这项调查并没有足够信心，因为没有任何先例可供参考，同时还可能遭遇生产者的抵触和工人的不配合。

"伊利诺伊州调查"伊始，无人知晓应从哪个行业入手。经过斟酌，汉密尔顿决定先调查本身含有毒物的行业。[④] 相比而言，这些行业更容易调查，因为工人的中毒症状比较明显，疾病和职业之间的联系较为清晰。[⑤] 与铅相关的行业首先成为汉密尔顿调查的对象。铅是广泛用于工业生产的毒物，它所引发的职业性中毒占 95%以上。当一个人暴露于含铅的粉尘中或用沾了铅的双手进食时，铅便会在身体中累积，通常首先影响的是消化系统和血液。[⑥] 少量吸入不会即刻产生不适，因而不易被发现，但慢

---

① Wilma Ruth Slaight,"Alice Hamilton:First Lady of Industrial Medicine",pp. 42～43.

② Alice Hamilton,"Industrial Diseases with Special Reference to the Trades in Which Women Are Employed",p. 657.

③ Alice Hamilton,"Industrial Diseases with Special Reference to the Trades in Which Women Are Employed",pp. 658～659.

④ Alice Hamilton,"Occupational Diseases."*Human Engineering*,Vol. 1(1911),p. 143.

⑤ Alice Hamilton,"Lead Poisoning in Illinois."*The Journal of the American Economic Association*,4th series,Vol. 1,No. 2(Apr. 1911),p. 257.

⑥ Alice Hamilton,"Women in the Lead Industries."*Bulletin of the United States Bureau of Labor Statistics*,No. 253. Washington:Government Printing Office,1919,p. 5.

性铅中毒会导致各种疾病，如丧失食欲、口臭、消化不良、头疼、便秘、绞痛等，甚至死亡。① 这次调查的对象是伊利诺伊州 28 个可能产生铅中毒的行业，包括铅白生产、氧化物生产、瓷釉和装饰、橡胶生产、印刷等行业。事实上，仅在过去三年中，这些行业中出现的铅中毒案例就达 568 例，而这可能仅仅代表其中的一小部分。②

汉密尔顿于 1910 年 3 月开始调查上述行业时，委员会给予了她最大的自由，允许她利用一切可利用的资源。汉密尔顿自己承认，即便她对英国和欧洲其他国家使用铅的行业有所了解，但她对伊利诺伊州的铅行业却一无所知。将近六周时间，她都聘请不到一位合适的助手。工厂调查员也无法为她提供有用的信息，因为他们对不同行业所使用的物质并不了解。③ 汉密尔顿只能选择同管理层、工会、工人领袖、工厂调查员、工人、医生等多方沟通，经过甄别获得有用的信息。这项工作耗时耗力，通常她需要咨询几十个人，参观上百个组织。

汉密尔顿在社区改良运动中的工作使她建立了对移民工人的信任。因此，她认为工人诚实而发自内心的讲述为她提供了更加重要的数据和事实，增加了她对危险的工作环境的了解。在她看来，这些远远比他们的雇主更加可信。④ 经过逐步的调查和总结，汉密尔顿建立了一个固定模式：通过实地调研了解工厂生产和工人生活，揭露工作环境中存在的危害，带着问题到当事人家中进行采访，与他们促膝长谈。这里没有工头的监督，谈话形式更自由，且工人的妻子们还能提供很多有价值的信息；向牧师、工人领袖、慈善工作者、企业家、药店、附近医院的医生和护士等进行咨询。汉密尔顿利用一切可能的来源收集有关职业性疾病的数据，她撰写的研究报告首次广泛采用了医院和诊所的记录，并将疾病同具体职业相结合，这些都为她日后的工作积累了经验。⑤

调查过程并非一帆风顺，汉密尔顿常遭到工厂管理层和医生的抵触，有些管理者会提供有价值的信息，而有些则故意提供错误信息。因此在和

---

① *Report of Commission on Occupational Diseases to His Excellency Governor Charles S. Deneen*. Chicago：Warner Printing Co. ：Jan. 1911，p. 21.

② Alice Hamilton，"Lead Poisoning in Illinois"，p. 257；Alice Hamilton，"Forty Years in the Poisonous Trades."*American Industrial Hygiene Association*，Vol. 56，No. 5(May，1995)，pp. 423～436. 由于本文是网页格式，故具体页码不详。

③ Alice Hamilton，"Occupational Diseases."*Human Engineering*，Vol. 1(1911)，p. 144.

④ Elizabeth Fee，and Theodore M. Brown. "Alice Hamilton：Settlement Physician，Occupational Health Pioneer."*American Journal of Public Health*，Vol. 91，No. 11(Dec. ，2001)，p. 1767.

⑤ Barbara Sicherman，*Alice Hamilton*，*A Life in Letters*，p. 157.

管理者交流之前，汉密尔顿需要对工厂进行全面了解。同时，许多移民工人未意识到，管理层缺乏责任感也是导致工作中存在潜在危险的重要原因，这使得他们暴露于完全可以避免的危险环境中。汉密尔顿还发现很多人为了不丢掉工作机会隐瞒事实，这加剧了问题的严重性。受雇于工厂的医生通常只对雇主负责，不愿提供真实的信息。即使有些医生承认工厂中普遍存在铅中毒现象，也很少有人能记住具体病例，这种模糊的说法毫无价值。有些人辩称工业疾病源于工人自身的卫生问题，很多工人的饮食并不健康，也极少洗手；更有甚者称工人酗酒是导致工业疾病的原因。经过研究，大量证据显示铅粉和铅雾是导致大部分铅中毒病例的元凶，粉尘的浓度直接决定了铅中毒的概率。因此，汉密尔顿建议建立严格的卫生标准，缩短工作时间，降低工人的疲劳程度。①

在调查过程中，汉密尔顿还发现很多雇主对工业毒物毫无了解。② 她相信无知是导致问题产生的主要原因，一旦他们了解职业性危害对工人造成的负面影响，他们定会进行必要的改革。汉密尔顿充分发挥女性的优势，通过循循善诱的方式向雇用者或管理者指出潜在的危险，然后耐心说服他们采取简单的防护措施，这种技巧来自“赫尔之家”莱斯罗普的经验。1910 年 6 月，一位在汉密尔顿看来很仁慈的雇主告诉她，他的工厂绝不存在铅中毒问题。而这里的一位黑人工人却向汉密尔顿透露，11 个月中他遭受了四次绞痛，他的一位工友工作了一年半后，上周不幸离世。这位雇主获悉后立即聘请医生每周对工人进行一次体检。五个月后，当汉密尔顿再次造访时，他出示了医生的诊断，证实 1/8 的工人遭受了铅中毒，他对此采取了积极的对策。③ 对于一些无法沟通的雇主，汉密尔顿会采取另一种方式：发动关系与工人取得联系，说服他们进行改变；向生产企业团体或个人进行演讲。在伊利诺伊州调查期间，她在一个全国性铅生产行业负责人会议上发表了讲话，详细阐释了美国和欧洲所采用的工业生产方式的差异，解释了为何美国的工业存在更多危险，并鼓励美国的企业进行改革。④

在参观了伊利诺伊州的 300 多个冶炼厂和其他工厂后，汉密尔顿发现本州 77 个不同职业在过去两年中出现了大量的铅中毒事件，而这些问题

---

① “Alice Hamilton Issues Pamphlet on Lead Poisons.” *The Labor Journal*, Vol. 22, No. 16 (May 2, 1919), p. 1.

② Alice Hamilton, “Occupational Diseases.” *Human Engineering*, Vol. 1(1911), p. 146.

③ Alice Hamilton, “Occupational Diseases”, pp. 146～147.

④ Wilma Ruth Slaight, “Alice Hamilton: First Lady of Industrial Medicine”, pp. 57～61.

是完全可以避免的。[①] 汉密尔顿所发现的铅中毒案例并不能代表这一时期本州工业疾病的准确数据，因为这些数据均来自医生的诊断和工厂的记录，还有很多病例并未记录在案；同时，很多移民工人在刚刚出现中毒迹象时便离开了工作岗位。因此，这些数据都无法准确地涵盖全部的中毒案例。[②] 在这些铅中毒案例中，以铅白工厂、铅熔炼、蓄电池生产、油漆和涂料行业所占比例最高。1910 年发生的 304 个案例中，有 62%来自这五个行业。通过对这些行业的工作环境以及所采用的方法进行调研，汉密尔顿发现，这五大行业是美国最为危险的行业。然而，这些危险是可以被消除的，只要在方法上进行稍微调整或提高警惕，安全系数将会大大提高。[③]

汉密尔顿还将伊利诺伊州的情况同欧洲国家进行比较，发现情况更加糟糕。结果显示，在英国伦敦的一个蓄电池厂，雇员人数为 100 人，1910 年无一例铅中毒事件。而在芝加哥一个 15 人的工厂里，9 个月内连续 2 人因铅中毒被送往医院；[④]在德国杜塞尔多夫一个雇员人数为 150 人的工厂里，1910 年只有 2 例铅中毒事件。同年，在伊利诺伊州一个雇员数量为 142 人的铅白(white lead)[⑤]工厂中，就有 25 个铅中毒者；英国的一个铅白工厂共雇用 90 名工人，连续五年无一例铅中毒事件。而在一个雇员数量为 85 人的美国铅白工厂中，6 个月内 35 名工人遭遇了铅中毒。[⑥] 由此可见，之前很多人所认为的美国铅中毒病例少于老牌欧洲国家的观点是错误的，伊利诺伊州的铅冶炼厂、蓄电池生产厂、油漆业和卫生洁具业等的铅中毒问题都非常严重。除了对使用铅的行业进行调查外，伊利诺伊州的调查还包括对汞、硝酸、苯胺、砷、黄铜、锌、一氧化碳、氰化物和松脂等相关行业的调查。其中，汉密尔顿更关注汞和砷的危害，但和铅相比，这两种毒物的使用范围较小，因此未构成大规模的危害。此项大调查有 23 名医生、数名医学专业的学生和社会工作者实际参与，并有许多协助者提供了帮助。之前虽有类似的调查，但并没有如此大的规模，这为以后的工业调查提供了借鉴。[⑦]

---

① Alice Hamilton, "Nineteen Years in the Poisonous Trades." *Harper's Monthly Magazine*, Vol. 159, No. 953(Oct. 1, 1929), p. 581.

② Alice Hamilton, "Lead Poisoning in Illinois." *The Journal of the American Economic Association*, 4th series, Vol. 1, No. 2(Apr., 1911), pp. 257, 259.

③ Alice Hamilton, "Lead Poisoning in Illinois", p. 258.

④ Alice Hamilton, "Lead Poisoning in Illinois", p. 260.

⑤ 铅白，即碱式碳酸铅，又称白铅粉。白色粉末，有毒。主要用于制造珠光塑料、珠光漆料、防锈油漆、绘画涂料、户外用漆、陶瓷等。

⑥ Alice Hamilton, "Occupational Diseases." *Human Engineering*, Vol. 1(1911), p. 147.

⑦ Barbara Sicherman, *Alice Hamilton, A Life in Letters*, p. 158.

通过调查，汉密尔顿及其他几位调查员提出了预防工业疾病的方法。1911 年 1 月，伊利诺伊州职业病委员会将一份调查报告提交给州长，之后转交给立法机构。该报告首先对委员会的工作内容进行了介绍，并提供了建立相关法律的建议，还对一些特定行业提出了各项要求。① 汉密尔顿在报告中指出铅混合物的危险等级以及伊利诺伊州数量庞大的铅中毒案例，并提出保护工人的措施，即首先控制粉尘；其次，提高对工人的防护，培训工人自我防范的方法。换句话说，工人不应暴露于充满铅粉的空气中，或在未洗手的情况下进食，或穿着沾满铅粉的衣服回家。雇主应为工人提供牛奶，因为牛奶带来的饱腹感能抑制铅的吸入。汉密尔顿还提议缩短危险行业的工时，定期对工人进行体检。② 其他调查员也在报告中证实了职业性疾病给伊利诺伊州劳动力带来的巨大危害。

调查结果引起了州立法机构的重视，它全面接受了该委员会提出的保护工人健康的提案，推动了《1911 年职业性疾病法案》（The Occupational Disease Act of 1911）的通过。该法案规定，雇主有责任为雇员提供合理的保护，包括保护性服装、口罩和通风设施。具体来说，雇主应无偿为接触铅、铅白、铬酸铅、铅黄、黄铜、锌等有毒物质的工人提供工作服，聘请一位合格的医生每月为工人进行体检，并由这位医生将体检报告提交给州卫生委员会和州工厂巡查部（The State Department of Factory Inspection）；雇主应为工人提供独立的盥洗室、更衣室和洗浴间，禁止在危险的生产过程中进食、饮水；雇主必须以易懂的语言对法律规定的所有危险区域进行说明，警示工人可能存在的风险。该法案由本州的工厂巡查部负责执行，并由调查者决定保护工人的具体方式及对违反规定的雇主的处罚等。③ 该法通过后，其他各州纷纷效仿，通过了类似的法律。到 1937 年，几乎所有主要的工业州和部分非工业州均通过了有关工业疾病赔偿的法律。

遗憾的是，1911 年，"伊利诺伊州调查"戛然而止，州立法机构终止了对职业性疾病委员会的资助。④ 虽然调查已结束，但汉密尔顿和其他调查员的努力使委员会的工作和工业疾病问题被公众广泛了解，并引起了政

---

① *Report of Commission on Occupational Diseases to His Excellency Governor Charles S. Deneen*. Chicago：Warner Printing Co.：Jan.，1911.

② "Report of Dr. Alice Hamilton on Inverstigation of the Lead Troubles in Illinois，from the Hygienic Standpoint."*Report of Commission on Occupational Diseases to His Excellency Governor Charles S. Deneen*，p. 23.

③ Wilma Ruth Slaight，"Alice Hamilton：First Lady of Industrial Medicine"，pp. 55～56.

④ Angela Nugent Young，"Interpreting the Dangerous Trades：Workers' Health in America and the Career of Alice Hamilton，1910～1935."Ph. D. diss.，Brown University，1982，p. 41.

府、雇主和工人的重视。许多州还将伊利诺伊州调查视作经典，以它为范本展开对本州工业疾病的调查。对于汉密尔顿本人来讲，最让她欣慰的就是她的研究引起了医学界对工业疾病的重视，推动了对美国工业环境的改善。

1910年，伊利诺伊州调查尚在进行之时，汉密尔顿受伊利诺伊州职业性疾病委员会派遣，前往欧洲参加在布鲁塞尔举办的第四届国际职业事故和疾病大会（The Fourth International Congress on Occupational Accidents and Diseases），同时肩负着学习铅行业实践经验的任务。和当时其他盲目乐观的美国人一样，汉密尔顿也曾相信美国的工业中毒远远少于他国，因为美国拥有世界上先进的生产方式和健康的工人。① 但在大会上，欧洲国家提到的普遍采用的工业预防措施使汉密尔顿自惭形秽；与会者提出的关于具体行业的铅中毒比例、法律限制和赔偿计划等问题也让她无言以对；来自柏林的一位医生甚至称美国没有工业卫生。② 会议上遭受的挫折促使汉密尔顿更加坚定了继续深入调查美国工业的中毒问题及推进工业改革的决心，为她之后接受联邦调查的任务埋下了伏笔。

事实上，美国并非没有工业疾病，也并非没有工业卫生。一些医生曾撰写了关于工业安全和职业性疾病的文章、报告和著作，提出工业卫生是公共卫生领域被忽视的问题，其中很多还受到政府机构的资助。③ 纽约州劳工部工厂医学调查员C. T. 格林汉姆·罗杰斯（C. T. Graham-Rogers）曾在一份报告中批评美国政府和公众对工业卫生和工人健康的迟钝和漠视。他指出，一个国家的大多数人口都与工业环境存在着关联，所以从经济角度看，工业卫生问题不仅对于工人和工厂至关重要，同时也是关乎一个国家未来和命运的关键问题。而事实是，当美国人谈及公共卫生话题时，往往只关注居民的整体生活状况，将疾病预防和相关环境的改善作为政策和改革的重要内容，却极少将目光转向工人的工作问题，工业卫生对于公共卫生的重要性很少被提及。工人三分之一的时间处于工作状态，但其工作环境却令人汗颜。户外活动和娱乐活动的缺乏、卫生状况堪忧、漫天的灰尘和污染的空气都对他们的身体造成了极大的伤害。他呼吁政府、

① Alice Hamilton, "Nineteen Years in the Poisonous Trades." *Harper's Monthly Magazine*, Vol. 159, No. 953(Oct. 1, 1929), p. 581.

② Alice Hamilton, *Exploring the Dangerous Trades: The Autobiography of Alice Hamilton*. Boston: Little, Brown and Company, 1943, pp. 127～128.

③ C. T. Graham-Rogers, M. D., "Industrial Hygiene: A Neglected Field of Public Health Work." Read before the General Sessions of the American Public Health Association, Colorado Springs, Sep. 1913.

学校、卫生学家和公众能给予工人足够的重视。[①] 到20世纪，联邦政府开始关注工业卫生。商务和劳工部(Department of Commerce and Labor)下属的劳工局(Bureau of Labor)[②]是第一个涉足工业卫生领域的政府机构。自1905年查尔斯·尼尔(Charles Neill)担任劳工局局长后，他便将该局的工作集中于工人健康方面，并在其公告上刊登了大量有关危险行业的调查及职业死亡率和发病率等方面的数据。

汉密尔顿在1910年布鲁塞尔会议上所做的题为"美国的铅白产业"(The White Lead Industry in the United States)的报告及在伊利诺伊州调查中的优秀表现给尼尔留下了深刻的印象。他决定邀请汉密尔顿加入当时的劳工局，委任她开展一项类似于伊利诺伊州调查的工作，主要针对全国范围内的铅生产行业，之后可能涉及其他危险行业，这次调查被称作"联邦调查"。劳工局不仅要求汉密尔顿就危险行业提供10份报告，而且委托她研究制订工人健康的计划。此次调查不是按州开展，而是按行业在全国范围内进行。[③] 至于调查方法、时间安排及其他细节则由汉密尔顿全权决定，最终调查结果将在美国劳工局公告上不定期刊登，以便公众及时掌握动态。[④] 汉密尔顿接受了尼尔的邀请，希望她的调查能推动美国工业医学的进一步发展。

作为一名工业疾病特别调查员，汉密尔顿开始了为期10年的医学文献的回顾工作、实验室研究和田野调查。对于她来说，这次联邦调查不受各种陈规的束缚，它是一场自由、独立的经历，并获得了劳工局的大力支持和帮助。[⑤] 唯一的问题是，虽然汉密尔顿是劳工局的成员，但她无权自由进入工厂，是否被允许进入被调查的工厂完全取决于工厂管理层的态度。然而，华盛顿官员的拜访对于工厂来说是件严肃的事情。通常情况下，汉密尔顿都会畅通无阻，虽然有时候他们会掩盖一些真相。[⑥]

1911年，汉密尔顿开始了对铅白和氧化铅工业的调查。当时大部分铅厂使用大量干铅，由于缺乏有效的收集方式，生产环境经常被严重污染，

---

① C. T. Graham-Rogers, M. D., "Industrial Hygiene: A Neglected Field of Public Health Work", pp. 1～3.

② 该部门于1913年更名为劳工统计局(Bureau of Labor Statistics)，附属于美国劳工部(Department of Labor)。

③ Alice Hamilton, "Nineteen Years in the Poisonous Trades", p. 582.

④ Alice Hamilton, *Exploring the Dangerous Trades: The Autobiography of Alice Hamilton*, p. 128.

⑤ Alice Hamilton, *Exploring the Dangerous Trades: The Autobiography of Alice Hamilton*, p. 129.

⑥ Alice Hamilton, "Nineteen Years in the Poisonous Trades", p. 583.

外墙上的铅白被吹入工作间，地上到处是铅白斑块，工人吃着沾满铅的三明治，长期暴露于导致慢性铅中毒的环境中。① 汉密尔顿首先调查的是费城的一个老工厂韦瑟里尔兄弟公司(Wetherill and Brother)。参观工厂的过程中，汉密尔顿发现几个生产车间的环境非常恶劣。当地医院的病例显示，该厂已发生过27起铅中毒事件。在公司秘书兼经济主管韦伯斯特·金·韦瑟里尔(Webster King Wetherill)的要求下，汉密尔顿为该公司提供了详细的安全建议。几天后，韦瑟里尔聘请医生为工人进行体检，并向汉密尔顿寻求帮助。② 1911年7月，汉密尔顿的铅白研究由劳工局出版，充分证明工业慢性铅中毒的普遍性。

调查期间，汉密尔顿共走访了22个铅白工厂，记录了358个慢性铅中毒案例，包括6个月内发生的16例死亡案例。汉密尔顿建立了一种独特的方法，即对工厂进行全面调查、建立疾病同特定工业生产之间的关联及收集铅中毒医学诊断病例。该调查取得了巨大成就，在铅白报告发表之前，11个工厂已对其工作环境进行了改善，5个表达了改革的意愿。在接下来的三年中，汉密尔顿继续研究陶器、瓷砖和陶瓷卫生洁具业、油漆业、冶炼业及蓄电池生产中的铅中毒问题。③ 以陶器、瓷砖和陶瓷卫生洁具业为例。汉密尔顿共走访了9个州的68个陶瓷厂和其他工厂，涉及的工人数量达2505名，包括2112名男性和393名女性。调查内容包括处理含铅釉料的方法、工人在釉料使用过程中的暴露程度、采取了何种预防措施、工人的生活环境、国籍、工作性质及铅中毒的发生情况等。调查过程中，汉密尔顿特别关注可能发生铅中毒的过程，包括釉料调制、上釉、釉料未干之前与洁具接触、多余釉料的清除、用含铅颜料修饰洁具、地板和工作台的清洁等。④ 调查结果显示，该行业未采取任何防护措施，因此工人铅中毒率很高，工人的中毒症状也较明显。从1910～1911年，仅仅两年时间，白瓷工厂中的796位男性里，发生了60例铅中毒事件。其中，39例发生在第二年。被调查的150名女性中，铅中毒案例达到43例，29例发生于1911年。⑤ 由

---

① Barbara Sicherman, *Alice Hamilton, A Life in Letters*. Cambridge, Mass.: Harvard University Press, 1984, p. 158.

② Barbara Sicherman, *Alice Hamilton, A Life in Letters*, p. 158.

③ Barbara Sicherman, *Alice Hamilton, A Life in Letters*, p. 166.

④ Alice Hamilton, "Lead Poisoning in Potteries, Tile Works, and Porcelain Enameled Sanitary Ware Factories." *Bulletin of the Untied States Bureau of Labor*, Industrial Accidents and Hygiene Series, No. 1 (Aug. 7, 1912), pp. 5～6.

⑤ Alice Hamilton, "Lead Poisoning in Potteries, Tile Works, and Porcelain Enameled Sanitary Ware Factories", p. 8.

于当时缺乏有关铅中毒的可靠临床试验，汉密尔顿采用了一个严格的标准判断是否铅中毒，即一条明显的铅线的出现（指黑色硫化铅堆积导致牙龈上出现的一条蓝色的线）或一位医生的诊断。[①]

1912 年 8 月，汉密尔顿的报告《陶器、瓷砖和陶瓷卫生洁具工厂中的铅中毒问题》（Lead Poisoning in Potteries，Tile Works，and Porcelain Enameled Sanitary Ware Factories）在劳工局第 104 期公告上刊登。该报告通过对釉料的成分、瓷器上釉和装饰的过程、雇用工人的数量、存在的危险、卫生状况、铅中毒情况等方面的介绍，指出这些行业均使用铅的共同点，强调了艺术陶瓷和实用陶瓷业的高中毒率和低薪酬问题。报告还列出易于铅中毒的具体过程及其原因。风险的高低取决于釉料中所使用的铅的数量和保护工人的措施及手段。汉密尔顿对被调查的几个行业中使用的含铅量以及严重不足的防护措施进行了披露，让政府和公众更好地了解这些工厂中潜在的风险。同时，她还指出铅中毒的症状、过程及结果，希望工人及早发现病灶，也期望政府和工厂重视工作环境问题，保护工人的健康。[②]

次年 1 月，这份报告遭到俄亥俄州卫生委员会成员 H. T. 萨顿（Dr. H. T. Sutton）的抨击。他指责“这个女人”的报告“过度夸张，很明显充满恶意、诽谤，甚至会让人误入歧途”[③]。听闻萨顿的抨击后，汉密尔顿写信给劳工局的一名经济学家查尔斯·H. 维里尔（Charles H. Verrill）。信中她明确指出观点的来源及相关信息，表达出自己对俄亥俄州职业性疾病法律的失望。她认为，医生对他们所在公司的忠诚削弱了该法律的执行，“对于萨顿医生的指责，我不知该如何应对。他是曾斯维尔市（Zanesville）美国琉璃瓦工厂雇用的医生……我翻看了我调查曾斯维尔市工厂时的记录，发现了和萨顿医生交谈过程中快速记下的几行内容‘他亲眼看见了铅中毒性绞痛（the lead colic），并常到该厂对这些女孩进行治疗……一年内他亲历了近 12 个这样的病例，他认为还有很多慢性铅中毒病例未被发现’。你们可以看出，他并未否认曾斯维尔市存在铅中毒问题”[④]。

汉密尔顿特别强调工业医生在与工业疾病斗争中的重要性。她认为与工业疾病斗争远远难于与工业事故斗争，因为疾病是否产生于工业这一问题很难界定。要控制疾病，首先要预防疾病，而这项工作应由工业医生

---

① Barbara Sicherman，*Alice Hamilton*，*A Life in Letters*，p. 167.

② Alice Hamilton，“Lead Poisoning in Potteries，Tile Works，and Porcelain Enameled Sanitary Ware Factories”，pp. 3～4，6～8.

③ Barbara Sicherman，*Alice Hamilton*，*A Life in Letters*，p. 169.

④ Alice Hamilton to Charles H. Verrill，Feb. 12，1913，in Barbara Sicherman，*Alice Hamilton*，*A Life in Letters*，pp. 170～171.

承担，这是他应承担的最重要的义务和责任之一。关于如何践行这一义务，汉密尔顿提出了几项建议：首先，工业医生应充分了解他所在的行业。只有对工厂涉及的物质及其对工人的影响了如指掌才能有效地帮助工人避免中毒事件发生；其次，工业医生应加强对疾病预防的研究工作。他既需要了解国外的情况，又有必要研究本地的特点；最后，工业医生要加强对工人的教育，广泛宣传自己的研究成果。例如，一位医生可以向工人详细解释工作中可能存在的风险。① 只有通过这些方式，工业疾病才能得到有效的缓解甚至是避免。

汉密尔顿的联邦调查比伊利诺伊州调查更加精准、全面。她收集了不同行业中有关职业性中毒的数据，根据行业的不同对职业性疾病进行分类，利用描述性和分析的方法对危险的工作环境进行总结，向工人解释危险的形成过程及避免危险的方法；她还对工人换班周期、工厂建筑中的温度和湿度、通风条件等进行记录，并通过拍摄照片的形式记录工作场所如何产生有毒物质及工人如何暴露于有毒气体或物质中；她还向工人们求助以获得更直观的信息，对她的临床描述进行补充。② 通常，调查报告被刊登于政府公告中，主要包含如下内容：首先厘清进行调查研究的原因；其次描述各个生产过程中产生的毒物及其产生的影响；最后列举一些工厂消除危险的经验或提供有关安全的建议。③ 汉密尔顿的报告被哈佛医学院的主任大卫·埃兹尔（David Edsall）称作是“该领域最全面、质量最高的”④，她的研究也使劳工统计局公告（The Bulletin of the *Bureau of Labor Statistics*）和《每月评论》（*Monthly Review*）进入医学专家和临床医生的视线。

通过确认有毒行业、开展循序渐进的改革，美国的工业环境得到了极大的改善，疾病和死亡也得到了控制。汉密尔顿所从事的将科学、人道主义和社会现实相结合的工作使自己实现了一直以来“让世界更加美好”的目标，同时也摆脱了强加于女性身上的枷锁。⑤ 伴随着外界对她的认可，

---

① Alice Hamilton, "The Fight Against Industrial Diseases: The Opportunities and Duties of the Industrial Physician." *The Pennsylvania Medical Journal*, Vol. XXI, No. 6 (Mar. 1918), pp. 378～380.

② Angela Nugent Young, "Interpreting the Dangerous Trades: Workers' Health in America and the Career of Alice Hamilton, 1910～1935." Ph. D. diss., Brown University, 1982, pp. 49, 50, 52.

③ Barbara Sicherman, *Alice Hamilton, A Life in Letters*, p. 73.

④ Angela Nugent Young, "Interpreting the Dangerous Trades: Workers' Health in America and the Career of Alice Hamilton, 1910～1935", p. 41.

⑤ Barbara Sicherman, *Alice Hamilton, A Life in Letters*. Cambridge, Mass.: Harvard University Press, 1984, pp. 180～181.

其自信也不断增加。1911～1912年,汉密尔顿被任命为芝加哥病理学学会(Chicago Pathological Society)会长,1914年担任美国公共卫生协会新成立的工业卫生部副主席,两年后接任主席。到1915年,汉密尔顿成为美国研究工业毒物和工业疾病的少数专家之一。

1914年第一次世界大战爆发,一战使美国工人陷入前所未有的危险境况,也使医疗调查员面临更加复杂的问题。战争切断了德国的化学产品供应链,来自协约国的大量订单促使美国的化学产品和军火生产业膨胀,这导致大量受雇于这些产业的美国工人开始遭受随之而来的健康风险。据估计,一战前美国每年炸药(TNT)的产量是454吨;到1919年,每月生产的TNT量达到7258吨。在化工业的支持下,一战变成化学家的战争。① 1918年夏,全国研究委员会(The National Research Council)承担了一项对军火业中工业中毒问题的调查,其中一项工作就是派遣6名接受过实验室和临床训练的医学专业学生对6个TNT工厂进行调研,就TNT如何进入人体、对不同种族和性别的人群的影响程度、气候对中毒的影响、人体排出TNT所需的时间、哪种TNT毒性更大、TNT中毒产生的症状等问题搜集数据。这6个工厂中,共有402个工人接受了检查。② 通过调查,有关TNT中毒和预防的信息开始明晰。③ 由于市场的盲目膨胀且缺乏经验和对潜在危险的不了解导致安全生产被完全忽视,"一切产品被快速生产,工人所需的保护却被暂缓"④。面对这种情形,美国劳工统计局开始调查与战争相关的行业中存在的危险,并委派汉密尔顿研究军火业中工人的健康问题。

汉密尔顿是和平主义者,她和一些组织合作揭露了炸药工业中存在的危险,建立了工人保护标准。她参加了劳工部战时办事处和劳工统计局的活动,还服务于国家防卫顾问委员会工业疾病、毒物和炸药委员会。⑤ 在劳工统计局的委派下,汉密尔顿于1916年4月到12月开展了对炸药工厂中工人中毒问题的调研。为了了解这些危险行业,汉密尔顿开始研究有机

① Wilma Ruth Slaight,"Alice Hamilton: First Lady of Industrial Medicine." Ph. D. diss., Case Western Reserve University, 1974, p. 84.

② Alice Hamilton,"Industrial Poisons and Diseases." *Monthly Labor Review*, Vol. 8, No. 1 (Jan., 1919), pp. 248～249.

③ Alice Hamilton,"Trinitrotoluene as an Industrial Poison." *Journal of Industrial Hygiene*, Vol III, No. 3(July, 1921), p. 102.

④ Alice Hamilton,"Industrial Poisons Used in the Making of Explosives." *Monthly Review of the U. S. Bureau of Labor Statistics*, Vol. IV, No. 2(Feb., 1917), p. 178.

⑤ Angela Nugent Young,"Interpreting the Dangerous Trades: Workers' Health in America and the Career of Alice Hamilton, 1910～1935", p. 83.

化学，扩充有关工业毒理学的知识。由于这些行业牵涉各个利益集团，汉密尔顿不得不在各种利益中周旋以推进自身的研究和改革。

汉密尔顿对41个生产炸药的工厂进行了调查，围绕炸药生产过程中使用或产生的有毒物质展开。调查过程中，汉密尔顿发现生产中产生的气体会严重刺激喉咙和支气管，吸入肺部会中毒，甚至激活潜伏的结核菌。汉密尔顿强烈建议易受感染的黑人群体和有呼吸道疾病的人群远离这一行业。① 然而，她的建议却被束之高阁。汉密尔顿收集了大量数据，并撰写了一份详细的报告。在报告中，她不仅回顾了和化工业危害相关的医学文献，比较了不同工厂的生产状况，还明确指出各种化学物质如何对工人造成危害，对工人的危害和疾病进行了评估，为工厂的运作和卫生提供了实际建议，大大补充了当时的工业化工手册和有机毒物文献的缺憾。② 1918年，汉密尔顿和新泽西州劳工部专员路易斯·T. 布莱恩特（Lewis T. Bryant）合作发表的文章《工业事故和疾病》再次提出炸药生产、储存和运输过程中应注意的问题。二人均强调通过立法的方式约束这些问题的必要性；同时，他们还特别提醒要关注工人和周围居民的安全问题。③

事实上，汉密尔顿指出，一战不仅导致炸药生产中使用了大量有毒物质，它还导致许多新型毒物的出现。例如之前美国的煤焦油产品均来自德国，虽然价格昂贵，但用量并不大。而战争的爆发迫使美国不得不进行自主生产，生产过程中使用了大量的苯、硝基苯、苯胺等对神经系统和血液有害的物质。④ 随着工业生产中有毒物质的增多及职业健康研究理念的转变，汉密尔顿的职业生涯也随之发生改变，⑤她将专业知识拓展到铅和其他金属毒物研究之外，丰富了毒理学研究的内容，并成为战时职业性伤害的参考标准。

1910～1918年，在伊利诺伊州职业性疾病委员会和联邦劳工统计局的委任下，汉密尔顿开展了对伊利诺伊州和全国范围内危险行业的调查和

---

① Alice Hamilton, *Exploring the Dangerous Trades: The Autobiography of Alice Hamilton*. Boston: Little, Brown and Company, 1943, pp. 187～188.

② Alice Hamilton, "Industrial Poisons Encountered in the Manufacture of Explosives." *The Journal of the American Medical Association*, Vol. LXVIII, No. 20 (May 19, 1917), pp. 1445～1451; Wilma Ruth Slaight, "Alice Hamilton: First Lady of Industrial Medicine", p. 85.

③ Lewis T. Bryant and Alice Hamilton, "Industrial Accidents and Diseases." *Monthly Review of the U. S. Bureau of Labor Statistics*, Vol. 6, No. 1 (Jan., 1918), pp. 167～190.

④ Alice Hamilton, "New Scientific Standards for Protection of Workers." *Proceedings of the Academy of Political Science*, VIII (Feb., 1919), p. 159.

⑤ Angela Nugent Young, "Interpreting the Dangerous Trades: Workers' Health in America and the Career of Alice Hamilton, 1910～1935", p. 59.

研究。在这一过程中，她进一步明确了工人健康和工业环境之间的关系，其调查活动和撰写的调查报告有效地推动了工业环境的改善和工业医学知识的传播，为工人健康的提升和美国工业医学的发展做出了巨大贡献，也为她本人之后在哈佛大学的教学和调查生涯奠定了基础。

三、汉密尔顿对工业环境的进一步调查与研究(1919～1935)

汉密尔顿的研究和调查展现了她灵活应用化学知识分析职业性危险的能力。由于表现出色，1919年春，汉密尔顿被聘任为哈佛大学医学院的工业医学助理教授，成为哈佛大学历史上的第一位女性教师。这一消息引起了媒体的热议，《波士顿环球报》还专门采访了汉密尔顿，并刊登了采访内容，称她是“哈佛大学首位进入工业毒物研究领域的女性专家”①。虽然汉密尔顿受到种种性别限制，但这一聘任无论对于她本人的职业生涯，还是对于工业医学的发展，均意义重大。在接下来的16年中，汉密尔顿作为哈佛大学的教师继续在波士顿开展关于工业环境及工人健康的教学、研究和顾问工作。

在哈佛大学期间，教学和研究是汉密尔顿最重要的工作。1919年3月汉密尔顿抵达波士顿后便就工业毒物的调查和研究开展了一系列讲座。平时除了观摩其他教师的教学外，她还承担着工业毒理学课程的教学，并担任哈佛新创办的杂志《工业卫生杂志》(*Journal of Industrial Hygiene*)的助理编辑，希望为工业环境的研究提供坚实的学术基础。在其余时间，汉密尔顿多是进行独立研究，为她创建独特的研究模式提供了可能。汉密尔顿的加盟既解决了哈佛大学一直寻找化学家的难题，也使她的才能得到了更好的发挥。

1922年，哈佛大学公共卫生学院对其工业卫生的教学计划进行了修订，建立了两个独立的训练项目。第一个项目是课程强化，意在使学生对工业卫生领域进行初步了解，汉密尔顿是该项目的负责人。最初，汉密尔顿和其他7名教师共同分担课程的教学工作。在60个非临床教学课时中，汉密尔顿独立承担的数量达到12个。一年后，汉密尔顿承担的课程总量达到总课时的一半。第二个项目是工业医学的拓展计划，目标是使学生接触工业医学和生理学的研究。医学院和公共卫生学院的教师为学生提供了生理学、生物化学、人口动态统计(vital statistics)和环境工程方面的

---

① “Miss Alice Hamilton, Harvard Professor: Breaking into New Fields the Specialty of this First Woman on the Harvard Faculty—Studying Poisons in New Industries Her War Work.” *Boston Daily Globe*, Mar. 23, 1919, p. 65.

支持，汉密尔顿则承担工业毒理学方面高级研究的指导工作。[①] 汉密尔顿对该项目重视实验室和临床研究的规划表示大力支持，因为这正是她一生推崇的研究方式。除此之外，汉密尔顿还时常带领其他研究人员去工厂实地考察，用严谨的态度对待工业毒物，敦促工厂加强防范。据一位曾和她共事的哈佛医学院的教师回忆，汉密尔顿曾带他们去波士顿附近的一个知名轮胎厂进行考察。尽管工厂的负责人自豪地向他们展示了所采取的预防铅中毒的防范措施，但敏锐的汉密尔顿还是发现了一个高高的架子上所覆盖的粉尘，随即责问负责人空气中所弥漫的含铅粉尘对工人健康产生的威胁。[②] 这足以体现出汉密尔顿对于工业环境的严谨态度和严格要求。

除教学和研究外，顾问工作也是汉密尔顿职业生涯中的一部分，她主要就中毒案例、各种物质的安全浓度、产品安全、工人的赔偿问题等向个人、团体或企业提供建议。在哈佛大学期间，汉密尔顿曾担任哈佛慢性铅中毒研究实验室小组的顾问，还于1931年开始服务于芝加哥卫生部的顾问委员会，负责调查砷在家具防蛀喷雾中的使用情况。她最重要的工作之一是从1923年开始在通用电气公司(General Electric Company)担任长达十年的医学顾问，和其他几位同事一起调查该公司雇员的健康状况，以提供更好的健康服务。[③]

此外，汉密尔顿还继续服务于劳工统计局，主要对一氧化碳中毒和苯胺染料生产进行调查研究。一氧化碳是人类生活和工业生产中最普遍也是最主要的毒物之一，随着它作为热量和能量的来源被广泛使用及汽车数量的增加，一氧化碳中毒问题在各文明国家日趋严重。1919年秋，第一届国际劳动大会(The International Congress of Labor)在华盛顿特区举行，与会代表被要求敦促各自政府关注工业中一氧化碳的中毒问题，并开展相关调查及建立一氧化碳中毒的预防措施。[④] 汉密尔顿响应国际劳工组织(The International Labor Organization)的呼吁，并获得了哈佛同事的协助，对钢铁业中一氧化碳的中毒问题进行研究。

同时，汉密尔顿作为哈佛大学教师和知名专家的身份使她更好地参与

---

① Angela Nugent Young, "Interpreting the Dangerous Trades: Workers' Health in America and the Career of Alice Hamilton, 1910～1935", p. 114.

② Paul Reznikoff, "The Grandmother of Industrial Medicine." *Journal of Occupational Medicine*, Vol. 14, No. 2(Feb., 1972), p. 111.

③ Wilma Ruth Slaight, "Alice Hamilton: First Lady of Industrial Medicine." Ph. D. diss., Case Western Reserve University, 1974, pp. 145～146.

④ Alice Hamilton, "Carbon-Monoxide Poisoning." *Bulletin of the U. S. Bureau of Labor Statistics*, No. 291(Dec., 1921), p. 5.

到20世纪20年代的女工健康保护工作中。汉密尔顿指出，大量证据表明，女性承受工厂压力的能力要低于男性。因此，她呼吁建立专门的法律缩短女工的工作时间，提高工资待遇，改善工作环境，以更好地保障她们的权利。① 1917年，大量美国男性参与一战，女性便开始走上工作岗位，很多女工受雇于工厂，一种适合女性从事的新产业出现，即表盘涂层(dialpainting)。一战期间，手表成为前线必备品的同时也开始在后方流行。对于士兵和普通消费者来说，夜光手表非常受欢迎，它要求手表被涂上荧光粉。这项工作多由13岁到20岁的女性完成，工作相对容易且薪酬较高。但到了20世纪二三十年代，各种疾病开始在表盘涂层从业者身上凸显，她们的身体遭到严重伤害甚至死亡，罪魁祸首就是用于表盘涂层中的镭粉(radium powder)。②

在工作过程中，指导者要求女工们用嘴唇抿刷子以保证其尖细。每涂一个表盘，她们要抿6次刷子。镭粉不产生任何气味，女工们也不了解危险的存在。1924年，表盘涂层业中女工的健康问题引起了公众的争论。汉密尔顿作为劳工统计局的特别调查员，和哈佛小组的其他成员共同展开对表盘涂层工作者的调查研究。他们得出结论，问题来自女工们嘴唇接触的镭粉和工作间飞扬的镭粉。她们长期处于镭辐射中，镭侵入人体并长期储存，对骨骼的影响尤其大，导致贫血、骨质疏松、骨组织被杀死、骨癌等健康问题。一位在新泽西州美国镭工厂工作的女工格雷丝·弗赖尔(Grace Fryer)长期处于镭粉辐射中，开始遭受一系列病痛，牙齿脱落，颌骨坏死。美国镭工厂的所有者否认镭粉与女工毁容、死亡之间的关系，但汉密尔顿的研究证明二者之间存在紧密的联系。她和法院、媒体、全国消费者联盟通力合作，宣布镭和其他工业毒物一样存在危险。③ 在这种情况下，一场有关这一问题的大会召开，并建立了一个专家委员会，专门研究镭粉存在的危险。④

1925年，汉密尔顿的著作《美国的工业毒物》(*Industrial Poisons in the United States*)⑤出版。作为工业毒物和工业毒理学方面的第一部著

---

① Alice Hamilton, "Protection for Women Workers." *The Forum*, Vol. LXXII, No. 2(Aug., 1924), pp. 152～153.

② Claudia Clark, *Radium Girls: Women and Industrial Health Reform, 1910～1935*. Chapel Hill: The University of North Carolina Press, 1997, p. 1.

③ Nancy Unger, *Beyond Nature's Housekeepers: American Women in Environmental History*. Oxford: Oxford University Press, 2012, p. 87.

④ Alice Hamilton, *Exploring the Dangerous Trades: The Autobiography of Alice Hamilton*. Boston: Little, Brown and Company, 1943, p. 416.

⑤ Alice Hamilton, *Industrial Poisons in the United States*. New York: The Macmillan Co., 1925.

作,它对研究慢性铅中毒、战时职业性毒物和其他工业毒物的医学文献进行了回顾,并对工业毒理学的性质、美国工业毒理学的现状以及铅在行业中的运用和造成的危害进行了详细的说明。在该书的结尾部分,汉密尔顿还指出近期用于美国工业的化学物质及它们给实验室研究和田野调查提出的挑战。[①] 这部著作展现了汉密尔顿对美国工业毒物的了解及对美国和欧洲科学文献的全面掌握,它体现出的理智、客观性及所包含的全面的最新知识受到评论者的高度赞扬,成为"迄今为止这一领域用各种语言撰写的所有出版物中最优秀的"[②],也奠定了汉密尔顿在本领域的领导地位。继该书之后,汉密尔顿还于 1934 年撰写了一本实践性手册《工业毒理学》(*Industrial Toxicology*),获得了广泛好评,她的名字也成为工业毒物的代名词。

1935 年,汉密尔顿从哈佛大学退休,但她并没有停止努力。她不仅在各个医学学校开展有关工业医学的讲座,为教师和学生提供有关医学及工业健康方面的知识,还继续投身于工人健康领域的调查和研究中。在汉密尔顿的职业生涯中,她不仅对工业毒物与工人健康之间的关系进行研究,而且还形成了工业医学研究的独特方法。为了获得全面的风险评估体系,汉密尔顿深入工厂,亲自体验工作环境,同管理层和工人进行交流,还与科学家、商人和医生等沟通,并在调查结束后用准确、通俗的语言撰写调查报告,将它们公之于众,引起了政府和公众的关注。她撰写的调查报告,特别是《伊利诺伊州调查报告》成为后来工业医学领域援引的经典。在"工业封建主义"的束缚下,汉密尔顿的调查过程并非顺利,她往往面临不同利益之间的激烈矛盾,试图在矛盾中寻求平衡和改革。她相信大部分生产者都是明智、仁慈的,改革势在必行。事实证明,汉密尔顿的努力促使政府和医学领域开始重视工人健康和工业医学,许多工厂参与到工业环境改革中。汉密尔顿职业生涯的拓展体现了美国工业医学领域的发展,也标志着工业疾病逐渐成为一个被广泛认可的问题。

汉米尔顿不仅是工业毒理学和工业医学领域的权威,而且还是社会公正的重要倡导者和践行者。她对工人健康和职业性疾病的执着和取得的成就体现出她对移民地位、贫困和社会歧视的关注。作为全国消费者联盟的成员,她还提倡缩短女工的工时,改善女工的工作环境,减少童工的使

---

① Angela Nugent Young,"Interpreting the Dangerous Trades:Workers' Health in America and the Career of Alice Hamilton,1910～1935",p. 118.

② Barbara Sicherman,*Alice Hamilton*,*A Life in Letters*. Cambridge,Mass.:Harvard University Press,1984,p. 240.

用,推动安全、健康条例的通过,建议为那些因公受伤的工人提供补偿,并支持政府资助的健康保险项目。① 汉密尔顿的目标是提升公共卫生,保障移民的公平待遇及保护公民的自由。同时,作为女性活动网络中重要的倡导者和组织者,汉密尔顿还推动了妇女社会改革的进行。通过在妇女组织中的工作,以汉密尔顿为代表的女性成为进步主义社会改革中最重要的力量之一。为了纪念汉密尔顿的贡献,美国政府特设立了汉密尔顿奖(The Hamilton Award),专门对那些通过公共与社区服务、社会改革、技术革新、科学发展等方式,为职业疾病和环境卫生做出杰出贡献的女性进行表彰与奖励。

小结:19 世纪工业化和城市化在美国的迅速推进不仅改变了美国城市和乡村的面貌,还将美国从一个传统的农业社会推向现代城市社会。在此过程中,美国工业城市数量大幅度增加,城市人口随之剧增,而相对滞后的城市设施却使这些新兴城市陷入环境困境中:恼人的煤烟、污染的水源、腐臭的垃圾、刺耳的噪音、拥挤的交通、无序的规划以及随之而来的各种流行病让新的城市人苦不堪言。随着卫生理念的兴起,美国城市也开启了一场致力于改善市民生存环境的运动。中上层白人女性及其组织作为运动的重要参与者,秉承"城市管家理念",积极支持市政府的卫生决策,并发挥女性的独特优势,通过社区改良的方式,采取宣传教育、调查研究、游说进言等策略,试图改善城市环境,提升生存空间。事实证明,女性的参与使进步主义时期的城市环境改革在社会层面更加广泛地开展起来,无论是舆论,还是实践方面,城市环境的改善已深入人心。进步主义时期结束之时,城市环保主义已经成为一股势不可挡的潮流。它广泛传播了环境保护意识,激发起公众的热情,有效地控制了环境恶化,并推动了城市政府的系列改革。像亚当斯、汉密尔顿、克兰等城市环保主义者也成为最早超越阶级、种族和性别的改革者,她们突破社会界限,将环境权利扩大到所有人,努力为市民打造一个宜居、公正的城市环境。

---

① Alice Hamilton,"New Scientific Standards for Protection of Workers." *Proceedings of the Academy of Political Science*, VIII(Feb. ,1919), p. 160; Wilma Ruth Slaight,"Alice Hamilton: First Lady of Industrial Medicine", p. 207.

第五章　对进步主义时期美国女性环境保护活动的评价

美国女性有组织地保护自然资源和城市环境的活动始于进步主义时期，这既体现出女性保护子孙后代利益、实现社会公正和维护美国文明的愿望，也反映出她们提高自身地位、加强社会参与的渴望。随着17世纪欧洲移民定居美洲大陆，欧洲女性的自然研究传统便开始在新大陆生根发芽。之后，美洲女性开始了长期的自然研究活动，最早通过农业生产和园艺活动，之后活动形式和内容得到了拓展，通过文学创作、绘画、摄影、户外运动、教育等方式研究、记录自然，宣传有关自然的知识，并在19世纪末20世纪初兴起的自然研究运动中达到了顶峰。女性的自然研究成果推动了自然知识的广泛传播，促进了公民资源保护意识的觉醒，成为进步主义时期自然资源保护运动的重要组成部分。

女性关注和保护的环境元素范围广泛，既包含对野生动植物、森林、水资源、土壤和矿藏等的保护和国家公园的建设，又包括城市环境改革，如环境卫生改革、反煤烟、城市规划、工业环境改善、食品药品监管等。她们往往通过文字创作、大众会议和基层动员的方式揭露破坏环境的行为，宣传保护环境的必要性；通过在学校及社区建立教育和保护项目，培养公众保护环境的意识；还深入荒野、贫民窟和工厂等环境中进行调查研究，获得实时数据，提出保护建议；由于女性不具备选举权，她们或借助男性的力量或通过游说进言的方式向周围的男性施压，间接地影响环境立法的制定。虽然这种影响力无法得到准确的评估，但她们的环保活动有效地加强了各级政府与民众之间的联系，推动了这一时期自然资源保护活动和城市环境改革的深入，并使自身获得了公共话语权和影响政治议程的机会，为20世纪广泛而深入地参与环保运动的后辈留下了丰厚的历史遗产。

虽然进步主义时期女性的环境保护活动在20世纪八九十年代才获得少数学者的认可，但她们对工业文明下的环境政策提出的挑战和在环境改革中付出的努力却值得更多学者去探索。本章将从四方面评析进步主义时期女性的环境保护活动。其一，对环境改善和环境保护运动的推动作用；其二，对女性自身社会地位的影响；其三，环境保护运动中体现的两性合作与差异；其四，对后进步主义时期美国女性的环境保护活动的历史影响。

第一节　女性对于环境保护的推动作用

进步主义时期的资源保护运动、自然保留运动和城市环境改革共同构成了这一时期的环境保护运动，掀起了美国环境保护历史上的第一次浪潮，为后来的环境保护留下了宝贵的经验。在这场复杂的运动中，政治家、教育家、社会改革家、工程师、化学家、艺术家、建造师等都利用自己的专业知识和经验，承担起改造美国社会的重任。美国女性作为一支独特的力量也成为运动的重要财富。女性在环境保护中的参与首先推动了公民环保意识的觉醒、环境的改善和环境保护运动的发展。在女性的推动下，环境保护理念得到了广泛的传播，在此过程中形成的实践经验也被后世吸收和利用。进步主义时期的女性不具备选举权，她们无法直接影响政治议程，大都依靠宣传教育的方式发动基层力量，赢得公众的支持。各地区的妇女俱乐部利用女性自身的优势将公共领域和私人领域结合起来，通过自然研究活动、教育和保护项目等将资源保护思想、洁净理念、细菌理论、家政学思想等传播到公立学校和各个社区，使公众认识到保护自然及建立高质量生存环境的重要性和紧迫性，也对以后的环保主义者们产生了重要的影响。

斯沃洛对生态学的开拓性研究使美国公众意识到疾病的预防来自良好的清洁习惯和卫生状况，促使很多女性及其组织大力宣传卫生理念，消除一切危害公共卫生和公众健康的环境问题。她们在此过程中形成的理念、采取的手段和实施的项目深刻影响了以后的环保主义者。19 世纪后半期女性的自然文学作品经历了从描述性创作到公开倡导保护自然的转变，这一定程度上促进了美国公众对自然的态度的转变，那就是从厌恶和征服转变为了解与欣赏。虽然这些作品的女性作者们常被视作多愁善感、过分说教等，但这种创作手段却被后来像卡森这样的女性作家吸收和延续，让她们重视科学、描述、想象和叙事相结合的方式以及话语的力量和采取行动的必要性；①自然研究者所提倡的田野调查、克兰的卫生调查体系

① Robert K. Musil, *Rachel Carson and Her Sisters: Extraordinary Women Who Have Shaped America's Environment*. New Brunswick, New Jersey: Rutgers University Press, 2014, p. 14.

等都成为之后科学研究借鉴的对象;汉密尔顿将工人健康同工业毒物相联系,为现代工业与环境风险的研究奠定了基础;女性所使用的宣传劝导、教育公众的方式强调了公众动员的重要性,成为之后各组织借鉴的手段;同时,她们在传达自然信息的同时强调女性和自然受压迫的共性,为生态女权主义的兴起奠定了基础。

研究表明,女性在解决环境问题方面有其独特的优势,她们通过改革构建了一个有利于美国公民身体、精神和文化发展的生存环境,女性成为这个环境的管理者和领导者。[①] 虽然人们大都将资源保护的成果归结于男性,但女性的思想理念、行为方式和组织能力却贯穿于整个运动的始终。例如,超过200万的美国女性通力合作,参与到森林、鸟类和荒野保护中,使以商业利益为导向的环境破坏行为得到了有效遏制,使濒危的动植物物种得到了保护,为后代人留下了宝贵的遗产。她们建立的各个环境保护项目和设施使社区居民大大获益,特别是对于那些无法逃脱城市环境的贫穷市民。如哈里斯堡市民俱乐部的游戏场建在工人阶级住所附近,仅1909年夏天,就有4070名白人和非洲裔美国儿童享用这些设施,这个游戏场也成为改变大众道德和造福后代的一种方式;同时,女性试图改善城市居民肮脏、拥挤的生活环境,实现社会公正。如"赫尔之家"在亚当斯、凯利、莱斯罗普、麦克道尔、汉密尔顿等女性改革者的领导下,为移民适应美国生活方式、改善移民生活环境提供了各种便利,它修建的各类设施也被竞相效仿,推动了全国社区改良运动的开展;女性还提出多项法案向政府施压。她们就童工、青少年法庭、工厂环境、禁酒、纯净食品、市政服务改革、教师待遇、儿童游戏场等方面提出的法案如下:马萨诸塞州和宾夕法尼亚州各9项,其他各州6项左右,成为各州立法的重要内容。[②]

女性在解决环境问题的过程中所采用的有效手段和取得的成效常常获得政府机构的认可和借鉴,从而赢得了政府的帮助和支持。如田纳西州妇女俱乐部联盟的主席乔治·W. 丹尼夫人(Mrs. George W. Denney)曾提到,俱乐部联盟已经完成了本年度的公共卫生工作,工作过程中得到了州政府官员的大力帮助。州长对俱乐部的工作十分感兴趣,并对联盟提出的为田纳西州女孩建立一个职业培训学校的拨款计划高度赞扬。[③] 同时,

---

① Marlene Stain Wortman,"Domesticating the Nineteenth-Century American City." *Prospects*, Vol. 3,(Oct.,1978), p. 541.

② Ida Husted Harper,"Woman's Broom in Municipal Housekeeping." *Delineator*, Vol. 73 (Feb.,1909), p. 214.

③ Blanche MacDonald,"Interviews with Clever People-Public Health Work." *The American Club Woman*, Vol. 7, No. 2(May,1914), p. 93.

妇女俱乐部力图解决的许多问题也转移到政府手中，以立法的形式被确立下来，产生了更深远的影响，这一点符合大部分女性进行改革的初衷，即通过改革唤起政府和公众的重视，最终由政府制定政策和相关议程来解决问题。如宾夕法尼亚州哈里斯堡妇女城市俱乐部的女性就曾指出，她们不再需要继续清扫街道和修整道路，也无须再为纯净水、排水系统、游戏场而斗争。她们的呼吁和行动已引起市政府的重视，这些工作后来由市议会、公共事务委员会和公园委员会共同承担；克兰创办的人民教会开展了一系列的社会活动，并收到了良好的社会效果。最终，这些活动被公立学校吸收，开始为更广泛的群体服务，克兰的注意力也逐渐转向其他事务。19世纪后半期的洛杉矶被各种卫生问题所困扰，流行病也不断暴发，鉴于此，中产阶级妇女建立了大量改善城市环境与公共卫生的措施和项目，之后都被吸纳为政府公共卫生项目的内容；汉密尔顿一生服务于美国劳工统计局，她进行的工业环境调查及撰写的调查报告也促使美国政府关注工业环境和工人健康，推动了有关职业病、工伤赔偿等方面立法的通过和美国工业医学研究的发展。20世纪20年代后，许多环境项目由市和州政府负责建设，包括妇女组织在内的市民组织主要负责监督政府的行为并游说政府提升与扩大服务内容和质量，此时的女性也开始关注更广泛的环境问题。

女性的环境保护活动还丰富了进步主义时期资源保护运动的内涵并改变了其发展轨迹。首先，女性保护的不仅是物质环境，其保护内涵扩大到一切与人类生存相关的方面，将健康、生命力、道德、公正、文明等要素引入其中，初步体现出现代环保运动的理念；其次，女性还使政府的环境治理深入社会基层，推动了环境立法的有效实施，促进了环境保护运动的加深和拓展，使其转变为一场自下而上的、影响全民的社会运动；女性们通过在环境保护运动中的参与将资源保护领导人缪尔、罗斯福、平肖等的想法成功地付诸实践，促进了民族自觉性和意识的培养；同时，她们还关心市政服务、住房改革、工作环境改善等，扩大了环境保护工作的领域。若没有女性的参与，资源保护运动可能只是一场由政治家领导的技术性运动，这样将导致运动本身及未来的研究受到极大的局限。在这一问题上，环境学家莫林·弗拉纳根教授就以芝加哥俱乐部妇女为研究对象并指出，芝加哥女性的城市环境改革活动重新界定了政府环境政策的目标：城市不是“有利可图的地方”，而是“适合居住的场所”。这一界定扩大了政府和公众对城市福利的责任，也体现出政府和市民之间的大力合作。①

与此同时，进步主义女性在环境保护过程中对大自然所持的欣赏和保护的态度，所采用的审美、健康和道德角度以及注重公共利益的保护观念与现代环保理念有异曲同工之处，为现代女性留下了宝贵的遗产，推动了二战后卡森和其他女性反对大范围使用DDT、拯救鸟类、控制化学药品的使用等环保活动的开展。②

以奥杜邦运动为例。它是一场美国人首次以审美和道德为目的进行动物保护的运动。这场运动体现出女性在自然保护领域的强大力量，也反映出美国国民环保意识的重要改变，这就是从以科学发展和有效利用自然资源为基础的资源保护理念，向塞缪尔·海斯所称的“强调人类环境品质的公共价值”的现代环保运动的转变。③ 奥杜邦运动中的女性们心怀对鸟类的热爱，认为人类同鸟类有着诸多共同点，希望建立一个充满美妙音乐和绚烂色彩的世界。鸟类保护运动标志着早期美国人对待自然的不成熟态度向新的观点的转变，它对鸟类保护的倡议使野生物保护被公众接受，促进了资源保护运动的社会化，为20世纪资源保护法律的建立奠定了基础；女性的反煤烟运动、公共卫生运动等都将审美、洁净和健康作为斗争的基础，虽然后来遭到了男性专家的批评和排斥，但她们所提倡的理念同现代环保运动建立了联系。

再如，女性的城市环境改革是关乎社会公正的活动。城市中遭受贫困和恶劣环境的往往是那些居住于贫民窟的工人阶级，女性改革者们认为，导致这种状况的原因是社会不公正。虽然社会正义这个词出现于20世纪后半期，但进步主义时期城市环境改革的女性中已初现这种意识。亚当斯就曾看到城市问题与社会公正之间的关系，领导“赫尔之家”成为跨越阶级界限、攻击芝加哥政治的武器，她为贫民建立公正的热情也使其成为美国最早的环境正义运动的重要组成部分。④ 进步主义时期女性的环保改革和其他活动一道为美国城市文化的建立和现代政府的构建铺平了道路，对

---

① Maureen A Flanagan, "The City Profitable, The City Livable: Environmental Policy, Gender, and Power in Chicago in the 1910s." *Journal of Urban History*, Vol. 22, No. 2(Jan., 1996), p. 174.

② Robert K. Musil, *Rachel Carson and Her Sisters: Extraordinary Women Who Have Shaped America's Environment*, p. 52.

③ Samuel P. Hays, *Beauty, Health, and Permanence: Environmental Politics in the United States, 1955～1985*. Cambridge: Cambridge University Press, 1987, p. 13.

④ Harold L. Platt, "Jane Addams and the Ward Boss Revisited: Class, Politics, and Public Health in Chicago, 1890～1930." *Environmental History*, Vol. 15, No. 2(Apr., 2000), pp. 194～222.

20世纪美国社会的发展产生了重要的影响。

第二节 女性的环保活动对其地位提升的推动作用

19世纪美国社会的发展为女性提供了前所未有的机会，她们经历了工作领域扩大、角色多样化的重要改变。她们创建并参与到各种妇女组织中，在加强相互交流、提升自我能力的同时，获得了更大的自由，实现了自我价值，深刻影响着美国社会的发展趋势和民主化进程。在进步主义时期的环境保护运动中，中上层白人女性既担任领导职务，又是中坚力量。这些女性是19世纪试图摆脱家庭束缚、进入公共领域的女性的代表，她们关注自我个性的表达、自身权利的争取，希望利用传统的家庭角色影响社会领域，为美国社会的全面改进贡献力量。虽然这些女性的道德情怀及对深陷社会问题中的其他群体所体现出的同情是促使她们参与环境保护乃至其他进步主义改革的重要因素，但从女性自身看，她们更希望通过“家庭秩序优先于自由经济”的社会改革提升女性的地位和权利。① 无论是进行自我教育或清扫城市街道或为反煤烟运动、工人健康而战，所有的女性都为同一个目标努力，那就是走向联合，通过发挥女性特殊的才能和知识，提高自我和提升整个社会。②

在环境保护运动中的参与为女性提供了大量社会实践机会，其个人能力得到了极大的锻炼。她们的视野得到了开阔，自尊心和自信心不断提升，演讲能力、组织管理能力及游说能力也得到了全面的提高，其社会角色受到了公众和专业人士的认可。可以说，女性的环境保护活动推动女性从传统的真女性形象向现代新女性形象转变。在此过程中，她们要求争取平等权利的呼声也日趋强烈。因此，环境保护既是女性承担社会责任的体现，又是她们改变传统地位的方式，它反映出美国妇女权利斗争的演变，推动了19世纪美国妇女运动的发展。

女性通过环境保护活动获得了影响社会和政治的机会。政治权利的缺失使女性将宣传、教育作为行动的重要手段，获得了与公众及政治人物接触的机会，将自身的影响力渗透到社会基层和政治领域。同时，环境保

---

① Marlene Stain Wortman,“Domesticating the Nineteenth-Century American City.”*Prospects*, Vol. 3(Oct., 1978), pp. 532～533.

② Jennifer Jaye Price,“Flight Maps: Encounters with Nature in Modern American Culture”, p. 83.

护使女性在不改变作为母亲和妻子传统角色和性别架构的前提下树立起公众接受的形象，扩大了影响力。她们秉承“城市管家理念”，较为顺利地跻身于社会领域而不引起男性的诟病，也使她们以保卫家庭的名义参与到市政府的决议中。[①] 正如历史学家卡伦·梅森(Karen Mason)说的那样，“赫尔之家”的女性改革者们利用“城市管家理念”为自身打造了一种“以母性为基础、未婚女性也能获得”的政治角色。[②]

对于环境保护中女性的执着和专业，男性们给予了肯定和欣赏，这也充分体现出女性社会地位的提高。哈里斯堡公园委员会委员J. 霍勒斯·麦克法兰(J. Horace McFarland)常常依赖俱乐部妇女领袖多克的成果，借用她的幻灯片用于公共演讲，还向她请教城市植树的建议和经验。当地很多对资源保护感兴趣的商人也常向她咨询。1901年，多克收到了一封来自坎伯兰峡谷铁路公司官员威廉·J. 罗斯(William J. Rose)的信件，罗斯向她咨询如何改善从火车上看到的城镇的景观；[③]在1909年西雅图举行的第一次资源保护大会上，平肖称赞女性是进步主义时期所有工作中的重要力量；1906年，致力于美国慈善事业和改革运动的著名男性领袖们组织了一次座谈会，来自社会几个领域的男性高度赞扬了妇女俱乐部的贡献。[④] 男性的肯定表明女性的影响力已经深入社会各个领域，也一定程度上体现出男性对女性社会地位转变的接受。女性对环境保护的参与使她们接触到更为复杂的现实世界，并对此做出反应，推动她们向现代化的转变。

谈到进步主义时期女性地位的转变，妇女选举权运动是个不可回避的话题。19世纪美国女性的自然资源保护活动和城市环境改革几乎与妇女选举权运动同时发生，那么，这二者之间是否存在联系呢？如果存在，这种联系对二者产生了怎样的影响？就笔者目前掌握的材料来看，当时参加环境保护活动的女性对选举权的态度较为暧昧，有时甚至截然相反。一部分

---

① Maureen Flanagan, "Gender and Urban Political Reform: The City Club and the Woman's City Club of Chicago in the Progressive Era." *American Historical Review*, Vol. 95, No. 4 (Oct., 1990), pp. 1048, 1050.

② Karen Mason, "Mary McDowell and Municipal Housekeeping: Women's Political Activism in Chicago, 1890～1920," in Lucy Eldersveld Murphy, and Wendy Hamand Venet, eds., *Midwestern Women: Work, Community and Leadership at the Crossroads*. Bloomington: Indiana University Press, 1997, pp. 60～75.

③ Susan Rimby, "Better Housekeeping out of Doors: Mira Lloyd Dock, the State Fede-ration of Pennsylvania Women, and Progressive Era Conservation." *Journal of Women's History*, Vol. 17, No. 3 (Fall, 2005), p. 23.

④ "Men's Views of Women's Clubs." *Annals of the American Academy of Political and Social Science*, Vol. 28 (Sep., 1906), pp. 85～94.

女性认为选举权能保证其环境保护活动的顺利推进，因此支持妇女选举权运动；而另一部分女性则不提倡参与选举权运动，认为对选举权运动的过度关注会削弱女性的精力，也会招致男性的反对，不利于环境保护活动的开展。

一些女性将其环境保护活动同选举权运动联系在一起。尽管女性对自然资源保护和城市环境改革付出了巨大努力，但她们却无法对环境保护立法产生直接影响，原因在于其政治权利的缺失。在环境保护的过程中，女性的呼声常常是无力的，这些声音常被淹没于男性强悍的声音中。如哈里斯堡市民俱乐部从 1898 年起就为城市环境的改善而努力，女性在城市里植树，美化当地的环境，却无法说服市政府雇用一个景观园艺师或通过保护萨斯奎哈纳河河岸的法案，该俱乐部领导人不得不招募供职于政府部门的男性，以更顺利地实现诉求；[①]在奥杜邦运动中，女性邀请诸多有影响力的男性承担领导职务，原因就是她们意识到自身的政治影响力之薄弱，希望借助男性实现自身的政治诉求，并帮助她们同其他利益团体进行斗争。这些问题让女性改革者日渐认识到，政治权利的获得对于她们改革的顺利进行何等重要。因此，很多女性将环境保护和选举权运动联系在一起，将选举权看作实现环境诉求、增强影响力的手段。

1910 年总联盟年会的一次调查显示，超过一半的联盟与会者支持妇女选举权运动；到 1914 年，大部分俱乐部妇女认为选举权不仅不会伤害家庭及家庭生活，而且会让她们更好地发挥作用。经过多方讨论与研究，从 1914 年开始，俱乐部运动和选举权运动开始交会。[②] 费尔普斯、奥斯汀等都对妇女选举权问题表示关注；多克也曾向宾夕法尼亚中央妇女选举权协会（The Central Pennsylvania Woman Suffrage Association）捐款，并于 1910 年发表了题为《我为什么是一名女性选举权支持者》的文章；匹兹堡市的一名俱乐部妇女曾回忆那里的妇女选举权游行，“我们高举妇女选举权利和清扫街道的旗帜在街上游行”[③]；社区改良工作者简·亚当斯和弗洛伦丝·凯利是妇女选举权的坚定支持者，特别是随着中产阶级女性在社

---

① Susan Rimby, "Better Housekeeping out of Doors: Mira Loyd Dock, the State Fede-ration of Pennsylvania Women, and Progressive Era Conservation", p. 21.

② Karen J. Blair, *The Clubwoman as Feminist: True Womanhood Defined, 1868 ~ 1914*. New York: Holmes & Meier Publishers, Inc., 1980, pp. 5, 113.

③ Susan Rimby, "Better Housekeeping out of Doors: Mira Loyd Dock, the State Fede-ration of Pennsylvania Women, and Progressive Era Conservation", p. 21.

区改良运动中影响力的增强，选举权被看作实现改革的一种手段；[①]克兰公开支持女性获得选举权，因为这样她们才能更好地践行作为城市管家的责任；亚当斯指出女性获得选举权能使社会生活问题同政治联系在一起，促进民主自治的复兴；[②]当爱达荷州妇女俱乐部联盟主席被问及选举权对于妇女组织的影响时，她回答："工作会更加容易、高效，因为政客们知道其背后的选票。"[③]女性的政治参与还能帮助她们避免对政治的无知，使自身的心智得到最大限度的发展，她们构建家庭的本能、对秩序的热爱和对细节的热情也将运用于工业调节和改革中，[④]使市政管理更加有效，使城市环境更加美丽和健康。[⑤]

和前一部分女性恰好相反，环境保护运动中的另外一些女性却反对参与妇女选举权运动。譬如克罗利鼓励女性探讨除选举权和宗教之外的一切问题，因为她认为这可能带来很多争论和冲突，不利于城市改革的顺利进行，也会分散女性的精力。在这种情况下，很多女性都遵从克罗利的规定；加利福尼亚星期一俱乐部的领袖安妮·赞恩(Annie Aane)是该州妇女选举权运动的一名参与者，但她从不利用俱乐部宣传女性的平等权利，其他俱乐部妇女也避谈选举权问题。直到1911年，加利福尼亚州妇女俱乐部联盟才开始支持选举权运动；[⑥]尽管科姆斯托克严厉批评现代生活，并努力建立作为女性科学家的专业身份，但她很少关注女性问题如选举权斗争。她指出，她必须"用全部的力量与普通学校里的狭隘、偏见、不公正进行斗争，我已经没有精力再(为选举权)斗争了"[⑦]。

虽然女性的环境保护运动和选举权运动似乎是两场平行的运动，但笔者认为，从客观上讲，它们是相辅相成的。首先，参与环境保护的许多女性

---

① Marilyn Gittell and Teresa Shtob, "Changing Women's Roles in Political Volunteerism and Reform of the City." *Signs*, Vol. 5, No. 3(Spring, 1980), p. S71.

② Jane Addams, "Modern City and the Municipal Franchise for Women." *Woman's Journal*, Vol. XXXVII(Apr. 7, 1906), pp. 53～55.

③ Ida Husted Harper, "Woman's Broom in Municipal Housekeeping." *Delineator*, Vol. 73 (Feb., 1909), p. 214.

④ John C. Farrell, *Beloved Lady: A History of Jane Addams' Ideas on Reform and Peace*. The John Hopkins University Studies in Historical and Political Science. Series LXXXV, No. 2. Baltimore: The Johns Hopkins Press, 1967, p. 123.

⑤ Jane Addams, *Why Women Should Vote*. New York: National American Woman Suffrage Association, 1912, pp. 18, 19.

⑥ Donald W. Rodes, "The California Woman Suffrage Campaign of 1911." M. A. thesis, California State Unviersity, 1974, pp. 145～146.

⑦ Marcia Myers Bonta, *Women in the Field: America's Pioneering Women Naturalists*. College Station: Texas A&M University Press, 1991, p. 164.

同时也是选举权运动的支持者或选举权组织的成员，例如上述提到的女性亚当斯、多克、奥斯汀等；其次，政治权利的获得有利于女性的环境保护活动的开展。在环境保护过程中，很多女性认识到，政治权利的缺失导致她们无法顺利地将环境诉求体现于政治议程中，因此她们更倾向于支持或同时参与选举权运动。即使有些俱乐部女性并不支持其成员参与选举权运动，她们并非反对选举权本身，而是担心女性参与过多的运动将影响她们的主要目标或使男性借机反对或压制她们的行动；最后，环境保护活动为女性的政治权利斗争提供了机会。在提出环境诉求、推动环境立法建立的过程中，许多女性有机会接触男性立法者和其他官员，这为她们影响政治议程提供了契机。麦钱特在其文章中指出，虽然进步主义时期一些致力于资源保护活动的女性对选举权问题持反对意见，但她们却利用资源保护话语为自身地位的提升而斗争。

从整个妇女运动的发展看，女性的环境保护活动推动了美国妇女运动的发展。进步主义时期，环境保护运动和其他社会运动相互交织，使尚不具备选举权的女性同社会各阶层紧密联系在一起，使她们认识到网络组织、和男性合作、游说和利用政治结构实现目标的重要性。通过环境保护活动，女性使自己的生活发生了革命性的变化。她们学会了独立，开始在公众面前开展演说，追求更高的学历，修正社会的不公正问题等。一些女性还将户外空间视作女性追求理想的天堂，在这里，她们可以登山，毫无束缚地享受自然的美丽，体验自力更生的乐趣。[①] 无论是奥杜邦运动中的女性，还是资源保护运动和城市公共卫生改革中的女性，她们关于环境保护的工作都不再局限于对男性的辅佐，而是更多地强调女性的权利、女性传统角色的拓展和女性社会地位的转变。换句话说，这一时期的女性将资源保护、城市公共卫生改革同妇女权利结合起来，共同推动了美国历史上环境保护运动第一次浪潮和妇女运动第一次浪潮的结合，使女性作为进步主义社会改革的一支独立力量屹立于历史舞台之上，推动了妇女运动的发展和妇女选举权的获得，并促进了人类与自然之间崭新的互动模式的建立。到了20世纪六七十年代，妇女解放运动和现代环保运动再一次联手，以平等为基础，共同反抗女性和自然所遭受的压迫和枷锁，力图建立一种新的价值观和社会结构。

---

① Glenda Riley, *Women and Nature: Saving the "Wild" West*. Lincoln: University of Nebraska Press, 1999, p. xiv.

第三节　女性的环保活动中体现的性别关系

进步主义时期的环境保护运动既离不开男性和女性的相互合作，又体现出二者之间的差异。合作与纷争随着运动的发展呈现出不同的形态。卡罗琳·麦钱特提出，进步主义时期的男性和女性资源保护主义者通过其工作沟通了二者之间的联系，一定程度上模糊了性别差异。但是，在南希·昂格尔教授看来，这种沟通是暂时的。[①] 从性别角度看，进步主义时期的自然资源保护和城市环境改革中处处可见男性和女性之间的合作与纷争。用环境学家亚当·罗姆的话说，这一时期的性别政治是不稳定的。[②]

进步主义女性的环境保护活动与维多利亚时代女性的其他改革活动一脉相承，她们秉承城市管家的道德准则，将女性注重清洁、健康和家庭的传统观念扩大为更广泛的市民福祉问题，并通过道德、美学、教育等温和的、易于被社会接受的女性化的语言和方式呼吁对环境的保护。因此，这一时期女性改革者的观点和行动往往带有强烈的感情色彩。譬如女性的自然研究就在很大程度上吸收了自然研究传统中的浪漫主义成分，通过强调生物而非物理科学，将自然研究和自然历史结合起来；而男性更侧重从科学、经济、商业等角度进行环境保护。就反煤烟问题而言，女性以道德、生活质量等情感因素为前提，而男性组织则倾向于采用专业、科学的方式。他们将煤烟减排问题交给专家，并计算控制空气污染的成本和利润，寻找解决问题的办法。

20 世纪之前，两性之间的合作是主流。男性对于女性向资源保护注入的道德文明表示肯定，将其看作环境保护的重要力量，还常利用女性的情感话语推行环境保护。例如，奥杜邦运动的发起者格林内尔便看到了女性作为羽毛佩戴者和道德维护者的重要性，力图充分发动女性的力量。他促成了女性和男性之间的积极合作，共同推动鸟类保护的开展；1897 年马萨诸塞州立法机构通过的《霍尔法案》就以鸟类的美学和道德价值为核心，利用女性特有的话语，实现了两性之间的合作；美国林业协会最初欢迎各个城镇的男性和女性代表，邀请总联盟各州的林业委员会参加其年会，也

---

① Nancy Unger, "Women and Gender: Useful Categories of Analysis in Environmental History," in Andrew Isenberg, ed., *Oxford Handbook of Environmental History*. Oxford University Press, 2014, p. 618.

② Adam Rome, "'Political Hermaphrodites': Gender and Environmental Reform in Progressive America." *Environmental History*, Vol. 11, No. 3 (Jul., 2006), p. 452.

欢迎女性为其刊物供稿，将女性看作资源保护运动中必不可少的基层力量；麦克道尔作为芝加哥市垃圾委员会的成员之一，就是通过和男性的通力合作推动了芝加哥市街道的清理和卫生状况的改善。可以说，进步主义时期的环境保护运动离不开男性与女性的合作，离开哪一方，这场运动都将失去它自身的意义。

19 世纪末 20 世纪初，随着美国边疆逐渐消失、雇用者和被雇用者之间产生激烈的矛盾、新女性地位得到加强、女性积极争取选举权及女性进入男性领域的机会增加，维多利亚男性气概的基础被削弱，许多中上层男性经历了男性危机(masculinity crisis)，导致女性的环保活动受到挑战和质疑。女性被看作仅仅是家庭生活的维护者，她们的环境保护活动也被批评为"缺乏科学依据""过于感性"。借助女性话语的男性也被指责为娘娘腔，就连从美学价值角度保护自然、争取女性支持的自然保留主义者缪尔也被一幅漫画讽刺为身着女裙，手拿扫帚，试图阻挡赫奇赫奇大坝修建的人。为了避免被指责失去男子气概，许多中上层阶级男性开始排斥女性。① 他们彻底否定了女性所使用的美学观点，而加强了截然不同的更实用、更能体现男性特征的手段，因为他们认为商业和科学才是男人的世界，以此来体现环境保护中的男性特征。在男性的全面否定下，女性不得不从很多户外运动和环境组织的领导职位上引退。

两性的差异和分歧反映在环境保护的各个方面，很多专业的环境组织试图排斥女性或将女性边缘化。在学校的自然研究教育中，自然研究被性别化。19 世纪末，许多男性还对自然研究的人文教育手段表示支持，但到 1900 年之后，男性和女性就如何教学产生了分歧，自然研究的教育目的是什么？是掌握自然运作的科学知识，还是对自然世界的人文欣赏？二者就此产生了激烈的争辩；在鸟类保护斗争中，女性往往从鸟类的美学价值、人道主义角度提出保护鸟类的必要性。这种观点后来并不被男性接受，他们认为经济论点才能凸显男子气概，"出于经济原因保护资源才是理智、进步和博识的。男人看上去要像男人的样子，而女人也应该是拒绝女性性格中琐碎特性的俱乐部妇女"②。

1910 年后，美国林业协会不再欢迎女性的参与。尽管它承认女性对于森林保护的重要辅助作用，但它认为妇女俱乐部的很多工作是不健康，

---

① Adam Rome，"'Political Hermaphrodites'：Gender and Environmental Reform in Progressive America"，p. 448.

② Jennifer Jaye Price，"Flight Maps：Encounters with Nature in Modern American Culture"，p. 98.

甚至毫无益处的,“林业运动过程中产生了很多负面因素,知识的匮乏导致思想不成熟,这种现象常发生在资源保护运动的各个层面。妇女俱乐部承担很多工作,但极少从工作中获得知识,这是很危险的,它将消耗个人的精力。如果上升到以科学为基础的伟大公共事业时,这将成为一个非常严肃的问题”①。第二年,协会的官方期刊停止报道妇女俱乐部的活动。另外一个例子是市政改进组织。最初,这些组织欢迎女性的加入,也肯定了女性在游说市政府官员、净化水源、清理街道等方面的贡献。譬如由景观建造师和城市官员共同创建的美国公园与户外艺术联合会(The American Park and Outdoor Art Association)在1903年男女成员比例还比较平衡,1909年之后,它的大门开始对女性关闭,最主要的原因就是男性试图通过确立专业化和科学化以重塑男性气概。女性话语已不再适应环境保护事业的潮流,因而受到男性的排斥。

在克利夫兰、圣路易斯、匹兹堡、纽约、辛辛那提、密尔沃基等城市,女性们成功地推动了反煤烟条例的建立,但是在立法辩论中,这些条例却常被推翻,原因在于女性们往往使用过于情感化的理由,例如道德、洁净、审美等。由于缺乏科学理论的支撑,这些都无法说服男性立法者。因此,为了获得支持,女性通常需要寻求医生、卫生专家等男性专家的合作。后来,这些专家发现女性同盟给他们的工作造成诸多不利,也开始极力排斥女性的参与。② 到1900年之后,医学专家逐渐成为城市公共卫生运动的主导,女性在反煤烟运动中的作用日渐减弱,直到20世纪60年代之后才重新获得主动权。这种变化的两性政治带来了两个后果:其一是使环境问题的范围变得狭窄,一些环境问题被边缘化;其二是很多男性越来越强烈地拒绝接受女性加入到环境改革中,之前两性合作的战线最终瓦解。③

性别分歧不仅给男性带来危机,还使女性遭到更为严厉的指责。如在奥杜邦运动中,女帽问题首先被作为一个道德问题受到批判。“两分领域”将女性定义为天生的道德卫士,佩戴羽饰被看作是道德低下、缺乏女子特性的行为。1901年,玛格丽特·奥姆斯特德夫人曾指出:“女性们有责任教育她的孩子,让他们充分了解鸟类,而不是将枪置于他们手中,使他们变成手刃鸟儿的凶手。”④环境学者珍妮弗·普赖斯也指出:“在这个许多人

① “The Women's Clubs and the Forests.”*American Forestry*, Vol. 16(Jun, 1910), p. 363.

② Thomas Raymond Wellock, *Preserving the Nation: The Conservation and Environmental Movements, 1870～2000*. Wheeling, Illinois.: Harlan Davidson, Inc., 2007, p. 70.

③ Adam Rome, “‘Political Hermaphrodites’: Gender and Environmental Reform in Progressive America”, pp. 452～454.

④ “Bird Study.”*The Club Woman*, Vol. 8(Aug., 1901), p. 156.

将资源保护看作道德问题的时代，作为整个社会道德监护人的女性同资源问题紧密联系，这一问题获得比其他问题更高的道德回应。在全国报纸、立法机构和妇女俱乐部的激烈辩论中，奥杜邦活动家们不仅要保护鸟类，而且要保护女性的道德卫士角色。”[①]事实上，鸟类遭到捕杀并非只是女性的责任，女帽贸易依赖于各个环节。狩猎者、女帽制造商、经销商、进口商、零售商、工人、销售人员等都是贸易链中不可缺少的因素，链条的终端才是女性消费者。而令人不解的是，只有女性受到了严厉指责，被批评为羽毛贸易的罪魁祸首，女帽贸易也被称为“女性经济”(female economy)。[②] 其次，很多女性鸟类保护者还被贴上“极端分子”的标签，被斥责为感情用事，其目的是传达这样的信息——这些女性缺乏理性思维。这种观点在注重效率、科学知识流行、专业化日趋显著的时代产生了很大的负面影响，使女性遭受更严重的偏见，科学领域及其要求的技术训练仍然是男性的世界。[③]

20 世纪 20 年代，随着资源保护运动的式微和专业化的转向，女性逐渐走向环境保护的边缘。有些历史学家认为进步主义时期的环境改革主要源于男性的努力，女性的工作虽提升了道德、健康和城市的美化，却削弱了工程师和卫生学家等专家的科学工作。这种观点遭到了许多人的批评，像弗拉纳根就指责那些将女性的环境保护活动看作“打扫厨房地板”的学者，她认为“城市管家理念”使女性为政府建立了一套与男性完全不同的、更加全面的政策。[④] 对女性环境保护努力的贬低不仅体现出这些历史学家的性别歧视，还使他们的研究片面化，无法全面、清晰地分析 19 世纪的政治和社会现实。

综上所述，进步主义时期的环境保护一定程度上可以从变化的性别角色角度来理解，主要体现为以跨性别合作为主、合作与分歧交织，推动环境保护的曲折发展。正是两性之间的合作和分歧才使这一时期的环境保护运动取得了重大成果并产生了重要的历史意义。到了 20 世纪 60 年代，男性和女性之间的合作重新得到加强，二者一道致力于环境问题的解决，就

---

① Jennifer Price, “Hats Off to Audubon.” *Audubon*, Nov. —Dec., 2004. http://archive.audubonmagazine.org/features0412/hats.html(Accessed May 5, 2015)

② Jennifer Jaye Price, “Flight Maps: Encounters with Nature in Modern American Culture”, p. 109.

③ Linda C. Forbes, and John M. Jermier, “The Institutionalization of Bird Protection: Mabel Osgood Wright and the Early Audubon Movement.” *Organization & Environment*, Vol. 15, No. 4 (Dec., 2002), p. 461.

④ Maureen A. Flanagan, “The City Profitable, The City Livable: Environmental Policy, Gender, and Power in Chicago in the 1910s.” *Journal of Urban History*, Vol. 22, No. 2(Jan., 1996), pp. 164～165.

连20世纪30年代开始排斥女性的国家公园体系也重新开始招募女性，这和60年代兴起的妇女解放运动和整体社会的发展变化有着密不可分的关系。

第四节 影响：后进步主义时期环境保护事业中的美国女性

如上所述，进步主义时期的美国女性在环境保护方面做出的努力，推动她们从传统的家庭领域迈向公共领域，对社会发展做出的贡献推动了自身地位的提高，其产生的公共影响力也为政治权利的获得提供了保障。1920年，美国宪法迎来了一次属于女性的重大变革。第19修正案的通过赋予了美国女性政治选举权，这是她们近一个世纪以来努力的结果。此后，她们可以通过直接影响立法的方式实现诉求。然而，选举权的获得并未给美国女性赢得完全平等，她们依然不被重视，也无缘担任重要领导职务；与此同时，进步主义运动接近尾声，各类改革成果丰硕，运动逐渐趋于平静，大众运动开始失去昔日的辉煌，此前女性所依赖的妇女网络及其依存的政治、经济、社会和文化基础被削弱。面对政治权利和社会网络的双重尴尬局面，美国女性选择再次回归到传统的“城市管家”角色，继续发挥女性的传统性别优势。众多女性及其组织继承了前辈的衣钵，继续推动自然研究、动植物保护、水资源和土壤保护、城市环境改革等环保活动的开展。在此基础上，还关注更加广泛的环境问题，如杀虫剂的滥用、核污染、环境正义问题等。她们通过传播信息、教育公众、游说政客及抗议游行等方式，实现其环境诉求，维护国民的健康和安全，并为弱势群体争取平等权利，推动了后进步主义时期环境保护事业的开展。

一、20世纪20～50年代美国女性的环境保护活动概述

从环境保护角度看，随着进步主义时期资源保护运动的式微，女性在其中做出的重要贡献也随之被封存，解决环境问题的任务逐渐转移到专家手中。那么，进步主义时期之后女性与环境还存在互动吗？环境保护是否依然是她们的工作重心？二者之间的关系呈现出何种态势？通过解读资料发现，虽然20世纪20年代到40年代之间女性失去了之前在多个环境问题中的主导地位，但她们始终没有放弃努力，而是继承了进步主义时期的经验，继续推进与家庭和国家福祉相关的环境保护活动，并总结20世纪20年代后被排斥的原因，从而改变策略，更好地加强自身在环境保护和社

会发展中的地位，特别是随着 20 世纪 50 年代后空气污染、核辐射及杀虫剂等问题的凸显，女性在自然研究、野生物保护、空气和水治理、食品药品安全、城市环境卫生等方面重新行动起来，展现出更加强大的勇气和力量。到现代环保运动中，女性更加清楚地认识到生态系统、政治经济体系和人们的身体与心理健康息息相关，这种理念也成为美国女性利用性别优势推动环境安全、促进和平发展的重要依据。同时，环境保护也为受过大学教育的女性解决了传统性别期望和未得到满足的事业心之间的矛盾。一方面，她们力图保护家庭和家人；另一方面，她们渴望涉足公共领域，完成家庭之外的社会事务。当她们参与其中后，其自信心、能力和改变世界的决心得到进一步加强。虽然她们常常不认为自己是女权主义者，但她们却成为女权主义事业的重要推动者。①

进步主义结束之时，专业化的转向导致女性从诸多公共事务中抽身，重新回归家庭领域。之前成立的以保护荒野、植树造林及保护野生动植物为目标的妇女组织逐渐受到排挤，登山、远足等户外活动逐渐走向边缘化。基于此，自然研究和教育成为进步主义之后女性保护环境的重要方式。教育被认为是女性的天职。无论是家庭教育、学校教育，还是社会教育，都是女性一如既往的事业追求，也成为她们在各项社会改革中使用的重要手段。在环境保护方面，女性认为，只有通过教育宣传的方式提高公众的意识，才能有序高效地推进保护计划的实施。她们不仅提倡在公立学校开展自然教育，鼓励学生走向田野，还身体力行，通过撰写小册子和著作、摄影及绘画等方式宣传自然之美。

总联盟应用教育部主席舍曼在 1922 年撰写的小册子中就提议在小学阶段大力推进自然科学和自然研究项目，因为只有一手资料和近距离的了解才能更好地保护自然资源。总联盟女性认为，花园是学生参与自然劳动的重要场所。在这里，他们可以享受劳动的快乐，学习到自然的秩序、季节的交替、植物的生长等，既能培养劳动技能和职业品格，又能提高道德素养和精神境界。1924 年，总联盟热烈庆祝花园周（Garden Week），加强学生对自然科学和自然知识的了解，提高学生乃至整个社区的道德素养。据统计，在庆祝活动的影响下，仅俄亥俄州就有 600 个成员俱乐部参与到植树活动中。在华盛顿特区妇女俱乐部联盟的努力下，花园周被设立为全国性

① Adam Rome, "'Give Earth a Chance': The Environmental Movement and the Sixties." *The Journal of American History*. Vol. 90, No. 2 (Sep., 2003), p. 541.

节日，受到了约翰·柯立芝总统的高度赞扬。①

进步主义时期之后，女性作为自然创作的重要参与者，继续通过文字和图片的形式传播自然知识，宣传保护理念。玛格丽特·莫尔斯·尼斯(Margaret Morse Nice)是一位著名的女性鸟类学家。她和弗洛伦丝·M.贝利有着非常相似的生活和教育经历，深受贝利、梅布尔·奥斯古德·赖特等进步主义女性的影响。她继承了这些女性的衣钵，对鸟类进行深入研究。尼斯出生于美国东北部的一个乡村，从小便对自然产生了极大的兴趣和向往，从1919年开始一直到生命的尽头，作为一名鸟类学家，始终如一地为鸟类研究做出贡献。她曾与美国生物调查局密切合作，撰写了35篇有关俄克拉荷马州鸟类生活的文章。她最大的贡献之一就是于1924年出版了与丈夫合著的俄克拉荷马州大学的简报《俄克拉荷马州的鸟类》(*The Birds of Oklahoma*)，呼吁保护该州的所有鸟类。这是她和丈夫在该州经过四年的田野调查并搜集了361种鸟类后的成果，是该州第一部关于鸟类的研究作品。1927年，尼斯全家搬往俄亥俄州。在这里，她的《歌雀生活史的研究》(*Studies in the Life History of the Song Sparrow*)一书得到出版，尼斯作为鸟类学家的地位得以确定。由于贡献突出，她还被吸收为美国鸟类学家联合会的会员，成为该协会的第二位女性会员。尼斯一生共撰写了250篇关于鸟类的文章、3000篇书评和几部著作，开启了美国鸟类研究的新时代。②

尽管20世纪20年代后女性的自然资源保护活动失去了昔日的辉煌，但她们依然利用自身的性别优势，继续保护自然资源，塑造着美国人的自然观。罗莎莉·埃奇(Rosalie Edge，1877～1962)是进步主义之后一位较为激进的女性资源保护主义者。她家境殷实，父亲是一位会计师。她像一名战士一般，为鸟类、树木和其他野生物而战，通过建立组织、撰写文章、公开演讲等方式践行着保护理念。

埃奇是一位多产的作家，她以文字和图片的形式，动员公众和政治家保护自然资源。她撰写了多部著作和小册子，就环境问题向人们提出警示，并提供相关的信息。她还是一位积极的活动家，于1929年成立了紧急资源保护委员会(The Emergency Conservation Committee)，为保护自然系统的完整性而孜孜不倦地奋斗。该委员会通过写信、出版小册子和游说

---

① Nancy C. Unger, *Beyond Nature's Housekeepers: American Women in Environmental History*. Oxford: Oxford University Press, 2012, pp. 105～106.

② Madelyn Holmes, *American Women Conservationists: Twelve Profiles*. Jefferson, N. C.: McFarland: 2004, pp. 56～58.

等方式，发起了教育公众、保护野生物、保留公园用地的运动，在其存在的30多年中，委员会先后出版了94部言辞激烈的小册子。埃奇作为委员会的主任，在其中承担着写作、编辑和出版的工作，委员会还鼓励成立禁猎区，以保护受到威胁、即将消失的物种。埃奇还于1934年在宾夕法尼亚州东部成立了第一个猛禽野生保护区：宾州鹰山保护区，有效地阻止了对猛禽的大量捕杀。委员会最大的成就就是在埃奇的领导下，经过四年艰苦的奋斗，于1938年在华盛顿州建立了奥林匹克国家公园，成为美国唯一一个保护温带雨林的地方。① 像埃奇一样的女性并不在少数，虽然20世纪三四十年代女性的环境工作较以往并不突出，但这并不意味着她们停止了这项工作。相反，这一时期的女性作为进步主义时期和现代环保运动中女性的桥梁，沟通了二者之间的联系，起到了承前启后的重要作用。

除女性个人外，许多妇女组织也依然活跃于自然资源的保护工作中。威斯康星州妇女俱乐部联盟（Wisconsin Federation of Women's Clubs，WFWC）将女性看作保护环境的重要力量，号召她们不仅要保护自己的家庭，还要为了所有人的利益继续保护森林、水资源、土壤和其他野生物。该俱乐部联盟资源保护处主席威廉明·拉·巴德（Wilhelmine La Budde）是一位积极的环保主义者。作为美国林业协会的副主席和威斯康星州妇女俱乐部联盟与美国森林服务处的联络官，她就常利用性别差异推动威斯康星州自然资源保护工作的开展。她认为女性的眼光更为长远，往往清楚眼下的行动如何影响未来的环境。基于此，女性并不赞同男性为了自身的利益而保留足够的野生物的资源保护思想，而是从自然的魅力、环境的完整、土地的利用、农业生产等方面去考量环境保护的目标与行为，从而提倡建立具有长远意义的规划，更好地保护人类的未来。在巴德的敦促下，一项在威斯康星州的公立学校推广保护自然资源的教育法案获得了通过，密尔沃基波特学校森林保护地（Potter School Forest）和威斯康星州凯特尔·莫林森林保护区（Kettle Moraine State Forest）得以建立；在巴德的领导下，俱乐部还向州长、威斯康星州资源保护委员会和立法机构提交了一份正式决议，支持高速公路美化项目。②

除自然资源保护之外，女性及其组织继续关注着城市环境的改善。水污染、空气污染、公共空间缺失等依然是进步主义时期之后美国城市所面临的问题。20世纪的女性继承了进步主义时期女性的斗争传统，继续以

---

① Madelyn Holmes, *American Women Conservationists: Twelve Profiles*, pp. 59～60.

② Nancy C. Unger, *Beyond Nature's Housekeepers: American Women in Environmental History*, pp. 122～123.

"城市管家理念"为指导,力图将肮脏、混乱的美国城市打造成宜居之所。20 世纪三四十年代,盐湖妇女商会(The Salt Lake Women's Chamber of Commerce)通过努力让人们进一步认识到煤烟是威胁公共卫生、城市形象和生活质量的凶手。① 到了 50 年代,妇女选举人联盟成功地发起了教育公众、改善水污染、提升公共卫生的环境运动,②继承并加强了进步主义时期女性的环保活动。1956 年,妇女选举人联盟将水问题列为宣传教育和行动的中心议题,许多地方分会发起了洁净水运动。为了赢得对修建污水处理厂的支持,爱达荷州的联盟成员将有关污染水源的传单放在城镇的每一家饭店的菜单上,还说服送奶工将传单放入每一户的牛奶盒中;她们还将标语刷在人行道上,并在路上竖立路标,指引人们去参观污水口。到 1960 年,该联盟已成为敦促联邦政府承担水质量责任的主要推动者,并在 60 年代后继续游说政府,联合 40 个工人、城市和资源保护组织,发起了"市民推动洁净水运动"(Citizens Crusade for Clean Water)。③

从 19 世纪中期开始,美国几乎每个工业城市都被浓重的煤烟笼罩着,饱受居民和旅行者的诟病。1954 年 10 月,严重的雾霾使洛杉矶的学校和工厂被迫关闭,这些都引起了人们对环境问题的警觉。女性作为进步主义时期反煤烟运动的主体,对环境恶化有着高度的敏感性。她们指责官员和商人以环境为代价,只注重眼前的利益而拒绝采用有效的煤炭转化措施,号召当地居民立即采取行动,并组织了大规模的示威游行活动,以"城市管家"的身份声讨政府的不作为。虽然她们的努力被商业利益所淹没,但她们为了当地居民福祉而对抗煤烟的努力却从未停止。④

二、蕾切尔·卡森及其生态女权主义

随着大萧条和第二次世界大战的结束,美国经济复苏,科技发展。人们的消费能力受到了极大的刺激,同时也催生了种类繁多的污染物。曾有人提出,消费文化的崛起使现代家庭中所使用的化学制品甚至比过去化学实验室中的还要多,而对于这些产品的毒性,家庭主妇们却几乎毫不知情。

---

① Ted Moore,"Democratizing the Air:The Salt Lake Women's Chamber of Commerce and Air Pollution,1936～1945."*Environmental History*,Vol. 12,No. 1(Jan.,2007),pp. 80～106.

② Terrianne K. Schulte,"Citizen Experts:The League of Women Voters and Environmental Conservation."*Frontiers:A Journal of Women Studies*,Vol. 30,No. 3(2009),pp. 1～29.

③ Adam Rome,"'Give Earth a Chance':The Environmental Movement and the Sixties."*The Journal of American History*. Vol. 90,No. 2(Sep.,2003),p. 535.

④ Nancy C. Unger,*Beyond Nature's Housekeepers:American Women in Environmental History*,p. 144.

电视机、洗碗机、冰箱及各种家具等消费品成为一个中产阶级家庭的标配，各类化妆品、清洁剂、除臭剂、消毒剂进入日常生活中，这些消费品中所含的化学物质成为生存环境和身体健康的杀手。另外，还有各种家具所使用的油漆、花园中使用的杀虫剂和除草剂虽然使家庭环境更为美观，但它们都可能导致严重的健康问题，如内分泌失调、癌症、不育、基因突变等。① 双对氯苯基三氯乙烷（简称 DDT）作为杀死害虫的有效杀虫剂，受到农民的普遍欢迎。人们欢呼科技变革所带来的高产和品质，却从未感知和了解它潜在的环境危害，直到《寂静的春天》一书的诞生。

1962 年，美国环境史上最具影响力的巨著之一——蕾切尔·卡森撰写的《寂静的春天》出版。这部著作将农药、杀虫剂等的使用推上了舆论的风口浪尖，给化学药剂横行的美国社会敲响了警钟，直接推动了美国现代环保运动的诞生，在美国环境史上具有划时代的意义。事实上，《寂静的春天》不仅是环境史领域常常讨论的话题，同时，卡森作为女性的身份以及由此引发的争议使其在妇女史上也占据一定的地位，它体现出卡森挑战父权、为女性争取平等权利的思想。

从环境史角度看，《寂静的春天》是对科学和工业发展与兴盛的时代发出的挑战，聚焦化学杀虫剂的广泛使用给人类带来的致命后果。卡森是一位海洋学家，多年来供职于美国鱼类和野生动物服务处，对野生物和大自然充满了关切。该书将她的这种关切同杀虫剂对大自然和人类的影响结合在一起，批判人类对自然的肆意操纵与控制，呼吁重建人类对自然的敬畏，保护地球的安全与完整。卡森指出，美国人对于使用的化学制品中所含的危险成分并不知晓，这些成分不仅会杀死害虫，同时也会给其他生物带来致命的伤害。卡森称，合成杀虫剂使用不到 20 年，就已经广泛分布于动物界和非动物界。大部分主要的河流甚至是肉眼看不到的地下水中都能检测到它的存在。它侵入鱼类、鸟类、爬行类以及家畜和野生动物体内，并长期潜伏下来。它也存在于人体中，将从胚胎到死亡伴随人的一生，危害人类的未来。②

除环境影响外，卡森还提出了一个道德问题，即改变人类控制自然的传统思想，将科学生态的内涵置于物种保护的理念之下，强调每个物种对于整个生态系统不可或缺的作用，唤起人们对所有生命及其权利的尊

① Nancy C. Unger, *Beyond Nature's Housekeepers: American Women in Environmental History*, pp. 145～146.

② Rachel Carson, *Silent Spring*. Boston: Houghton Mifflin Company, 1994, p. 15.

重,[1]从而建立完整、健康的生态系统。她还告诉资源保护主义者们,不要试图用经济和技术原理改造自然,要学会从环境的视角出发,更加审慎地调节自然。[2] 卡森还特意强调女性对自然的价值有着更加本能的理解,同时谴责美国社会为了自私的物质主义而消耗环境的价值理念,提倡考虑农药和杀虫剂所带来的长期后果,保护子孙后代的利益。

《寂静的春天》用最朴实易懂的语言将晦涩的科学知识和生态理念传达给大众,不仅让他们了解了化学药剂对环境和人体的危害,更让他们清楚地认识到自然界生物之间的相互依存关系,使环境问题真正成为大众可以触碰的领域。同时,《寂静的春天》推动了基层环境组织网络的扩大。塞拉俱乐部、全国奥杜邦协会和荒野协会(The Wilderness Society)等组织的会员人数急剧上升,这都得益于《寂静的春天》的广泛影响力。对美国五个主流环境组织成员的分析显示,其人数从 1966 年的 43.94 万增长到 1975 年的 121.76 万。[3] 还有许多新的环境组织先后诞生。据统计,1960～1979 年间成立的环境组织达 469 个,占总数量的 45%。环保组织数量的增加和会员人数的上升为环保运动注入了新的活力,也赢得了更多的支持者,环保运动的内容也得到了拓展。

从妇女史角度看,《寂静的春天》体现出卡森作为一名女性的社会责任感,以及对社会快速发展背景下出现的环境问题和地球未来的担忧。女性作为环境保护的重要参与者,有着深厚的历史根基。正是这样的历史背景使以卡森为代表的女性参与到现代环保运动中,她们既是妇女平等权利运动和妇女解放运动背景下将环境保护作为自己独特的事业的现代女性,又是保护家人健康和国家未来的妻子和母亲。卡森深深了解女性心中种着一颗环保主义的种子,常常强调女性的家庭责任使她们深谙地球的未来,并告诫她们地球岌岌可危的现状,号召她们关爱自然,为孩子的身体和精神健康谋求福利。

卡森对杀虫剂及其他化学药剂的抨击以及对女性地位的维护得到了许多女性的同情和支持。正如环境史学家亚当·罗姆所说:"卡森培养了女性支持者的网络,女性对她的工作给予了积极的支持。"女性在教育手册、写给报刊的信件和给政客的请愿中援引《寂静的春天》,通过组织和个

---

① Vera Norwood, *Made From This Earth*: *American Women and Nature*, p. 162.

② Thomas Raymond Wellock, *Preserving the Nation*: *The Conservation and Environmental Movements, 1870～2000*. Wheeling, Illinois.: Harlan Davidson, Inc., 2007, p. 165.

③ Stephen Fox, *John Muir and His Legacy*: *The American Conservation Movement*. Boston: Little Brown and Company, 1981, p. 315.

人的形式，开启了反对原子弹、净化河流、保护森林和防治污染的运动。[①] 从事新闻工作的女性向卡森提供了当地反对喷洒杀虫剂斗争的最新信息，鼓励她继续保护动植物。华盛顿邮报的老板尤金·迈耶夫人(Mrs. Eugene Meyer)很早便关注卡森指出的大量使用杀虫剂所带来的各种负面影响，当《寂静的春天》出版之时，她便帮助卡森同一些妇女组织取得了联系，以求得她们的支持。同时，她还在邮报刊登了卡森在全国妇女新闻俱乐部上的讲话，使得支持卡森的女性网络得以确定。[②] 许多全国性妇女组织如美国女大学生协会、全国妇女委员会(National Council of Women)、美国花园俱乐部以及全国妇女俱乐部总联盟等都对卡森的贡献表示认可，并追随她加入 20 世纪 60 年代的环境保护运动。而像奥杜邦协会等组织也支持卡森对野生物的保护，大力宣传卡森的保护理念。

在卡森的影响下，许多对环境充满关切的女性通过自己的方式践行着环境保护理念。到 20 世纪中期，由女性环保主义者构成的全国性网络基本形成，共同支持卡森所推动的环境保护事业。[③] 宾夕法尼亚州花园俱乐部联盟鸟类保护主任鲁思·斯科特(Ruth Scott)在其住所附近开辟了一片绿色空间，专门用来保护鸟类，并游说立法机构，保护鸟类栖息地，受到了卡森的积极支持。林登·约翰逊总统的夫人伯德·约翰逊(Lady Bird Johnson)作为环境保护的一名女性先锋，为现代环保运动做出了重要贡献。伯德长期以来对园艺兴趣浓厚，并对空气和水源污染、城市垃圾、广告牌、高速公路景观等问题忧心忡忡。1964 年，伯德夫人成立了自然景观特别小组(Task Force on Natural Beauty)，并发起了一项全国性的城市美化活动。她还将美化运动拓展到与环境有关的各个方面，如洁净的水源、新鲜的空气、干净的街道、安全的废物处置方式、保护有价值的地标和公园及荒野等，希望通过努力，为后代保留美好的生存环境。[④] 然而，她的行动却受到男性的质疑，被认为过于女性化、情感化、理性不足，导致很多男性敬而远之，这也体现出 20 世纪五六十年代保守的两性关系和政治氛围。

《寂静的春天》在获得众多支持的同时，也遭到了男性的批评。这些批评声并非针对卡森所提出的环境问题，而是围绕性别展开。他们指责卡森

---

① Adam Rome, "'Give Earth a Chance': The Environmental Movement and the Sixties." *The Journal of American History*. Vol. 90, No. 2(Sep., 2003), pp. 536～537.

② Vera Norwood, *Made From This Earth: American Women and Nature*, pp. 163～164.

③ Vera Norwood, *Made From This Earth: American Women and Nature*, pp. 147～148, 157.

④ Nancy C. Unger, *Beyond Nature's Housekeepers: American Women in Environmental History*, p. 153.

和她的支持者过于感性、伪善,缺乏理性和科学性,[①]特别是卡森的未婚状况受到攻击,因为这并不符合当时的社会传统,婚姻和母亲身份才最能体现女性特征。事实上,上述情况与当时的社会背景不无关系。20 世纪五六十年代被认为是美国妇女史上最为保守、美国妇女最受约束和限制的时代之一,甚至与 19 世纪相比更有过之而无不及。男性几乎统治了公共领域的方方面面,使得女性再次退回到家庭领域。卡森作为一名女性提出对科学和繁荣的质疑,必定触犯了象征男性气概和权威的社会发展规则,必然遭到男性的否定。同时,作为一名受过专业训练的女性动物学家,她不仅在以男性为主体的科学领域中显得格格不入,而且也被视作同时代女性中的"奇葩",这反映出当时以卡森为代表的女性的尴尬地位和所面对的重重困难。因此,无论《寂静的春天》如何真实地反映出经济发展背景下的环境遭遇,也无法使作者本人及该书字里行间所流露出的女性思想规避因性别歧视而导致的争论,也使这一时代女性的环保工作被随意轻视。[②]

《寂静的春天》推动了现代环保运动的诞生与发展,此时的妇女平等权利运动和妇女解放运动也如火如荼,二者相互结合催生了生态女权主义,促进了妇女环境史的形成。无论是女性的环保活动,还是学术界的研究,都展现出女性与环境之间越来越紧密的关系。1963 年,妇女运动领袖、女性作家贝蒂·弗里登(Betty Friedan)撰写的著作《女性的奥秘》(*The Feminine Mystique*)出版,抨击二战后迫使女性离开工厂,回归家庭照顾孩子、料理家务的理念,试图重塑女性独立的社会地位。这部著作点燃了女性的自我意识,妇女运动再次高涨,挑战经济、政治、社会各个领域中存在的性别不平等。《女性的奥秘》所培育的性别观念同《寂静的春天》所表达的环境担忧,使女性再次看到了自然同自身状态的高度契合,再次将环境保护列为与自身利益息息相关的事业,从而实现了 20 世纪 60 年代女权运动和环境保护运动的结合,推动了生态女权运动的发展。

1972 年,法国女性作家弗朗西斯娃·德·奥波妮(Francoise d'Eaubonne)成立了生态女权主义中心,并于 1974 年在《女权主义还是死亡》(*Feminism or Death*)一书中用到了"生态女权主义"(ecofeminisme)一词,号召女性发起拯救地球的生态革命。[③] 生态女权主义将女权主义同环保

① Maril Hazlett,"'Woman vs. Man vs. Bugs':Gender and Popular Ecology in Early Reactions to Silent Spring."*Environmental History*,Vol. 9,No. 4(Oct.,2004),pp. 715~716.

② Vera Norwood,*Made From This Earth*:*American Women and Nature*,p. 147.

③ Carolyn Merchant,*Radical Ecology*:*the Search for a Livable World*,2nd. New York:Routledge,2005,p. 194.

主义结合起来，认为女性受到的压迫和自然的恶化有着必然的联系，二者都是男权文化下的产物。正如女性活动家唐娜·沃诺克(Donna Warnock)所说的，“通往妇女解放的道路上不仅要消除父权，而且要抵制不平等的、灾难性的环境和社会生产系统，摧毁男性统治女性的现状和认为自然资源无限的幻想”①。因此，一些女权主义者认为，女性更有资格和能力纠正环境问题，因为她们是“最接地气的”。女性是大自然的卫士，她们更能理解自然的困境，更能合理分配自然资源。工业化创造了丰裕的物质财富，也奠定了男性的统治地位，却导致女性和自然在西方文化中遭到压迫和摧残。女权主义者要摒弃各种歧视，建立一个公正的世界。

随着生态女权主义的发展，女性与自然的关系不断受到重视，美国学界涌现出一批具有代表性的女性作家，如苏珊·格里芬(Susan Griffin)、伊丽莎白·D. 格雷(Elizabeth D. Gray)、卡罗琳·麦钱特(Ca-rolyn Merchant)、安德烈·克拉德(Andree Collard)等，很多美国妇女撰写的科幻小说和文学作品反映出生态女权主义的立场和理念。1980 年 3 月，马萨诸塞州大学举办了一场关于“妇女和地球的生命：20 世纪 80 年代的生态女权主义”的会议。500 名与会妇女探讨了生态女权主义的重要性。她们认为，作为母亲、养育者和监护人的女性应充分利用她们的创造力和能量拯救一切生命形式，应努力割除现代社会歧视妇女和少数族裔的毒瘤。紧接着，关于妇女与自然的各种会议先后召开。如 1981 年在加州索诺玛州立大学举办了西海岸生态女权主义会议；1987 年，为庆祝《寂静的春天》出版 25 周年，南加利福尼亚大学举办了一场“以生态女权主义为视角”的会议。除各类会议外，生态女权主义的课程陆续在大学里开设，推动了生态女权主义在美国的扩大。②

《寂静的春天》推动了美国现代环保运动的诞生，而《女性的奥秘》开启了妇女解放运动和平等权利运动的新纪元。前者强调男性对自然的统治和剥削，后者突出女性在男权社会下遭受的不平等待遇，二者均体现出现代社会下自然和女性每况愈下的状况和千丝万缕的联系，这使得它们在 20 世纪后半期更加紧密地结合起来，从而催生了生态女权主义，使更多女性通过个人和组织的形式，在与环境相关的一切问题中发挥着积极作用，从而为自身、后代及地球谋求更安全、更健康的未来。

---

① Donna Warnock, *What Growthmania Does to Women and the Environment*, circa 1985, Syracuse: Feminist Resources on Energy and Ecology, Box 14, File 6, ALFA, cited in Nancy Unger, *Beyond Nature's Housekeepers: American Women in Environmental History*, p. 155.

② Carolyn Merchant, *Earthcare: Women and the Environment*, pp. 149～150.

三、女性的反核运动

1945年,美国向日本广岛和长崎投掷了两颗原子弹,在加速日本全面投降的同时也引起了人们对核武器毁灭性杀伤力的恐慌。20世纪50年代美苏冷战愈演愈烈,核武器成为二者互相制衡的手段,核竞赛成为冷战的重要内容之一。随着1954年美国在马绍尔群岛附近开展了一系列的核试验,公众开始对核放射性尘埃给环境、食物和水源等可能带来的影响表示十分担忧,特别是苏联大规模发展核武器之后更引发了核恐慌。首先是科学家,之后扩展到公众。

最初,核专家们试图利用专业知识说服民众相信核武器的安全性,而在20世纪50年代中期之前,民众对于核武器、核辐射并没有清晰的认知。1956年,美国科学院(National Academy of Sciences)组建了两个委员会对核爆炸放射性尘埃进行调查。其中一个委员会称尽管这种放射性尘埃只向空气中放射少量的放射性同位素,但仍要严格管控;另一个委员会得到的结论更加乐观:人体可以摄入少量的锶90,这并不会对人体造成伤害。这样的调查结果并不能使公众信服。许多知名刊物都提倡对这一问题开展进一步的深入调查。20世纪50年代中期到60年代初,核问题成为全国文化产业的重要话题,从文字资料到影像资料,都充斥着隐藏于核武器背后的威胁。随着各类会议、调查报告、书籍、宣传册、电影、广告等对核武器所产生的医学、心理和道德影响的宣传,公众对它的认知和恐慌也日渐加深。到1957年,约52%的美国人认识到放射性尘埃是危险的。[①] 这也引发了全国范围内对核问题的争议,许多组织开始发起反核运动。其中,女性是反对核武器的重要倡导者。

在核知识传播的过程中,家庭主妇对核问题有了一定的了解,同时意识到核辐射、核武器和核战争可能给家人健康和地球未来带来的重大危害。越来越多的自由派和激进派女性加入到反核运动中,向政府和公共卫生官员施压,要求他们采取措施保护公民免受核放射尘埃的危害,希望他们停止军备竞赛,重启同苏联的对话。她们和男性联合,共同抵制政府支持的民防演练,加入大规模的反核游行。她们通过演讲、大众媒体、小册子、会议、游行示威、静坐、游说等方式,力图唤起公众的支持,进而影响政府决策。

---

① Thomas Raymond Wellock, *Preserving the Nation: The Conservation and Environmental Movements, 1870～2000*, p. 158.

1961 年 10 月 30 日，苏联试验了历史以来最大规模的核武器，这给美国政府和公众带来了巨大的冲击，掀起了美国历史上最大规模的妇女和平运动。[①] 运动的呼声首先来自美国首都华盛顿特区的一群女性，她们最先意识到核武器竞赛升级的可能，对核辐射带来的污染深感担忧。她们向全国各城市和乡村的姐妹们发出呼吁，敦促她们放下手中的工作，加入即将到来的结束核竞赛、保卫和平的大罢工中。两天后，也就是 11 月 1 日，美国主要城市和郊区的 5 万名妇女走出厨房，离开工作岗位，走向街头为和平而战。这场斗争呈现出多种形式，但是禁止核试验是共同的目标。抗议者避免使用任何具有意识形态倾向的话语，而是充分利用母亲和妻子的角色，使用女性独特的话语和技巧，以健康和安全为名，对核战争提出强烈抗议。她们推着婴儿车，高举“拯救儿童”(Save the Children)、“核试验有损胎儿”(Testing Damages the Unborn)、“我们要和平，拒绝破碎的生活”(Let's Live in Peace Not Pieces)等标语，表达出母亲和妻子对于核试验的强烈反对。在底特律市的一个广场上，妇女们高举着孩子们的照片；在华盛顿特区，近 800 名妇女在白宫前游行，举着提倡和平和裁军的标识；在洛杉矶市，4000 名妇女在位于市中心的州府大厦门口聚集，要求停止核储备和核试验。[②]

妇女争取和平组织(Women Strike for Peace)作为这场盛大的反核运动的重要参与者，组织 5000 名女性走向街头，高呼“结束军备竞赛，而非结束人类”(End the Arms Race, Not the Human Race)的口号，发起了大规模的罢工运动。妇女争取和平组织诞生于美国冷战共识建立、性别分工严苛的时代背景下。参与这场运动的女性包括自由主义者或左翼政治派别人物，大都 30～40 岁，接受过大学教育，并在战争年代有过工作经历。她们是乐观的一代人，相信能通过个人努力和集体行动，促进社会的完善。妇女争取和平组织的快速成立，便是她们将母性、政治和道德情怀转化为更高层次的组织需求的产物。[③] 她们不属于任何环境组织，采用一种松散的、非层次结构的独立组织形式(nonhierarchical, loosely structured unorganizational format)，即反对严格的组织结构形式，每个分会都有独立的自主权。该组织主要采用政治游说、示威游行、抗议请愿、宣传教育、影响

---

① Amy Swerdlow, “Ladies' Day at the Capitol: Women Strike for Peace Versus HUAC.” *Feminist Studies*, Vol. 8, No. 3(Autumn, 1982), 493～520.

② Amy Swerdlow, *Women Strike for Peace: Traditional Motherhood and Radical Politics in the 1960s*. Chicago: The University of Chicago Press, 1993, pp. 15～16.

③ Amy Swerdlow, *Women Strike for Peace: Traditional Motherhood and Radical Politics in the 1960s*, pp. 1～3.

公共事务官员和政策等方式吸引广大媒体和政客的注意，最终实现其诉求。

在那个冷战思潮甚嚣尘上、和平主义者被忽视的时代，以妇女争取和平组织为代表的抗议者们成功地将反对核武器的抗议活动转变为一场全国性的妇女运动。她们利用核辐射所带来的环境问题，依靠全国范围内的妇女组织网络，通过口头传达、信件、电话、圣诞卡等方式，广泛传播反核话语，从而使她们的活动更为有效。在核试验期间，女性还采用联合抵制消费品的方式反对核试验的进行。例如她们向公众宣传牛奶中含有放射性物质，进而传播环境卫生知识，要求乳品生产商、农业部和国会采取措施以消除核辐射、净化牛奶，为抗议运动赢得了广泛的支持；她们还组织消费者抵制美国民防承包商生产的家庭清洁用品，要求这些企业停止生产可能导致出生缺陷的落叶剂(defoliant)。这项活动使女性利用传统角色将日常消费行为同美国国防开支结合在一起，使其作为母亲和妻子的反核行动更为高效。①

不到两年时间，妇女争取和平组织的反核努力既引发了全社会大规模的反核试验运动，也引起了众议院非美活动调查委员会(House Committee on Un-American Activities，简称 HUAC)的注意。面对政治责难，组织领袖并未退缩，而是提交了维护言论自由和组织结社的证词，为自己赢得了生存的机会，同时也削弱了调查委员会的政治影响力。② 古巴导弹危机期间，该组织开展了系列示威活动，大力提倡和平，向肯尼迪总统施压。这些女性的斗争赢得了肯尼迪总统的认可，对政府的政策制定产生了重要的影响，和其他组织一道成功地推动了 1963 年《部分禁止核试验条约》的签订。③ 在肯尼迪总统遇刺前不久，他曾这样说："军备控制是我们必须为了孩子、孩子的孩子所完成的使命，他们在国会中没有代表……没有人能比美国的母亲和母亲的母亲更有资格代表他们的利益。"④女性意识到条约的签订只是成功的第一步，因为地下核试验仍在继续。她们将此作为契机，继续推动全面禁止核试验工作的进行。到了 20 世纪 80 年代，妇女争取和平组织同环境组织合作，一道反对核能发电厂的建立和"星球大战导

---

① Mitchell K. Hall, ed. , *Opposition to War*: *An Encyclopedia of U. S. Peace and Antiwar Movements*. Santa Barbara, California: ABC－CLIO, 2018, p. 719.

② Mitchell K. Hall, ed. , *Opposition to War*: *An Encyclopedia of U. S. Peace and Antiwar Movements*, p. 719.

③ Amy Swerdlow, "Ladies' Day at the Capitol: Women Strike for Peace Versus HUAC", pp. 496～497.

④ Elizabeth Blum, *Love Canal Revisited*: *Race, Class, and Gender in Environmental Activism*. Lawrence: University Press of Kansas, 2008, p. 146.

弹防御体系”的推进，共同为和平事业的维护和发展做出贡献。

20世纪七八十年代是美国女性反对核武器的高潮期。58%参与环境保护的女性都对核问题给予了关注。1973年12月1日，以三四十岁中产阶级家庭白人主妇为主体的威斯康星州反核危险联盟（Wisconsin-based League Against Nuclear Dangers，简称LAND）组织了一场声势浩大的气球放飞活动，气球上粘贴着书写了各种核放射物质的卡片，让更多的人了解核武器对人体和其他生物以及后代所造成的危害。该联盟最初成立的目的是反对在威斯康星州鲁道夫市修建一座核发电站。虽然发电站的支持者宣称核能是一种安全廉价的能源，但这并未消除联盟成员对其可能产生的核辐射的担忧。她们通过学习核知识、发起请愿、撰写反核宣传语等形式，引起了广大民众对修建核电站计划的反对，迫使威斯康星州于1980年取消了修建八座核电站的计划。这一胜利是对以女性为主体的反核组织的鼓舞，她们继续以保护家人和环境的名义，为反核斗争而努力。虽然联盟于1988年解散，但它却唤起了更多人对核威胁的认识，其成员也在州、国家和国际反核运动中发挥着重要作用。[①]

女性是冷战期间反对核武器的重要提倡者。在冷战战线建立及女性回归家庭的背景下，她们继续利用女性角色和话语，规避意识形态倾向可能带来的问题，以家人健康和地球环境为名，提出反对核武器和核污染的诉求。虽然从性别角度看，男女分工较为保守，但这一时期的女性比她们的前辈拥有更多的机会和话语权，能更加积极、有效地影响政治和社会，再加上到20世纪60年代公众对核武器的反对呼声加强，以及各类社会运动的兴起，女性的反核运动得到了较大程度的扩展，加速了政府禁止核试验的进程，为和平运动的推进做出了积极的贡献。

四、环境正义运动中的女性

环境正义运动兴起于20世纪80年代，基于“环境歧视与不公正”问题，试图改善美国的城市环境，提高少数族裔的生存状态。它吸收了女权主义的一些元素，努力为所有人赢得享受安全和健康的物质、社会、政治和经济环境的权利。种族、阶级、性别都是环境正义考虑的因素，[②]因而也实现了不同群体之间的联合。被有害物质污染的地区大都是有色人种和少

① Nancy C. Unger, *Beyond Nature's Housekeepers: American Women in Environmental History*, pp. 137～139.

② Nancy Unger, “Women and Gender: Useful Categories of Analysis in Environmental History”, p. 625.

数族裔聚居的地区，这里居民的身心健康饱受各类化学物质的毒害。环境正义的目的便是为少数族裔争取公平的环境权利，包括身体健康、生命安全及和谐的家庭和社区环境等，而平等问题也是它所追求的目标。

美国女性，特别是有色人种女性，是环境正义运动的重要参与者和推动者。据统计，在全美的环境正义组织中，无论是领导人物，还是普通成员，均以女性为主，比例高达70%以上。[①] 她们将环境问题同孩子的健康问题联系在一起，将该运动看作妇女的运动，利用直接和间接的行动方式努力构建健康、安全、宜居和可持续发展的生存环境，为环境保护问题带来了新的视角。这些女性作为母亲和家庭的管理者，承受着环境问题对她们的身心和家人健康的摧残，因而顺理成章地承担起反对环境污染、争取环境权利的责任，在社区运动中担任领导角色。

拉夫运河事件是环境正义运动的重要催化剂。在此过程中，纽约州拉夫运河房主协会(The Love Canal Homeowner's Association)的白人女性洛伊斯·吉布斯(Lois Gibbs)试图唤醒公众对胡克化学公司填埋有害废物产生的影响的认识。从20世纪20年代开始，干枯的拉夫运河便成为尼亚加拉瀑布市的城市垃圾倾倒点；40年代开始，城市垃圾加上美国军方在这里倾倒包括"曼哈顿计划"中产生的原子武器废弃物在内的垃圾，这里的垃圾数量激增。而胡克化学公司对运河的购买则更加剧了拉夫运河及周边地区的毒化。从1942年购买拉夫运河，一直到1952年，胡克化学公司将2万多吨化学废弃物倾倒入拉夫运河中，运河成为一个由各种危险化学产品组成的填埋区。经化验，这片区域能确定的化学物多达82种，其中很多可以确定致癌。1953年，胡克公司将这片土地以1美元的低价出售给尼亚加拉瀑布市学校董事会。1955年，学校建成并开放，同时周围也新建了大量住房设施，居民以年轻的工人家庭为主。而这之后，随着这一地区人口的急剧增长，大量住房和学校在此修建，居民大都是低收入人群，而他们的噩梦也从此开始了。

作为这里的居民，洛伊斯·吉布斯多年来一直被自己儿子所患的各种疾病所困扰。她无法理解为何幼小的孩子会患上如此之多的疾病。直到1978年看到了美国环保局布朗先生关于拉夫运河污染问题的文章，她才怀疑儿子的疾病是否是由这些化学废弃物所引发的。经过长期的调查，吉布斯逐渐清晰地意识到，这片区域的各种疾病如流产、死胎、胎儿畸形、癌

---

① Shannon Elizabeth Bell, *Our Roots Run Deep as Ironweed: Appalachian Women and the Fight for Environmental Justice*. Urbana: University of Illinois Press, 2013, p. 2.

症、生殖问题等都与化学废弃物有着密不可分的关系。1978 年 8 月，吉布斯成立了拉夫运河房主协会，向胡克公司施压，要求其进行赔偿。1980 年，经过两年多同政府部门的交涉，吉布斯指出政府在拉夫运河工作中存在的问题，并提出针对有害废弃物的五项计划。一是联邦政府和州政府在有害废弃物治理问题上职责明确；二是科学家和环境工程师负责对有害废弃物场地的健康和安全问题做出判断；三是派遣一名协调员负责规划调查和处置事宜；四是建立一个独立的公共卫生部门，参与对受害者的赔偿和经济补偿问题；五是受有害废弃物危害的社区必须参与该场地的处置事宜，建立公共程序，使居民参与到研究设计和解决问题的过程中。① 这些问题都直击各级政府的要害，为有害废弃物的处理提供了重要借鉴。

在吉布斯的影响下，女性开始在这场运动中发挥重要作用。由于拉夫运河特殊的地理位置和居民身份的原因，这些女性大都是中下层女性。不同于 19 世纪有钱有闲的中上层女性，她们为了家人的生死存亡，对环境问题进行猛烈抨击，切实维护自身的生命安全。她们未接受过环境科学方面的任何教育，但对保护社区免受污染充满热情。她们组织了大量抗议活动，发起了反对环境威胁的多项运动。通过努力，以吉布斯为首的女性获得了媒体的关注，从而赢得了更为广泛的支持。事实证明，女性为家庭和孩子健康与安全而奋斗的事业更为高效，也更易被大众接受。1979 年 10 月，休·凯里（Hugh Carey）州长宣布州政府将以合理的市场价购买拉夫运河地区剩余居民的房产，这是这里房产所有者不断努力的一大胜利。遗憾的是，黑人家庭，特别是单亲母亲家庭，却无法逃离有毒环境。她们批评在种族和阶级歧视面前，母亲身份变得一文不值。她们要求和其他人一样，使自己的孩子享受同等的保护。②

在拉夫运河事件的推动下，为少数族裔和中下层居民争取环境权利的环境正义运动迅速开展起来。参与者超越种族、性别和职业差异，为了实现抵制有毒物质的目标而联合起来。许多像吉布斯一样的女性持续为由种族和阶级引发的环境不公而努力。她们从保护我的庭院，到保护每个人的庭院，再到保护我们的地球，她们的诉求不断扩大。在此过程中，女性如战士一般，通过举行示威游行和集会、开展公众教育、研究与监测有毒地

---

① H. Patricia Hynes, "Ellen Swallow, Lois Gibbs and Rachel Carson: Catalysts of the American Environmental Movement." *Women's Studies International Forum*, Vol. 8, No. 4 (1985), p. 295.

② Nancy C. Unger, *Beyond Nature's Housekeepers: American Women in Environmental History*, p. 194.

区、向政府部门提供专业证明、联系媒体、发展社区、游说以及寻求相关的技术协助等方式，唤起公众的意识，向政府施压。而她们充分发动社区力量的方式成为推动环境正义运动发展的关键因素。[①] 在这场运动中，女性关注的环境问题越来越广泛，包括有毒物质排放、滥用杀虫剂、水源和空气污染、垃圾处理与回收、核废弃物、工人健康、住房、公园建设、能源等一切与环境和人类发展相关的问题，旨在维护人体健康，构建安全的居住环境和未来。

除了直接参与到反对化学废弃物的抗议活动中外，一些女性还通过研究的方式揭露化学废弃物的危害，以唤起公众的意识。如纽约州水牛城一位女性社会学家阿德琳·莱文(Adeline Levine)对这里的居民进行了采访，认为政府关于重新安置和提供帮助的优柔寡断给当地人带来的心理压力，以及未提供有关有毒物质给健康带来的影响的信息等也是环境问题的重要内容。纽约州罗斯威尔·帕克纪念研究所(Roswell Park Memorial Institute)的分子生物学家贝弗利·佩根(Beverly Paigan)对这里居民的健康问题进行了初步的调查。调查结果推动环境保护管理局的流行病学家们开展了更深入的科学调查。[②]这些研究使更多的居民意识到有毒物质给人体和环境带来的巨大危害，为维护环境正义的斗争提供了重要依据，也迫使政府重新审视政策，为有色人种、少数族裔及工人阶层提供安全的生存环境。

随着环境正义运动的发展，它不再仅仅局限于社区毒物问题，而把一切威胁当地居民健康与生活的环境问题都作为斗争的对象，其目的与社区反毒物运动殊途同归，继续为争取平等的环境权利而战斗。在阿巴拉契亚山脉附近，便生活着一群为了生存权利和质量而奔走疾呼的女性。她们将公共事务同家庭生活紧密地联系在一起，以母亲和妻子的身份挑战传统的父权社会下的发展状态，为家人和社区居民谋福利；同时，这样的身份也使她们的活动更加合理化、合法化，使她们的斗争更易赢得公众的支持。在一系列的斗争中，女性学会了如何用非暴力的方式解决问题，学会了如何与媒体接触，学会了如何去解决最为严重的问题。这些都使她们在社区问题中变得更加强大，也使争取环境权利的斗争更加激烈。

女性是环境正义的重要推动者，从 19 世纪末社区改良运动中为城市

---

① Shirley A. Rainey and Glenn S. Johnson, "Grassroots Activism: an Exploration of Women of Color's Role in the Environmental Justice Movement." *Race, Gender & Class*, Vol. 16, No. 3/4 (2009), pp. 158～159.

② Carolyn Merchant, *Earthcare: Women and the Environment*, pp. 157～158.

贫民改造环境的改革者，到20世纪八九十年代环境正义运动中来自各种族、与有毒物质斗争的女性群体，都将环境与社会正义和民主联系在一起，力图为美国国民赢得平等的环境权利。历史的脚步迈入21世纪，环境正义日渐成熟，也逐渐扩大，与就业、住房、可持续发展等相结合，继续为那些遭受环境歧视的人们而斗争，进一步推动平等的环境法律和民权法律的健全和完善。

小结：进步主义时期的女性不仅推动了环境的改善和自身地位的提高，而且促进了进步主义运动的深入发展。但是，我们在看到这些女性贡献的同时，也应该看到她们身上的局限性。受性别、阶级、种族等的制约，一些女性具有维多利亚时代中上层阶级对下层阶级及种族的偏见。她们认为下层女性缺乏道德和女性气质、文明程度不高。赖特指责其他种族的人天生关心那些低等动物，她的文章也凸显出道德污点、种族主义情感和对某些动物物种的忽视；[①]同时，这一时期的女性改革者大部分是中上层白人，她们在提倡环境保护、社会公正的同时也体现出自身的狭隘。有些白人俱乐部反对吸纳有色人种女性及下层女性。虽然它要求女性的平等和权利，但它培养的更多是一致性，而非挑战。[②] 譬如1900年，一位著名的黑人女性约瑟芬·鲁芬（Josephine Ruffin）申请代表波士顿的三个妇女俱乐部参加总联盟在密尔沃基举办的第五届年会，但是她被告知只能作为其中两个白人女性俱乐部的名誉代表列席，而不能代表黑人妇女俱乐部，这遭到了鲁芬的拒绝，因而她也被排除于会议之外。这一事件被美国的报纸大量报道，总联盟受到了来自各方面的批评。[③] 1900～1902年，总联盟就是否吸收非洲裔美国女性创建的俱乐部的加入而展开了激烈的辩论，这导致许多地方性妇女俱乐部和州级妇女俱乐部联盟分裂，使总联盟失去了近一半的会员。[④] 又如1904年，总联盟主席丽贝卡·道格拉斯·洛（Rebecca Douglas Lowe）在批准波士顿的一个黑人妇女俱乐部新时代俱乐部

---

① Linda C. Forbes，and John M. Jermier，"The Institutionalization of Bird Protection：Mabel Osgood Wright and the Early Audubon Movement"，p. 464.

② Sandra Haarsager，*Organized Womanhood：Cultural Politics in the Pacific Northwest，1840～1920*. Norman：University of Oklahoma Press，1997，p. 23.

③ Mary Jane Smith，"The Fight to Protect Race and Regional Identity within the General Federation of Women's Clubs，1895～1902. "The *Georgia Historical Quarterly*，Vol. 94，No. 4（2010），p. 479；"Mrs Josephine Ruffin—She is to the colored women of America. "*Argus and Patriot*，Aug. 15，1900.

④ Jan Doolittle Wilson，"Disunity in Diversity：The Controversy Over the Admission of Black Women to the General Federation of Women's Clubs，1900～1902. "*Journal of Women's History*，Vol. 23，No. 2（Summer，2011），pp. 39～63.

(New Era Club)加入总联盟之后，却因未提前获得理事会(Board of Directors)的认可而不得不收回成命，这将总联盟推到种族歧视的风口浪尖之上。① 这一事件本身就说明白人女性对其他有色人种的排斥。

事实上，除了白人女性外，进步主义时期的黑人女性也发起了环境保护活动。对于有色人种，历史学家们多关注的是民权问题。黑人女性遭受着种族和性别的双重压迫，她们的环境保护活动因此常被忽视。从 1896 年成立开始，全国有色人种妇女俱乐部协会(The National Association of Colored Women's Clubs)就积极地参与到城市环境改革中，到 1918 年，该协会的成员已经达到 30 万。该协会作为全国黑人妇女组织的伞状组织，进行着种族和环境的双重斗争。这些女性主要关注公共卫生问题，包括建立清洁日、保护动物免受虐待、种植树木、改善空气、改善社区的卫生状况等，她们也通过母亲的角色推进自己的环境改革。② 但较白人女性而言，黑人女性由于受种族压迫而缺乏全面参与环境保护运动的资源和机会。她们通常多是关注和修复自己生活区域周边的环境，其贡献也因此受到限制，导致她们常常被人们遗忘。

同 20 世纪后半期美国女性的环境保护活动相比，进步主义时期的女性更为保守。其原因在于当时的女性处于最为传统的社会背景下，要突破根深蒂固的性别不公可谓难乎其难。她们既要走出家庭，走向保护环境的公共领域，又要维护传统女性的形象，以免其活动遭受重重障碍。因此，她们选择"城市管家"这样的身份，采取较为温和的话语策略，以推动其诉求的达成。而这一点也决定了这一时期女性的环境保护活动更为艰难。同时开展的妇女权利运动，特别是选举权运动常常让女性陷入困境。将环境保护和选举权问题相结合既给她们带来益处，又使她们担心受到传统社会的阻碍，因而体现出一种更为明显的复杂性。就这一点而言，20 世纪后半期的美国女性则更为直接，这首先当然得益于之前女性艰苦卓绝的斗争。生态女权主义的诞生将环境问题同性别问题真正结合在一起，为女性保护环境提供了理论依据和行动指南，进一步扩大了她们的活动范围。女性保护家庭成员健康、实现社会公正以及维护美国文明和道德的初衷从未改变，甚至更加强烈。她们敢于利用创作的方式直接抨击环境危害，也敢于

---

① Karen J. Blair, *The Clubwoman as Feminist: True Womanhood Defined, 1868～1914*. New York: Holmes & Meier Publishers, Inc., 1980, pp. 108～109.

② Elizabeth D. Blum, "Pink and Green: A Comparative Study of Black and White Women's Environmental Activism in the Twentieth Century." Ph. D. diss., University of Houston, 2000, pp. 138～165.

采用游行、静坐、游说等非暴力方式要求获得环境权利，因而取得了更加广泛的成果。环境正义运动还使女性突破种族与阶层障碍，将环境保护同种族因素相结合，一定程度上改变了进步主义时期女性排斥有色人种的弊端。总而言之，20 世纪女性的环保活动同 19 世纪和进步主义时期的女性一脉相承，二者既有诸多共同点，又各具特点，这都离不开社会背景和社会因素的制约。

结束语

随着19世纪美国社会的发展和女性受教育机会的增加，女性开始意识到传统社会下所受到的束缚和不公待遇，从而展开了为平等权利而战的一系列活动：平等的婚姻权、生育权、教育权、就业权、选举权等都是女性奋斗的目标。她们不仅直接发起了妇女权利运动以及选举权运动，而且还通过参与各项社会改革传播其社会影响力。她们试图摆脱家庭束缚，迈向一直以来被男性统治的公共领域。很多女性认为权利运动和选举权运动过于激进，容易引起男性的不满与责难而给运动本身带来重重困难。因此，她们试图选择一种较为温和的方式来实现获得平等权利和让世界更美好的诉求。这时工业化和城市化所带来的各种问题为女性的社会参与提供了契机。女性认为，男性天生以商业和利益为目标，是社会问题的制造者；而女性作为家庭的管理者和社会道德的维护者则承担着修复这些问题的责任。在这种背景下，以妇女俱乐部为主的各类女性组织纷纷成立，最初以学习交流和提高女性素养为主要目标，到内战后发展为以实现社会改革为己任，参与到废奴运动、禁酒运动、服饰改革运动、道德改良运动等运动之中。这些女性组织的成员们秉承“城市管家理念”，利用传统的家庭角色管理社区及社会，践行其社会责任的同时力图扩大自身的影响力。到了进步主义时期，美国女性已然成为各项社会改革的重要力量，其公共参与也得到进一步加强。和众多进步主义改革者一样，她们积极应对工业发展和经济繁荣所带来的政治、经济和社会问题，期望使美国的制度更加有效和完善。

环境保护作为这一时期一项重要的社会活动，是女性试图通过公共参与争取平等权利、践行社会责任的重要途径。进步主义时期的女性参与环境保护运动的外因是美国工业化和城市化下自然资源遭到严重浪费、自然环境被破坏和城市深陷环境危机的社会背景。内战后，大批移民涌入、大片的森林被无限制砍伐、鸟类遭到疯狂射杀、水源和空气被污染、城市设施落后、城市环境混乱，这些都使美国人倍感担忧。进步主义改革的目标就是要解决诸如此类的社会问题,重建资本主义的价值体系。环境破坏所带来的种种威胁催生了进步主义时期的环境保护运动,由资源保护运动、自然保留运动和城市环境改革共同构成,掀起了美国环境保护史上的第一个浪潮,成为进步主义运动的重要组成部分。女性发起了一系列环境保护活动,作为一支独立的民间力量发挥着重要作用。这些活动与政府的环境治理相得益彰,共同推动了进步主义环境保护运动的开展。和男性相比,女性赋予环境保护更多的内涵,她们既力图保护美国公民的生存环境,维护当代及后代人的福祉,又期望以此来扩大自身的权利。

事实上,女性和自然的关系源远流长,最初体现为印第安妇女和北美殖民地妇女的农业生产实践活动。18～19 世纪,美国女性将观察与研究自然的相关工作视作其接触外部世界但并不违背传统的女性角色的重要方式。她们开始对植物、昆虫、鸟类、山川河流等进行研究,特别是西进运动为她们进一步接触和研究自然提供了契机。19 世纪涌现出很多像玛丽·H. 奥斯汀、玛丽亚·马克斯韦尔(Maria Maxwell)、艾丽斯·伊斯特伍德、弗洛伦丝·M. 贝利等的女性植物学家、鸟类学家、作家和诗人,创作出许多有关自然的著作和文章,并被广泛传阅,激发起美国公众对自然的关注和热爱,对于公众环境保护意识的崛起起到了重要的推动作用;作为进步主义自然研究运动的重要推动力,女性试图在学校推广自然教育,向学生提供各类流行的自然读物,呼吁学生走向大自然,提升学生对自然的认知和兴趣,从而达到保护自然的目的。

随着工业化下自然环境和城市环境问题的加重,进步主义时期的女性意识到,环境问题既威胁家人的健康,又吞噬美国的文明,她们因此开始承担起保护自然资源与环境和改善城市环境的责任。她们通过各地区、各州和全国性妇女俱乐部及其他妇女组织参与到森林、水资源与鸟类保护及国家公园建设等活动中,成为男性精英和公众的桥梁;同时,女性还致力于城市环境卫生改革、反煤烟污染、工业环境改善等与市民健康相关的城市环境改革中。这一领域出现了诸如简·亚当斯、卡罗琳·B. 克兰、玛丽·麦克道尔、艾丽斯·汉密尔顿、弗洛伦丝·凯利等著名的社会改革家。这些女性大多是社区改良运动的主要推动者和成员,以实现社会公正与正义为目标,推动了城市环境的改善。虽然到 20 世纪初,环境改革中的女性逐渐被男性专家所取代,但她们所做出的贡献不容小觑。

进步主义时期女性的环保活动既推动了环境问题的改善,又赋予女性更多与政治人物和公众接触的机会,是女性加强公共参与、提升自我影响力的重要途径,成为美国妇女史和环境史研究的一个重要内容。这一时期女性的环保事业为后世留下了丰富的遗产，如主题多样的自然著述、传统角色与公共参与相结合的管家理念、推行环保过程中形成的策略与手段、成熟完善的环保项目等，体现出女性在环境保护过程中做出的贡献和取得的成果，为她们在现代环保运动中的参与提供了重要参考。美国学界对女性的环保活动给予了不同的评价，一种观点认为她们的环境保护活动是激进的，她们试图打破传统社会对女性的束缚，走向历来被男性占领的公共领域，这违背了女性只应对围墙内事务负责的传统，不利于女子特性的保持和社会的稳定；也有观点认为她们是保守的，因为她们试图利用作为母亲和妻子的传统角色管理社会事务，虽然顺利被社会所接受，但最终未能突破两性分工。同时，这类女性大都是中上层白人女性。有资料显示，她们并不情愿接受下层女性和有色人种女性，这体现出她们的狭隘和保守性。无论何种观点，可以肯定的是，女性的环境保护活动已开始受到学者们的关注。

最后，笔者就该选题未来的研究方向提出一些思考。本书主要探讨了女性对于进步主义时期自然资源保护和城市环境改革做出的重要贡献，可以说她们是环境政策制定和公民环保意识觉醒的重要推动力。笔者希望该研究能够丰富妇女史和环境史的研究内涵，更希望女性对于社会发展的贡献能得到更多的重视。该方面的研究在未来还可以有更大的突破。自麦钱特教授提出从性别视角研究环境史之后，美国学界的确涌现出一批重要的研究成果，但它们大都以女性为独立的群体进行研究，并未考虑男性的因素，更未真正从性别合作与差异的视角加以分析。这样的研究可能会导致女性在环境保护中的作用被夸大，忽视男性与女性可能作为同一个利益集团在某个环境问题方面的合作，也会让人误解男性与女性的环保活动是完全割裂的，从而陷入另一个研究困境。

对于历史上的性别问题，很多学者亦担心关于女性的研究成果只片面地研究女性，他们希望这些成果以“社会性别”(gender)为出发点，更好地体现两性关系，而非“性”(sex)本身，因为对任何一个性别的理解都离不开对另一性别的理念与行为的研究。① 事实上，男性与女性的历史活动是相互交织的，其目的可能是一致的，只是由于各自的性别特点和特定的社会背景而采取了适合自身的行为方式和手段。这一问题为未来的研究指出了方向，即从两性关系视角研究环境问题，将种族、阶层、年龄、受教育程度

① Joan W. Scott, “Gender: A Useful Category of Historical Analysis.” *The American Historical Review*, Vol. 91, No. 5(Dec., 1986), p. 1054.

等因素纳入研究范畴，让环境史的研究更为丰富和完整。正如纳塔利·戴维斯(Natalie Davis)说的那样："我们不应仅仅研究一个性别，我们的目标是理解历史上性别关系中不同性别的意义；我们的目标是发现不同社会和不同阶段中性别角色和性别象征意义的范畴，发掘它们的内涵以及它们通过何种方式运作，以维持社会秩序或推动社会秩序的改变；我们的目标是解释性别角色为何有时被严格规定，而有时却发生变化，有时明显不平衡，而有时却极其平均。"①

---

① Natalie Zemon Davis, "Women's History in Transition: The European Case." *Feminist Studies*, Vol. 3(Winter, 1975～76), p. 90.

参考文献

英文资料

演讲稿：

1. C. T. Graham-Rogers, M. D. “Industrial Hygiene: A Neglected Field of Public Health Work.”Read before the General Sessons of the American Public Heatllh Association, Colorado Springs, Sep. 1913. (https://www.ncbi.nlm.nih.gov/pmc/articles/PMC1286370/? tool = pmcentrez)

2. Dutcher, William. “Education as a Factor in Audubon Work-Relation of Birds to Man”, *Bird Lore*, Vol. 11, No. 6 (Dec., 1909): 281～287. (www.hathritrust.org)

3. Gerard, Jessie Byrant. “Save the Hetch-Hetchy Valley.” *Federation Bulletin*, Vol. VII, No. 2 (Nov., 1909): 54. (http://galegroup.com)

4. Gerard, Jessie Byrant. “A Word on Forestry: To the Club Women of the General Federation.” *Federation Bulletin*, Vol. VII, No. 5 (Feb., 1910): 159～160. (http://galegroup.com)

5. Marsh, George Perkins. *Address Delivered before the Agricultural Society of Rutland County*, Sep. 30, 1847. Rutland, VT: Herald Office, 1848. (www.hathritrust.org)

6. Miller, Olive Thorne. “The Study of Birds-Another Way.” *Bird Lore*, Vol. 2, No. 5 (Oct., 1900): 151～153. (www.hathritrust.org)

7. Mrs. Moore. *Addresses and Proceedings of the Fourth National Conservation Congress*, 1912: 241. (www.hathitrust.org)

8. Mrs. Overton Ellis. “The General Federation of Women's Clubs in Conservation Work.” *Addresses and Proceedings of the First National*

Conservation Congress, 1909:148～158. (www. hathitrust. org)

9. Mrs. Welch. "Address by Mrs. Welch, of the General Federation of Women's Clubs." *Proceedings of the Second National Conservation Congress*, 1910:160～163. (www. hathitrust. org)

10. Richards, Ellen H. "Sanitary Science in the Home." A Lecture Delivered before the Franklin Institute, Jan. 16, 1888. *Journal of the Franklin Institute*, Vol. 96, No. 3 (Aug., 1888): 95～114. (http://gale-group. com)

11. Richards, Ellen H. *The Relation of College Women to Progress in Domestic Science*. A Paper Presented to the Association of Clegiate Alumnae, Oct. 24, 1890:1～10. (http://galegroup. com)

12. Roosevelt, Theodore. *Conservation of National Resources: Weightiest Problem Before Our People-Duty of the Nation and the States*. Address of President Roosevelt at the Opening of the Conference on the Conservation of National Resources, at the White House, May 13, 1908. *The Chautauquan*, Vol. 55, No. 1 (Jun., 1909): 33～43. (www. proquest. com)

13. Turner, Frederick Jackson. "The Significance of the Frontier in American History", paper read at the meeting of the American Historical Society, July 12, 1893 in *Report of the American Historical Association* for 1893, 199～227.

14. Williams, Lydia Adams. "Conservation-Woman's Work." *Forest and Irrigation*, Vo. XIV, No. 6 (Jun., 1908): 350 ～ 351. (www. hathitrust. org)

15. Williams, Lydia Adams. "Forestry at the Biennial." *Forestry and Irrigation*, Vol. XIV, No. 8 (Aug., 1908), pp. 435 ～ 437. (www. hathitrust. org)

16. Williams, Lydia Adams. "The Woman's National Rivers and Harbors Congress." *Conservation*, Vol. XV, No. 2 (Feb., 1909): 98 ～ 101. (www. hathitrust. org)

17. Williams, Lydia Adams. "A Million Women for Conservation." *Conservation: Official Organ of the American Forestry Association*, Vol. XV, No. 6 (Jun., 1909): 346～347. (www. hathitrust. org)

18. Wright, Albert Hazen and Anna Allen Wright. "Agassiz's Ad-

dress at the Opeing of Agassiz's Academy. "*The American Midland Naturalist*, Vol. 43, No. 2(Mar. , 1950): 503～506. (www. jstor. org)

书信：

1. Alice Hamilton to Charles H. Verrill, Feb. 12, 1913, Barbara Sicherman, *Alice Hamilton, A Life in Letters*. Cambridge, Mass. : Harvard University Press, 1984: 170～171.

2. Fields, Annie, and Rose Lamb, eds. *Letters of Celia Thaxter*. Boston and New York: Houghton, Mifflin and Company, 1897. (www. hathritrust. org)

3. Swisshelm, Jane G. *Letters to Country Girls*. New York: J. C. Riker, 1853. (http://galegroup. com)

时人撰写的著作：

1. Addams, Jane. *A New Conscience and an Ancient Evil*. New York: The Macmillan Company, 1912. (www. hathitrust. org)

2. Addams, Jane. *Democracy and Social Ethics*. New York: The Macmillan Company, 1905. (www. hathitrust. org)

3. Addams, Jane. *Women and Public Housekeeping*. New York: National Woman Suffrage Publishing Co. , Inc. , 1910. (http://galegroup. com)

4. Addams, Jane. *Newer Ideals of Peace*. New York: The Macmillan Company, 1911. (www. hathitrust. org)

5. Addams, Jane. "The Housing Problem in Chicago. "*Annals of the American Association of Political and Social Sciences* 20(1902): 99～107.

6. Addams, Jane. *The Long Road of Woman's Memory*. New York: The Macmillan Company, 1916. (www. hathitrust. org)

7. Addams, Jane. *The Spirit of Youth and the City Streets*. New York: The Macmillan Company, 1926. (www. hathitrust. org)

8. Addams, Jane. *Twenty Years at Hull House with Autobiographical Notes*. New York: The Macmillan Company, 1910. (www. hathitrust. org)

9. Addams, Jane. *Why Women Should Vote*. New York: National American Woman Suffrage Association, 1912. (http://galegroup. com)

10. Addams, Jane. *Women and Public Housing Keeping*. New York:

National American Woman Suffrage Publishing Co. ,Inc. ,1910. (http://galegroup. com)

11. Addams,Jane. *The Spirit of Youth and the City Streets*. New York:The Macmillan Company,1926. (www. hathitrust. org)

12. Austin,Mary. *The Land of Little Rain*. Boston:Houghton,Mifflin and Company,1903. (www. hathitrust. org)

13. Babcock,Carles. *Bird Day:How to Prepare for It*. New York:Silver,Burdett and Company,1901. (www. hathitrust. org)

14. Bailey,Florence Merriam. *Birds through an Opera Glass*. Boston:Houghton,Mifflin and Company,1891. (www. hathitrust. org)

15. Bailey, Florence Merriam. *A-birding on a Bronco*. Boston and New York: Houghton, Mifflin and Company, 1896. (www. hathitrust. org)

16. Bailey,Liberty H. *The Nature-Study Idea;being an Interpretation of the New School Movement to Put the Child in Sympathy with Nature*. New York:Doubleday,Page,1903. (www. hathitrust. org)

17. Bailey,Liberty H. *The Outlook to Nature*. New York:The Macmillan Company,1905. (www. hathitrust. org)

18. Bailey,Liberty H. *The Nature-Study Idea:An Interpretation of the New School-Movement to Put the Young into Relation and Sympathy with Nature*. 4th ed,revised. New York:The Macmillan Company,1911. (www. hathitrust. org)

19. Bailey, Liberty H. *The Holy Earth*. New York: Charles Scribner's, 1916. (www. hathitrust. org)

20. Bartram,William. *Travels through North and South Carolina, Georgia, East and West Florida, the Cherokee Country, the Extensive Territories of the Muscogulges, or Creek Confederacy, and the Country of the Chactaws*. Dublin:1793. (www. hathitrust. org)

21. Bennett,Helen Christine. *American Women in Civic Work*. New York:Dodd,Mead and Company,1915. (www. hathitrust. org)

22. Bird,Isabella. *A Lady's Life in the Rocky Mountains*. London:J. Murray,1910.

23. Burnap,George W. *The Sphere and Duties of Woman:A Course of Lectures*. Baltimore: John Murphy & Co. , 1854. (www. hathitrust.

org)

24. Campbell, Helen. *Household Economics: A Course of Lectures in the School of Economics of the University of Wisconsin*. New York: G. P. Putnam's Sons, 1897. (www.hathitrust.org)

25. Carnes, Mark C. and John A. Garraty. *The American Nation: A History of the United States*, 14th ed. New Jersey: Prentice Hall, 2012.

26. Comstock, Anna Botsford. *Ways of the Six-Footed*. Boston: Ginn & Company, 1903. (www.hathitrust.org)

27. Cooper, Susan Fenimore. *Rural Hours*. New York: Putnam, 1851. (www.hathitrust.org)

28. Dore, Rheta Childe. *What Eight Million Women Want*. Boston: Small, Maynard & Company, 1910. (www.hathitrust.org)

29. Eaton, Amos. *A Manual of Botany for the Northern and Middle States of America*. Albany, New York: Websters and Skinners, 1824. (www.hathitrust.org)

30. Eliott, S. Maria. *Household Bacteriology*. Chicago: American School of Home Economics, 1907. (www.hathitrust.org)

31. Ellet, E. F. *Pioneer Women of the West*. New York: Charles Scribner, 1852.

32. Flagg, Samuel B. *City Smoke Ordinances and Smoke Abatement*. Washington: Government Printing Office, 1912. (www.hathitrust.org)

33. Foner, Eric. *Give Me Liberty! An American History*, 3rd ed. New York: W. W. Norton & Company, 2011.

34. Forbush, Edward H. *Useful Birds and Their Protection*. Boston: Wright & Potter, 1907. (www.hathitrust.org)

35. Frank, Lisa Tendrich, ed. *Women in the American Civil War*, vol. 1. Santa Barbara: ABC—CLIO, Inc., 2008.

36. Guyot, Arnold. *Memoir of Louis Agassiz: 1807～1873*. Princeton, N. J.: C. S. Robinson & Co., Printers, 1883. (www.hathitrust.org)

37. Hamilton, Alice. *Hygiene of the Painters' Trade*. Washington: Government Printing Office, 1913. (www.hathitrust.org)

38. Hamilton, Alice. *Lead Poisoning in the Smelting and Refining of Lead*. Washington: Government Printing Office, 1914. (www.hathitrust.org)

39. Hamilton, Alice. "Industrial Poisons Used in the Rubber Industry." *Bulletin of the U.S. Bureau of Labor Statistics No*. 179. Washington, D.C.: Government Printing Office, 1915. (www.hathitrust.org)

40. Hamilton, Alice. *Lead Poisoning in the Manufacture of Storage Batteries*. Washington: Government Printing Office, 1915. (www.hathitrust.org)

41. Hamilton, Alice. *Industrial Poisons Used or Produced in the Manufacture of Explosives*. Washington: Government Printing Office, 1917. (www.hathitrust.org)

42. Hamilton, Alice. *Hygiene of the Printing Trades*. Washington: Government Printing Office, 1917. (www.hathitrust.org)

43. Hamilton, Alice. *Industrial Poisons in the United States*. New York: The Macmillan Co., 1925. (www.hathitrust.org)

44. Hamilton, Alice. *Occupational Poisoning in the Viscose Rayon Industry*. Washington: Government Printing Office, 1940. (www.hathitrust.org)

45. Herrick, Glenn W., and Ruby Green Smith, eds. Anna Botsford Comstock, *The Comstocks of Cornell: John Henry Comstock and Anna Botsford Comstock*. New York: Comstock Publishing Associate, 1953. (www.hathitrust.org)

46. Hornaday, William Temple. *Our Vanishing Wildlife: Its Extermination and Preservation*. New York: New York Zoological Society, 1913. (www.hathitrust.org)

47. Hornaday, William Temple. *Wild Life Conservation in Theory and Practice*. New Haven: Yale University Press, 1914. (www.hathitrust.org)

48. Hunt, Harriot Kesia. *Glances and Glimpses: or Fifty Years Social, Including Twenty Years Professional Life*. Boston: John P. Jewett and Company etc., 1856. (www.hathitrust.org)

49. *Industrial Diseases*. New York: American Association for Labor Legislation, 1912. (www.hathitrust.org)

50. Job, Herbert Keightley. *Wild Wings: Adventures of a Camera-hunter among the Larger Wild Birds of North America on Sea and*

Land. Boston: Houghton, Mifflin & Co., 1905. (www.hathitrust.org)

51. Kober, George M. and William C. Hanson, ed. *Diseases of Occupation and Vocational Hygiene*. Philadelphia: P. Blakiston's Son & Co.: 1916. (www.hathitrust.org)

52. Koven, Louise de. *Growing up with a City*. New York: The Macmillan Company, 1926. (www.hathitrust.org)

53. Langlade, Emily. *Rose Bertin: The Creator of Fashion at the Court of Marie Antoinette*. Adapted from the French by Dr. Angelo S. Rappoport. New York: Charles Scribner's Sons, 1913. (http: galegroup.com)

54. Lawrence, C. G. "A Letter to the Teachers of South Dakota", *South Dakota Arbor and Bird Day Annual*. Pierre, SD: Superintendent of Public Instruction, 1914. (www.hathitrust.org)

55. Livermore, Mary A. *What shall We Do with our Daughters?: Superfluous Women and Other Lecture*. Boston: Lee and Shepard, Publishers; New York: Charles T. Dillingham, 1883. (www.proquest.com)

56. Lowden, Frank O. "By the Governor of Illinois-A Proclamation", *Arbor and Bird Days*. Illinois Department of Public Instruction Circular No. 134, 1919. (www.hathitrust.org)

57. Marsh, George P. *Man and Nature; or Physical Geography as Modified by Human Action*. New York: Charles Scribner & Co., 1867. (www.hathitrust.org)

58. Miller, Olive Thorne. *The Woman's Club: A Practical Guide and Hand-book*. New York: American Publishers Corporation, 1891. (http://galegroup.com)

59. Mrs. Almira Hart Lincoln. *Familiar Lectures on Botany*, 3rd ed. Hartford: F. J. Huntington, 1832. (www.hathitrust.org)

60. Mrs. Almira Hart Lincoln. *The First Book of Birds*. Boston: Houghton Mifflin, 1899. (www.hathitrust.org)

61. Mrs. Clarissa Packard. *Recollections of A Housekeeper*. New York: Harper & Brothers, 1834. (www.hathitrust.org)

62. Mrs. Jane Cunningham Croly. *The History of the Woman's Club Movement in America*. New York: Henry G. Allen, 1898. (http://gerritsen.chadwyck.com)

63. Mrs. Jane Cunningham Croly. *Sorosis: Its Origin and History*. New York: Press of J. J. Little & Co. , 1886: 7. (http://galegroup.com)

64. Mrs. John Farrar. *The Young Lady's Friend. By a Lady*. Boston: American Stationers' Company, 1837. (www. hathitrust. org)

65. Muir, John. *The Yosemite*. New York: The Century Co. , 1912.

66. Muir, John. *Our National Parks*. Boston: Houghton, Mifflin and Co. , 1903. (www. hathitrust. org)

67. Mumford, Mary Eno Bassett. *The Relation of Women to Municipal Reform*. Philadelphia: The Civic Club, 1894. (www. proquest. com)

68. Nystrom, Paul H. *Economics of Fashion*. New York: The Ronald Press Company, 1928. (www. hathitrust. org)

69. Oliver, Thomas. *Dangerous Trades: The Historical, Social, and Legal Aspects of Industrial Occupations as Affecting Health*. London: J. Murray, 1902. (www. hathitrust. org)

70. Richards, Ellen H. *The Chemistry of Cooking and Cleaning: a Manual for Housekeepers*. Boston: Estes & Lauriat, 1882. (www. hathitrust. org)

71. Richards, Ellen H. *First Lessons in Minerals*. Boston: Press of Rockwell, and Churchill, 1882. (www. hathitrust. org)

72. Richards, Ellen H, and Marion Talbot. Home Sanitation: *A Manual for Housekeeper*. Boston: Ticknor and Company, 1887. (www. hathitrust. org)

73. Richards, Ellen H, and Edward Atkinson. *Suggestions Regarding the Cooking of Food*. Washington, D. C. : GPO, 1894. (www. hathitrust. org)

74. Richards, Ellen H. *The Cost of Living, as Modified by Sanitary Science*. New York: Wiley, 1900. (www. hathitrust. org)

75. Richards, Ellen H. *Air, Water and Food from a Sanitary Standpoint*. New York: John Wiley & Sons, 1900. (www. hathitrust. org)

76. Richards, Ellen H. *The Art of Right Living*. Boston: Whitcomb & Barrows, 1904. (http://galegroup. com)

77. Richards, Ellen H. *First Lessons in Food and Diet*. Boston: Whitcomb & Barrows, 1904. (www. hathitrust. org)

78. Richards, Ellen H. *Euthenics, the Science of Controllable Environment*. Boston: Whitcomb & Barrows, 1910. (www. hathitrust. org)

79. Richards, Ellen H. *Conservation by Sanitation, Air and Water Supply: Disposal of Waste*. New York: John Wiley & Sons, 1911. (美国国会图书馆)

80. Richards, Ellen H. *The Cost of Cleanness*. New York: John Wiley & Sons, Inc., 1914. (http://galegroup. com)

81. Riis, Jacob A. *How the Other Half Lives: Studies Among the Tenements of New York*. New York, NY: Charles Scribner's Sons, 1902. (http://asp6new. alexanderstreet. com)

82. Rousseau, Jean Jacques. *Elements of Botany*. translated by Thomas Martyn. London: Printed for J. White, 1802. (www. hathitrust. org)

83. Sinclair, Upton. *The Jungle*. New York: Doubleday, Page & Company, 1906. (www. hathitrust. org)

84. Severance, Caroline M. Seymour. *The Mother of Clubs: Caroline M. Seymour Severance: An Estimate and an Appreciation*. Los Angeles: Baumgardt Publishing Co., 1906. (www. proquest. com)

85. Strong, Josiah. *Our Country, Its Possible Future and Its Present Crisis*. New York: The Baker & Taylor Co., 1896. (www. hathitrust. org)

86. Tarkington, Booth. *The Turmoil: A Novel*. New York: Grosset & Dunlap Publishers, 1915. (www. hathitrust. org)

87. Thoreau, Henry D. *Walden*. New York: Grosset & Dunlap, 193～?. (www. hathitrust. org)

88. Treat, Mary. *Home Studies in Nature*. New York: Harper & Brothers, 1885. (www. hathitrust. org)

89. Wald, Lillian D. *The House on Henry Street*. New York: Henry Holt and Company, 1915. (www. hathitrust. org)

90. Winslow, Hubbard. *Woman as She Should Be*. Boston: Otis, Broaders & Co., 1843. (www. hathitrust. org)

91. Wood, Mary. *The History of the General Federation of Women's Clubs: for the First Twenty-Two Years of Its Organization*. New York: 1912. (http://galegroup. com)

92. Wright, Mabel Osgood. *The Friendship of Nature: A New Eng-*

land Chronicle of Birds and Flowers. New York,NY:Macmillan,1894. (www. hathitrust. org)

93. Wright,Mabel Osgood. *Birdcraft:A Field Book of Two Hundred Song, Game, and Water Birds*. New York, NY: Macmillan, 1907. (www. hathitrust. org)

94. Wright,Mabel Osgood, and Elliott Coues. *Citizen Bird: Scenes from Bird-life in Plain English for Beginners*. New York,NY:Macmillan,1897. (www. hathitrust. org)

95. Wright,Mabel Osgood. *Four-footed Americans and Their Kin*. New York,NY:Macmillan,1898. (www. hathitrust. org)

96. Wright,Mabel Osgood. *Flowers and Ferns in Their Haunts*. New York,NY:Macmillan,1901. (www. hathitrust. org)

97. Wright,Mabel Osgood. *The Garden of a Commuter's Wife, Recorded by the Gardener*. New York, NY: Macmillan, 1901. (www. hathitrust. org)

98. Wright,Mabel Osgood. *Aunt Jimmy's Will*. New York,NY:Macmillan,1903. (www. hathitrust. org)

99. Wright,Mabel Osgood. *People of the Whirlpool, from the Experience Book of a Commuter's Wife*. New York:Grosset & Dunlap,1903. (www. hathitrust. org)

100. Wright, Mabel Osgood. *The Garden, You, and I*. New York, NY:Macmillan,1906. (www. hathitrust. org)

101. Wright,Mabel Osgood. *The Heart of Nature*. New York,NY: Macmillan,1906. (www. hathitrust. org)

102. Wright,Mabel Osgood. *Gray Lady and the Birds: Stories of the Bird Year for Home and School*. New York, NY: Macmillan, 1907. (www. hathitrust. org)

103. Wright,Mabel Osgood. *Poppea of the Post Office*. New York, NY:Macmillan,1909. (www. hathitrust. org)

时人撰写的文章:

1. Adams,J. F. A. "Is Botany a Suitable Study for Young Men?" *Science*,Vol. 9,No. 209(Feb. 4,1887):116～117. (www. jstor. org)

2. Addams,Jane. "The Subjective Necessity for Social Settlements," in Henry C. Adams, ed. , *Philanthropy and Social Progress*; seven es-

says, by Jane Addams and others delivered before the School of Applied Ethics at Plymouth Mass. During the session of 1892. New York: Arno Press, 1893:1～26. (www. hathitrust. org)

3. Addams, Jane. "The Objective Value of a Social Settlement," in Henry C. Adams, ed. , *Philanthropy and Social Progress*; seven essays, by Jane Addams and others delivered before the School of Applied Ethics at Plymouth Mass. During the session of 1892. New York: Arno Press, 1893:27～56. (www. hathitrust. org)

4. Addams, Jane. "Modern City and the Municipal Franchise for Women." *Woman's Journal*, Vol. XXXVII(Apr. 7, 1906):53～55.

5. Addams, Jane. *The Subjective Value of a Social Movement*. [n. p.](www. galegroup. com)

6. "Alice Hamilton Issues Pamphlet on Lead Poisons." *The Labor Journal*, Vol. 22, No. 16(May 2, 1919):1. (www. proquest. com)

7. Allen, Joel Asaph. "The Present Wholesale Destruction of Bird-Life in the United States." *Science-supplement*, Vol. 7, No. 160(Feb. 26, 1886):191～195. (www. jstor. org)

8. Allen, J. A. "The Audubon Society." *Forest and Stream*, Vol. XXVI, No. 7(Mar. 11, 1886):124. (www. hathitrust. org)

9. Bailey, Florence Merriam. "How to Conduct Field Classes." *Bird Lore*, Vol. 2, No. 1(Feb. , 1900):83～90. (www. hathitrust. org)

10. Bailey, Liberty H. "The Nature-Study Movement," in New York State College of Agriculture, ed. , *Cornell Nature-Study Leaflets*. Albany: J. B. Lyon Co. , printers, 1904:21～29. (www. hathitrust. org)

11. Bailey, Nettie F. "The Significance of the Woman's Club Movement." *Harper's Bazaar*, Vol. 39, No. 3(Mar. , 1905):204～209. (www. proquest. com)

12. Bedell, Leila G. "A Chicago Toynbee Hall." *The Woman's Journal*, Vol. XX, No. 21(May 25, 1889):162. (www. proquest. com)

13. Beecher, Henry Ward. Letter 3. *Forest and Stream*, Vol. XXVI, No. 5(Feb. 25, 1886):83. (www. hathitrust. org)

14. Bennett, Alice. "Water Power Development." *General Federation Bulletin*, Vol. VIII, No. 4 (Jan. , 1911): 199 ～ 200. (http://galegroup. com)

15. Bonea, Amelia. "Women's Health Protective Associations in the United States." http://www.unzcontest.org/2012/10/02/womens-health-protective-associations-in-the-united-states/ (Accessed Oct. 21, 2016)

16. Browne, D. J. "Botany." *Naturalist*, Vol. 1, No. 3(1831): 65～74. (www.hathitrust.org)

17. Bruen, Louisa Jay. "Spare the Birds: A Woman's Appeal against the Wearing of Feathers." *New York Times*, Mar. 1, 1897: 7. (www.proquest.com)

18. Bryant, Lewis T. and Alice Hamilton. "Industrial Accidents and Diseases." *Monthly Review of the U. S. Bureau of Labor Statistics*, Vol. 6, No. 1(Jan., 1918): 167～190. (www.jstor.org)

19. Chapman, Frank M. Letter 5, "Birds and Bonnets." *Forest and Stream*, Vol. XXVI, No. 5(Feb. 25, 1886): 84. (www.hathitrust.org)

20. Chapman, Frank M. "The Passing of the Tern." *Bird Lore*, Vol. 1, No. 6(Dec., 1899): 205～206. (www.hathitrust.org)

21. Chapman, Frank M. Editorial. *Bird Lore*, Vol. 17, No. 4(Aug., 1915): 297. (www.hathitrust.org)

22. Chauvenet, W. M. "How I learned to Love and Not to Kill." *The Audubon Magazine*, Vol. 2(May, 1888): 79～81. (www.hathitrust.org)

23. Comstock, Anna Botsford. "Nature Study: Beginning Bird Study." *The Chautauquan*, Vol. 41, No. 3(May, 1905): 259～263. (www.proquest.com)

24. Comstock, Anna Botsford. "Editorial." *The Nature-Study Review*, Vol. 7(Dec., 1911): 278～279. (www.hathitrust.org)

25. Comstock, Anna Botsford. "The Growth and Influence of the Nature-Study Idea." *The Nature-Study Review*, Vol. 11(Jan., 1915): 5～11. (www.hathitrust.org)

26. Comstock, Anna Botsford. "Suggestions for a Graded Course in Bird Study." *The Nature-Study Review*, Vol. 16, No. 4(Apr., 1920): 147～158. (www.hathitrust.org)

27. Comstock, Anna Botsford. "Conservation and Nature-Study." *The Nature-Study Review*, Vol. 18(Oct., 1922): 299～300. (www.hathitrust.org)

28. Comstock, Anna Botsford. "Editorial: How to A Line and Let the

Chips Fall as They May." *The Nature-Study Review*, Vol. 19, No. 6 (Sep., 1923): 276. (www. hathitrust. org)

29. Crane, Caroline Bartlett. "The Work for Clean Streets." *Woman's Municipal League Bulletin*, Vol. V., No. 1 (Aug., 1906): 1～11. (www. hathitrust. org)

30. Crane, Caroline Bartlett. "The Women's Club in the Fight Against Tuberculosis." *The Journal of the Michigan State Medical Society* (Apr., 1908): 199～201. (www. hathitrust. org)

31. Crane, Caroline Bartlett. "Roads and Pavements: Some Factors of the Street Cleaning Problem." *American City*, Vol. 6 (Jun., 1912): 895～897. (www. hathitrust. org)

32. Crocker, Marion. "Waterways." *The Federation Bulletin*, Vol. VI, No. 6 (Mar., 1909): 152～154. (http://galegroup. com)

33. Dana, Marshall N. "From a Man's Point of View." *American City*, Vol. 6 (Jun., 1912): 881. (www. hathitrust. org)

34. "Death of Mrs. Dommerich." *Bird Lore*, Vol. 2, No. 6 (Dec., 1900): 203. (www. hathitrust. org)

35. Dr. R. W. Shufeldt. "Young America and Nature-Study." *The Nature-Study Review*, Vol. 18, No. 5 (May, 1922): 161～165.

36. Dutcher, William. "History of the Audubon Movement." *Bird Lore*, Vol. 7, No. 1 (Jan. ～Feb., 1905): 45～57. (www. hathitrust. org)

37. Dutcher, William. "Education as a Factor in Audubon Work—Relation of Birds to Man." *Bird Lore*, Vol. 11, No. 6 (Dec., 1909): 281～287. (www. hathitrust. org)

38. Edsall, David L. "Some of the Relations of Occupations to Medicine." *The Journal of the American Medical Association*, Vol. LIII, No. 23 (Dec. 4, 1909): 1873～1881. (http://jamanetwork. com: The Journal of the American Medical Association)

39. Eddards, William H. "Four Kinds of Cooperation Needed by Street Cleaning Departments." *The American City*, Vol. 9 (July. ～Dec. 1913): 65. (www. hathitrust. org)

40. Ellsworth, William W. "Colonel Waring's 'White Angels'." *Outlook*, Vol. 53, No. 26 (Jun. 27, 1896): 1191～1194. (www. proquest. com)

41. Fuller, Mary V., ed. "Gleanings: The Unnecessary Fly." *The A-*

merican City, Vol. 1(Nov. ,1909):139. (www. hathitrust. org)

42. F. W. H. "Men are Culprits." *New York Times*. Nov. 29,1897:2. (www. proquest. com)

43. Garvin, Lucius F. C. "Sanitary Requirements in Factories. —Injurious Effects of Cotton Factories upon the Health of Operatives. —Remedies Proposed." *Public Health Papers and Reports*, Vol. 3(1876):69～78. (http://www. ncbi. nlm. nih. gov/pmc/US National Library of Medicine, National Institutes of Health 网站)

44. G. E. Gordon, Letter 1. *Forest and Stream*, Vol. XXVI, No. 6 (Mar. 4,1886):104. (www. hathitrust. org)

45. Graham-Rogers, C. T. "Industrial Hygiene. A Neglected Field of Public Health Work." *The American Journal of Public Health*, Vol. 4, No. 6(Jun. ,1914):481～485. (http://www. ncbi. nlm. nih. gov/pmc/)

46. Greeley, Samuel A. "The Work of Women in City Cleansing." *The American City*, Vol. 6, No. 6 (Jun. , 1912): 873 ～ 875. (www. hathitrust. org)

47. Grinnell, George Bird. "New Facts on Game Protection." *Forest and Stream*, Vol. XVI(Mar. 24,1881):143～144. (www. proquest. com)

48. Grinnell, George Bird. "We, the People." *Forest and Stream*, Vol. XVII(Jan. 26,1882):503. (www. proquest. com)

49. Grinnell, George Bird. "Spare the Sparrows." *Forest and Stream*, Vol. XXI, No. 7(Sep. 13,1883):121. (www. proquest. com)

50. Grinnell, George Bird. "The Sacrifice of Song Birds." *Forest and Stream*, Vol. XXIII, No. 2(Apr. 7,1884):21. (www. proquest. com)

51. Grinnell, George Bird. "The Destruction of Small Birds." *Forest and Stream*, Vol. XXIII, No. 2(Aug. 7,1884):24. (www. proquest. com)

52. Grinnell, George Bird. "A Shameful Fashion." *Forest and Stream*, Vol. XXV, No. 24(Jan. 7,1886):465. (www. proquest. com)

53. Grinnell, George Bird. "Bird Destruction." *Forest and Stream*, Vol. XXV, No . 25(Jan. 14,1886):482. (www. proquest. com)

54. Grinnell, George Bird. "The Audubon Society." *Forest and Stream*, Vol. XXVI, No. 3(Feb. 11,1886):41. (www. proquest. com)

55. Grinnell, George Bird. "The Audubon Society." *Forest and Stream*, Vol. XXVI, No. 5(Feb. 25,1886):83. (www. proquest. com)

56. Grinnell, George Bird. "The Audubon Society." *Forest and Stream*, Vol. XXVI, No. 8(Mar. 18, 1886): 141. (www.proquest.com)

57. Grinnell, George Bird. "The Progress of the Work." *Forest and Stream*, Vol. XXVI, No. 9(Mar. 25, 1886): 161. (www.proquest.com)

58. Grinnell, George Bird. "The Audubon Society." *Forest and Stream*, Vol. XXVI, No. 11(Apr. 8, 1886): 203. (www.proquest.com)

59. Grinnell, George Bird. "The Audubon Society." *Forest and Stream*, Vol. XXVI, No. 13(Apr. 22, 1886): 243. (www.hathitrust.org)

60. Grinnell, George Bird. "The Audubon Society." *Forest and Stream*, Vol. XXVI, No. 15(May 6, 1886): 283. (www.proquest.com)

61. Grinnell, George Bird. "Article 2." *Forest and Stream*, Vol. 26, No. 17(May 20, 1886): 325. (www.proquest.com)

62. Grinnell, George Bird. "The Audubon Society." *Forest and Stream*, Vol. XXVI, No. 18(May 27, 1886): 347. (www.proquest.com)

63. Grinnell, George Bird. "Song Birds and Statistics." *Forest and Stream*, Vol. XXVI, No. 22(Jun. 24, 1886): 425. (www.proquest.com)

64. Grinnell, George Bird. "The First Ten Thousand Roll of Audubon Society Members." *Forest and Stream*, Vol. XXVI, No. 22(Jun. 24, 1886): 425. (www.proquest.com)

65. Grinnell, George Bird. "Concerning Consistency." *Forest and Stream*, Vol. XXVI, No. 24(Jul. 8, 1886): 465. (www.proquest.com)

66. Grinnell, George Bird. "The Audubon Society." *Forest and Stream*, Vol. XXVII, No. 4(Aug. 19, 1886): 64. (www.proquest.com)

67. Grinnell, George Bird. "The Small Bird Problem." *Forest and Stream*, Vol. 31, No. 17(Nov. 15, 1888): 321. (www.proquest.com)

68. Grinnell, George Bird. "The Audubon Work." *Forest and Stream*, Vol. LXIV, No. 11(Mar. 18, 1905): 1. (www.proquest.com)

69. Grinnell, George Bird. "Audubon Society for the Protection of Birds." *The Aududon Magazine*, Vol. 1(1887): 20～22.

70. Hall, Minna B. "Letter 5, A New Audubon Society." *Forest and Stream*, Vol. XLVI, No. 16(Apr. 18, 1896): 314. (www.proquest.com)

71. Hallock, Charles. "Spare the birds." *Forest and Stream*, Vol. IV, No. 7(Mar. 25, 1875): 104. (www.proquest.com)

72. Hamilton, Alice. "The Fly as a Carrier of Typhoid." *The Journal*

of the American Medical Association(Feb. 28,1903):576~583. (http://jamanetwork. com/)

73. Hamilton, Alice. "Industrial Diseases with Special Reference to the Trades in Which Women are Employed." *Charities and the Commons*, Vol. XX(Sep. 5,1908):655~659. (www. hathitrust. org)

74. Hamilton, Alice. "Occupational Diseases." *Human Engineering*, Vol. 1(1911):142~149. (www. hathitrust. org)

75. Hamilton, Alice. "Lead Poisoning in 28 Trades." *The Sun*, *Mar.* 19,1911:L7. (www. proquest. com)

76. Hamilton, Alice. "Lead Poisoning in Illinois." *The Journal of the American Economic Association*, Vol. 1, No. 2 (Apr., 1911): 257 ~ 264. (www. hathitrust. org)

77. Hamilton, Alice. "Lead Poisoning in Potteries, Tile Works, and Porcelain Enameled Sanitary Ware Factories." *Bulletin of the Untied States Bureau of Labor*, Industrial Accidents and Hygiene Series, No. 1 (Aug. 7,1912):5~95. (www. hathitrust. org)

78. Hamilton, Alice. "Industrial Lead-Poisoning in the Light of Recent Studies." *Journal of the American Medical Association*, Vol. LIX, No. 10(Sep. 7,1912):777~782. (http://jamanetwork. com)

79. Hamilton, Alice. "Fatigue: Smoke: Motherhood and Other Equally Varied Factors Which Turn the World's Work into a Problem of Life and Health." *The Survey*, Vol. XXIX, No. 2 (Nov. 2, 1912): 152 ~ 154. (www. hathitrust. org)

80. Hamilton, Alice. "Leadless Glaze: What it Means to Pottery and Tile Workers." *The Survey*, Vol. XXXI, NO. 1 (Oct. 4, 1913): 22 ~ 26. (www. hathitrust. org)

81. Hamilton, Alice. "Lead Poisoning in the United States." *American Journal of Public Health*, Vol. IV, No. 6(Jun., 1914):477~480. (http://www. ncbi. nlm. nih. gov/pmc/)

82. Hamilton, Alice. "Occupational Disease Clinic of New York City Health Department." *Monthly Review of the Bureau of Labor Statistics*, Vol. 1(Nov., 1915):7~19. (www. jstor. org)

83. Hamilton, Alice. "What We Know about Cancer." *The Survey*, Vol. XXXV(Nov. 20,1915):188~189. (www. hathitrust. org)

84. Hamilton, Alice. "Is Science for or against Human Welfare?" *The Survey*, Vol. XXXV(Feb. 5, 1916): 560～561. (www. hathitrust. org)

85. Hamilton, Alice. "Health and Labor: Fatigue, Efficiency and Insurance Discussed by the American Public Health Association." *The Survey*, Vol. XXXVII, No. 6 (Nov. 11, 1916): 135～137. (www. hathitrust. org)

86. Hamilton, Alice. "The New Public Health." *The Survey*. Vol. 37 (Nov., 1916): 166～169. (www. hathitrust. org)

87. Hamilton, Alice. "Industrial Poisons Encountered in the Manufacture of Explosives." *The Journal of the American Medical Association*, Vol. LXVIII, No. 20 (May 19, 1917): 1445～1451. (http://jamanetwork. com/)

88. Hamilton, Alice. "Industrial Poisoning in Aircraft Manufacture." *Journal of the American Medical Association*, Vol. LXIX, No. 24 (Dec. 15, 1917): 2037～2039. (http://jamanetwork. com/)

89. Hamilton, Alice. "The Fight against Industrial Diseases: The Opportunities and Duties of the Industrial Physician." *The Pennsylvania Medical Journal*, Vol. XXI, No. 6 (Mar., 1918): 378～381. (www. hathitrust. org)

90. Hamilton, Alice. "Dope Poisoning in the Making of Airplanes." *Monthly Review of the U. S. Bureau of Labor Statistics*, Vol. 6, No. 2 (Feb., 1918): 37～64. (www. jstor. org)

91. Hamilton, Alice. "Industrial Poisons and Diseases." *Monthly Labor Review*, Vol. 8, No. 1 (Jan., 1919): 248～277. (www. proquest. com)

92. Hamilton, Alice. "Industrial Poisoning in American Anilin Dye Manufacture." *Monthly Labor Review*, Vol. 8, No. 000002 (Feb., 1919): 199～215. (www. proquest. com)

93. Hamilton, Alice. "Women in the Lead Industries." *Bulletin of the United States Bureau of Labor Statistics*, No. 253. Washington: Government Printing Office, 1919: 5～38. (http://infoweb. newsbank. com)

94. Hamilton, Alice. "Medical and Surgical Lessons of the War: War Industrial Diseases." *Medical Record*, Vol. 95, No. 25 (Jun. 21, 1919): 1053～1059. (www. proquest. com)

95. Hamilton, Alice. "Industrial Accident and Hygiene." *Monthly La-*

bor Review, Vol. 9, No. 1(Jul. ,1919):170～186. (www. proquest. com)

96. Hamilton, Alice. "Industrial Poisoning by Compounds of the Aromatic Series." *Journal of Industrial Hygiene*, Vol. I, No. 4 (Aug. 4, 1919):200～212. (www. hathitrust. org)

97. Hamilton, Alice. "Lead Poisoning in American Industry." *Journal of Industrial Hygiene*, Vol. I, No. 1 (May, 1919): 8 ～ 21. (www. hathitrust. org)

98. Hamilton, Alice. "New Scientific Standards for Protection of Workers." *Proceedings of the Academy of Political Science*, Vol. III (Feb. ,1919):157～162. (www. jstor. org)

99. Hamilton, Alice. "Industrial Hygiene and Medicine." *Monthly Labor Review*, Vol. 9, No. 6 (Dec. , 1919): 305 ～ 317. (www. proquest. com)

100. Hamilton, Alice. "Trinitrotoluene as an Industrial Poison." *Journal of Industrial Hygiene*, Vol. III, No. 3 (Jul. , 1921): 102 ～ 116. (www. hathitrust. org)

101. Hamilton, Alice. "Industrial Poisoning in Making Coal-Tar Dyes and Dye Intermediates." *Bulletin of the United States Bureau of Labor Statistics*, No. 280 (Apr. , 1921): Washington: Government Printing Office, 1921:5～87. (www. hathitrust. org)

102. Hamilton, Alice. "Carbon-Monoxide Poisoning." *Bulletin of the United States Bureau of Labor Statistics*, No. 291 (Dec. , 1921): 5～47. (www. hathitrust. org)

103. Hamilton, Alice. "The Growing Menace of Benzene Poisoning in American Industry." *The Journal of the American Medical Association*, Vol. 78, No. 9(Mar. 4, 1922):627～630. (http://jamanetwork. com/)

104. Hamilton, Alice. "Hazards in American Potteries." *The New Republic*, Vol. 31, No. 397(Jul. 12, 1922):187. (www. jstor. org)

105. Hamilton, Alice. "A Job for Women." *Woman's Journal*, Vol. 7, No. 18(Jan. 27, 1923):16～17. (www. proquest. com)

106. Hamilton, Alice. "Protection for Working Women." *Woman's Journal*, Vol. 8, No. 21(Mar. 8, 1924):16～17. (www. proquest. com)

107. Hamilton, Alice. "Protection for Women Workers." *The Forum*, Vol. LXXII, No. 2(Aug. ,1924):152～160. (www. proquest. com)

108. Hamilton, Alice. "The Prevalence and Distribution of Industrial Lead Poisoning." *Journal of American Medical Association*, Vol. 83, No. 8(Aug. 23, 1924): 583～588. (http://jamanetwork. com/)

109. Hamilton, Alice. "A Doctor's Word on War." *Woman's Journal*, Vol. 9, No. 18(Feb. 21, 1925): 15. (www. proquest. com)

110. Hamilton, Alice. "Colonel House and Jane Addams." *The New Republic*, Vol. XLVII(May 26, 1926): 9～11. (http://web. b. ebscohost. com)

111. Hamilton, Alice. "Nineteen Years in the Poisonous Trades." *Harper's Monthly Magazine*, Vol. 159, No. 953(Oct. 1, 1929): 580～591. (www. proquest. com)

112. Hamilton, Alice. "American and Foreign Labor Legislation: A Comparison." *Social Forces*, Vol. 11, No. 1 (Oct., 1932): 113 ～ 119. (www. proquest. com)

113. Hamilton, Alice. "Industrial Poisons." *Massachusetts Medico-Legal Society*, Vol. 209, No. 6(Aug. 10, 1933): 279～281. (www. nejm. org: The New England Journal of Medicine 网站)

114. Hamilton, Alice. "Some New and Unfamiliar Industrial Poisons." *The New England Journal of Medicine*, Vol. 215, No. 10 (Sep., 1936): 425～432. (www. nejm. org)

115. Hamilton, Alice. "Healthy, Wealthy-if Wise-Industry." *The American Scholar*, Vol. 7, No. 1(Winter, 1938): 12～23. (www. jstor. org)

116. Hamilton, Alice. "New Problems in the Field of the Industrial Toxicologist." *California and Western Medicine*, Vol. 61, No. 2 (Aug., 1944): 55～60. (http://www. ncbi. nlm. nih. gov/pmc/)

117. Hamilton, Alice. "Diagnosis of Industrial Poisoning." *California and Western Medicine*, Vol. 62, No. 3 (Mar., 1945): 110 ～ 112. (http://www. ncbi. nlm. nih. gov/pmc/)

118. Hamilton, Alice. "Edith and Alice Hamilton: Students in Germany." *The Atlantic Monthly*, Vol. CCXV(Mar., 1965): 130, cited in Wilma Ruth Slaight, "Alice Hamilton: First Lady of Industrial Medicine." Ph. D. diss., Case Western Reserve University, 1974: 19.

119. "Harper's Weekly." *Forest and Stream*, Vol. XXVII, No. 10 (Sep. 30, 1886): 185. (www. proquest. com)

120. Henrotin, Ellen. "The General Federation of Women's Club." *The Outlook*, Vol. 55, No. 6 (Feb. 6, 1897): 442～446. (www. hathitrust. org)

121. Jones, Cora C. Stuart. "The Committee on Forestry to Presidents of Clubs." *Federation Bulletin*, Vol. III, No. 3 (Dec., 1905): 128. (http://galegroup. com)

122. Kelley, Florence. "Principles and Aims of the Consumers' League." *Journal of Social Science*, Vol. 37 (Dec., 1899): 111～122. (www. proquest. com)

123. Kelley, Florence. "The Committee of the General Federation of Women's Clubs on the Industrial Problems as It Affects Women and Children." *The American Journal of Nursing*, Vol. 1, No. 11 (Aug., 1901): 813～815. (www. jstor. org)

124. Legge, Robert T. "Progress of American Industrial Medicine in the First Half of the Twentieth Century." *American Journal of Public Health*, Vol. 42, No. 8 (Aug., 1952): 905～912. (http://www. ncbi. nlm. nih. gov/pmc/)

125. Luther, Agnes V. "The Shade Tree Protectors' League of Newark, N. J." *The Nature-Study Review*, Vol. 7, No. 2 (Feb., 1911): 29～38. (www. hathitrust. org)

126. McLellan, Isaac "Spare the Swallow." *Forest and Stream*, Vol. XXI, No. 8 (Sep. 20, 1883), p. 143. (www. proquest. com)

127. McMullen, Frances Drewry. "The National Park Lady." *The Woman's Journal*, Vol. VIII, No. 26 (May 17, 1924): 10～11. (http://galegroup. com)

128. Meade, Charles A. "City Cleansing in New York: Some Advances and Retreats." *Municipal Affair*, Vol. 4 (Dec., 1900): 721～741. (http://heinonline. org)

129. Merriam, Esther. "Women Mountain-Climbers." *Harper's Bazaar*, Vol. 44, No. 11 (Nov., 1910): 634. (www. proquest. com)

130. Miller, Oliver Thorne. "Whimsical Ways in Bird Land." *Atlantic Monthly*, Vol. 77 (Jan. ～Jun., 1896): 670～675. (www. hathitrust. org)

131. Miller, Olive Thorne. "The Study of Birds — Another Way." *Bird Lore*, Vol. 2, No. 5 (Oct., 1900): 151～153. (www. hathitrust. org)

132. Miss E. L. Turner. "Bird-Photography for Women." *Bird Lore*, Vol. 17, No. 3(May~Jun., 1915): 179~190. (www.hathitrust.org)

133. Moore, Eva Perry. "Woman's Interest in Civic Welfare." *The American City*, Vol. 1(Sep., 1909): 44. (www.hathitrust.org)

134. Mrs. C. G. Wagner. "What the Women Are Doing for Civic Cleanliness." *Municipal Journal and Engineer*, Vol. 11, No. 1 (Jul., 1901): 35.

135. Mrs. Emmons Crocker. "Conservation Department: Soil." *General Federation Bulletin*, Vol. IX, No. 2(Nov., 1911): 58~59. (http://galegroup.com)

136. Mrs. Emmons Crocker. "Conservation Department: Conservation of Soil." *General Federation Bulletin*, Vol. IX, No. 3(Dec., 1911): 126~127. (http://galegroup.com)

137. Mrs. Emmons Crocker. "Conservation Department: Conservation of Soil." *General Federation Bulletin*, Vol. IX, No. 4(Jan., 1912): 192~194. (http://galegroup.com)

138. Mrs. Emmons Crocker. "Conservation Department: Conservation of Soil." *General Federation Bulletin*, Vol. IX, No. 5(Feb., 1912): 268~269. (http://galegroup.com)

139. Mrs. Emmons Crocker. "Conservation." *General Federation (of Women's Clubs) Magazine*, Vol. XI, No. 15(Dec., 1913): 10~13. (http://galegroup.com)

140. Mrs. Ernest Kroeger. "Smoke Abatement in St. Louis." *The American City*, Vol. 6, No. 6(Jun., 1912): 907, 909. (www.hathitrust.org)

141. Mrs. H. Beecher Stowe. "The Only Daughter." *Godey's Magazine*, Vol. 18(1839): 115~122. (www.hathitrust.org)

142. Mrs. I. Vanderpool. "Florida Society!" *Bird Lore*, Vol. 3, No. 5 (Sep. ~Oct., 1901): 183. (www.hathitrust.org)

143. Mrs. J. D. Wilkinson. "The Pollution of Our Waterways." *General Federation Bulletin*, Vol. VIII, No. 9(Jun., 1911): 464. (http://galegroup.com)

144. Mrs. John Dickinson Sherman. "Conservation Department." *General Federation Magazine*, Vol. XVI, No. 8 (Nov., 1917): 22~23. (http://galegroup.com)

145. Mrs. John Dickinson Sherman. "Conservation Department." *General Federation Magazine*, Vol. XVII, No. 11 (Nov., 1918): 23. (http://galegroup.com)

146. Mrs. John Hays Hammond. "Woman's Share in Civic Life." *Good Housekeeping*, Vol. 54 (May, 1912): 593～602. (www.hathitrust.org)

147. Mrs. Kingsmill Marrs. "State Reports-Florida." *Bird Lore*, Vol. 2, No. 6 (Dec. 1, 1905): 314～317. (www.hathitrust.org)

148. Mrs. Margaret T. Olmstead. "Bird Study." *The Club Woman*, Vol. 8 (Aug., 1901): 155～157. (www.proquest.com)

149. Mrs. T. J. Bowlker. "Woman's Home-Making Function Applied to the Municipality." *The American City*, Vol. 6, No. 6 (Jun., 1912): 863～869. (www.hathitrust.org)

150. Muir, John. "A Brief Statement of the Hetch-Hetchy Question." *The Federation Bulletin*, Vol. VII, No. 4 (Jan., 1910): 110～111. (www.hathitrust.org)

151. Muir, John. "The Beauties of the Hetch-Hetchy Valley." *The Federation Bulletin*, Vol. VII, No. 5 (Feb., 1910): 148～150. (www.hathitrust.org)

152. Mumford, Mary E. "The Place of Women in Municipal Reform." *The Outlook*, Mar., 31, 1894: 587～588. http://www.unz.org/Pub/Outlook—1894mar31—00587a02 (Accessed Oct. 21, 2016)

153. Mumford, Mary E. "What Women Have Done for Forestry." *The Chautauquan*, Vol. 37, No. 5 (Aug., 1903): 508～509. (www.proquest.com)

154. Munroe, Mary B. "Two Plume-bearing Birds." *The Tropic Magazine*, Vol. II, No. 1 (Apr., 1915): 11～13. (www.hathitrust.org)

155. Nicholes, Anna E. "How Women Can Help in the Administration of a City." *The Woman's Citizen Library*, Vol. 9 (New York, 1913): 2143～2208. (www.hathitrust.org)

156. Nutty, Annie H. "Cruelty to Birds: The Writer Thinks That Women Should Not Wear Their Feathers." *New York Times*, Jul. 20, 1897: 6. (www.proquest.com)

157. Nye, Myra. "Redwood Fight Success Told: Three-quarters of

Million Available for…" *Los Angeles Times*, Feb. 18, 1925: A1. (www.proquest.com)

158. Oakley, Imogen B. "Women's Fight against the Smoke Nuisance." *New York Times*, Mar. 30, 1913: X9. (www.proquest.com)

159. Palmer, E. Laurence. "How the Cornell Rural School Leaflet Hopes to Teach Conservation Through Nature-Study." *The Nature-Study Review*, Vol. 16, No. 2(Feb., 1920): 65～72. (www.hathitrust.org)

160. Park, Alice L. "Birds and Men." *The Advocate of Peace*, Vol. 68, No. 3(Mar., 1906): 63～64. (www.jstor.org)

161. Peterson, Mary. "Forestry Committee: Suggestions to the Club Women of the United States." *The Federation Bulletin*, Vol. V, No. 2 (Nov., 1907): 58～59. (http://galegroup.com)

162. Peterson, Mary. "Forestry Work for Women." *The Federation Bulletin*, Vol. V, No. 3(Dec., 1907): 96～97. (http://galegroup.com)

163. Phelps, Almira H. Lincoln. *Lectures to Young Ladies*, Comprising Outlines and Applications of the Different Branches of Female Education for the Use of Female Schools, and Private Libraries. Boston: Carter, Hendee and Co. and Allen and Ticknor, 1833.

164. "Preservation of Song Birds." *Forest and Stream*, Vol. XXII, No. 10(Apr. 3, 1884): 183. (www.proquest.com)

165. R. W. Shufeldt, "Conservation and Nature-Studies in the Public Schools of Washington, D. C." *The Nature-Study Review*, Vol. 18, No. 7 (Oct., 1922): 259～262. (www.hathitrust.org)

166. Richards, Ellen H. "Sanitation in Daily Life." *The Federation Bulletin*, Vol. VI, No. 2(Nov., 1908): 63. (http://galegroup.com)

167. Richards, Ellen H. "Housekeeping in the Twentieth Century." *The American Kitchen Magazine*, Vol. XII, No. 6 (Mar., 1900): 203～207. (www.hathitrust.org)

168. Robbins, Mary Caroline. "Village Improvement Societies." *Atlantic Monthly*, Vol. 79, No. 2(Feb., 1897): 217～222. (http://ebooks.library.cornell.edu/a/atla/atla.1897.html)

169. Sherman, Mary K. "Florida's Royal Palm: The Story of the Park Established by the Club Women of Florida." *General Federation of Women's Clubs Magazine*, Vol. XVI, No. 1 (Jan., 1917): 19. (www.

hathitrust. org)

170. Sherman, Mary K. "Women's Part in National Parks Development." *Proceedings of the National Parks Conference*. Washington, D. C. ,1917:45～49. (www. hathitrust. org)

171. Smith, Helen Van Roy. "Club Women Should First Be Home Makers, Declares Mrs. Jennings." *The Atlanta Constitution*, Mar. 2,1924: F6. (www. proquest. com)

172. "Snipe Decoration." *Forest and Stream*, Vol. XXVII, No. 15 (Nov. 4,1886):281. (www. proquest. com)

173. Thaxter, Celia Leighton. "Woman's Heartlessness." *The Audubon Magazine*, Vol. 1, No. 1(1887):13～14. (www. hathitrust. org)

174. "The Slaughter of the Innocents." *Forest and Stream*, Vol. XX, No. 20(Jun. 14,1883):387. (www. proquest. com)

175. Thomson, Edith Parker. "What Women Have Done for the Public Health." *The Forum*(Sep. ,1897):46～55. (www. proquest. com)

176. Trautmann, Mary E. "Women's Health Protective Association." *Municipal Affairs*, Vol. 2(Sep. ,1898):439～446. (http://heinonline. org)

177. Tucker, Mary L. "Massachusetts: Forestry in Massachusetts." *The Federation Bulletin*, Vol. VI, No. 4(Jan. ,1909):118～119.

178. Wade, Louise C. "Mary Eliza McDowell." *American Magazine*, Vol. 71(Jan. ,1911):327～329. (www. hathitrust. org)

179. Waring, George E. "Village Improvement Association." *Scribner's Monthly*, Vol. 14, No. 1(Jun. ,1877):97～107. (www. proquest. com)

180. Waring, George E. "The Sanitary Condition of Country Houses and Grounds." *Public Health Papers and Reports*, Vol. 3(1876):130～139. (http://www. ncbi. nlm. nih. gov/pmc/)

181. Welch, Margaret Hamilton. "Bird Protection and Women's Clubs." *Harper's Bazar*, Vol. 30, No. 26(Jun. 26,1897):527. (www. proquest. com)

182. Wetherill, Edith. "The Civic Club of Philadelphia." *Municipal Affair*, Vol. 2(Sep. ,1898):467～482. (http://heinonline. org)

183. White, Martha E. D. "The Work of the Women's Club." *Atlantic Monthly*, Vol. 93(May,1904):615.

184. Whittier, John Greenleaf. Letter 1, *Forest and Stream*, Vol. XXVI, No. 5(Feb. 25, 1886): 83. (www. proquest. com)

185. "Wholesale Destruction of Birds in Florida. "*The Audubon Magazine*, Vol. 1(Aug. , 1887): 480. (www. hathitrust. org)

186. Williams, Lydia P. "Forestry. "*The Federation Bulletin*, Vol. 3, No. 1(Oct. , 1905): 13. (www. hathitrust. org)

187. Williams, Lydia P. "Mrs. Emmons Crocker. "*American Forestry*, Vol. 21(Mar. , 1915): 204～206. (www. hathitrust. org)

188. Willson, Augustus E. "Arbor Day Proclamation. "*Kentucky Arbor and Bird Day*, 1910(Mar. 10, 1910). (www. hathitrust. org)

189. Wright, Mabel Osgood. "The Responsibility of the Audubon Society. " *Bird Lore*, Vol. 1, No. 4 (Aug. , 1899): 136 ～ 137. (www. hathitrust. org)

190. Wright, Mabel Osgood. "Consistency. "*Bird Lore*, Vol. 1, No. 5 (Oct. , 1899): 170～172. (www. hathitrust. org)

191. Wright, Mabel Osgood. "Wanted—the Truth. " *Bird Lore*, Vol. 2, No. 1(Feb. , 1900): 32～33. (www. hathitrust. org)

192. Wright, Mabel Osgood. "Hats. "*Bird Lore*, Vol. 3, No. 1(Feb. 1, 1901): 40～41. (www. hathitrust. org)

193. Wright, Mabel Osgood. "Back to First Principles. "*Bird Lore*, Vol. 4, No. 5(Oct. , 1901): 168～171. (www. hathitrust. org)

194. Wright, Mabel Osgood. "A Little Christmas Sermon for Teachers. "*Bird Lore*, Vol. 12, No. 6(Dec. , 1910): 252～254. (www. hathitrust. org)

195. Wright, Mabel Osgood. "The Making of Birdcraft Sanctuary. " *Bird Lore*, Vol. 17, No. 4(1915): 263～273. (www. hathitrust. org)

机构、组织的报告、手册：

1. "A Forestry Program. "*Federation Bulletin*, Vol. 3, No. 1(Oct. , 1905): 34～35. (http://galegroup. com)

2. "Bird Lore for 1902. "*Bird Lore*, Vol. 3, No. 6(Dec. , 1901): 216. (www. hathitrust. org)

3. Bureau of Labor Statistics, U. S. Department of Labor. "Immigration. "*Monthly Labor Review*, Vol. 8, No. 1 (Jan. , 1919): 313 ～ 315. (www. proquest. com)

4. Chadwick, Edwin. *Report on the Sanitary Conditions of the Labouring Population of Great Britain*. London: W. Clowes and Sons for H. M. Stationery Office, 1843. (www. hathitrust. org)

5. Citizens' Association of New York. Council of Hygiene and Public Health. *Report of the Council of Hygiene and Public Health of the Citizens' Association of New York upon the Sanitary Condition of the City*, 2nd ed. New York, 1866[c1865]. (www. hathitrust. org)

6. Clarke, Olive Rand. "Forestry Report", In the New Hampshire Federation of Women's Clubs: Yearbook 1905～1906. Concord, NH: New Hampshire Federation of Women's Clubs, 1906): 14～16, in Kimberly A. Jarvis, ed., *How did the General Federation of Women's Clubs Shape Women's Involvement in the Conservation Movement, 1900～1930*. Binghamton, NY: State University of New York at Binghamton, 2005. (http://asp6new. alexanderstreet. com)

7. Croly, Jennie June. "Women in Club Life: The American Women in Action." *Frank Leslie's Popular Monthly*, Vol. L, No. 1 (May～Oct., 1900): 18～22. (www. proquest. com)

8. "Death of Mrs. Dommerich." *Bird Lore*, Vol. 2, No. 6 (Dec., 1900): 203. (www. hathitrust. org)

9. Department of Commerce and Labor, Bureau of Labor. *Lead Poisoning in Potteries Tile Works, and Porcelain Enameled Sanitary Ware Factories*. Washington: Government Printing Office, Aug. 7, 1912. (http://heinonline. org)

10. *First National Conference on Industrial Diseases*. New York City: American Association for Labor Legislation. 1910. (www. hathitrust. org)

11. "FAS Minutes." *Bird Lore*, Vol. 2, No. 6 (Dec., 1900): 203. (www. hathitrust. org)

12. "Florida Society." *Bird Lore*, Vol. 2, No. 3 (Jun., 1900): 96～97. (www. hathitrust. org)

13. Griscom, John H. *The Sanitary Condition of the Laboring Population of New York with Suggestions of Its Improvement* (delivered on the 30th December, 1844, at the repository of the American Institute). New York: Harper & Brothers, 1845.

14. *Handbook: Inland Waterways and Conservation*. New Jersey State Federation of Women's Clubs,1912. (www. hathitrust. org)

15. Harper,Ida Husted. "Woman's Broom in Municipal Housekeeping. "*Delineator*,Vol. 73(Feb. ,1909):213～216.

16. James,Edmund J. *The Growth of Great Cities in Area and Population*. A Study in Municipal Statistics. A Paper Submitted to the American Academy of Political and Social Science. Philadelphia: American Academy of Political and Social Science,Jan. 24,1899. (www. hathitrust. org)

17. Ladis' Health Protective Association,*First Convention of the Ladies' Health Protective Association of New York: Academy of Medicine*. New York:s. n. ,1896. (www. hathitrust. org)

18. Mrs. Croker. *Addresses and Proceedings of the Fourth National Conservation Congress*,1912:258～262. (www. hathitrust. org)

19. Mrs. I. Vanderpool. "Florida Society!" *Bird Lore*, Vol. 3, No. 5 (Sep. ～Oct. ,1901):183. (www. hathitrust. org)

20. Mrs. John H. Scribner. "The Relation between Woman's Health Protective Associations and the Public Health," in American Public Health Association,*Public Health: Papers and Reports*,Vol. XXIII. Concord:The Rumford Press,1898:413～421. (www. hathitrust. org)

21. Mrs. Kingsmill Marrs, "State Reports-Florida." *Bird Lore*, Vol. 2,No. 6(Dec. 1,1905):316. (www. hathitrust. org)

22. Mrs. Percy V. Pennybacker. *The Eighth Biennial Convention of the General Federation of Women's Clubs*. The Annals of the American Academy of Political and Social Science,1906. (http://galegroup. com)

23. Mrs. P. S. Peterson. "Report of the Forestry Committee. "*Forestry and Irrigation*, Vol. XIII(Jul. , 1907): 361～362. (www. hathitrust. org)

24. "'New England' in 'New England's Plantation'. "*Collections of the Massachusetts Historical History*, Vol. I(1792): 129. (http://galegroup. com)

25. *North Dakota Special Day Programs*. Bismarck, ND: The Department of Public Instruction,1913,p. 43,cited in Kevin C. Arm-itage, "Bird day for Kids: Progressive Conservation in Theory and Practice."

Environmental History, Vol. 13, No. 3(Jul. , 2007): 528～551.

26. *Report of Commission on Occupational Diseases to His Excellency Governor Charles S. Deneen*. Chicago: Warner Printing Co. : Jan. , 1911. (www. hathitrust. org)

27. *Report of the Health Insurance Commission of the State of Illinois*. Springfield: Illinois State Journal Co. , State Printers: 1919. (www. hathitrust. org)

28. Richards, Ellen H. *The Urgent Need of Sanitary Education in the Public Schools*. Public Health Reports of American Public Health Association, Vol. 24 (1898): 100～102. (https://www. ncbi. nlm. nih. gov/pmc/)

29. "Reports of Societies." *Bird Lore*, Vol. 3, No. 6 (Dec. , 1901): 219～220. (www. hathitrust. org)

30. Simkhovitch, Mary K. 1910. "Address by Mrs. V. G. Simkhovitch, of Greenwich House, New York City, at City Planning Banquet, Saturday Evening, May 22, 1909." U. S. Congress Senate, Committee on the District of Columbia. Hearing on the Subject of City Planning, 61st Cong. , 2nd Sess. , S Doc. No. 422. (www. hathitrust. org)

31. "The Audubon Society." *Forest and Stream*, Vol. XXVI, No. 17 (May 20, 1886): 327. (www. proquest. com)

32. "The Birds' Declaration of Dependence." *Arbor and Bird Day Bulletin*. Olympia: State of Washington, 1917. (www. hathitrust. org)

33. Thompson, Grace H. "Report of Forestry Committee." *Maine Federation of Women's Clubs Yearbook, 1909～1910*: 20～22, in Kimberly A. Jarvis, ed. , *How did the General Federation of Women's Clubs Shape Women's Involvement in the Conservation Movement, 1900～1930*. Binghamton, NY: State University of New York at Binghamton, 2005. (http://asp6new. alexanderstreet. com)

34. *Twenty-First Annual Report of the Commissioner of Labor*, 1906. 59th Cong. , 2nd Sess. , House of Representatives, Doc. No. 822. Washington: Government Printing Office, 1907. (http://heinonline. org)

35. U. S. Department of Labor Bureau of Labor Statistics. *Effect of the Air Hammer on the Hands of Stonecutters*. Washington: Government Printing Office, 1918. (www. hathitrust. org)

36. Women's Bureau, U. S. Department of Labor. *The Employment of Women in Hazardous Industries in the United States: Summary of State and Federal Laws Regulating the Employment of Women in Hazardous Occupations*: 1919. Bulletin No. 6. Washington: Government Printing Office, 1921. (www. hathitrust. org)

37. Wright, Mable Osgood. "State Audubon Reports-Connecticut." *Bird Lore*, Vol. 13, No. 6(Dec., 1911): 364～365. (www. hathitrust. org)

当时的报纸、杂志文章:

1. "A Bird Day for School." *New York Times*, Sep. 20, 1896, p. SM15. (www. proquest. com)

2. "A Good Example." *Bird Lore*, Vol. 3, No. 4(Aug. 1, 1901): 150. (www. hathitrust. org)

3. Allen, J. A. "An Ornithologist's Plea." *New York Times*, Nov. 25, 1897: 6. (www. proquest. com)

4. "A Municipal Cleaner Coming to Baltimore: Mrs. Caroline Crane to Address Citywide Congress." *The Sun*, Mar. 5, 1911: L6. (www. proquest. com)

5. "A Woman Inspector of Street-Cleaning." *The Outlook*, Oct. 9, 1897: 351～352, cited in AMELIA BONEA, "Women's Health Protective Associations in the United States", updated Oct. 2, 2012. http://www. unz. org/Pub/Outlook－1897oct09－00351, (Accessed October 21, 2016)

6. "Bird Day for Children." *New York Times*, Apr. 21, 1901: 20. (www. proquest. com)

7. "Bird Day' for Nebraska," *Omaha Sunday World-Herald*, Jan. 15, 1899: 4, cited in Kevin C. Armitage, "Bird day for Kids: Progressive Conservation in Theory and Practice." *Environmental History*, Vol. 13, No. 3 (Jul., 2007): 528～551.

8. "Bird Day Exercise." *Werner's Magazine*, Vol. 28, (Feb., 1902): 917～926. (www. hathitrust. org)

9. "Bird Study: Its Educational Value and Methods." *The Journal of Education*, Vol. 67, No. 22(May 28, 1908): 608. (www. jstor. org)

10. "Botany for Schools." *American Journal of Education*, Vol. 4, No. 2(Mar. /Apr., 1829): 168～175. (www. proquest. com)

11. "Cleans Cities Like Home: Rev. Caroline Crane Successful as

World's First Public Housekeeper." *The Sun*, Dec. 20, 1910: 6. (www. proquest. com)

12. "Declaration of Governors for Conservation of National Resources." Chautauquan, Vol. 55, No. 1 (Jun., 1909): 44～47. (www. proquest. com)

13. "Dignity of Housekeeping." *The American Club Woman*, Vol. 11, No. 1 (Jan., 1916): 23. (www. hathitrust. org)

14. "Disappearance of Our Native Birds: Many Causes Uniting to Bring about Their Practical Extermination." *New York Times*, Mar. 18, 1896: 8. (www. proquest. com)

15. "Feathers on Woman's Dress-Massachusetts Law Against Wearing Birds' Plumage Likely to be Enforced, Says Commissioner Martin." *New York Times*, Jul. 9, 1897: 1. (www. proquest. com)

16. "Forestry in Women's Clubs." *Garden and Forest*, Nov. 24, 1897: 466～467. (www. hathitrust. org)

17. "Interest of Women in Conservation." *Conservation, Official Organ of the American Forestry Association*, Vol. 15 (1909): 568～569. (www. hathitrust. org)

18. "Men's Views of Women's Clubs." *Annals of the American Academy of Political and Social Science*, Vol. 28 (Sep., 1906): 85～94. (www. jstor. org)

19. "Miss Alice Hamilton, Harvard Professor: Breaking into New Fields the Specialty of this First Woman on the Harvard Faculty—Studying Poisons in New Industries Her War Work." *Boston Daily Globe*, Mar. 23, 1919: 65. (www. proquest. com)

20. "Mrs Josephine Ruffin—She is to the colored women of America." *Argus and Patriot*, Aug. 15, 1900.

21. "New York Fashions: Hats for Midsummer." *Harper's Bazaar*, Vol. 29, No. 32 (Aug. 8, 1896): 663. (www. proquest. com)

22. No Title. *Forest and Stream*, Vol. XXVII, No. 25 (Jan. 13, 1887): 481. (www. proquest. com)

23. "Programs for Arbor and Bird Day," *The Nature-Study Review*, V. 6, No. 4 (Apr., 1910): 107. (http://www. biodiversitylibrary. org/)

24. "On the Decrease of Birds in the United States." *The Penn*

Monthly, Vol. 7(Dec. ,1876):931～944. (www. hathitrust. org)

25. "School Children Petition Preservation of California Redwoods." *The Journal of Education*, Vol. 67, No. 10(Mar. 5, 1908): 278. (www. jstor. org)

26. "Suggestions from the Boston Women's Municipal League." *Quarterly of the Woman's Municipal League of the City of New York*, Vol. 1(Jun. ,1912):6.

27. "Tells of Workers' Wrongs: Dr. Alice Hamilton Says United States Neglects Them." *Chicago Daily Tribune*, Jan. 23, 1910: 2. (www. proquest. com)

28. "The Audubon for 1888." *The Audubon Magazine*, Vol. 1, No. 12 (Jan. ,1888):283. (www. archive. org)

29. "The Educational Value of Bird-study." *Educational Review*, Vol. 17(Mar. ,1899):242～249. (www. hathitrust. org)

30. "The First Woman Street Cleaning Inspector in Philadelphia." *American City*, Vol. 9(Sep. ,1913):262. (www. hathitrust. org)

31. "The National Associations—Its Needs and Aims." *Bird Lore*, Vol. 7, No. 1(Jan. ～Feb. ,1905):39～40. (www. hathitrust. org)

32. "The Wearing of Egret Plumes." *The Friend: A Religious and Literary Journal*, Vol. 70, No. 41(May 1, 1897): 325. (www. proquest. com)

33. "The Women's Clubs and the Forests." *American Forestry*, Vol. 16(Jun. ,1910):363. (www. hathitrust. org)

34. "The Young Wife." *The Ladies' Companion*, Vol. 9(Jan. ,1838): 146～147.

35. "Upholding the Government." *Forestry and Irrigation*, Vol. XIV, No. 5(May, 1908):270～273. (www. hathitrust. org)

36. "Urgent Plea for Birds." *New York Times*, Dec. 3, 1897: 12. (www. proquest. com)

37. "Wants City Streets Washed: Dr. Alice Hamilton Suggests Methods of War on Germs." *Chicago Daily Tribune*, Jan. 17, 1909: 3. (www. proquest. com)

38. "Washington Briefs: Women on Hetch-Hetchy." *Los Angeles Times*, Apr. 17, 1909: 14. (www. proquest. com)

39. Welch, Margaret Hamilton. "Club Women and Club Work: Bird-Protection and Women Clubs." *Harper's Bazaar*, Vol. 30, No. 26 (Jun. 26, 1897): 527.

40. "What the State Federations Are Doing. Pennsylvania, Forestry and Horticulture." *The Federation Bulletin*, Vol. VI, No. 4 (Jan., 1909): 115. (www.hathitrust.org)

41. "Woman in the Field." *Forest and Stream*, Vol. LXXII, No. 12 (Mar. 20, 1909): 002. (www.proquest.com)

42. "Women Oppose Reservoir Plan of Heth Hetchy: Autumn Meeting of Federation Protests Disturbing Beauty of the California Valley as Contemplated." *The Christian Science Monitor*, Nov. 18, 1913: 5. (www.proquest.com)

43. "Women Vigorously Oppose State Control of the National Forests." *American Forestry*, Vol. 19 (Mar., 1913): 194. (www.hathitrust.org)

44. "Women Join in the Protest: Oppose San Francisco Plan to Get More." *Los Angeles Times*, Jan. 21, 1910: II9. (www.proquest.com)

45. "Women's Clubs for Forestry." *Forestry and Irrigation*, Vol. 13 (Feb., 1907): 62～63. (www.hathitrust.org)

46. "Women's Health Protective Association." *The Outlook*, May 19, 1894: 870, cited in AMELIA BONEA, "Women's Health Protective Associations in the United States", updated October 2, 2012. http://www.unz.org/Pub/Outlook－1894may19－00870, (Accessed Oct. 21, 2016)

著作：

1. Abir-Am, Pnina G., and Dorinda Outram, eds. *Uneasy Career and Intimate Lives: Women in Sciences, 1789～1979*. New Brunswick: Rutgers University Press, 1987.

2. Armitage, Kevin C. *The Nature Study Movement: The Forgotten Popularizer of America's Ethic*. Lawrence: University Press of Kansas, 2009.

3. Beard, Mary Ritter. *Women's Work in Municipalities*. New York: D. Appleton and Company, 1915.

4. Bell, Shannon Elizabeth. *Our Roots Run Deep as Ironweed: Appa-*

lachian Women and the Fight for Environmental Justice. Urbana: University of Illinois Press, 2013.

5. Benson, Maxine. *Martha Maxwell, Rocky Mountain Natur-alists*. Lincoln: University of Nebraska Press, 1986.

6. Bigelow, Edward F. *The Spirit of Nature Study*. New York: A. S. Barnes & Company, 1907. (www. hathitrust. org)

7. Blackman, Lucy Worthington. The *Florida Audubon Society: 1900～1935*. n. p.

8. Blackman, Lucy Worthington. *The Florida Federation of Women's Clubs, 1895～1939*. Jacksonville, Fla.: Jacksonville Southern Historical Publishing Associates, 1939.

9. Blackman, Lucy Worthington. *The Women of Florida*. 2 vols. The Southern Historical Publishing Associates, 1940.

10. Blair, Karen J. *The Clubwoman as Feminist: True Womanhood Redefined, 1868～1914*. New York: Holmes & Meier Publishers, Inc., 1980.

11. Blum, Elizabeth. *Love Canal Revisited: Race, Class, and Gender in Environmental Activism*. Lawrence: University Press of Kansas, 2008.

12. Bonta, Marcia Myers. *Women in the Field: America's Pioneering Women Naturalists*. College Station: Texas A & M University Press, 1991.

13. Breton, Mary Joy. *Women Pioneers for the Environment*. Boston: Northeastern University Press, 1998.

14. Brosnan, Kathleen, ed. *Encyclopedia of American Environmental History*. New York: Facts on File, 2010.

15. Bryan, Mary Lynn Mccree, Barbara Bair, eds. *The Selected Papers of Jane Addams. Vol. 2 Venturing into Usefulness, 1881～1888*. Urbana and Chicago: University of Illinois Press, 2009.

16. Carson, Mina. *Settlement Folk: Social Thought and the American Settlement Movement, 1885～1930*. Chicago: University of Chicago Press, 1990.

17. Chapin, Charles V. *Municipal Sanitation in the United States*. Providence, R. I.: Snow & Farnham, 1901.

18. Cherny, Robert W., Mary Ann Irwin, eds. *California Women*

and Politics: From the Gold Rush to the Great Depression. Lincoln: University of Nebraska Press, 2010.

19. Clark, Claudia. *Radium Girls: Women and Industrial Health Reform, 1910 ~ 1935*. Chapel Hill: University of North Carolina Press, 1997.

20. Clarke, Robert. *Ellen Swallow: The Woman Who Founded Ecology*. New York: Follett, 1973.

21. Crocker, Ruth Hutchinson. *Social Work and Social Order: The Settlement Movement in Two Industrial Cities, 1889 ~ 1930*. Urbana: University of Illinois Press, 1992.

22. Cumbler, John T. *Reasonable Use: The People, the Environment, and the State, New England 1790 ~ 1930*. New York: Oxford University Press, 2001.

23. Davis, Allen F. *American Heroine: The Life and Legend of Jane Addams*. New York: Oxford University Press, 1973.

24. Davis, Allen F. *Spearheads for Reform: The Social Settlements and the Progressive Movement, 1890 ~ 1914*. New Brunswick, N. J.: Rutgers University Press, 1984.

25. Davis, Jack E. Kari Frederickson, ed. *Making Waves: Female Activists in Twentieth-Century Florida*. Gainesville: University Press of Florida, 2003.

26. Davis, Jack E. *An Everglades Providence: Marjory Stoneman Douglas and the American Environmental Century*. Athens: University of Georgia Press, 2009.

27. Deegan, Mary Jo. *Jane Addams and the Men of the Chicago School, 1892 ~ 1918*. New Brunswick, NJ: Transaction Books, 1988.

28. Derr, Mark. *Some Kind of Paradise: A Chronicle of Man and the Land in Florida*. New York: William Morrow and Company, Inc., 1989.

29. Dorman, Robert L. *A Word for Nature: Four Pioneering Environmental Advocates: 1845 ~ 1913*. Chapel Hill: The University of North Carolina Press, 1998.

30. Doughty, Robin W. *Feather Fashions and Bird Preservation: A Study in Nature Protection*. Berkeley: University of California Press,

1975.

31. Dowie, Mark. *Losing Ground: American Environmentalism at the Close of the Twentieth Century*. Cambridge, Mass.: MIT Press, 1997.

32. Dubrow, Gail Lee, Jennifer B. Goodman, eds. *Restoring Women's History through Historic Preservation*. Baltimore: Johns Hopkins University Press, 2003.

33. Dunlap, Thomas R. *Saving America's Wildlife*. Princeton: Princeton University Press, 1988.

34. Edwards, Wendy J. Deichmann, Carolyn De Swarte Gifford, eds. *Gender and the Social Gospel*. Urbana: University of Illinois Press, 2003.

35. Farrell, John C. *Beloved Lady: A History of Jane Addams' Ideas on Reform and Peace*. The John Hopkins University Studies in Historical and Political Science. Series LXXXV, No. 2. Baltimore: The Johns Hopkins Press, 1967.

36. Flanagan, Maureen A. *Seeing with Their Hearts: Chicago Women and the Vision of the Good City, 1871～1933*. Princeton, N. J.: Princeton University Press, 2002.

37. Fox, Stephen. *John Muir and His Legacy: The American Conservation Movement*. Boston: Little Brown and Company, 1981.

38. Glave, Dianne D., Mark Stoll, eds. *To Love the Wind and the Rain: African Americans and Environmental History*. Pittsburgh: University of Pittsburgh Press, 2006.

39. Goodman, Susan, Carl Dawson. *Mary Austin and the American West*. Berkley and Los Angeles: University of California Press, 2009.

40. Gottlieb, Robert. *Forcing the Spring: The Transformation of the American Environmental Movement*. Washington: Island Press, 2005.

41. Gould, Alice Bache. *Louis Agassiz*. Boston: Small, Maynard & Company, 1900.

42. Graham, Frank Jr. *The Audubon Ark: A History of the National Audubon Society*. New York: Alfred A. Knopf, 1990.

43. Hamilton, Alice. *Exploring the Dangerous Trades: the Autobiography of Alice Hamilton*. Boston, Mass.: Little, Brown and Company, 1943.

44. Hays, Samuel. *Beauty, Health and Permanence: Environmental Politics in the United States, 1955～1985*. Cambridge: Cambridge University Press, 1987.

45. Hays, Samuel. *Conservation and the Gospel of Efficiency: The Progressive Conservation Movement, 1890～1920*. Cambridge, Mass: Harvard University Press, 1959.

46. Hall, Mitchell K, ed. *Opposition to War: An Encyclopedia of U. S. Peace and Antiwar Movements*. Santa Barbara, California: ABC—CLIO, 2018.

47. Hepler, Allison. *Women in Labor: Mothers, Medicine, and Occupational Health in the United States, 1890～1980*. Columbus: Ohio State University Press, 2000.

48. Herrick, Francis Hobart. *Audubon the Naturalist: A History of His Life and Time*. New York: D. Appleton and Company, 1917. (www. hathitrust. org)

49. Hill, Caroline M. *Mary McDowell and Municipal Housekeeping: A Symposium*. Chicago: Millar Publishing Company, 1938. (www. archive. org)

50. Home Economics. *The Encyclopedia Americana*. New York: Americana Corpartion, 1963.

51. Holmes, Madelyn. *American Women Conservationists: Twelve Profiles*. Jefferson, N. C.: McFarland: 2004.

52. Hosmer, Charles B. Jr. *Presence of the Past: A History of the Preservation Movement in the United States before Williamsburg*. New York: G. P. Putnam's Sons, 1965.

53. Hoy, Suellen. *Chasing Dirt: The American Pursuit of Cleanliness*. New York: Oxford University Press, 1995.

54. Hunt, Caroline Louisa. *The Life of Ellen H. Richards*. Boston: Whitcomb & Barrows, 1912.

55. James, Edward T., Janet Wilson James, et al. *Notable American Women, 1607～1950, Volume I: A—F*. Cambridge, MA: Harvard University Press, 1971.

56. Jarvis, Kimberly A. "How Did the General Federation of Women's Clubs Shape Women's Involvement in the Conservation Movement, 1900～

1930?” in Kathryn Kish Sklar, Thomas Dublin, eds. , *Women and Social Movements in the United States, 1600～2000*. Binghamton, NY: State University of New York at Binghamton, 2005. (http://wass. alexanderstreet. com)

57. Kaufman, Polly Welts. *National Parks and the Woman's Voice: A History*. Albuquerque: University of New Mexico Press, 1997.

58. Keeney, Elizabeth B. *The Botanizers: Amateur Scientists in Nineteenth-Century America*. Chapel Hill: University of North Carolina Press, 1992.

59. Kilcup, Karen L. *Fallen Forests: Emotion, Embodiment, and Ethics in American Women's Environmental Writing, 1781～1924*. Georgia: University of Georgia Press, 2013.

60. Knight, Louise W. *Citizen: Jane Addams and the Struggle for Democracy*. Chicago: The University of Chicago Press, 2005.

61. Kofalk, Harriet. *No Woman Tenderfoot: Florence Merriam Bailey, Pioneer Naturalist*. College Station: Texas A&M University Press, 1989.

62. Kohlstedt, Sally. *Teaching Children Science: Hands-on Nature Study in North America, 1830～1930*. Chicago: The University of Chicago Press, 2010.

63. Koren, John. *Boston, 1822～1922: The Story of Its Government and Principal Activities during One Hundred Years*. Boston, 1923.

64. Lewis, Martin W. *Green Delusions: An Environmentalist Critique of Radical Environmentalism*. Durham, N. C. : Duke University Press, 1992.

65. Lichtenberger, James P. , ed. *Women in Public Life*. Philadelphia: American Academy of Political and Social Science, 1914.

66. Linn, James Weber. *Jane Addams: A Biography*. University of Illinois Press, 2000.

67. Lissak, Rivka Shpak. *Pluralism & Progressives: Hull House and the New Immigrants, 1890～1919*. Chicago: University of Chicago Press, 1989.

68. Manes, Christopher. *Green Rage: Radical Environmentalism and the Unmaking of Civilization*. Boston: Little, Brown, 1990.

69. Martin,Brenda and Penny Sparke. *Women's Places: Architecture and Design, 1860～1960*. New York:Routledge,2003.

70. Matthews, Jean V. *The Rise of the New Woman*. Chicago: Ivan R. Dee,2003.

71. Merchant,Carolyn. *Earthcare:Women and the Environment*. New York and London:Routledge,1996.

72. Merchant, Carolyn. *Radical Ecology: The Searth for a Livable World*, 2nd. New York:Routledge,2005.

73. Merchant,Carolyn. *The Death of Nature: Women, Ecology and the Scientific Revolution*. New York:Harper Collins Publishers,1989.

74. Merchant, Carolyn. *The Columbia Guide to American Environmental History*. New York:Columbia University Press,2002.

75. Merchant,Carolyn. *Major Problems in American Environmental History: Documents and Essays*, 2nd ed. Boston: Houghton Mifflin,2005.

76. Merchant, Carolyn. *American Environmental History: An Introduction*. New York:Columbia University Press,2007.

77. Melosi, Martin V. , ed. *Pollution and Reform in American Cities, 1870～1930*. Austin:University of Texas Press,1980.

78. Melosi, Martin V. *Effluent America: Cities, Industry, Energy, and the Environment*. Pittsburgh:University of Pittsburgh Press,2001.

79. Melosi,Martin V. *The Sanitary City: Environmental Service in Urban America from Colonial Times to the Present*. Pittsburgh:University of Pittsburg Press,2008.

80. Mozingo,Louise A. ,and Linda Jewell,eds. *Women in Landscape Architecture: Essays on History and Practice*. Jefferson, N. C. : McFarland & Co. ,2012.

81. Musil,Robert K. *Rachel Carson and Her Sisters: Extraordinary Women Who Have Shaped America's Environment*. New Brunswick,New Jersey:Rutgers University Press,2014.

82. Nash,Roderick F. *Wilderness and the American Mind*, 5th ed. New Haven:Yale University Press,2014.

83. Norwood, Vera. *Made from This Earth: American Women and Nature*. North Carolina:Chapel Hill,1993.

84. Paehlke, Robert C. *Environmentalism and the Future of Pro-*

gressive Politics. New Haven and London: Yale University Press, 1989.

85. Patterson, Daniel, ed. *Early American Nature Writers: A Biographical Encyclopedia*. Westport: Greenwood Press, 2008.

86. Payne, Daniel G. *Voices in the Wilderness: American Nature Writing of Environmental Politics*. Hanover: University Press of New England, 1996.

87. Philippon, Daniel J. *Conserving Words: How American Nature Writers Shaped the Environmental Movement*. Athens: University of Georgia Press, 2004.

88. Pinchot, Gilford. *The Fight for Conservation*. New York: Doubleday, Page & Company, 1910.

89. Poole, Leslie Kemp. *Saving Florida: Women's Fight for the Environment in the Twentieth Century*. Gainesville: University Press of Florida, 2015.

90. Price, Julius M. *Dame Fashion: Paris - London (1786 ~ 1912)*. New York: Charles Scribner's Sons, 1913. (www.hathitrust.org)

91. Putnam, Robert D. *Bowling Alone: The Collapse and Revival of American Community*. New York: Simon & Schuster, 2000.

92. Riley, Glenda. *Women and Nature: Saving the "Wild" West*. Lincoln: University of Nebraska Press, 1999.

93. Rimby, Susan. *Mira Lloyd Dock and the Progressive Era Conservation Movement*. University Park, Pennsylvania: The Pennsylvania State University Press, 2012.

94. Runte, Alfred. *National Parks: The American Experience*, 3rd ed. Lincoln, Nebraska: University of Nebraska Press, 1987.

95. Sackman, Douglas Cazaux, ed. *A Companion to American Environmental History*. Malden, MA: Wiley-Blackwell, 2010.

96. Sandercock, Leonie, ed. *Making the Invisible Visible: A Multicultural Planning History*. Berkeley: University of California Press, 1998.

97. Scott, Anne Firor. *Natural Allies: Women's Associations in American History*. Urbana: University of Illinois Press, 1992.

98. Sicherman, Barbara. *Alice Hamilton, A Life in Letters*. Cambridge, Mass.: Harvard University Press, 1984.

99. Simpson, Lee M. A. *Selling the City: Gender, Class, and the Cali-*

fornia Growth Machine, 1880 ～ 1914. Stanford: Stanford University Press,2004.

100. Spain,Daphne. *How Women Saved the City*. Minneapolis: University of Minnesota Press,2000.

101. Stradling,David. *Smokestacks and Progressives:Environmentalists,Engineers and Air Quality in America, 1881 ～ 1951*. Baltimore: The Johns Hopkins University Press,1999.

102. Stradling, David. *Conservation in the Progressive Era: Classic Texts*. Seattle:University of Washington Press,2004.

103. Strange,Matthew. *Guardians of the Home:Women's Lives in the 1800s*. Broomall:Mason Crest Publishers,2011.

104. Swallow,Pamela Curtis. *The Remarkable Life and Career of Ellen Swallow Richards:Pioneer in Science and Technology*. Hoboken, New Jersey:Wiley,2014.

105. Swerdlow,Amy. *Women Strike for Peace:Traditional Motherhood and Radical Politics in the 1960s*. Chicago:The University of Chicago Press,1993.

106. Tarr,Joel A. ,ed. *Devastation and Renewal:An Environmental History of Pittsburgh and Its Region*. Pittsburg: University of Pittsburgh Press,2003.

107. Thomas,Mary Martha. *The New Woman in Alabama: Social Reforms and Suffrage,1890～1920*. Tuscaloosa:The University of Alabama Press,1992.

108. Tims,Margaret. *Jane Addams of Hull House,1860～1935:A Centenary Study*. New York:Macmillan,1961.

109. Tomes,Nancy. *The Gospel of Germs:Men,Women and the Microbe in American Life*. Massachusetts:Harvard University Press,1998.

110. Gianquitto,Tina. *Good Observers of Nature:American Women and the Scientific Study of the Natural World*. Athens and London:The University of Georgia Press,2007.

111. Unger, Nancy C. *Beyond Nature's Housekeepers: American Women in Environmental History*. Oxford: Oxford University Press, 2012.

112. Way,Thaisa. *Unbounded Practice:Women and Landscape Ar-*

chitecture in the Early Twentieth Century. Charlottesville: University of Virginia Press, 2009.

113. Welker, Robert Henry. *Birds and Men: American Birds in Science, Art, Literature, and Conservation, 1800～1900*. Cambridge, Mass., 1995.

114. Wellock, Thomas Raymond. *Preserving the Nation: The Conservation and Environmental Movements, 1870～2000*. Wheeling, Illinois.: Harlan Davidson, Inc., 2007.

115. Wells, Mildred White. *Unity in Diversity: The History of the General Federation of Women's Clubs*. Washington: General Federation of Women's Clubs, 1953.

116. Wilson, William H. *The City Beautiful Movement*. Baltimore: Johns Hopkins University Press, 1989.

117. Winter, Alice Ames. *The Business of Being a Club Woman*. New York: Century Co., 1925.

118. Wise, Winifred Esther. *Jane Addams of Hull-House*. New York: Harcourt, Brace and Company, 1935.

119. Woloch, Nancy. *Women and the American Experience*, 3rd ed. New York: McGraw Hill Company, 2000.

120. Woody, Thomas. *A History of Women's Education in the United States*, Vol. II. New York: The Science Press, 1929.

121. Worster, Donald. *Nature's Economy: A History of Ecological Ideas*, 2nd ed. New York: Cambridge University Press, 1994.

期刊文章：

1. Alaimo, Stacy. "The Undomesticated Nature of Feminism: Mary Austin and the Progressive Women Conservationists." *Studies in American Fiction*, Vol. 26, No. 1 (Spring, 1998): 73～96.

2. Armitage, Kevin C. "Bird day for Kids: Progressive Conservation in Theory and Practice." *Environmental History*, Vol. 13, No. 3 (Jul., 2007): 528～551.

3. Bennett, Pamela J., ed. "Gene Stratton Porter." *The Indiana Historian*, Indianapolis: Indiana Historical Burea: 6～7.

4. Binkley, Cameron. "No Better Heritage Than Living Trees: Women's Clubs and Early Conservation in Humboldt County." *Western*

Historical Quarterly, Vol. 33, No. 2(Summer, 2002): 179～203.

5. Birch, Eugenie Ladner. "From Civic Worker to City Planner: Women and Planning, 1890～1980", in Donald A. Krueckeberg, ed., *The American Planner: Biographies and Recollections*. New York: Methuen, In., 1983: 396～427.

6. Blend, Benay. "Mary Austin and the Western Conservation Movement: 1900～1927." Journal *of the Southwest*, Vol. 30, No. 1 (Spring, 1998): 12～34.

7. Blum, Elizabeth D. "Women, Environmental Rationale, and Activism During the Progressive Era", in Dianne D. Glave, and Mark Stoll, eds., *To Love the Wind and the Rain, African Americans and Environmental History*. Pittsburgh: University of Pittsburgh Press, 2006: 77～92.

8. Brooks, P. "Birds and Women." *Audubon Magazine*, Vol. 82, No. 5 (1980): 88～97.

9. Brown, Alan. "Caroline Bartlett Crane and Urban Reform." *Michigan History*, Vol. 56, No. 4(1972): 287～301.

10. Cloutier, Richard. "Florence Kelley and the Radium Dial Painters." *Health Physics Journal*, Vol. 39, No. 5(Nov., 1980): 711～716.

11. Davis, Natalie Zemon. "Women's History in Transition: The European Case." *Feminist Studies*, Vol. 3(Winter, 1975～1976): 83～103.

12. Decker, Sarah S. Platt. "The Meaning of the Woman's Club Movement." *Annals of the American Academy of Political and Social Science*, Vol. 28, Woman's Work and Organizations(Sep., 1906): 1～6.

13. Deichmann, Wendy J. "The Social Gospel as a Grassroots Movement." *Church History*, Vol. 84, No. 1(Mar., 2015): 203～206.

14. Dickason, JG. "The Origins of the Playground: The Role of the Boston Women's Clubs, 1885～1890." *Leisure Science*, Vol. 6, No. 1 (1983): 83～98.

15. Egan, Kristen R. "Conservation and Cleanliness: Racial and Environmental Purity in Ellen Richards and Charlott Perkins Gilman." *Women's Studies Quarterly*, Vol. 39, No. 3 & 4(2011): 77～92.

16. Epstein, Barbara. "Ecofeminism and Grass-roots Environmentalism in the United States," in Richard Hofrichter, ed., *Toxic Struggles*:

The Theory and Practice of Environmental Justice. Philadelphia：New Society Publishers，1993：145.

17. Eyring，Shaun. "Special Place Saved：The Role of Women in Preserving the American Landscape，" in Gail Lee Dubrow，and Jennifer B. Goodman，eds. ，*Restoring Women's History Through Historic Preservation*. Baltimore：Johns Hopkins University Press，2003：37～57.

18. Fee，Elizabeth，Theodore M. Brown. "Alice Hamilton：Settlement Physician，Occupational Health Pioneer. "*American Journal of Public Health*，Vol. 91，No. 11（Dec. ，2001）：1767.

19. Filene，Peter. " An Obituary for 'The Progressive Movement'. " *American Quarterly*，Vol. 22，No. 1（Spring，1970）：20～34.

20. Flanagan，Maureen A. "The City Profitable，The City Livable：Environmental Policy，Gender，and Power in Chicago in the 1910s. "*Journal of Urban History*，Vol. 22，No. 2（Jan. ，1996）：163～190.

21. Flanagan，Maureen A. "Gender and Urban Political Reform：The City Club and the Woman's City Club of Chicago in the Progressive Era. " *American Historical Review*，Vol. 95，No. 4（Oct. ，1990）：1032～1050.

22. Flanagan，Maureen A. "Women in the City，Women of the City：Where Do Women Fit in Urban History?"*Journal of Urban History*，Vol. 23，No. 3（Mar. ，1997）：251～259.

23. "Florence Merriam Bailey Recalls the Early Audubon Women，1900，"in Carolyn Merchant，*Major Problems in American Environmental History：Documents and Essays*，2nd ed. Boston：Houghton Mifflin，2005：353～354.

24. Forbes，Linda C. ，John M. Jermier. "The Institutionalization of Bird Protection：Mabel Osgood Wright and the Early Audubon Movement. "*Organization & Environment*，Vol. 15，No. 4（Dec. ，2002）：458～465.

25. Freedman，Estelle. "Separatism as Strategy：Female Institution Building and Ameircan Feminism，1870～1930. "*Feminist Studies*，Vol. 5，No. 3（Autumn，1979）：512～529.

26. Gittell，Marilyn，Teresa Shtob. "Changing Women's Roles in Political Volunteerism and Reform of the City. "*Signs*，Vol. 5，No. 3（Spring，1980）：S67～S78.

27. Gomez, Antoinette M. Fatemeh Shafiei and Glenn S. Johnson, "Black Women's Involvement in the Environmental Justic Movement: An Analysis of Three Communities in Atlanta, Georgia." *Race, Gender & Class*, Vol. 18, No. 1/2(2011): 189~214.

28. Guenther, George C. "The Significance of the Occupational Safety and Health Act to the Worker in the United States." *Internatio-nal Labour Review*, Vol. 105, No. 1(1972): 59~67.

29. Gugliotta, Angela. "Class, Gender, and Coal Smoke: Gender Ideology and Environmental Injustice in Pittsburgh, 1868~1914." *Environmental History*, Vol. 5, No. 2(Apr., 2000): 165~193.

30. Hamilton, Alice. "Forty Years in the Poisonous Trades." *American Industrial Hygiene Association Journal*, Vol. 56, No. 5(May, 1995): 423~436.

31. Hamilton, Cynthia. "Women, Home & Community: The Struggle in an Urban Environment." *Race, Poverty & the Environment*, Vol. 1, No. 1(Apr., 1990): 3, 10~13.

32. Hazlett, Maril. "'Woman vs. Man vs. Bugs': Gender and Po-pular Ecology in Early Reactions to Silent Spring." *Environmental History*, Vol. 9, No. 4(Oct., 2004): 701~729.

33. Henson, Pamela. "Through Books to Nature: Anna Botsford Comstock and the Nature Study Movement," in B. T. Gates, and Ann B. Shteir, eds., *Natural Eloquence: Women Reinscribe Science*. Madison, Wis.: University of Wisconsin Press, 1997: 116~142.

34. Howe, Barbara J. "Women in the Nineteeth-Century Preservation Movement," in Gail Lee Dubrow and Jennifer B. Goodman, eds., *Restoring Women's History Through Historic Preservation*. Baltimore: Johns Hopkins University Press, 2003: 17~36.

35. Hoy, Suellen M. "Municipal Housekeeping: The Role of Women in Improving Urban Sanitation Practices, 1880~1917," in Martin V. Melosi, ed., *Pollution and Reform in American Cities, 1870~1930*. Austin: University of Texas Press, 1980: 173~198.

36. Hunt, Vilma R. "A Brief History of Women Workers and Hazards in the Workplace." *Feminist Studies*, Vol. 5, No. 2(Summer, 1979): 274~285.

37. Hynes, H. Patricia. "Ellen Swallow, Lois Gibbs and Rachel Carson: Catalysts of the American Environmental Movement." *Women's Studies International Forum*, Vol. 8, No. 4(1985): 291～298.

38. Jordon, David Starr. "Agassiz at Penikese." *The Popular Science Monthly* (Apr., 1892): 722～729.

39. Kastner, Joseph. "Long before Furs: It was Feathers that Stirred Reformist Ire." *Smithsonian*, Vol. 25, No. 4(Jul., 1994): 96～104.

40. Kaufman, Polly Welts. "Challenging Tradition: Pioneer Women Naturalists in the National Park Service." *Forest & Conservation History*, Vol. 34, No. 1(Jan., 1990): 4～16.

41. Kelley, Florence. "The Committee of the General Federation of Women's Clubs on the Industrial Problems as It Affects Women and Children." *The American Journal of Nursing*, Vol. 1, No. 11(Aug., 1901): 813～815.

42. Kerber, Linda K. "Separate Spheres, Female Worlds, Woman's Place: The Rhetoric of Women's History." *The Journal of American History*, Vol. 75, No. 1(Jun., 1988): 9～39.

43. Knapp, George L. "George L. Knapp Opposed Conservation", in Carolyn Merchant, ed., *Major Problems in American Environmental History*, 2nd ed. Boston: Houghton Mifflin, 2005.

44. Kohlstedt, Sally Gregory. "In from the Periphery: American Women in Science, 1830～1880." *Signs*, Vol. 4, No. 1(Autumn, 1978): 81～96.

45. Kohlstedt, Sally Gregory. "Parlors, Primers, and Public Schooling: Education for Science in Nineteenth-Century America." *Isis*, Vol. 81, No. 3(Sep., 1990): 424～445.

46. Lawson, Laura J. "Women and the Civic Garden Campaigns of the Progressive Era: 'A Woman Has a Feeling about Dirt Which Men Only Pretend to Live…,'" in Louise A. Mozingo, Linda Jewell, eds., *Women in Landscape Architecture: Essays on History and Practice*. North Carolina: McFarland & Company, Inc., Publishers, 2012: 55～68.

47. Leach, Melissa. "Gender and Environment: Traps and Opportunities." *Development in Practice*, Vol. 2, No. 1(Feb., 1992): 12～22.

48. Lerner, Gerda. "The Lady and the Mill Girl: Changes in the Sta-

tus of Women in the Age of Jackson. "*Midcontinent American Stu-dies Journal*, Vol. 10, No. 1(Spring, 1969): 5～15.

49. Lewis, Tiffany. "Municipal Housekeeping in the American West: Bertha Knight Landes's Entrance into Politics. "*Rhetoric and Public Affairs*, Vol. 14, No. 3(Fall, 2011): 465～491.

50. Lind, Anna M. "Women in Early Logging Camps: A Personal Reminiscence. "*Journal Of Forest History*, Vol. 19, No. 3 (Jul., 1975): 128～135.

51. Lynd, Staughton. "Jane Addams the Radical Impulse. "*Commentary*, Vol. 32, No. 000001(Jul., 1961): 54～59.

52. MacDonald, Meg Meneghel. "Urban Experience in Chicago: Hull-House and Its Neighborhoods, 1889～1963. "*The Journal of American History*, Vol. 97, No. 1(Jun., 2010): 290～291.

53. Marburg, Sandra Lin. "Women and Environment: Subsistence Paradigms 1850～1950. "*Environmental Review: ER*, Vol. 8, No. 1, Special Issue: Women and Environmental History(Spring, 1984): 7～22.

54. Mason, Kathy S. "Out of Fashion: Harriet Hemenway and the Audubon Society, 1896～1905. "*Historian*, Vol. 65, No. 1(2002): 1～15.

55. Mason, Karen. "Mary McDowell and Municipal Housekeeping: Women's Political Activism in Chicago, 1890～1920," in Lucy Eldersveld Murphy, Wendy Hamand Venet, eds., *Midwestern Women: Work, Community and Leadership at the Crossroads*. Bloomington: Indiana University Press, 1997: 60～75.

56. Melosi, Martin V. "'Out of Sight, Out of Mind': The Environment and Disposal of Municipal Refuse, 1860～1920. "*Historian*, Vol. 35, No. 4(Aug. 1973): 621～640.

57. Melosi, Martin V. "Refuse Pollution and Municipal Reform: The Waste Problem in America, 1880～1917", in Martin V. Melosi, ed., *Pollution and Reform in American Cities, 1870～1930*. Austin: University of Texas Press, 1980: 110～111.

58. Merchant, Carolyn. "Women and Environment: Editor's Introduction. "*Environmental Review: ER*, Vol. 8, No. 1, Special Issue: Women and Environmental History(Spring, 1984): 4～5.

59. Merchant, Carolyn. "Women of the Progressive Conservation

Movement, 1900～1916." *Environmental Review: ER*, Vol. 8, No. 1, Special Issue: Women and Environmental History(Spring, 1984): 57～85.

60. Merchant, Carolyn. "Gender and Environmental History." *Journal of American History*, Vol. 76, No. 4(Mar., 1990): 1117～1121.

61. Merchant, Carolyn. "George Bird Grinnell's Audubon Society: Bridging the Gender Divide in Conservation." *Environmental History*, Vol. 15, No. 1(Jan., 2010): 3～30.

62. Miss E. L. Turner. "Bird-Photography for Women." *Bird Lore*, Vol. 17, No. 3(May～Jun, 1915): 179～190.

63. Monk, Janice. "Approaches to the Study of Women and Landscape." *Environmental Review: ER*, Vol. 8, No. 1, Special Issue: Women and Environmental History(Spring, 1984): 23～33.

64. Moore, Ted. "Democratizing the Air: The Salt Lake Women's Chamber of Commerce and Air Pollution, 1936～1945." *Environmental History*, Vol. 12, No. 1(Jan., 2007): 80～106.

65. Morris-Crowther, Jayne. "Municipal Housekeeping: The Poli-tical Activities of the Detroit Federation of Women's Clubs in the 1920s." *Michigan Historical Review*, Vol. 30, No. 1(Spring, 2004): 31～57.

66. "Mrs. Marion Crocker Argues for the Conservation Imperative, 1912," in Carolyn Merchant, *Major Problems in American Environmental History: Documents and Essays*, 2nd ed. Boston: Houghton Mifflin, 2005: 323～325.

67. Newell, Patricia Richardson. "Eureka Women United: The Monday Club." *Humboldt Historian*, (Jul.～Aug., 1990): 8～9.

68. Norwood, Vera. "Disturbed Landscape/Disturbing Processes: Environmental History for the Twenty-First Century." *Pacific Historical Review*, Vol. 70, No. 1(Feb., 2001): 77～89.

69. Norwood, Vera. "Heroines of Nature: Four Women Respond to the American Landscape." *Environmental Review: ER*, Vol. 8, No. 1, Special Issue: Women and Environmental History(Spring, 1984): 34～56.

70. Norwood, Vera. "Women's Roles in Nature Study and Environmental Protection." *OAH Magazine of History*, Vol. 10, No. 3, Environmental History(Spring, 1996): 12～17.

71. Ostman, Heather. "Maternal Rhetoric in Jane Addams's Twenty

Years at Hull-House. " *Philological Quarterly*, Vol. 85, No. 3/4 (Summer,2006):343～370.

72. Palmquist, Peter E. "Pioneer Women Photographers in Nineteenth-Century California. " *California History*, Vo. 71, No. 1 (Spring, 1992):110～127.

73. Peterson,Jon A. "The City Beautiful Movement: Forgotten Origins and Lost Meanings. "*Journal of Urban History*,Vol. 2,No. 4(Aug. , 1976):415～434.

74. Pisani, Donald J. "Forest and Conservation, 1865 ～ 1890. " *The Journal of American History*,Vol. 72,No. 2(Sep. ,1985):340～359.

75. Platt,Harold L. "Invisible Gases:Smoke,Gender,and the Redefinition of Environmental Policy in Chicago,1900～1920. "*Planning Perspectives*,Vol. 10,No. 1(1995):67～97.

76. Platt, Harold L. "Jane Addams and the Ward Boss Revisited: Class,Politics,and Public Health in Chicago,1890～1930. "*Environmental History*,Vol. 15,No. 2(Apr. ,2000):194～222.

77. Plumwood,Val. "Feminism and Ecofeminism:Beyond the Dualistic Assumptions of Women, Men and Nature. " *The Ecologist*, Vol. 22, No. 1(Jan. /Feb. ,1992):10.

78. Poole,Leslie Kemp. "The Women of the Early Florida Audubon Society:Agents of History in the Fight to Save State Birds. "*The Florida Historical Quarterly*,Vol. 85,No. 3(Winter,2007):297～323.

79. Poole, Leslie Kemp. "The Florida Story Begins with Audubon Wardens. "*Florida Naturalist*,Vol. 73,No. 2(Summer,2000):6～9.

80. Poole,Leslie Kemp. "Katherine Bell Tippetts:A Female Voice for Conservation during Florida's Boom. " *Tampa Bay History*, Vol. 22 (2008):55～75.

81. Poole,Leslie Kemp. "Marjory Stoneman Douglas: Woman of the Century. "*Florida Naturalist*,Vol. 71,No. 2(Summer,1998):9.

82. "Progressive Women and 'Municipal Housekeeping': Caroline Bartlett Crane's Fight for Improved Meat Inspection,"in Chris J. Mogoc, ed. ,*Environmental Issues in American History:A Reference Guide with Primary Documents*. Westport, Connecticut: Greenwood Press, 2006: 146～162.

83. Rainey, Shirley A. and Glenn S. Johnson, "Grassroots Activism: an Exploration of Women of Color's Role in the Environmental Justice Movement." *Race, Gender & Class*, Vol. 16, No. 3/4(2009): 144～173.

84. Reznikoff, Paul. "The Grandmother of Industrial Medicine." *Journal of Occupational Medicine*, Vol. 14, No. 2(Feb., 1972): 111.

85. Riley, Glenda. "Origins of the Argument for Improved Female Education." *History of Education Quarterly*, Vol. 9, No. 4 (Winter, 1969): 455～470.

86. Riley, Glenda. "'Wimmin is Everywhere': Conserving and Feminizing Western Landscape, 1870～1940." *The Western Historical Quarterly*, Vol. 29, No. 1(Spring, 1998): 4～23.

87. Riley, Glenda. "Victorian Ladies Outdoors: Women in the Early Western Conservation Movement, 1870～1920." *South California Quarterly*, Vol. 83, No. 1(Spring, 2001): 59～80.

88. Rimby, Susan. "Better Housekeeping Out of Doors: Mira Lloyd Dock, the State Federation of Pennsylvania Women, and Progressive Era Conservation." *Journal of Women's History*, Vol. 17, No. 3(Fall, 2005): 9～34.

89. Rome, Adam. "'Give Earth a Chance': The Environmental Movement and the Sixties." *The Journal of American History*. Vol. 90, No. 2 (Sep., 2003): 525～554.

90. Rome, Adam. "'Political Hermaphrodites': Gender and Environmental Reform in Progressive America." *Environmental History*, Vol. 11, No. 3(Jul., 2006): 440～463.

91. Rome, Adam. "Nature Wars, Culture Wars: Immigration and Environmental Reform in the Progressive Era." *Environmental History*, Vol. 13, No. 3(Jul, 2008): 432～453.

92. Rosen, Christine Meisner. "Businessmen against Pollution in Late Nineteenth Century Chicago." *The Business History Review*, Vol. 69, No. 3(Autumn, 1995): 351～397.

93. Rosen, George. "Early Studies of Occupational Health in New York City in the 1870s." *American Journal of Public Health*, Vol. 67, No. 11(Nov., 1977): 1100～1102.

94. Rosen, George. "The Medical Aspects of the Controversy over

Factory Conditions in New England,1840～1850."*Bulletin of the History of Medicine*,Vol. 15(Jan. 1,1944):483～497.

95. Rosen,George. "Urbanization,Occupation and Disease in the United States,1870～1920:The Case of New York City."*Journal of the History of Medicine*,Vol. 43(Oct. ,1988):391～425.

96. Ross,Frances Mitchell. "The New Woman as Club Woman and Social Activist in Turn of the Century Arkansas."*The Arkansas Historical Quarterly*,Vol. 50,No. 4(Winter,1991):317～351.

97. Rudolph,Emanuel D. "How It Developed that Botany was the Science Thought Most Suitable for Victorian Young Ladies."*Children's Literature*,Vol. 2(1973):92～97.

98. Rudolph,Emanuel D. "Women in the Nineteenth Century American Botany:A Generally Unrecognized Constituency."*American Journal of Botany*,Vol. 69,No. 8(Sep. ,1982):1346～1355.

99. Rudolph,Emanuel D. "Almira Hart Lincoln Phelps(1793～1884) and the Spread of Botany in Nineteenth Century America."*American Journal of Botany*,Vol. 71,No. 8(Sep. ,1984):1161～1167.

100. Rynbrandt,Linda J. "My Life with Caroline Barlett Crane."*Michigan Sociological Review*,Vol. 14(Fall,2000):75～82.

101. Scharff,Virginia. "Are Earth Girls Easy?:Ecofeminism,Women's History and Environmental History."*Journal of Women's History*,Vol. 7,No. 2(Summer,1995):164～175.

102. Schulte,Terrianne K. "Citizen Experts:The League of Women Voters and Environmental Conservation."*Frontiers:A Journal of Women Studies*,Vol. 30,No. 3(2009):1～29.

103. Scott,Joan W. "Gender:A Useful Category of Historical Analysis."*The American Historical Review*,Vol. 91,No. 5(Dec. ,1986):1053～1075.

104. Shaw,Ellen Eddy. "A Survey of Twenty Years' Progress in Nature Study in Providing Materials for Study."*The Nature-Study Review*,Vol. 17(Feb. 1921):63～80.

105. Shores,James W. "A Win-Lose Situation:Historical Context,Ethoss,and Rhetorical Choices in John Miuir's 1908 'Hetch Hetchy Valley' Article."*The Journal of American Culture*,Vol. 29,No. 2(Jun. ,

2006):191～201.

106. Sklar, Kathryn Kish. "Hull House in the 1890's: A Community of Women Reformers." *Signs: Journal of Women in Culture and Society*, Vol. 10, No. 4(Summer, 1985):658～677.

107. Sklar, Kathryn Kish. "Organized Womanhood: Archival Sources on Women and Progressive Reform." *The Journal of American History*, Vol. 75, No. 1(Jun., 1988):176～183.

108. Smalley, Andrea L. "Our Lady Sportsmen: Gender Class, and Conservation in Sport Hunting Magazines, 1873～1920." *Journal of the Gilded Age and Progressive Era*, Vol. 4(Oct., 2005):355～380.

109. Smith, Edward H. "The Comstocks and Cornell: in the People's Services." *Annual Review Of Entomology*, Vol. 21(1976):1～26.

110. Smith, Mary Jane. "The Fight to Protect Race and Regional Identity within the General Federation of Women's Clubs, 1895～1902." The *Georgia Historical Quarterly*, Vol. 94, No. 4(2010):479～513.

111. Sturgeon, Noel. Review of "The Death of Nature: Women, Ecology and the Scientific Revolution." *Environmental History*, Vol. 10, No. 4 (Oct., 2005): 805～809.

112. Swerdlow, Amy. "Ladies' Day at the Capitol: Women Strike for Peace versus HUAC." *Feminist Studies*, Vol. 8, No. 3 (Autumn, 1982): 493～520.

113. Szczygiel, Bonj. "'City Beautiful' Revisited: An Analysis of Nineteenth-Century Civic Improvement Efforts." *Journal of Urban History*, Vol. 29, No. 2(Dec., 2003):107～132.

114. Taylor, Dorceta. "American Environmentalism: The Role of Race, Class and Gender, 1820～1995." *Race, Gender and Class*, Vol. 5, No. 1, Environmentalism and Race, Gender, Class Issues(1997):16～62.

115. Taylor, Dorceta. "Race, Class, Gender and Aemrican Environmentalism." General Technical Report, PNW－GTR－534. Portland, OR: U. S. Department of Agriculture, Forest Service, Pacific Northwest Research Station, 2002.

116. Tomes, Nancy. "The Private Side of Public Health: Sanitary Science, Domestic Hygiene, and the Germ Theory, 1870～1900." *Bulletin of the History of Medicine*, Vol. 63, No. 4(Winter, 1990):509～539.

117. Trasko, Victoria M. "Industrial Hygiene Milestones in Governmental Agencies." *American Journal of Public Health*, Vol. 45 (Jan., 1955): 39～46.

118. Unger, Nancy. "Women, Sexuality, and Environmental Justice in American History," in Rachel Stein, ed., *New Perspectives on Environmental Justice: Gender, Sexuality, and Activism*. Rutgers University Press, 2004: 45～60.

119. Unger, Nancy. "Gendered Approaches to Environmental Justice: An Historical Sampling," in Sylvia Washington, ed., *Echoes from the Poisoned Well: Global Memories of Environmental Justice*. Rowman and Littlefield/Lexington Books, 2006: 17～34.

120. Unger, Nancy. "The Role of Gender in Environmental History." *Environmental Justice*, Vol. 1, No. 3 (Sep., 2008): 115～120.

121. Unger, Nancy. "Women and Gender: Useful Categories of Analysis in Environmental History," in Andrew Isenberg, ed., *Oxford Handbook of Environmental History*. Oxford University Press, 2014: 600～643.

122. Vance, Linda D. "May Mann Jennings and Royal Palm State Park." *The Florida Historical Quarterly*, Vol. 55, No. 1 (Jul., 1976): 1～17.

123. Ward, May Alden. "The Influence of Women's Clubs in New England and in the Middle-Eastern States." *Annals of the American Academy of Political and Social Science*, Vol. 28 (Sep., 1906): 7～28.

124. Webster, F. rederick E., Jr. "Determining the Characteristics of the Socially Conscious Consumer." *Journal of Consumer Research*, Vol. 2, No. 3 (Dec., 1975): 188～196.

125. Welter, Barbara. "The Cult of True Womanhood: 1820～1860." *American Quarterly*, Vol. 18, No. 2 (Summer, 1966): 151～174.

126. White, Richard. "Environmental History: Watching a Historical Field Mature." *Pacific Historical Review*, Vol. 70, No. 1 (Feb., 2001): 103～111.

127. Williams, Michael. "Products of the Forest: Mapping the Census of 1840." *Forest History*, Vol. 24, No. 1 (Jan., 1980): 4～23.

128. Wilson, Jan Doolittle. "Disunity in Diversity: The Controversy

Over the Admission of Black Women to the General Federation of Women's Clubs, 1900～1902." *Journal of Women's History*, Vol. 23, No. 2 (Summer, 2011): 39～63.

129. Wilson, Joan Hoff. "Dancing Dogs of the Colonial Period: Women Scientists." *Early American Literature*, Vol. 7, No. 3 (Winter, 1973): 225～235.

130. Wilson, William H. "'More Almost than the Men': Mira Loyd Dock and the Beautification of Harrisburg." *The Pennsylvania Magazine of History and Biography*, Vol. 99, No. 4 (Oct., 1975): 490～499.

131. Winkelstein, Warren, Jr., "The Development of American Public Health, a Commentary: Three Documents That Made an Impact." *Journal of Public Health Policy*, Vol. 30, No. 1 (Apr., 2009): 40～48.

132. Wirka, Susan Marie. "The City Social Movement: Progressive Women Reformers and Early Social Planning", in Mary Corbin Sies, and Christopher Silver, eds., *Planning the Twentieth-Century American City*. Baltimore: Johns Hopkins University Press, 1996: 57～75.

133. Wood, Mary I. "The Woman's Club Movement." *The Chautauquan*, Vol. 59 (1910): 13～64.

134. Wortman, Marlene Stain. "Domesticating the Nineteenth-Century American City." *Prospects*, Vol. 3 (Oct., 1978): 531～572.

135. Yett, Jane. "Women and Their Environments: A Bibliography for Research and Teaching." *Environmental Review: ER*, Vol. 8, No. 1, Special Issue: Women and Environmental History (Spring, 1984): 86～94.

学位论文：

1. Acuna, Catherine Louise. "Career Influences for Women in Landscape Architecture." M. A. thesis, the University of Texas at Arlington, 2006.

2. Altman, Dorothy J. "Mary Hunter Austin and the Roles of Women." Ph. D. diss., the State University of New York, 1979.

3. Armitage, Kevin C. "Knowing Nature: Nature Study and American Life, 1873～1923." Ph. D. diss., University of Kansas, 2004.

4. Blum, Elizabeth D. "Pink and Green: A Comparative Study of Black and White Women's Environmental Activism in the Twentieth Century." Ph. D. diss., University of Houston, 2000.

5. Cart, Theodore Whaley. "The Struggle for Wildlife Protection in the United States, 1870～1900: Attitudes and Events Leading to the Lacey Act." Ph. D. diss., University of North Carolina, 1971.

6. Chambliss, Julian C. "Atlanta and Chicago: Searching for the Planning Imperative, 1900～1930." Ph. D. diss., University of Florida, 2004.

7. Dillon, Clarissa Flint "'A Large, a Useful, and a Grateful Field': Eighteenth-Century Kitchen Gardens in Southeastern Pennsylvania, the Uses of Plants, and their Place in Women's Work." Ph. D. diss., Bryn Mawr College, 1986.

8. Euken, Jamie C. "Nature Fakers and the Hetch Hetchy Valley: Women in the Early Years of the Environmental Preservation Movement." M. A. thesis, the George Washington University, 2012.

9. Gamber, Wendy E. "The Female Economy: The Millinery and Dressmaking Trades, 1860 ～ 1930." Ph. D. diss., Brandeis University, 1991.

10. Gisel, Bonnie Johanna. "Into the Sun: Jeanne D. Carr. A Woman's Experience in Nature & Wilderness in Nineteenth-Century America." Ph. D. diss., Drew University, 1998.

11. Grinder, Robert Dale. "The AntiSmoke Crusades: Early Attempts to Reform the Urban Environment, 1883～1918." Ph. D. diss., University of Missouri-Columbia, 1973.

12. Gugliotta, Angela. "'Hell with the Lid Taken Off: A Cultural History of Air Pollution-Pittsburgh." Ph. D. diss., University of Notre Dame, 2004.

13. Harwood, Stacy Anne. "Locating Gender in the Planning Progress: Municipal Housekeeping in Santa Ana, California." Ph. D. diss., University of Southern California, 2001.

14. Johnson, Sandra Jeanne. "Early Conservation by the Arizona Federation of Women's Clubs from 1900～1932." M. S. thesis, the University of Arizona, 1993.

15. Keefover-Ring, Wendy. "Municipal Housekeeping, Domestic Science, Animal Protection, and Conservation: Women's Political and Environmental Activism in Denver, Colorado, 1894～1912." M. A. thesis, the University of Colorado, 1986.

16. Kircher, Cassandra Lee. "Women in/on Nature: Mary Austin, Gretel Ehrlich, Terry Tempest Williams and Ann Zwinger." Ph. D. diss., the University of Iowa, 1995.

17. Lane, Lionel Charles. "Jane Addams as Social Worker: The Early Years at Hull House." Ph. D. diss., University of Pennsylvania, 1963.

18. Longhurst, James Lewis. "'Don't Hold Your Breath, Fight for It!' Women's Activism and Citizen Standing in Pittsburgh and the United States." Ph. D diss., Carnegie Mellon University, 2004.

19. Loving, David A. "The Development of American Public Health, 1850～1925." Ph. D diss., University of Oklahoma, 2008.

20. Macdonald, Margaret F. Peggy. "'Our Lady of the Rivers: Marjorie Harris Carr, Science Gender, and Environmental Activism." Ph. D. diss., University of Florida, 2010.

21. Martin, Theodora Penny. "Women's Study Clubs, 1860～1900: 'The Sound of Our Own Voices'." Ed. D. diss., Harvard University, 1985.

22. Massmann, Priscilla. "A Neglected Partnership: The General Federation of Women's Clubs and the Conservation Movement, 1890～1920." Ph. D. diss., the University of Connecticut, 1997.

23. Minton, Tyree G. "The History of the Nature-Study Movement and its Role in the Development of Environmental Education." Ed. D. diss., the University of Massachusetts, 1980.

24. Montrie, Chadwick Dushane. "Rethinking Municipal Housekeeping: Hull-House Women and Sanitation Reform in Chicago, 1889～1913." M. A. thesis, Ohio State University, 1997.

25. Moore, Patricia Ann. "Cultivating Science in the Filed: Alice Eastwood, Ynes Mexia and California Botany, 1890～1940." Ph. D. diss., University of California, 1996.

26. Nieuwejaar, Kiersten. "Learning through Living Together: The Educational Philosophy of Jane Addams." Ph. D. diss., Columbia University, 2015.

27. Nickels, Leslie. "The Education of Alice Hamilton-Curriculum for Taking up the Cause of the Working Class." Ph. D. diss., University of Illinois, 2010.

28. Payne, Daniel G. "In Sympathy with Nature: American Nature Writing and Environmental Politics, 1620～1920. "Ph. D. diss. , the State University of New York, 1993.

29. Peine, Mary Anne. "Women for the Wild: Douglas, Edge, Murie and the American Conservation Movement. "M. A. thesis, the University of Montana, 2002.

30. Poole, Leslie Kemp. "Let Florida be Green: Women, Activism, and the Environmental Century, 1900 ～ 2000. " Ph. D. diss. , University of Florida, 2012.

31. Price, Jennifer Jaye. "Flight Maps: Encounters with Nature in Modern American Culture. "Ph. D. diss. , Yale University, 1998.

32. Reiger, John. "George Bird Grinnell and the Development of American Conservation, 1870～1901. "Ph. D. diss. , Northwestern University, 1970.

33. Rodes, Donald W. "The California Woman Suffrage Campaign of 1911. "M. A. thesis, California State Unviersity, 1974.

34. Rynbrandt, Linda J. "Caroline Bartlett Crane and Progressive Era Reform: A Socio-Historical Analysis of Ideology in Action. "Ph. D. diss. , the Western Michigan University, 1997.

35. Scarborough, Amy D. "Fashion Media's Role in the Debate on Millinery and Bird Protection in the United States in the Late Nineteenth and Early Twentieth Centuries. "Ph. D. diss. , Oregon State University, 2010.

36. Scherman, Rosemarie Redlich. "Jane Addams and the Chicago Social Justice Movement, 1889～1912. "Ph. D. diss. , the City University of New York, 1999.

37. Slaight, Wilma Ruth. "Alice Hamilton: First Lady of Industrial Medicine. "Ph. D. diss. , Case Western Reserve University, 1974.

38. Stein, Nancy Rachel. "Shifting the Ground: Four American Women Writers' Revisions of Nature, Gender and Race. "Ph. D. diss. , the State University of New Jersey, 1994.

39. Stradling, David. "Civilized Air: Coal, Smoke, and Environmentalism in America, 1880～1920. "Ph. D. diss. , the University of Wisconsin-Madison, 1996.

40. Tolley, Kimberley F. Higgins. "The Science Education of American Girls, 1784～1932." Ed. D. diss., University of California, 1996.

41. Vance, Linda D. "May Mann Jennings, Florida's Genteel Activist." Ph. D. diss., University of Florida, 1980.

42. Warner, Nancy J. "Taking to the Field: Women Naturalists in the Nineteenth-Century West." M. S. thesis, Utah State University, 1995.

43. Wootton, Lesley Wallace. "Sentimental Classism: Nature and Status in Popular Nineteenth-Century American Women's Novels." Ph. D. diss., the University of Oregon, 2009.

44. Young, Angela Nugent. "Interpreting the Dangerous Trades: Workers' Health in America and the Career of Alice Hamilton, 1910～1935." Ph. D. diss., Brown University, 1982.

网络资源：

1. Blum, Elizabeth. "Linking American Women's History and Environmental History: A Preliminary Historiography." http://www.hnet.org/～environ/historiography/uswomen.htm(Accessed Dec. 21, 2013)

2. Forest History Society, Environmental History Bibliography. http://www.foresthistory.org/Research/biblio.html, cited in Nancy Unger, "Women and Gender: Useful Categories of Analysis in Environmental History," in Andrew Isenberg, ed., *Oxford Handbook of Environmental History*. Oxford University Press, 2014: 601.

3. Jane Addams by Nicolle Bettis. http://www2.webster.edu/～woolflm/janeadams.html(Accessed Jun. 11, 2015)

4. Library of Congress American Memory Collection. To Elevate Morals. Bird Day. Animal Day. (Milwaukee, 1894) available from http://memory.loc.gov/cgibin/query/r? ammem/rbpebib:@field(NUMBER+@band(rbpe+18902800))(Accessed July 29, 2015)

5. Price, Jennifer. "Hats Off to Audubon." *Audubon*, Nov.～Dec., 2004. http://archive.audubonmagazine.org/features0412/hats.html(Accessed May 5, 2015).

6. *The Feather Trade and the American Conservation Movement*. An online exhibition from the National Museum of American History, Smithsonian Institution. http://americanhistory.si.edu/feather/ftfa.htm(Accessed Oct. 26, 2015)

7. UIC Jane Addams:College of Social Work. http://www.uic.edu/jaddams/college/(Accessed Jun. 11,2015)

中文资料

著作：

1. 包茂红:《环境史学的起源和发展》,北京:北京大学出版社,2012年。

2. 程虹:《寻归荒野》,北京:生活·读书·新知三联书店,2011年版。

3. 付成双:《自然的边疆:北美西部开发中人与环境关系的变迁》,北京:社会科学文献出版社,2012年。

4. 付成双、张聚国等著:《世界现代化历程:北美卷》,江苏人民出版社,2010年。

5. 高国荣:《美国环境史学研究》,北京:中国社会科学出版社,2014年。

6. 罗德里克·弗雷泽·纳什著,侯文蕙,侯钧译:《荒野与美国思想》,北京:中国环境出版社,2012年。

7. 李剑鸣:《大转折年代:美国进步主义运动研究》,天津:天津教育出版社,1992年。

8. 李颜伟:《知识分子与改革:美国进步主义运动新论》,北京:中国社会科学出版社,2010年。

9. 梅雪芹:《环境史学与环境问题》,北京:人民出版社,2004年。

10. 梅雪芹:《环境史研究叙论》,北京:中国环境出版社,2011年。

11. 徐再荣等:《20世纪美国环保运动与环境政策研究》,北京:中国社会科学出版社,2013年。

12. 裔昭印等:《西方妇女史》,北京:商务印刷馆,2009年。

13. 张斌贤:《社会转型与教育变革:美国进步主义教育运动研究》,长沙:湖南教育出版社,1998年。

14. 张京祥编著:《西方城市规划思想史纲》,南京:东南大学出版社,2005年。

15. 张晓梅:《女子学园与美国早期女性的公共参与》,北京:人民出版社,2016年。

16. 张友伦,李剑鸣主编:《美国历史上的社会运动和政府改革》,天津:天津教育出版社,1992年。

17. 赵辉兵:《美国进步主义政治思潮与实践研究》,北京:中国社会科学出版社,2013 年。

期刊文章:

1. 包茂红:《环境史:历史、理论与方法》,《史学理论研究》,2000 年第 4 期。

2. 程虹:《自然文学先驱及其精神价值——论爱默生及其精神追随者的自然文学创作》,《鄱阳湖学刊》,2020 年第 1 期。

3. 程虹:《当女性与荒野相遇——美国哈德逊风景画派女画家》,《读书》,2022 年第 10 期。

4. 付成双:《美国进步主义时期的城市环境运动》,《世界近现代史研究》,2009 年第 6 期。

5. 付成双:《试论美国工业化的起源》,《世界历史》,2011 年第 1 期。

6. 付成双:《19 世纪后期美国人环境观念转变的原因探析》,《史学集刊》,2012 年第 4 期。

7. 付成双:《从征服自然到保护荒野:环境史视野下的美国现代化》,《历史研究》,2013 年第 3 期。

8. 高国荣:《近二十年来美国环境史研究的文化转向》,《历史研究》,2013 年第 2 期。

9. 高国荣:《美国环境史研究呈现三大趋势》,《中国社会科学报》,2015 年 11 月 16 日第 845 期。http://sub. cssn. cn/sjs/sjs_lsjd/201511/t20151116_2594988. shtml 中国社会科学网(2015 年 12 月 2 日获取)

10. 侯深:《自然与都市的融合——波士顿大都市公园体系的建设与启示》,《世界历史》,2009 年第 4 期。

11. 侯深:《寒云路几层——环保运动的根源于发展》,《中国社会科学报》,2010 年 6 月 3 日第 007 版。

12. 侯文蕙:《美国环境史观的演变》,《美国研究》,1987 年第 3 期。

13. 李晶:《城市化下的'卫生'困境与突破——论 19 世纪后半期美国城市公共卫生改革》,《安徽史学》,2015 年第 3 期。

14. 李剑鸣:《关于进步主义运动的几个问题》,《世界历史》,1991 年第 6 期。

15. 李颜伟:《从美国知识女性的崛起看妇女要求解放的规律》,《天津大学学报(社会科学版)》,2007 年第 1 期。

16. 王红欣:《试析美国女性社会改良先锋简·亚当斯的宗教观》,《美国研究》,2010 年第 3 期。

17. 王红欣:《试析宗教对美国进步主义时期女性的影响——以简·亚当斯的宗教观为例》,辽宁大学学报(哲学社会科学版),2010 年第 6 期。

18. 王红欣:《文化女性主义与简·亚当斯的社会思想》,东北师大学报,2011 年第 1 期。

19. 王禹:《美国'进步主义时代'威斯康星共和党内的政治斗争》,《史学月刊》,2014 年第 5 期。

20. 肖华锋:《美国黑幕揭发运动评释》,《世界历史》,2003 年第 3 期。

21. 肖华锋:《美国黑幕揭发运动:大众化杂志、进步知识分子与公众舆论》,《历史研究》,2004 年第 4 期。

22. 徐再荣:《环境史研究的人文去向》,《中国社会科学学院院报》,2006 年 5 月 30 日第 006 版。

23. 张小青:《论美国进步主义运动的思想背景》,《中国社会科学院研究生院学报》,1987 年第 5 期。

24. 赵辉兵:《美国进步运动研究评述》,《史学集刊》,2006 年第 1 期。

25. 祖国霞:《美国进步主义时期环境运动中的女性》,《学术研究》,2013 年第 4 期。

学位论文:

1. 侯波:"美国进步主义时代专家参政现象研究,1900~1920",南开大学博士论文,2012 年。

2. 王海霞:"美国进步主义时期'新女性'的社会工作:以'赫尔之家'为例",辽宁大学硕士论文,2012。

3. 王涵:"美国进步时代的政府治理:1890~1920",复旦大学博士论文,2009 年。

后　记

时光荏苒，岁月如梭。一转眼，博士毕业已六年有余。在南开大学进行为期四年的博士学习的兴奋和喜悦、刻苦和领悟、困顿和酸楚依然记忆犹新。六年前，当手里捧着沉甸甸的博士论文之时，激动和幸福感油然而生，同时心中也充满了不舍和伤感。由于博士学习阶段时间仓促与紧迫，很多材料都未充分解读，亦有很多材料来不及使用。经过六年多的修改和补充，在原来博士论文的基础上，通过进一步的资料整合、框架调整和内容充实，终于完成了这本书。博士论文和本书的完成不仅来自自己的兴趣和努力，还得益于许多老师、同事、同学和朋友的帮助，在此对他们表示最诚挚的感谢。

首先，我要感谢我的博士生导师赵学功教授。赵老师是一位治学严谨、温文尔雅、宽容厚德的学者，是我们后辈学习的楷模。面对我这样一位笨拙的、基础薄弱的跨专业学生，他总是循循善诱，时时敦促我学习，鼓励我不放弃，并根据我的实际情况为我提供宝贵的建议和指导。在赵老师的帮助下，我得以较为顺利地进入了美国史研究领域，并产生了浓厚的兴趣。在选题过程中，赵老师鼓励我放宽视野，根据自身的兴趣和优势以及我工作单位的学科建设选取一个适合自己的课题，这也促成了我的博士论文的诞生。在写作的过程中，许多问题接踵而至，让我头疼纠结。赵老师时常为我解惑，他的一句话或一条建议常常让我豁然开朗，让我体会到"柳暗花明又一村"的喜悦和激动。对于我的导师，我充满感激和感恩，无以回报。我唯一能做的就是以老师的治学态度和精神为标杆，在今后的学术道路和教学工作中勤奋刻苦，有所建树，如此才能不枉费老师的用心。

我还要感谢陕西师范大学历史文化学院的白建才教授，他是我在美国史学习和研究道路上的引路人。白老师是国内著名的美国史和冷战史研究专家，不仅学识渊博、著述颇丰，而且有着提携后辈的宽大胸襟。最初在我选择从英语专业转向美国史研究之时，我对自己的未来并没有清晰的规划。虽然之前的方向是美国研究，但同美国史仍属于不同的学科，在研究方法和路径上存在诸多差异。于是，我决定跟着白老师继续进行美国史方面的学习。白老师对于我的参与给予了极大欢迎，并为我提供了许多学习建议。在两年的学习过程中，白老师不仅让我对这一领域有了系统的认识，而且激发了我进行进一步研究的兴趣。白老师常说，作为一名有家有孩子的女同志，能如此刻苦实属难得。简单的一句话让我感到无比的欣慰和鼓舞，也让我觉得付出是值得的。在考博之前，白老师鼓励我走出陕西，走向更广阔的天地，建议我报考南开大学。2013 年，经过努力，我终于如愿考上了南开大学，完成了儿时的一个梦想。在之后的学习中，白老师还常常发信息、打电话给我指导和帮助，在最迷茫的时候给了我鼓励和安慰。如此种种我都铭记于心，只有更加努力地学习，保持内心的善良，才能回报老师的付出。

在南开的学习机会非常难得，感谢历史学院为我们授课的各位老师。在这里，我获得了许多宝贵的学习资源，还结识了多位德高望重的学者。在我的脑海中，在南开这类名校，老师们一定是高高在上、难以接近的，而事实却非如此。南开大学历史学院的老师们总是非常谦逊，对学生关心备至，让我受宠若惊。杨令侠教授是杨生茂先生的女儿，是一位美丽优雅、治学严谨、善解人意的学者。与其说杨老师是一位学者，倒不如说她是一位母亲。虽然我不是杨老师的学生，但是她待我如子女。还记得在我遭遇选题瓶颈的时候，杨老师请我喝茶，听我诉苦，为我排忧解难，帮助我走出困境；还记得我将开题报告发给杨老师后，她专门将我约出来。我们俩绕着新开湖和马蹄湖走了一圈又一圈，杨老师就我的开题报告提出了许许多多的意见和指导。感激之情无以言表，只愿杨老师永远美丽、健康！付成双教授是国内研究美国环境史的专家，因此我在撰写论文的过程中总是不断地叨扰他。付老师总是乐呵呵，乐观开朗，不但鼓励我轻松学习，还针对我的大小论文提出了重要的修改意见，让我的目标更加明确，节约了大量的时间和精力。还有丁见民教授也对我的学习和论文写作给予了大量的帮助。丁老师年长我几岁，他更像一个兄长，他思想活跃，平易近人，常与我们聊天，和我们分享自己的学习经验和人生经验，让我们在学习的道路上如沐春风。还有南开大学的马世力教授、罗宣老师、肖军老师、张聚国老师、董瑜老师以及长安大学的史澎海教授、陕西师范大学历史文化学院的宋永成教授、中国社会科学院的高国荣老师等都对我的学习、开题报告及论文写作等给予了宝贵的指导和建议。

感谢我的工作单位西安外国语大学，十分重视并支持科研工作；谢谢各位领导和同事的支持和关爱，让我在学习期间毫无后顾之忧；感谢科研处的各位老师和工作人员，为我们提供安静的工作环境和充足的后勤保障，让我得以集中精力完成书稿。

在论文写作过程中，我还得到了美国的老师和朋友的各种帮助。美国圣塔克拉拉大学（Santa Clara University）的妇女史研究专家南希·C. 昂格尔（Nancy C. Unger）教授、罗林斯学院（Rollins College）的妇女环境史专家莱斯利·普尔（Leslie Poole）教授都为我提供了关键的支持。这两位学者是本书两本重要参考著作的作者，和我素昧平生。我在网上查到两位的联系方式，并冒昧地和她们取得联系。让我惊喜的是，她们立即进行了回复，还对我这个中国学生表示欢迎，并不遗余力地为我提供所需资料，对于论文的完成起到了重要的作用。感谢我的表弟王然，他在哥伦比亚大学学习期间帮助我获取了大量重要的参考资料。

感谢博士学习期间结识的各位同学和朋友，谢谢他们为我宽心解忧，并提供专业方面的帮助，他们包括我的师姐张晓梅，师兄刘合波、温荣刚、吴宇、刘长新、郭华东，师弟刘永浩，师妹王亚萍和刘鹏娇，同学齐小艳、王恋恋、刘明、赵万武、宋欣欣，南开大学图书馆的各位老师，四川大学的陈韵如，武汉大学的靳小勇，我的学生李雯等。还要感谢毕业之际不厌其烦地为我们提供帮助的王金连老师、郭隆老师和李刚老师，他们及时为我们提供各种信息，保证我们顺利毕业。

感谢博士论文答辩委员会主席、山东师范大学历史与社会发展学院的王玮教授。感谢答辩委员、中国社会科学院世界史所的徐再荣研究员，南开大学历史学院的杨令侠教授、付成双教授和丁见民教授，他们不仅就论文的语言文字、框架、资料使用等提出修改意见，还为我未来的研究指明了方向，对此我深表感激。同时还要感谢答辩秘书董瑜副教授为此次答辩付出的辛劳。同时，还要感谢国家社会科学基金后期资助项目的评审专家，他们在立项和结项审核过程中提出的宝贵意见和建议非常关键，为我提供了重要参考，对书稿进行了进一步的修改和完善。感谢陕西人民出版社的责编老师李妍和美编老师李建国以及各位审稿专家为书稿的编辑、排版和审核付出的辛勤努力。

我还要感谢我的家人和关心我的亲人们。首先谢谢我的父母对我的培养和教育，使我养成了坚韧不拔的品格，让我顺利地完成了学业。感谢我的爱人王洋，结婚十余年，他从不抱怨由于我的备考和求学而导致的两地分居，毫无怨言地为我提供经济支持和精神支持，他发自内心的鼓励和赞扬让我常常信心倍增。感谢我的公公婆婆，他们劳心劳力，帮我照顾两个孩子，让我无须在沉重的学习负担之外担心孩子的健康和安全。感谢我的大孩子，从他七个月大的时候我便与他分开，开始了近六年的工作、博士备考和求学。在这期间，特别是四年的博士学习期间，我们聚少离多，我错过了他成长过程中的许多第一次。对他，我更多的是歉意，只能在以后的生活中尽量弥补。

最后，我还是要将我最诚挚的感谢送给所有帮助过我的人，愿你们平安、健康、幸福！人生之路很长，路漫漫其修远兮，吾将上下而求索。未来的教学和科研道路任重而道远，我将不忘初心，怀揣无限的感激将勤奋、善良传承下去，回报为我付出的所有人！

李 婷

2024 年于古城西安